獣医学共通テキスト編集委員会認定

獣医学教育モデル・コア・カリキュラム準拠
実験動物学 第2版

久和 茂 [編]

朝倉書店

> **実験動物学モデル・コア・カリキュラム**
> **全体目標**
>
> 遺伝・育種・繁殖などの実験動物の品質に関する事項，および飼育環境（微生物等を含む）や動物実験法などの動物実験に関する事項を比較生物学的視点から理解するとともに，法令や基準等の社会規範に則し，かつ動物の福祉に配慮した適正な動物実験を実施するための方策を修得する．

編　集　者

久和　　茂　東京大学大学院 農学生命科学研究科獣医学専攻 教授

執　筆　者

笠井　憲雪　東北大学 名誉教授

久和　　茂　東京大学大学院 農学生命科学研究科 獣医学専攻 教授

佐藤　雪太　日本大学 生物資源科学部 獣医学科 教授

上村　亮三　元 鹿児島大学 共同獣医学部 獣医学科 教授

黒澤　　努　前 大阪大学 医学部 准教授

庫本　高志　京都大学大学院 医学研究科 附属動物実験施設 准教授

安居院高志　北海道大学大学院 獣医学研究院 応用獣医科学分野 教授

斎藤　　徹　前 日本獣医生命科学大学 獣医学部 獣医学科 教授

篠田　元扶　獨協医科大学 実験動物センター 特任教授

大和田一雄　ふくしま医療機器産業推進機構 安全性評価部 部長

木村　　透　山口大学 共同獣医学部 教授

猪股　智夫　麻布大学 獣医学部 獣医学科 実験動物学研究室 教授

有川　二郎　北海道大学大学院 医学研究科 微生物学講座 教授

川本　英一　元 東京医科大学 医学部 准教授

佐々木宣哉　北里大学 獣医学部 獣医学科 実験動物学研究室 教授

三好　一郎　東北大学大学院 医学系研究科 教授

（執筆順）

序　文

　実験動物学は動物実験とともに発展してきた応用科学であり，その歴史はギリシャ時代にさかのぼるといわれている．その端緒から容易に想像されるが，実験動物学は医学，獣医学，生物学などの自然科学との関連が深く，また実験動物の特性に関する科学，実験動物の飼養・育種および繁殖に関する科学，実験動物の疾患（感染症を含む）に関する科学，疾患モデルや遺伝子改変動物作製などの動物実験法に関する科学，さらに実験動物施設の運営・維持管理に関する事項，動物を科学上の目的に使用することの倫理など，様々な要素を包含する総合的な学問である．

　実験動物学の教科書に目を向けてみると，故安東洪次・田嶋嘉雄両先生が編纂された『動物実験法：医学研究』（1956 年刊，朝倉書店）がわが国における実験動物学の教科書の嚆矢であろう．その後も，前島一淑先生をはじめ多くの先達の創意工夫によって，その時々の最新の知識を取り入れた実験動物学の教科書が刊行されてきた．最近のものとしては，笠井憲雪・吉川泰弘・安居院高志編『現代実験動物学』（2009 年刊，朝倉書店）をあげることができる．この本は獣医学，農学，医学，薬学，生物学系などの大学において，本格的な実験動物学の教科書として好評を博していた．

　獣医学教育は現在大きく変貌を遂げようとしている．獣医学教育改善事業の 1 つとして獣医学教育モデル・コア・カリキュラムが策定され，それに沿って本書「獣医学教育モデル・コア・カリキュラム準拠・実験動物学」（初版）が 2013 年に刊行された．この教科書は上述の『現代実験動物学』を土台に，実際に動物実験を実施するために必要な事項を網羅することを目指し，動物実験計画の立案，動物実験の基本的技術，結果の評価などに関する内容を膨らませたものだった．それから，はや 4 年が経った．本書は多くの獣医系大学等で教科書として使っていただいているようで，出版に携わった者として大変光栄に思っている．一方，実際に使ってみると，いくつか不都合な点や足りない点もあるとのご意見もいただいた．

　さて，日本獣医学会は国内の獣医系大学関係者ならびに行政および民間企業の獣医学関連領域で活躍している方々からなる学術研究団体であるが，その日本獣医学会の分科会の 1 つで実験動物学関係者が集まっているのが日本実験動物医学会である．日本実験動物医学会実験動物学教育委員会は獣医系大学で実際に実験動物学を教えている教員が多数参加している委員会であるが，その委員会において本書の改訂について話し合われ，改訂作業が進められた．今回の改訂では，器官の形態・機能にみられる動物種差に関する記述を追加するとともに動物実験計画書の作成や統計解析に関する内容が充実され，より実用性に優れた教科書に仕上がっているのではないかと思う．

　獣医学教育モデル・コア・カリキュラム準拠ではあるが，実際に動物実験を実施するために必要な情報が盛り込まれているため，獣医系以外の学生，研究者にも必ず役立つと思う．

　最後に，本書の刊行を引き受けられた朝倉書店ならびに編集部の諸氏に深謝する．

2018 年 2 月

執筆者を代表して　久和　茂

目　　　次

1章　動物実験の意義，倫理と関連法規 ………………………………………… 1
  1.1　動物実験とは―実験動物への配慮について― ………………………〔笠井憲雪〕… 1
    1.1.1　動物実験と実験動物学 ………………………………………………… 1
    1.1.2　動物実験の歴史 ………………………………………………………… 1
    1.1.3　動物実験倫理の歴史的背景 …………………………………………… 2
    1.1.4　適正な動物実験と 3R ………………………………………………… 5
    1.1.5　動物実験についてのさらなる課題と獣医師の責任 ………………… 6
  1.2　動物実験に関連する法令等 …………………………………………〔久和　茂〕… 7
    1.2.1　動物愛護管理法 ………………………………………………………… 8
    1.2.2　外来生物法 ……………………………………………………………… 9
    1.2.3　カルタヘナ法 …………………………………………………………… 9
    1.2.4　麻薬および向精神薬取締法 …………………………………………… 10
    1.2.5　感染症法 ………………………………………………………………… 11
    1.2.6　家畜伝染病予防法 ……………………………………………………… 12
    1.2.7　その他の法律 …………………………………………………………… 13

2章　動物実験の立案と成績評価 ………………………………………〔佐藤雪太〕… 14
  2.1　実験動物の選択 …………………………………………………………………… 14
    2.1.1　実験目的に適した動物の選択 ………………………………………… 14
    2.1.2　実験動物の品質 ………………………………………………………… 14
  2.2　実験動物の福祉 …………………………………………………………………… 14
    2.2.1　動物実験の国際原則 3R ……………………………………………… 15
    2.2.2　SCAW の苦痛分類 …………………………………………………… 15
    2.2.3　人道的エンドポイント ………………………………………………… 15
  2.3　動物実験計画書の作成 …………………………………………………………… 16
  2.4　統計解析による動物実験成績の評価 …………………………………………… 18
    2.4.1　母集団と標本 …………………………………………………………… 18
    2.4.2　平均値，標準偏差と標準誤差 ………………………………………… 18
    2.4.3　正規分布，パラメトリック検定とノンパラメトリック検定 ……… 19
    2.4.4　2 群の実験の検定法 …………………………………………………… 19
    2.4.5　3 群以上の実験の検定 ………………………………………………… 20
  2.5　動物実験成績の外挿 ……………………………………………………………… 20

3章　動物実験の基本的技術 ……………………………………………………… 23
  3.1　基 本 手 技 ……………………………………………………………〔上村亮三〕… 23
    3.1.1　ハンドリングと保定 …………………………………………………… 23
    3.1.2　個体識別法 ……………………………………………………………… 26
    3.1.3　試料投与法 ……………………………………………………………… 27
    3.1.4　試料採取 ………………………………………………………………… 29

3.2 実験動物麻酔学 ……………………………………………〔黒澤　努〕… 30
　3.2.1 実験動物麻酔の特殊性 …………………………………………………… 31
　3.2.2 保　定 ………………………………………………………………………… 32
　3.2.3 投　薬 ………………………………………………………………………… 32
　3.2.4 麻酔の準備 …………………………………………………………………… 33
　3.2.5 動物種別麻酔 ………………………………………………………………… 34
　3.2.6 安楽死 ………………………………………………………………………… 40
　3.2.7 剖検法 ………………………………………………………………………… 41

4章　実験動物の遺伝 ………………………………………………〔庫本高志〕… 44
4.1 遺伝学の基礎 ……………………………………………………………………… 44
　4.1.1 遺伝子，染色体，形質 ……………………………………………………… 44
　4.1.2 遺伝の法則 …………………………………………………………………… 45
4.2 量的形質と集団遺伝 ……………………………………………………………… 49
　4.2.1 量的形質の遺伝解析 ………………………………………………………… 49
　4.2.2 集団遺伝学の基礎 …………………………………………………………… 50
4.3 エピジェネティクス ……………………………………………………………… 51
　4.3.1 エピジェネティクス ………………………………………………………… 51
　4.3.2 エピジェネティクスと表現型 ……………………………………………… 53
4.4 動物種間の遺伝的相同性 ………………………………………………………… 54
　4.4.1 ゲノム ………………………………………………………………………… 54
　4.4.2 比較遺伝地図 ………………………………………………………………… 55
　4.4.3 ヒトと実験動物の遺伝病 …………………………………………………… 55

5章　実験動物の育種 ………………………………………………〔安居院高志〕… 58
5.1 育種学の基礎 ……………………………………………………………………… 58
　5.1.1 種 ……………………………………………………………………………… 58
　5.1.2 品　種 ………………………………………………………………………… 58
　5.1.3 系　統 ………………………………………………………………………… 58
5.2 実験動物の育種上の分類 ………………………………………………………… 58
　5.2.1 各種系統 ……………………………………………………………………… 58
　5.2.2 各種系統の命名法 …………………………………………………………… 59
　5.2.3 育種の原理 …………………………………………………………………… 60
　5.2.4 選抜，淘汰 …………………………………………………………………… 62
　5.2.5 検　定 ………………………………………………………………………… 63
　5.2.6 育種の方法 …………………………………………………………………… 63
　5.2.7 遺伝的複合 …………………………………………………………………… 66
　5.2.8 遺伝的特性の維持とその確認 ……………………………………………… 67
5.3 遺伝的検査法 ……………………………………………………………………… 70
　5.3.1 現在利用されている遺伝子座 ……………………………………………… 70

6章　実験動物の繁殖 ………………………………………………〔斎藤　徹〕… 74
6.1 繁殖学の基礎 ……………………………………………………………………… 74
　6.1.1 性分化 ………………………………………………………………………… 74

	6.1.2　生殖器	…………………………………………………………… 75

6.2　実験動物の生殖生理①—性成熟，性周期，性行動— ……………………………… 77

　6.2.1　卵子と精子の成熟・分化 ………………………………………………… 77

　6.2.2　性成熟 ……………………………………………………………………… 79

　6.2.3　性周期および性行動 ……………………………………………………… 80

6.3　実験動物の生殖生理②—受精，妊娠，分娩，哺育— …………………………… 82

　6.3.1　受　精 ……………………………………………………………………… 82

　6.3.2　着床および妊娠 …………………………………………………………… 84

　6.3.3　分　娩 ……………………………………………………………………… 86

　6.3.4　哺育および離乳 …………………………………………………………… 86

6.4　実験動物の生産技術 …………………………………………………………………… 88

　6.4.1　交　配 ……………………………………………………………………… 88

　6.4.2　出　産 ……………………………………………………………………… 91

　6.4.3　育　成 ……………………………………………………………………… 91

　6.4.4　輸　送 ……………………………………………………………………… 92

7章　実験動物の飼育管理 …………………………………………………………………… 95

7.1　気候・物理・化学的因子の影響 …………………………〔篠田元扶，大和田一雄〕… 95

　7.1.1　環境因子の生体への影響 ………………………………………………… 95

　7.1.2　気候的因子 ………………………………………………………………… 96

　7.1.3　物理・化学的因子 ………………………………………………………… 97

7.2　栄養・生物学的・住居的因子の影響 ……………………………………………… 100

　7.2.1　栄養因子 …………………………………………………………………… 100

　7.2.2　生物的因子 ………………………………………………………………… 101

　7.2.3　住居的因子 ………………………………………………………………… 102

7.3　動物実験施設 ……………………………………………………〔大和田一雄〕… 104

　7.3.1　実験動物施設の分類 ……………………………………………………… 104

　7.3.2　実験動物施設の構成と作業動線 ………………………………………… 104

　7.3.3　飼育室各部の一般構造と材質 …………………………………………… 106

　7.3.4　アニマルスイート ………………………………………………………… 106

　7.3.5　空気調和設備 ……………………………………………………………… 107

　7.3.6　実験動物施設の人事管理 ………………………………………………… 109

　7.3.7　施設への実験動物の導入 ………………………………………………… 109

8章　比較実験動物学 ………………………………………………………………………… 112

8.1　器官の形態・機能にみられる動物種差 …………………………〔木村　透〕… 112

　8.1.1　骨　格 ……………………………………………………………………… 112

　8.1.2　歯　式 ……………………………………………………………………… 115

　8.1.3　脳 …………………………………………………………………………… 115

　8.1.4　胃　腸 ……………………………………………………………………… 118

　8.1.5　肝　臓 ……………………………………………………………………… 120

　8.1.6　肺 …………………………………………………………………………… 121

　8.1.7　心　臓 ……………………………………………………………………… 122

　8.1.8　血　管 ……………………………………………………………………… 122

8.1.9 血　液 ……………………………………………………………… 125

8.1.10 尿 ……………………………………………………………………… 125

8.1.11 リンパ系 ……………………………………………………………… 125

8.1.12 乳　腺 ……………………………………………………………… 128

8.1.13 子　宮 ……………………………………………………………… 129

8.1.14 雄性生殖器 …………………………………………………………… 130

8.2　各種実験動物の特性（実験動物の種と系統）………………〔猪股智夫〕… 133

8.2.1 マウス ……………………………………………………………… 133

8.2.2 ラット ……………………………………………………………… 138

8.2.3 ハムスター …………………………………………………………… 140

8.2.4 スナネズミ …………………………………………………………… 141

8.2.5 マストミス …………………………………………………………… 142

8.2.6 モルモット …………………………………………………………… 142

8.2.7 ウサギ ……………………………………………………………… 144

8.2.8 スンクス ……………………………………………………………… 146

8.2.9 サ　ル ……………………………………………………………… 147

8.2.10 哺乳類以外の実験動物 ……………………………………………… 150

9章　実験動物の微生物コントロール ………………………………〔久和　茂〕… 157

9.1　微生物コントロールの意義 ………………………………………………… 157

9.1.1 遺伝子，染色体，形質 ……………………………………………… 157

9.1.2 実験動物の感染症による被害 ……………………………………… 159

9.1.3 動物実験におけるバイオハザード ………………………………… 160

9.2　微生物コントロールの原理と方法 ………………………………………… 161

9.2.1 実験動物の感染症コントロール …………………………………… 161

9.2.2 感染症の検査・同定 ………………………………………………… 162

9.2.3 滅菌消毒法 …………………………………………………………… 164

9.3　人獣共通感染症 ……………………………………………………………… 165

9.3.1 リンパ球性脈絡髄膜炎 ……………………………………………… 165

9.3.2 腎症候性出血熱 ……………………………………………………… 166

9.3.3 Bウイルス病 ………………………………………………………… 167

9.3.4 結　核 ………………………………………………………………… 167

9.3.5 サルの細菌性赤痢 …………………………………………………… 167

10章　実験動物の感染症 ……………………………………………………… 169

10.1　実験動物のウイルス感染症 ………………………………………〔有川二郎〕… 169

10.1.1 センダイウイルス病 ………………………………………………… 169

10.1.2 マウス肝炎 …………………………………………………………… 171

10.1.3 エクトロメリア ……………………………………………………… 172

10.1.4 唾液腺涙腺炎 ………………………………………………………… 172

10.1.5 リンパ球性脈絡髄膜炎 ……………………………………………… 173

10.1.6 ハンタウイルス感染症 ……………………………………………… 173

10.2　実験動物の細菌感染症 ……………………………………………〔川本英一〕… 174

10.2.1 ティザー病 …………………………………………………………… 174

10.2.2	ネズミコリネ菌病	174
10.2.3	溶血レンサ球菌病	175
10.2.4	肺炎球菌病	175
10.2.5	ブドウ球菌病	176
10.2.6	緑膿菌病	176
10.2.7	マウス腸粘膜肥厚症	177
10.2.8	ウサギ大腸菌病	177
10.2.9	サルモネラ病	177
10.2.10	カーバチルス病	178
10.2.11	気管支敗血症菌病	178
10.2.12	パスツレラ症	179
10.2.13	ヘリコバクター病	180
10.2.14	サルの細菌性赤痢	180
10.2.15	サルの結核	180
10.2.16	赤肢病	181
10.2.17	マイコプラズマ病	181
10.3	実験動物の真菌・原虫・寄生虫感染症 〔佐藤雪太〕	182
10.3.1	真菌症	182
10.3.2	原虫症	183
10.3.3	寄生虫症	183

11章　モデル動物学 〔佐々木宣哉〕 186

11.1	モデル動物学とは	186
11.1.1	生物学的モデルと疾患モデル動物	186
11.1.2	疾患モデル動物の分類	186
11.2	主な疾患モデル動物	188
11.2.1	糖尿病のモデル動物	188
11.2.2	高脂血症・動脈硬化のモデル動物	188
11.2.3	高血圧のモデル動物	189
11.2.4	腎疾患のモデル動物	189
11.2.5	臓器・組織移植に関するモデル動物	189
11.2.6	神経変性疾患のモデル動物	190

12章　発生工学 〔三好一郎〕 193

12.1	トランスジェニックマウス	193
12.1.1	遺伝子組換え動物	193
12.1.2	トランスジェニック（遺伝子導入）マウス	193
12.1.3	トランスジェニックマウスの作製	193
12.1.4	トランスジェニック動物（作製）の問題点	195
12.2	標的遺伝子組換えマウス	195
12.2.1	標的遺伝子組換え（ジーンターゲッティング，遺伝子標的導入，標的組換え）マウス	195
12.2.2	標的遺伝子組換えマウスの作製	196
12.2.3	遺伝子組換えマウスに用いられる導入遺伝子・組換えベクター	200

12.3 クローン動物 ……………………………………………………… 202

12.3.1 核移植によるクローン化 ……………………………………… 202

12.4 発生工学技術 ………………………………………………………… 203

12.4.1 発生工学技術の基本 …………………………………………… 203

演習問題解答および解説 ………………………………………………… 209

索　　引 ……………………………………………………………………… 214

1章　動物実験の意義，倫理と関連法規

一般目標：
動物実験の歴史を学び，その意義と倫理的課題ならびに関連する法令等について理解する．

1.1　動物実験とは
—実験動物への配慮について—

> 到達目標：
> 　動物実験および実験動物の歴史的背景を踏まえ，現代における動物実験の意義およびそれに関わる倫理的問題点について説明できる．
> 　【キーワード】　ヒポクラテス，ガレノス，ベルナール，リトル，カペッキ，エバンス，スミシーズ，ラッセルとバーチの3R，代替（replacement），削減（reduction），苦痛軽減（refinement），動物権（animal right），動物福祉

1.1.1　動物実験と実験動物学

　動物実験とは，動物に様々な実験操作を加えて，ヒトを含む動物にとって有用な生物学的なデータを得る作業ということができる．これは，ヒトを含む動物は本質的に同じ生理学的特徴を持つという考えに基づいている．そして動物実験は，人間や動物の医療のみならず酪農などの経済活動の発展の過程で人間が利用してきた科学研究や技術の1つの手段である．そして一般の科学研究や技術とはその手段にわれわれ人間と同じ生命を持つ動物を用いることに大きな違いがある．

　一方，実験動物学は，実験動物の解剖学や生理学等の生物学研究と，それらの育種，飼育や環境，遺伝学や微生物学を用いた動物の標準化法，疾病の予防と治療，動物実験技術，麻酔や鎮痛，安楽死法，さらに代替法の探求が含まれる．したがって，実験動物学は生命科学研究における動物の人道的使用と有省で再現性の高いデータの収集に寄与する諸学問分野の1つであるといえ，さらに動物実験の倫理や**動物福祉**，動物の人道的使用も重要なテーマである．

1.1.2　動物実験の歴史

　西洋医学の基礎は古代ギリシャにある．アリストテレスが各種動物の比較解剖を行い『動物誌』を著し，**ヒポクラテス**派が紀元前5世紀から紀元1世紀に編纂した『ヒポクラテス集典』には動物実験について言及している．この方法を発展させたのはローマ時代の内科医**ガレノス**である．彼はブタやサル，イヌを用いて医学生理学の研究を行った．彼の関心事は呼吸と心臓の働きを究明することであったが，この研究はこの時代のみならずその後数世紀にわたって医学の基礎となった．しかしキリスト教の出現後は，実験医学はほとんど実施されなくなり，この状態はルネッサンスが興る15世紀まで約1,000年もの長い間続いた．ルネッサンスにおいては文芸復興の一部として実験医学と生物学も復興した．この時代の1543年にはベルギーの解剖学者ベサリウスがイヌやブタで解剖と生理の研究を行って『人体の構造』を著し，1628年にはイギリスの生理学者ハーベイが120種以上の脊椎動物や無脊椎動物を用いて解剖を行い，『動物の心臓および血液の運動に関する解剖学的研究』を著して血液循環論を打ち立てた．このことにより，18世紀にウマを用いて観血的な血圧測定法が開発され，さらに実験医学の結果が人の健康状態に寄与することが受け入れられるようになってきた．

　18世紀後半には実験数が急激に増加し，19世紀になると生理学研究が研究者も設備も備えられた研究所で組織的になされるようになり，動物実験もさらに増加した．これには19世紀になされた生命科学の進展が関与している．すなわち，モートンによるエーテルの麻酔薬としての発見やダーウィンの『種の起源』出版，そして**クロード・ベルナール**の『実験医学序説』の出版，さらにはコッホの『コッホの三原則』の出版が大きく寄与した．

種の起源の出版はヒトと動物との類似性に科学的基盤を与え，ヒトのモデルに動物を使用することの合理性を示した．またベルナールは生理学実験の方法論としての動物実験の必要性を力説した．20世紀になると，実験動物としてそれまでの家畜の使用からマウスとラットの近交系が利用できるようになった．1909年にクラレンス・リトル（Clarence C. Little）によって最初の近交系マウスDBAが作出されてから，多くの近交系の作出がなされるようになった．リトルは1929年にマウスの研究開発と系統保存を行うジャクソン研究所を設立している．

近交系のマウスやラットの確立により実験データにおける遺伝的な変動はかなりの程度低減したものの，長年実験データに影響を与えていた感染症は，第二次世界大戦後のSPF（specific pathogen free）動物の樹立まで待たなければならなかった．第二次大戦後は，生命科学の進展に加えて製薬工業の発展により実験動物の使用が急増した．さらに1980年代には遺伝子改変技術が報告された．すなわち1980年，ゴードンとラドルは特定のクローン化されたDNAをマウス受精卵に注入し，子孫に遺伝するトランスジェニックマウスを報告した．さらに1989年，マリオ・カペッキ（Mario R. Capecchi），マーティン・エバンス（Martin J. Evans），オリバー・スミシーズ（Oliver Smithies）はマウスのES細胞を使って標的の遺伝子を改変し，遺伝子機能を失活させたノックアウトマウスを作製した．このマウスは哺乳類における遺伝子の機能を個体レベルで実験的に調べることのできる最も強力な方法となった．この後，遺伝子改変動物の系統は急激に増加した．これに対応するようにマウスやラットの受精卵や精子を凍結保存するセンターが設立され，多数の系統が国内外の研究者から寄託されて保存されている．

1.1.3 動物実験倫理の歴史的背景

人間は動物をどのように考え，そしてどのような道徳的地位を与えてきたのであろうか．この思考の源泉は宗教や哲学と倫理学である．これらは東洋と西洋では興味深いコントラストを示している．そして現代科学は西洋の古典科学の流れのうえに成り立っており，動物実験倫理も欧米の思想のきわめて大きな影響を免れ得ない．

a. 宗教から倫理学へ

東洋の宗教において，動物一般の生命の尊重を積極的に主張した最初のものは古代インドにおけるアヒンサー（不殺生を意味するサンスクリット語）の思想である．この主張はさらに輪廻と業という思想によって支えられている．つまり人間の本質をなす霊魂は肉体が滅びた後でも滅びず，別な生に生まれ変わっていく．その際，人間になることもあるし動物になることもある．こうした転換が輪廻であり，転換の方向は現世でどういう行為をしたかということによって決定される．それを業という．ここでは動物も輪廻の中に組み込まれており，人間の生の延長として動物の生を尊重せざるを得ないことになる．ただし動物に生まれ変わることは悪行の報いなので，動物の生は一段低い評価を与えられている．

アヒンサー思想は仏教やヒンドゥー教にも影響を与えている．仏教でも人類を含むすべての生物は様々な形をとって何度も生まれ変わるという輪廻転生の思想がある．輪廻によると，人類，動物，植物など世に生を受けたものは，生存中の善と悪の行為に従い，天国または地獄に分かれ，業（行為）と報い（結果）との因果関係の続く限り色々なものに生まれ変わることになる．それは，現世は人類であっても来世は鳥獣，現世は鳥獣であっても来世は人類である可能性を意味している．言葉を変えると人と獣の平等を意味し，そこに動物愛護の根源があるといえる．この思想は人類を優位とするキリスト教の思想とは異なるものといえよう．

一方，西洋ではいくつかの点で東洋と好対照をなす．ギリシャ時代，アリストテレスは，動物は感覚を有するが理性を欠いており，自然の階層の中では人間よりはるかに下位にあり，人間の目的のために自由に使える資源であると主張して後世に影響を与えた．ユダヤ・キリスト教的発想の出発点には，人間が他の生き物を徹底的に支配するという思想が存在した．旧約聖書の『創世記』の始めのところで，神は「我々にかたどり，我々に似せて，人を造ろう．そして海の魚，空の鳥，家畜，地の獣，地を這うものすべてを支配させよう」（i.26）と語っている．さらに，大洪水の後でノアとその息子たちに対しても，神は似たようなことを語り，「動いている命あるものは，すべてあなた

たちの食糧とするがよい．わたしはこれらすべてのものを，青草と同じようにあなたたちに与える」(ix.3) と付け加えている．さらに中世のキリスト教哲学者たちは，動物に理性が欠如していることが，動物の人間への従属を正当化すると主張した．このように欧米の人々のものの考え方が人間中心であるのは，キリスト教の影響のもとに形成された文化を無意識のうちに受容したためであろう．したがって，そこで成立した倫理学はもっぱら人間を問題にしており，それ以外の動物を視野にいれていない．

しかし，キリスト教文化の中から自己反省としてこの人間中心の倫理学に対する批判が現れている．最もよく知られているのがアルバート・シュヴァイツァーの思想であり，彼の文化哲学の第二部として著された『文化と倫理』の中に，「生きんとする生命に取り囲まれた生きんとする生命」という自覚から出発して「生への畏敬」を説く．そして，「生を維持し促進するのは善であり，生を破壊し生を阻害するのは悪である」という命題に立脚し，従来の倫理学の再検討を要請する．

人間しか念頭におかない倫理学は，確かに不完全である．では人間・動物・植物を包括する生の上に倫理学を築くことは可能であろうか．人間は身体的構造のかなりの部分や生きんとする本能を動物と共有しているがゆえに，自分の経験から動物の生を類推するが，動物の苦しみが人間の苦しみとまったく同質であるということは想像はできても，ついに確信を持って断言するわけにはいかないのではないか．したがって，人間・動物・植物を包括する生の上に倫理学を築くことは，今の段階では難しいと思われる．次項では，18 世紀以降に人間の上に築かれた哲学や倫理学を動物へ適用する試みについて概観する．

b. 動物についての哲学と倫理学

17 世紀のデカルトから 19 世紀末に至る西洋近代哲学は，「人間の優越性」を概ね示しており，キリスト教の影響を反映している．ルネ・デカルトは動物を理性も感情もまったく持たない「有機的な機械」と見なした．18 世紀の哲学者イマヌエル・カントは哲学の潮流の 1 つである「義務論」の代表者である．これは「その行為が義務だからという理由（善い意志）でなされる行為だけが道徳的によい行為である」と述べ，「人はみな平等に扱うべし」，「他人の権利を侵害してはならない」という義務の尊重を説く．そして道徳的判断を下すことのできる存在として「人格（person）」の概念を示し，「人格の尊重の義務」を提唱した．これは他の人格を尊厳を持ったものとして敬意をはらい，決して自分の目的を達成するための単なる手段として人格を用いてはならないとする．動物については，カントは「動物には理性がなく人格もない物であるから，単なる手段として使ってかまわない」と述べたが，一方で動物虐待はいけないが，それはよい人格を涵養するために必要であり，それは人の利益になるとの立場をとった．つまり動物に対する直接的義務はないが間接的義務はあるというものである．カント主義の立場では善い意志を持つことのできる存在，すなわち人格のみが内在的価値（intrinsic value）があり，動物は道具的価値（instrumental value）しか持たないということになる．内在的価値とはあるものがそれ自体で持つ価値のことであり，道具的価値とはあるものが他の価値ある者のために役立つための価値である．

これに対して，功利主義の先駆者であるジェレミー・ベンサムは功利性（最大多数の最大幸福）の原理は，人間に劣らず快楽と苦痛を経験できる「感覚をもつ動物」にも適用しなければならないと主張した．このため，功利主義は動物の福祉を考えるうえで相応しい哲学の 1 つと考えられ，多くの著作が出されている．この流れをくむピーター・シンガーは，1975 年，『動物の解放』を出版し，そこで動物の道徳的地位に対する基本的な考え方として「（人間を含む）すべての動物は平等である」と述べた．つまり，人間は人間以外の動物を差別しており，これを「種の差別（スピシーシズム：specisizum）」と呼んだ．これは黒人差別に象徴される人種差別と男性と女性間の差別である性差別と同等であるとして，人種や男女の平等の基本原理は人以外の動物にも拡張すべきであると主張した．また彼は，功利主義哲学者ベンサムの文章を引用して「平等な配慮を受ける権利を当事者に付与する決定的に重要な特質は，苦しむ能力である」と述べている．苦しむことができる能力を持つ動物は，それがどんな生き物であろうと，平等の原理によりその苦しみを同等に考慮される権利を持つ，と述べた．この本は動物の道徳

的地位の考察に大きな影響を与えた.

一方,カント主義の義務論の流れをくむトム・レーガンは1983年に『The Case for Animal Rights（動物の権利の擁護）』を著し,ここで動物権利論を展開した.彼は道徳行為をできる者（moral agents）と道徳行為の対象者（moral patients）に分け,「赤ん坊や認知症の患者など道徳行為をする能力がない者も基本的道徳律である危害原理（他人をむやみに苦しめてはならない）により保護される権利を持つと考えるのが普通である」として,危害原理の対象が道徳行為のできるものに限らないとすれば,道徳行為の対象者に動物を排除する原理的な理由はない,したがって動物も人と同様の道徳的権利を持つと述べた.これはカントの「人格」を赤ん坊や認知症の患者,さらには動物へ拡大したものであるが,「人格」の代わりに「生の主体（subject of a life）」と述べ,生の主体を尊重しなくてはならないとした.これは尊重義務の裏返しとして動物に人間と同じ基本的権利を認めなければならないことになる.この論理では肉食や動物実験,その他の動物の利用は全面禁止という立場をとる.

これまでみてきたように,キリスト教に影響を受けた倫理学では,人間中心主義のもとで動物は道具的価値しか持たないとされてきた.しかし,功利主義や義務論での動物の道徳的状況の議論のなかで,人間と動物の両方に適用される普遍的権利があるのか否か議論された.このような権利は普通,内在的価値を持つ実体に与えられるが,動物に人間と同じ内在的価値があるか否か.動物の内在的価値を認めることは,人間が動物を敬意を持って扱うという直接的な道徳的義務を有することを意味し,伝統的な間接的義務（動物の財産的価値や哀れみに基づく道徳的義務）とは異なる.動物の内在的価値の認知は動物の「権利」の議論では必須であるが,しかし多くの人々は動物の内在的価値を認めても,動物に「権利」を拡大することには反対する.

動物の権利を認めないまでも動物の内在的価値を認知することにより,動物実験について次のように配慮が考えられる.

・実験の科学的な質は倫理的な評価に先だって満たされるべき必要条件である.方法論的にあいまいな実験は倫理的に受け入れられない.

・代替法が利用可能な場合は,たとえそれが費用がかさむ場合でも動物実験は行うべきではない.

・動物の内在的価値は尊重されなければならないし,侵害されるべきではない.しかし,代替法が存在しない場合,人間と動物の利益が一致する場合に加え,一致しない場合でも十分な考慮の末,動物に課せられる有害な影響（苦痛などのコスト）に対して得られる実験の結果（利益）がきわめて大きければ,動物実験は許容される.

・動物の実験使用が許容される場合,実験前,実験中および実験後において種特異的な行動がとれるべく配慮が必要であり,研究者は自らの科学目的に利用できる代替法を探求する道徳的義務を有する.

c. 動物福祉と5つの自由,さらにそれを越えて

動物福祉を科学的に捉えて,評価方法を示したものに1965年にイギリスで出された動物福祉に関する調査技術委員会報告,別名ブランベル報告がある.ここでは家畜は「立つ,横になる,回転する,自ら毛繕いする,四肢を伸ばす」自由があると述べている.これが5つの自由の原点である.この考え方は,その後洗練され,1979年にイギリス政府の諮問機関である畜産動物福祉審議会（Farm Animal Welfare Council：FAWC）が公表した記者発表に示されており,さらには1992年にFAWC updates the Five Freedoms として公表された.これは家畜の福祉についての概念を示したものであるが,今日では人が飼養しているすべての動物の福祉の概念として定着しており,実験動物の福祉の概念とも相入れるものである.

FAWCは,「動物の福祉には肉体的及び精神的な状態を含む.すなわち動物福祉には肉体の健康と"生きるのに満足しているという感覚"の両方を伴うと考えている.人間が飼育しているいかなる動物も少なくとも不必要な苦痛から保護されなければならない」と述べている.そして「動物の福祉については,農場,輸送,市場や屠場などいかなる場所においても,"5つの自由"に配慮するべきであると信ずる」としている.

この5つの自由は,飼養されている動物の数々ある制約の中で,福祉を守り改善するため,現状を分析するための理論的で包括的な枠組みを示している.

5つの自由（Five Freedoms）

1. **飢えと渇きからの自由**（Freedom from Hunger and Thirst）：十分な健康と活力を維持するための新鮮な水やエサを容易に得られるようにすること.

2. **不快からの自由**（Freedom from Discomfort）：シェルターや快適な住居など適切な環境を用意すること.

3. **痛み，外傷や疾病からの自由**（Freedom from Pain, Injury or Disease）：予防や迅速な診断治療を行うこと.

4. **自然（正常）な行動を表す自由**（Freedom to Express Normal Behavior）：十分なスペース，適切な設備を用い，同一種の動物の仲間と共生させることによって正常行動の発現を促すこと.

5. **恐怖や苦痛からの自由**（Freedom from Fear and Distress）：精神的な苦痛を避けるための環境や取り扱いを保証すること.

　一方，近年，FAWC はこの5つの自由について，これらは単に動物の最小限の欲求と不必要な苦痛を避けることを述べているだけで，負のイメージが強いという批判があるとして次のような提言をしている. つまり福祉の最低基準として，5つの自由を越えて動物の生涯にわたる生活の質（quality of life）に配慮すべきであり，これは「生きがいのない生活（a life not worth living）」，「生きがいのある生活（a life worth living）」そして「良好な生活（a good life）」の3つに分類し，評価すべきであると述べている. この概念には5つの自由も含まれており，極めて単純で，動物福祉のイメージのアップとともに福祉の尺度として今後推奨していくとしている.

　なお，Farm Animal Welfare Council は現在 Farm Animal Welfare Committee として業務が引き継がれている.

1.1.4 適正な動物実験と3R

　適正な動物実験を実施する際に求められることには，科学研究一般に求められる事柄と，動物実験に特有な事柄がある. 前者は研究意義や目的の明確化，科学的な実験操作，そして結果の再現性である. 一方後者は動物福祉への配慮と法規の遵守である.

　動物実験において再現性を確保することは，化学や物理等の実験に比較してきわめて困難である. それは，動物は多種多様な反応系が集積しており，それら個々の変動の集大成が実験データの変動として現れてくるからである. このため20世紀前半から近交系動物やSPF動物の作出による遺伝や感染症の統御，飼育実験環境の統御，そして統計学の利用がなされ，再現性が大きく改善されてきた. これらの統御の概念と具体的方法とは，本書の各項に示されているところであるが，これらに並行して動物福祉への配慮も特に英国を中心とするヨーロッパで発展した. 1936年に英国ではUFAW（Universities Federation for Animal Welfare：動物福祉のための大学連合）が設立された. そして動物実験の適正化のために活発な研究と活動を行い，第二次世界大戦直後の1947年には『UFAWハンドブック』の初版が出版され，今日まで綿々と継続出版され，2010年には第8版が出版されている. UFAWの最大の功績の1つは，1959年，**ラッセル**（Russell）と**バーチ**（Burch）による『*The Principles of Humane Experimental Technique*（人道的な実験技術の原理）』の出版である. ここで示された**3R**の概念は，半世紀の時を越えて現在では全世界の研究者の適正な動物実験のよりどころとなり，ヨーロッパはもとよりわが国を含む世界各国の動物実験に関する法規の骨格となっている.

　ラッセルとバーチは，「実験動物に対する最も人道的な処置が，実際に動物実験に好結果をもたらすためには欠かせないことである」として，動物実験における非人道性の概念，その源，発生について次のように述べた.「（動物実験における）非人道性には直接的非人道性と偶発的非人道性があり，前者は実験手技の避けがたい帰結として，苦しみを与えることである. 後者は実験手技の偶然の不注意の副産物として，また実験が成功するのに必要としない副産物としての苦しみであり，一般的に実験目的にとって有害であり，研究を混乱させる. これは外科手術などの実験や飼育管理でも生じ，麻酔や実験手技の訓練，飼育管理における配慮などで減ずることができる.」そしてこれらの非人道性を除去する方法として3R，すなわち **replacement**, **reduction** および **refinement** を提唱した. つまり「replacement は意識ある生きている高等動物に代えて，生命のない材料に置き

換えることを意味する．reductionは一定の量と正確さを持った情報を得るために用いる動物の数を減らすことを意味する．refinementはなおも用いなければならない動物へ適用する非人道的手技の発生と過酷さを少しでも減少させることを意味する」と述べており，日本語ではそれぞれ**代替**（置き換え），**削減**，**苦痛軽減**と訳された．さらにラッセルらは「refinementだけでは決して十分ではない．常にさらなるreductionを探すべきであるし，もしreplacementが可能ならそうすべきである．replacementは最良の解答である．そして，reductionとrefinementは可能な限り，組み合わせて用いるべきである」と述べている．

また，replacementには絶対的置き換えと相対的置き換えがあり，前者は微生物や生命を持たない物理化学的装置などの使用や，脊椎動物を用いないことを意味し，後者は実験で動物は全く苦しみに曝されないが，動物はなお必要である実験，すなわち脊椎動物の組織培養や鶏卵の使用実験を表わすと述べている．また，reductionの課題として「変動」の問題があるが，彼らは，動物の使用の増加を招く動物の生理学的変動の源として，動物の発生過程における遺伝子型と表現型，そして発生環境と近隣環境をあげた．すなわち動物の出生時の表現型の変動は遺伝子型とその生体が成育する発生環境との相互作用に起因するとした．次に彼らは演出型という概念を提唱し，実験時の生理学的反応の反応様式を意味するとし，演出型の変動は表現型と近隣環境の要因の共同生産物であるとし，「もし生理学的反応（演出型）の変動を十分にコントロールしようと思うなら，まず表現型をコントロールする．これは動物が育てられる環境条件の影響と繁殖方法によって達成できる．そして実験時の環境条件をコントロールしなければならない」と述べた．

一方，refinementは，異なる種類の多くのrefinement手技を重ね合わせたり，的確な手技を選択すること，さらに実験目的に沿う適正な動物の選択を行うことにより，実験動物に強いる苦しみの量を最小化することができると述べた．

この3Rの原理は，1980年代から欧米を中心に多くの国や地域の法規等に取り入れられたが，1999年にイタリアのボローニャで開催された「第3回生命科学における代替法と動物使用に関する世界会議」では，人道的な科学を達成するために3Rを強力に推進するとのボローニャ宣言を採択した．わが国でも2005年の「動物の愛護及び管理に関する法律」の改正に際して3Rの概念が盛り込まれた（次節参照）．『人道的な実験技術の原理』出版から半世紀を経た今日，ますますその適格性と重要性は増しているが，ラッセルとバーチはもちろんのこと，UFAWの動物実験に関する当時の的確な分析とそれから導きだされた3Rの原理の先見性に，驚きと敬意を表さずにはいられない．

1.1.5 動物実験についてのさらなる課題と獣医師の責任

さて，実験動物の福祉をめぐる今日のもう1つの課題は，環境エンリッチメントである．これは実験動物の飼養時の配慮の方法を意味している．給餌や給水，飼育環境の衛生管理等の物理的あるいは生理的な配慮だけでは不十分であり，動物の心理学的な配慮が必要である．そのためには動物本来の性質を理解し，動物の物理的環境や社会的環境を変化させることによって，本来の暮らしに近い行動のレパートリーと時間配分を実現する方策である．この場合，その動物種に本来備わった能力や行動パターン，さらにはそれらの時間配分をできるだけ実現させることである．そのためには，群れで生活する動物には可能な限り群飼育を行い，飼料摂取にはできるだけ時間をかける工夫をし，空間を広く動き回る動物にはできるだけ広い空間を提供し，そして好奇心の強い動物にはおもちゃ等を与える工夫をする．また，飼育管理者や研究者自身も環境要因の1つであり，ストレスを与えない工夫をしなければならない．

今日，わが国では動物実験に関する人々の関心はかつてないほど高まっている．2005年の「動物の愛護及び管理に関する法律」の改正に際して3Rが盛り込まれたが，これを受けて関係省庁から出された動物実験の基本指針では，研究機関において動物委員会の設置や研究計画書や飼養保管施設の審査システムの構築，動物実験実施者への教育訓練の実施，自己点検評価の実施や情報公開などが求められ，動物実験を実施する研究機関の体制が徐々に整ってきている．これにより研究者の実験動物への配慮の意識も変化してきている．

最後に，動物実験を行なう研究者やそれらにか

かわる職員等の責任について，ヨーロッパ科学財団の動物使用に対する見解（2000年）の要約を紹介する．

・実験動物は単に道具としての価値を有するだけでなく，動物自身が本質的な価値を持ち，それらは尊重されなければならない．

・科学的知識の向上やヒトおよび動物の健康と安寧のために動物使用の必要性を認めるが，3Rの概念はきわめて重要である．動物福祉の改善を目的とする研究は積極的に推進されるべきである．

・動物を使用する研究計画は実行される前に，科学的見地および動物福祉上の見地から，独立した専門家により評価されなければならない．想定される利益と想定される動物の苦しみを秤にかけることは評価の重要な部分である．

・研究者は相反する証拠がない限り，ヒトに疼痛を起こす操作は他の脊椎動物にも起こすと考えるべきである．

・研究目的の動物に対しては，最上の生存条件が維持されなければならず，動物の管理と健康の監視は実験動物学分野の獣医師や専門家の監督のもとで行なわれるべきである．

・動物実験の計画や実施にかかわる研究者や職員は，実験動物の福祉や動物実験の倫理に関する適切な教育訓練を受けなければならない．

これまで概観したように，動物実験には2,500年以上の歴史があり，この間に動物の配慮については，宗教や哲学・倫理学のみならず，一般の人々により強い関心が払われてきた．またそれらの思考もその配慮の方法も時代とともに大きく変化してきた．現在も動物実験に関して人々には多様な考えがあり，実験動物学分野の獣医師は，動物実験や実験動物飼養管理の技術のみならず，動物実験や生命科学に関する倫理的な議論を検討する能力が求められている．そして人々の倫理的な思考は刻々変化するなかで，常にこれらに関心を持ち，可能な限り公に倫理的議論を行うことにより人々の考えを知り，適正な動物実験の実現に生かしていくことが，実験動物学分野の獣医師の責任である．

〔笠井憲雪〕

参 考 文 献

1) 伊勢田哲治（2008）：動物からの倫理学入門，名古屋大学出版会．

2) Singer, P. (1975)：*Animal Liberation*, Harper Collins Publishers Inc.（戸田　清訳（1988）：動物の解放，技術と人間社．）

3) DeGrazia, D. (2002)：*Animal Rights*：*A Very Short Introduction*, Oxford University Press.（戸田　清訳（2003）：動物の権利，岩波書店．）

4) Russell, W. M. S., Burch, R. L. (1959)：*The Principles of Humane Experimental Technique*, Methuen&Co Ltd.（笠井憲雪訳（2012）：人道的な実験技術の原理，アドスリー．）

5) Van Zutphen, *et al.* eds (2001)：*Principles of Laboratory Animal Science*, Elsevier.（笠井憲雪他監訳（2011）：実験動物学の原理，学窓社．）

6) 笠井憲雪他編（2009）：現代動物実験学，朝倉書店．

7) FAWC：http://webarchive.nationalarchives.gov.uk/20121007104210/http://www.defra.gov.uk/fawc/

8) FAWC (2009)：*Farm Animal Welfare in Great Britain*：*Past, Present and Future*.

1.2 動物実験に関連する法令等

到達目標：
　実験動物および動物実験に関連する法令等について説明できる．

【キーワード】 動物の愛護及び管理に関する法律（動物愛護管理法），実験動物の飼養及び保管並びに苦痛の軽減に関する基準，研究機関等における動物実験等の実施に関する基本指針，特定動物，機関内規程，動物実験委員会，動物実験計画書，特定外来生物による生態系等に係る被害の防止に関する法律，特定外来生物，遺伝子組換え生物等の使用等の規制による生物の多様性の確保に関する法律（カルタヘナ法），拡散防止措置，情報の提供，麻薬及び向精神薬取締法，感染症の予防及び感染症の患者に対する医療に関する法律（感染症法），化製場等に関する法律（化製場法），狂犬病予防法，家畜伝染病予防法，鳥獣の保護及び狩猟の適正化に関する法律（鳥獣保護法），絶滅のおそれのある野生動植物の種の保存に関する法律（種の保存法）

「**動物の愛護及び管理に関する法律**」（動物愛護管理法）の第41条（動物を科学上の利用に供する場合の方法，事後措置等）に，動物実験に関する事項が謳われているが，それ以外にも動物実験に関連する法令等は数多くあり，それらを遵守し適正な動物実験を行うことが求められている．

動物実験に関連する法令等は便宜的に「実験動物自体に関連する法令等」と「実験動物以外の要件に関連する法令等」の2つに分類することが可能である（表1.1）．カルタヘナ法のように両方に関連するものもある．

1.2.1 動物愛護管理法

正式名称は「動物の愛護及び管理に関する法律」である．実験動物のみならず，家庭動物，産業動物など人間が飼っている動物全般（ただし，哺乳類，鳥類，爬虫類）を対象としている．本法律は，動物愛護（動物の虐待防止，適正な取扱い）の推進と動物の適正な管理（動物による人の生命，身体，財産に対する侵害を防止）を目的としている．この法律の名称は当初「動物の保護及び管理に関する法律」（1973年10月制定）であったが，1999年の改正の際に，現在の名称に変更された．上述のように，本法律第41条に「動物を科学上の利用に供する場合の方法，事後措置等」に関する条文があり，その第2項には「動物を科学上の利用に供する場合には，その利用に必要な限度において，できる限りその動物に苦痛を与えない方法によってしなければならない」と謳われている．これはラッセルとバーチの3Rの苦痛軽減（refinement）に相当する内容である．2005年の改正時には，3Rの残りの2つ，つまり代替（replacement）および削減（reduction）に関する文言が配慮事項として本法律の条文に追加された．これで3Rの原則がすべて法律に明記されたことになり，日本国民はラッセルとバーチの3Rの理念に沿って動物実験を実施することを宣言していると解される．また，本法に関連する告示の1つとして，「**実験動物の飼養及び保管並びに苦痛の軽減に関する基準**」（飼養保管基準）が定められている．この基準には実験動物の健康および安全の保持，危害等の防止，記録管理の適正化や，動物実験を行う上での配慮事項や実験動物を生産する施設での注意点などについて述べられている．

表1.1 動物実験に関連する法令等

実験動物自体に関連する法令等
動物愛護管理法，カルタヘナ法，外来生物法，家畜伝染病予防法，狂犬病法，化製場法，種の保存法，鳥獣保護法，等
実験動物以外の要件に関連する法令等
カルタヘナ法，感染症法，家畜伝染病予防法，麻薬及び向精神薬取締法，薬機法，労働安全衛生法，農薬取締法，化審法，等

しかし，動物愛護管理法や飼養保管基準には動物実験の適正化の具体的な方法は言及されていない．そのため文部科学省は2006年に，「**研究機関等における動物実験等の実施に関する基本指針**」（文部科学省告示第71号）を施行した．まず，3Rの理念を述べ，大学長など研究機関等の長の責務を明確にした．つまり，研究機関等の長は当該機関における動物実験等の実施に関する最終的な責任を負うとともに，動物実験委員会の設置，機関内規程の策定，動物実験計画の承認，動物実験の実施状況の把握，動物実験を実施する者や実験動物の飼養または保管に従事する者（飼養者）に対する教育訓練，本基本指針に対する適合性に関する自己点検・評価および検証の実施，そしてその結果の公開（情報公開）を求めている．研究者（実験実施者）に対しては動物実験の実施における科学的合理性の確保のために，3Rの理念の実施を求めている．現在，大学等の研究機関は動物実験に関する規程（**機関内規程**）を設け，実施している．なお，農林水産省と厚生労働省も文部科学省と同様の基本指針を策定しており，それぞれの省が所管している研究所や監督している民間の研究機関や実験動物生産施設，受託研究機関等も同様の規程を策定し，実施している．このように，実験動物の飼養・保管および苦痛の軽減については法令等により規制されているが，動物実験そのものに関する法的規制はなく，それぞれの機関内規程に基づいて自主規制により実施されている．もちろん，当該動物実験がカルタヘナ法等に関連する場合はそれらの関連法を遵守しなければならない．

動物実験を行おうとする研究者は，まず動物実験に関する規程や実験動物学の基礎，動物実験の方法等に関する教育訓練を受講する．次に，**動物実験計画書**を作成し，機関の長に提出する．機関の長は**動物実験委員会**に諮問し，その意見を参考

に実験計画の承認あるいは非承認を判断する，というのが一般的である．多くの動物実験委員会には獣医師が委員として加わっており，計画の審査，研究方法への助言を行っている．また，動物実験に関わらない第三者が委員として参画することも求められている．

実験動物の飼育管理および実験において，獣医学的管理は重要な柱である．これは実験動物の疾病の予防・治療を的確に行い，実験操作において無用な苦痛を与えない配慮をすることであり，動物実験における動物福祉で最も重要なところである．具体的には健康でない動物を実験に使用しないための検疫の実施，動物の新しい飼育環境への馴化，動物の感染症予防や疾病診断と治療および処分を含めた処置，実験操作における苦痛軽減のための的確な麻酔薬や鎮静剤の投与，実験終了後の安楽死処置の実施，外科手術と術後管理などからなる．

動物愛護管理法には，人に危害を加える恐れのある危険な動物（**特定動物**）を飼養・保管する場合の措置が定められている．ニホンザルは特定動物に該当し，飼う場合には都道府県知事または政令市の長の許可を受けなければならない．また，飼養施設の構造や保管方法の基準が定められており，それを遵守しなければならない．

動物愛護管理法には罰則が定められている．第44条第1項，第2項にはそれぞれ，「愛護動物をみだりに殺し，又は傷つけた者は，二年以下の懲役又は二百万円以下の罰金に処する」，「愛護動物に対し，みだりに給餌若しくは給水をやめ，酷使し，又はその健康及び安全を保持することが困難な場所に拘束することにより衰弱させること，（中略）その他の虐待を行った者は，百万円以下の罰金に処する」と謳われている．第4項の「愛護動物」の定義によれば，実験動物も愛護動物に該当すると考えられる．しかしながら，動物実験の終了後，実験動物を安楽死処置するケースが多いが，これは罰則の対象にはならない．また，実験のために実験動物に一時的に給餌や給水を停止することがあるが，法律違反にはあたらない．それは，安楽死処置や給餌制限をみだりに行っているわけではないためである．私たちが行う動物実験は機関内規程に従い，また事前に各実験計画は動物実験委員会の審査を受け，機関の長から承認されて

いるからである．ルールに従って動物実験を実施することが，法律違反の棄却要因となっているのである．したがって，ルールに従って動物実験を行うことは，きわめて重要である．

1.2.2 外来生物法

正式名称は「**特定外来生物による生態系等に係る被害の防止に関する法律**」である．本法律の目的は特定外来生物による生態系，人の生命・身体，農林水産業への被害を防止し，生物の多様性の確保，人の生命・身体の保護，農林水産業の健全な発展に寄与することを通じて，国民生活の安定向上に資することである．外来生物被害の予防3原則として，①入れない（悪影響を及ぼすかもしれない外来生物をむやみに日本に入れない，②捨てない（飼っている外来生物を野外に捨てない），③拡げない（野外にすでにいる外来生物は他地域に拡げない），が掲げられている．実験動物ではカニクイザルなどが特定外来生物に指定されており，動物実験施設等で飼う場合は，事前に主務大臣の許可を受けなければならない．

1.2.3 カルタヘナ法

正式名称は「**遺伝子組換え生物等の使用等の規制による生物の多様性の確保に関する法律**」である．本法律は，「カルタヘナ議定書」の実施を担保するために制定された法律で，遺伝子組換え生物等の使用等を規制することによって，生物の多様性を確保し，人類の福祉に貢献し，現在および将来の国民の健康で文化的な生活の確保に寄与することを目的としている．現在最もよく使われている実験動物は種々の遺伝子改変マウスであるが，これらのマウスはほぼすべてカルタヘナ法の規制対象である．不適切な使用等は罰則の対象となるので，留意する必要がある．カルタヘナ法は遺伝子組換え生物等の使用等に際して，その使用形態（第一種使用等，第二種使用等）に応じた措置の実施を求めている．遺伝子組換え生物等が環境中に拡がらないように適切な対策を講じることを，本法律では**拡散防止措置**を執るという．第一種使用等は拡散防止措置を執らないで遺伝子組換え生物を使用することをいう．また，第二種使用等は拡散防止措置を執って遺伝子組換え生物を使用することをいう．私たちが行う遺伝子改変マウスの飼

養やそれらを用いた実験は，第二種使用等に該当する．

遺伝子改変マウスを用いた実験はほとんどの場合，機関の委員会で承認されれば実施することができる（機関実験）．しかし，研究開発二種省令別表第1の条項に該当する場合は，文部科学大臣に執るべき拡散防止措置について事前に確認を受けなければならない（大臣確認実験）．例えば，ヒトのポリオウイルスレセプター（hPVR）を発現しているトランスジェニックマウスの使用は，別表第1第3ロに該当するので大臣確認が必要である．

実験の内容により，執るべき拡散防止措置は異なる．微生物使用実験の拡散防止措置はP1～P3レベルに，動物使用実験はP1A～P3Aレベルに分けられている．Pの後の数字が大きいほど，厳重な措置が求められている．また，動物使用実験の拡散防止措置の「A」はanimalを意味している．遺伝子改変マウスを用いた実験は，原則P1Aレベルの拡散防止措置を執らなければならない．P1Aレベルの拡散防止措置の概要を表1.2に示す．動物に遺伝子組換え微生物を接種する実験を動物接種実験という．このときにも適切な拡散防止措置を執らなければならない．原則，接種する組換え微生物の拡散防止措置に「A」を付けたレベルの拡散防止措置を執る．

この法律で忘れてはいけないのが，**情報の提供**に関する事項である．遺伝子組換え生物等の譲渡を行う場合は，遺伝子組換え生物等の性状を譲渡先に情報として伝えなければならない．提供する情報の内容は，①遺伝子組換え生物等の第二種使用等をしているむね，②宿主の名称および組換え核酸の名称，③譲渡者の氏名・住所などである．

表1.2 P1Aレベルの拡散防止措置

施設等
通常の動物の飼育室としての構造および設備
逃亡防止の設備等（ねずみ返し，アイソレーター，循環式水槽等）
糞尿等を回収するための設備等（糞尿等に遺伝子組換え生物等が含まれる場合）

運搬（実験中）
遺伝子組換え生物の逃亡を防止する構造の容器に入れる

その他
個体識別ができる措置（耳パンチ，別々の飼育容器の使用等）
「組換え動物飼育中」の表示

また，情報提供の方法も，①文書の交付，②遺伝子組換え生物等の容器等への表示，③ファクシミリ，④電子メールのいずれかと定められている．

1.2.4 麻薬および向精神薬取締法

動物実験には色々な薬剤が用いられる．例えば，実験動物に種々の処置を施す際の苦痛を軽減するために麻酔薬が用いられ，その一部は麻薬あるいは向精神薬に指定されている．したがって，それらの薬物を使用するには，本法律を遵守しなければならない．本法律の目的は，麻薬および向精神薬の輸入，輸出，製造，製剤，譲渡等について必要な取り締まりを行うとともに，麻薬中毒者について必要な医療を行う等の措置を講ずること等により，麻薬および向精神薬の濫用による保健衛生上の危害を防止し，もって公共の福祉の増進を図ることである．

塩酸ケタミンとキシラジンの混合液はこれまで実験動物の麻酔によく使用されてきたが，塩酸ケタミンは2007年1月1日から麻薬に指定されている．そのため，研究用として実験室等でケタミンを使用する場合は，研究者個人が麻薬研究者の免許を取得し，厳密に管理する必要がある．研究室において研究を指導している責任者が麻薬研究者の免許を取得すれば，他の研究員（学生等）は麻薬研究者の監督のもと，麻薬研究者の補助者としてケタミンを使用することができるとされている．

麻薬の管理は厳重に行わなければならない．麻薬は麻薬卸売業者から譲り受けなければならず，研究者間の貸借は譲渡・譲受にあたるので絶対にしてはいけない．また，麻薬の保管は鍵のかかる堅固な保管庫で行い，使用に際しては帳簿を備え，使用年月日・使用量・使途をすべて記録しておかなければならない．また勝手に廃棄することもできない．

ペントバルビタール，フェノバルビタール，ペンタゾシン，ブプレノルフィン，ジアゼパム，ミダゾラム，フルニトラゼパムなどの向精神薬の使用については，研究責任者は事前に利用場所，保管場所等について大学等の機関を介して，都道府県知事等に届け出る必要がある．

1.2.5 感染症法

正式名称は「**感染症の予防及び感染症の患者に対する医療に関する法律**」である．本法律の目的は，感染症の予防および感染症の患者に対する医療に関し必要な措置を定めることにより，感染症の発生を予防し，およびそのまん延の防止を図り，もって公衆衛生の向上および増進を図ることである．

まず，本法律には獣医師が届出を行う動物ごとの感染症が定められている（表1.3）．獣医師がこれらの動物が定められた感染症に罹患している（罹患していた）と診断した場合（実験感染は除く）には，都道府県知事等に届出なければならない．

表1.3 感染症法に基づく獣医師の届出

動物	感染症
サル	エボラ出血熱，マールブルグ病，細菌性赤痢，結核
鳥類	ウエストナイル熱，鳥インフルエンザ（H5N1，H7N9）
イヌ	エキノコックス症
プレーリードッグ	ペスト
イタチ，アナグマ，タヌキ，ハクビシン	重症急性呼吸器症候群（SARS）
ヒトコブラクダ	中東呼吸器症候群（MERS）

また，感染症の病原体を媒介するおそれのある動物の輸入に関する措置も定められている．プレーリードッグはペストを，イタチ，アナグマ，タヌキ，ハクビシンは重症急性呼吸器症候群（SARS）を，コウモリはニパウイルス感染症，リッサウイルス感染症等を，ヤワゲネズミ（マストミス）はラッサ熱をヒトに感染させるおそれが高いため，輸入が禁止されている．サルもアメリカ，インドネシア，ガイアナ，カンボジア，スリナム，中国，フィリピン，ベトナム以外からの輸入は禁止されている．さらに，動物の輸入届出制度が2005年9月より始まっている．届出対象は哺乳類，鳥類およびげっ歯目等の死体となっている．輸入者は届出書と輸出国政府が発行した衛生証明書を検疫所に提出しなければならない．

2007年より特定病原体等の管理規制が行われている．これはバイオテロリズムを防止するために定められた措置で，一種～四種の病原体等が指定されており（表1.4），一種病原体等は所持等が禁止され，二種病原体等は所持等に許可が必要であり，三種病原体等は所持等の届出が必要であり，また四種病原体等は許可や届出は不要であるが，法律に定められた基準（表1.5，1.6）を遵守しなければならない．感染実験を行う際は，使用する

表1.4 感染症法における病原体等の分類

病原体等	病原体等の名称*	BSL
一種病原体等	南米出血熱ウイルス（ガナリトウイルス，サビアウイルス，チャパレウイルス，フニンウイルス，マチュポウイルス），ラッサウイルス，エボラ出血熱ウイルス（アイボリーコーストエボラウイルス，ザイールウイルス，ブンディブギョエボラウイルス，スーダンエボラウイルス，レストンエボラウイルス），痘そうウイルス，クリミア・コンゴ出血熱ウイルス，レイクビクトリアマールブルグウイルス	4
二種病原体等	ペスト菌，重症急性呼吸器症候群（SARS）コロナウイルス，炭疽菌，野兎病菌	3
	ボツリヌス菌，ボツリヌス毒素	2
三種病原体等	東部ウマ脳炎ウイルス，西部ウマ脳炎ウイルス，ベネズエラウマ脳炎ウイルス，コクシエラ・バーネッティイ，コクシディオイデス・イミチス，Bウイルス，類鼻疽菌，鼻疽菌，ハンタウイルス肺症候群ウイルス（アンデスウイルス，シンノンブレウイルス，ニューヨークウイルス，バヨウウイルス，ブラッククリークカナルウイルス，ラグナネグラウイルス），腎症候性出血熱ウイルス（ソウルウイルス，ドブラバーベルグレドウイルス，ハンタンウイルス，プーマラウイルス），重症熱性血小板減少症候群（SFTS）ウイルス，リフトバレー熱ウイルス，オムスク出血熱ウイルス，キャサヌル森林病ウイルス，ダニ媒介脳炎ウイルス，ブルセラ属菌（ウシ流産菌，イヌ流産菌，ブタ流産菌，マルタ熱菌），ニパウイルス，ヘンドラウイルス，中東呼吸器症候群（MERS）ウイルス，多剤耐性結核菌，日本紅斑熱リケッチア，発しんチフスリケッチア，ロッキー山紅斑熱リケッチア，狂犬病ウイルス	3
	サル痘ウイルス，狂犬病ウイルス（固定毒株）	2
四種病原体等	インフルエンザAウイルス（H5N1およびH7N7（弱毒株を除く），H7N9，新型インフルエンザウイルス），腸チフス菌，パラチフス菌，黄熱ウイルス，ウエストナイルウイルス，結核菌（多剤耐性結核菌を除く）	3
	インフルエンザウイルス（H2N2，H5N1およびH7N7の弱毒株），ポリオウイルス，腸管出血性大腸菌，オウム病クラミジア，クリプトスポリジウム・パルバム，赤痢菌，コレラ菌，デングウイルス，日本脳炎ウイルス，志賀毒素	2

＊：生ワクチン株や弱毒株でヒトの健康に影響を及ぼすおそれのほとんどなく，厚生労働大臣が指定したものは規制対象外．

表 1.5　二種～四種病原体等取扱施設の基準の概略

施 設
地崩れや浸水のおそれの少ない場所に設けること
主要構造部等を耐火構造とし，不燃材料で造ること
実験室，前室，保管庫，滅菌設備などの管理区域を設定すること
排気設備の稼働状況の確認のための装置を備えていること*

前 室
出入口が屋外に直結していない，実験室専用の前室を設けること*
出入口にインターロックまたはそれに準ずる機能を有する二重扉を設けること*

実験室
壁，床などの表面は消毒の容易な構造であること
出入口にかぎなどを設けること
実験室内などに保管庫を設置し，かぎなどを設けること
高圧蒸気滅菌装置を備えていること
感染動物の飼育設備は実験室内に設けること（毒素は除く）
通話装置あるいは警報装置を備えていること*
窓などを設けること（室内の状態が把握可能な構造・設備を有していること）*
安全キャビネットを備えていること*
HEPA フィルターを通じて排気される構造であること*
出入口から室内へ空気が流れるよう管理できる構造であること*

その他
1 年に 1 回以上定期的に点検し，基準に適合するようその機能の維持がなされること**

*：二種～四種病原体等のうち BSL2 の病原体等については適用されない．

**：四種病原体等では点検の頻度は規定されていない．

表 1.6　二種～四種病原体等の保管，使用および滅菌等の基準の概略

保 管
密封容器に入れ，かつ，保管庫に入れること
施錠などにより，みだりに持ち出すことのできないようにすること
保管施設の出入口にバイオハザード標識を表示すること

使 用
実験室内に備えられた安全キャビネット内で行うこと*
実験室での飲食，喫煙および化粧を禁止すること
実験室では防御具を着用して作業すること
実験室から退出するときは，防御具表面の病原体等による汚染を除去すること
排気，汚染された排水および物品を実験室から持ち出す場合には滅菌などの処置を行うこと**
感染動物を実験室からみだりに持ち出さないこと***
飼育設備には感染動物の逸走を防止するための措置を講ずること
実験室の出入口にバイオハザード標識を表示すること
管理区域は原則関係者以外の立ち入りを制限すること．関係者以外がやむを得ず立ち入るときは，関係者の指示に従わせること

滅菌等
病原体等（毒素を除く）で汚染された物品等は 121℃，15 分以上の高圧蒸気滅菌，0.01％以上の次亜塩素酸ナトリウム溶液に浸漬 1 時間以上，あるいは同等以上の効果がある方法で滅菌等をすること
毒素で汚染された物品等は 1 分以上の煮沸，2.5％以上水酸化トリウム溶液に浸漬 30 分間以上，あるいは同等以上の効果がある方法で無害化すること
排水は 121℃，15 分以上の高圧蒸気滅菌，0.01％以上の次亜塩素酸ナトリウム溶液に浸漬 1 時間以上，あるいは同等以上の効果がある方法で滅菌等をすること

*：二種～四種病原体等のうち BSL2 の病原体等については適用されない．

**：二種～四種病原体等のうち BSL2 の病原体等に関しては排気および汚染された排水について適用されない．

***：毒素を使用した動物は除く．

病原体が特定病原体等に指定されていないか確認すべきである．なお，毒素（ボツリヌス毒素，志賀毒素）の使用についても同様である．

1.2.6　家畜伝染病予防法

本法律は家畜の伝染性疾病の発生を予防し，まん延を防止することにより，畜産の振興を図ることを目的とした法律である．獣医学に最も関連の

ある法律の1つであるが，ここでは実験動物学に関連する事項についてのみ記述する．詳細は他の専門書を参照されたい．

　ヒツジ，ヤギ，ブタ（ミニブタを含む），ニワトリ，ウズラなどの動物を飼う場合は農林水産省令で定められた「飼養衛生管理基準」に従い，衛生管理に努めなければならない．また，毎年家畜の頭羽数および飼養の衛生管理について，都道府県知事に報告しなければならない．

　また，家畜伝染病の病原体の所持等に関する規制が本法律に定められている．口蹄疫や高病原性鳥インフルエンザなどの家畜伝染病病原体（9疾病）を所持する場合は農林水産大臣の許可が必要となる．水胞性口炎，ブルセラ病，ニューカッスル病などの家畜伝染病病原体（10疾病）および馬インフルエンザなどの届出伝染病病原体（3疾病）を所持する場合は大臣への届出が必要である．家畜伝染病病原体および届出伝染病等病原体以外の監視伝染病の病原体（79疾病）に関しては，使用に際して学術研究機関の指定を受けなければならない．感染症法の特定病原体等と同様に，感染実験の際に留意すべき法律である．

1.2.7　その他の法律

　動物実験に関連するその他の法律として，**「化製場等に関する法律」**（化製場法），**「狂犬病予防法」**，**「鳥獣の保護及び狩猟の適正化に関する法律」**（鳥獣保護法），**「絶滅のおそれのある野生動植物の種の保存に関する法律」**（種の保存法）などがある．化製場法により，条例に定められた区域において定められた種の動物を定められた数以上飼う場合は，飼養許可申請が必要である．狂犬病予防法には犬の登録，予防注射などの規定が定められている．野生の鳥獣を捕獲・飼養する場合には鳥獣保護法にふれることがあるので注意しなければならない．国内希少野生動植物種，国際希少野生動植物種に指定されているものは販売，陳列，譲渡が種の保存法によって原則禁止されている．ただし，学術研究目的のためであれば，例外的に許可される場合もある．　　　　　　〔久和　茂〕

演習問題
（解答 p.209）

1-1　ラッセルとバーチが唱えた動物実験倫理を実現する3Rの意味として<u>適切でない</u>ものはどれか．
- （a）　実験に用いる動物の数を減らす．
- （b）　脊椎動物の組織培養や鶏卵を用いる実験に置き換える．
- （c）　責任ある動物実験を行う．
- （d）　動物へ適用する非人道的手技の発生と過酷さを少しでも減少させる．
- （e）　意識ある生きている高等動物に代えて，生命のない材料に置き換える．

1-2　環境エンリッチメントの意味として<u>最もふさわしい</u>ものはどれか．
- （a）　実験動物に十分な給水や給餌を行うこと．
- （b）　動物実験を行うに際して研究者の実験環境を整えること．
- （c）　実験動物を責任を持って飼育すること．
- （d）　実験動物の飼育に際して心理的な配慮のための環境の改善を行うこと．
- （e）　動物実験を行うに際して実験動物の苦痛を低減すること．

1-3　動物を科学上の利用に供する場合の方法に関する条文がある日本の法律はどれか．
- （a）　獣医師法
- （b）　科学技術基本法
- （c）　動物の愛護及び管理に関する法律
- （d）　遺伝子組換え生物等の使用等の規制による生物の多様性の確保に関する法律
- （e）　家畜伝染病予防法

1-4　トランスジェニックマウスの拡散防止措置として適切でないものはどれか．
- （a）　実験室にネズミ返しを設置する．
- （b）　動物にマイクロチップを挿入する．
- （c）　個別換気ケージを用いて飼育する．
- （d）　動物を紙袋に入れて運搬する．
- （e）　実験室の入口に「組換え動物飼育中」の表示をする．

2章　動物実験の立案と成績評価

一般目標：
動物実験の立案および動物実験計画書の作成のために必要な事項，動物実験成績の評価に必要な統計解析と外挿について理解する．

2.1　実験動物の選択

> **到達目標：**
> 実験目的に適した実験動物の選択について説明できる．
> **【キーワード】** 動物種，系統，動物種差，形態学的・生理学的特徴，遺伝学的品質，微生物学的品質

2.1.1　実験目的に適した動物の選択

動物実験で使用する動物は，実験の目的によって動物種を選択し，更に系統も選択する必要がある．動物種が変われば，当然，解剖学的相違や機能・生理学的相違が認められ，動物実験から得られる生体反応にも相違（**動物種差**）が生じることがある．したがって，動物種の選択の際は，動物の特性を含めた比較生物学の知識が必要であり，実験動物の**形態学的・生理学的特徴**を理解するとともに，これまで積み重ねられてきた動物実験の結果を十分に調べ上げる必要がある．新薬の候補物質の毒性を調べる実験など，動物の生体反応の予測が極めて困難なケースもあるが，このような実験では，多くの動物種の選択が必要となってくる．

一方，実験動物では，基本的に研究目的の達成が可能となる最も下等な動物種を選択しなければならない．マウスを使用すれば十分に目的を達成することができる実験でサルを使用してはいけないのである．すなわち，サルを使用しなければならない動物実験には，サルより下等な動物に代替できない理由が必要となる．

2.1.2　実験動物の品質

実験動物の品質は試薬の純度に例えられるように，厳密にコントロールされるべきもので，大きく**遺伝学的品質**と**微生物学的品質**に分けられる．実験動物の選択の際は，動物種・系統に加えて，これらの品質も考慮しなければならない．結果の再現性を高めるためには，用いる実験動物について遺伝的な統制が必要となる．第5章に詳しく記載されているように，実験用マウス・ラット等の遺伝学的品質は，大きく近交系とクローズドコロニーに分けられる．近交系では個体間の遺伝的ばらつきはほとんどなく，再現性の高い実験が可能となる．しかし，必ずしも近交系レベルの遺伝的均一性を必要としない実験，逆に遺伝的多様性の高い個体群を用いなければならない実験では，クローズドコロニーが選択されることになる．多くの実験動物の微生物学的品質はSPF（specific pathogen-free）として保証されている．SPFとは特定の微生物が存在しない状態であるが，実験動物の選択の際は，どの微生物が存在してはいけないのか，その基準について考慮しなければならない．免疫力が正常な一般の動物を使用する際は，必ずしも日和見病原体がフリーである必要はないが，免疫不全動物では日和見病原体の感染によって病気を発症することもある．また，アトピー性皮膚炎のモデル動物であるNC/Ngaマウスは，SPF状態で飼育すると皮膚炎をほとんどは発症せず，皮膚炎を発症させるためには，微生物学的な統制を行わない（コンベンショナル）状態での飼育が必要となる．

2.2　実験動物の福祉

> **到達目標：**
> 3Rの原則，動物の福祉の概念について説明できる．

【キーワード】 3Rの原則，実験動物の福祉，代替（replacement），削減（reduction），苦痛軽減（refinement），動物実験代替法，SCAWの苦痛度分類，人道的エンドポイント

2.2.1 動物実験の国際原則 3R

実験動物を用いた様々な研究は，生物学はもとより医学・薬学・獣医学などにも莫大な知見をもたらし，科学技術の発展に大きく貢献してきた．今後も人類の発展のために，実験動物を用いた研究は引き続き必要である．しかし，ほとんどの動物実験では動物に何らかの苦痛を与えることは事実であり，動物実験を行う際は，これらの苦痛を削減するために最大限の努力を払わなければならない．動物実験には，科学的な適正に加え，倫理的な適正も求められており，動物愛護という動物を人間の下位に位置付ける思考に止まらず，動物の精神的および肉体的な幸福の実現に向けた配慮，すなわち，**動物福祉**（animal welfare）からの配慮が必要である．

ラッセルとバーチは1959年に発表した *The Principles of Humane Experimental Technique*（人道的な実験技術の原理）中で，動物を科学上の利用に供する場合の理念，動物実験における非人道性の排除の方法として，3つのRを提唱した．すなわち，①代替，置き換え（replacement），②削減（reduction），③苦痛軽減，洗練（refinement）であり，現在では動物実験の国際原則として広く浸透している．以下，3Rについて解説する．
①代替（replacement）： 動物実験を動物を使用しない方法（**動物実験代替法**）へ置き換える，あるいは，使用動物を系統発生的に下位の動物種へ置き換えること．培養細胞などを用いた *in vitro* 実験，模型を用いた実習，コンピュータ・シミュレーション，痛覚・知覚の発達していない無脊椎動物を用いる実験などがある．
②削減（reduction）： 使用する実験動物数を削減させること．少ない動物数でも信頼できるデータが得られるよう実験計画を練る．統計学的解析が十分可能となる最小限の数まで動物数を削減し，それ以上の動物は用いない．
③苦痛軽減（refinement）： 麻酔薬・鎮痛薬の使用によって，動物へ与える苦痛を最小限に削減させる．実験実施者の動物実験手技の洗練，より侵襲性の低い実験法の選択によって，動物へ与える苦痛を削減させる．

また一般的ではないが，3Rに動物実験に対する責任（responsibility），または第三者による審査（review）などを加えた4Rを提唱するものもいる．3Rの原則は「動物の愛護及び管理に関する法律」の第41条に明文化されており，動物実験を行う際は，当該研究の科学上の目的を達成するために支障のない範囲で，**3Rの原則**について十分に配慮し，実施しなければならない．

2.2.2 SCAW の苦痛分類

動物実験を立案する際は，計画される実験処置が動物へ与える苦痛度を予め予測しなければならない．1979年から欧米でそのための苦痛分類の基準が検討され，Scientists Center for Animal Welfare（SCAW）による *Categories of Biomedical Experiments Based on Increasing Ethical Concerns for Non-human Species* が公表された．このSCAWの苦痛分類では，苦痛の程度の軽いものから順にA〜Eのカテゴリーに分類され，それぞれの判断基準が示されている（表2.1）．カテゴリーEと判断された処置を含む動物実験は，そこから得られる結果が如何に重要なものであったとしても，日本を含むほとんどの国で実施が禁止されている．

2.2.3 人道的エンドポイント

人道的エンドポイント（humane endpoint）とは，実験動物を耐え難い苦痛から解放するために実験を打ち切るタイミング，または安楽死処置を施すタイミングのことである．鎮痛剤等では軽減できないような疼痛や苦痛から実験動物を解放するための手段であり，動物が死亡するまで実験を続けるような実験計画の設定（death as endpoint）に対比して使われる．人道的エンドポイント設定の目安は実験処置によって異なり，摂餌・摂水困難，苦悶の症状（自傷行動，異常な姿勢，呼吸障害，喘ぎ声など），回復の兆しが見られない長期の外見異常（下痢，出血，外陰部の汚れなど），急激な体重減少，腫瘍サイズの著しい増大などが設定の目安となる．SCAWの苦痛カテゴリーDに相

表 2.1 動物実験処置の苦痛分類（Scientists Center for Animal Welfare（SCAW）の分類を一部改変）

カテゴリ	実　験	処置例	対　処
カテゴリ A	生物個体を用いない実験あるいは植物，細菌，原虫，または無脊椎動物を用いた実験	生化学的研究，植物学的研究，細菌学的研究，微生物学的研究，無脊椎動物を用いた研究，組織培養，剖検により得られた組織を用いた研究，屠場から得られた組織を用いた研究．発育鶏卵を用いた研究	無脊椎動物も神経系を持っており，刺激に反応する．したがって無脊椎動物も人道的に扱われなければならない
カテゴリ B	脊椎動物を用いた研究で，動物に対してほとんど，あるいはまったく不快感を与えないと思われる実験操作	実験の目的のために動物をつかんで保定すること．あまり有害でない物質を注射したり，あるいは採血したりするような簡単な処置．動物の体を検査（健康診断や身体検査等）すること．深麻酔下で処置し，覚醒させずに安楽死させる実験．短時間（2〜3時間）の絶食絶水．急速に意識を消失させる標準的な安楽死法	麻酔薬は，動物種に合った適切なもので，医療あるいは獣医療で一般的に使われるものとする
カテゴリ C	脊椎動物を用いた実験で，動物に対して軽微なストレスあるいは痛み（短時間持続する痛み）を伴う実験	麻酔下で血管を露出させること，あるいはカテーテルを長期間留置すること．行動学的実験において，意識ある動物に対して短期間ストレスを伴う保定（拘束）を行うこと．苦痛を伴うが，それから逃れられる刺激．麻酔下における外科的処置で，処置後も多少の不快感を伴うもの	ストレスや痛みの程度，持続時間に応じて追加の配慮が必要になる
カテゴリ D	脊椎動物を用いた実験で，避けることのできない重度のストレスや痛みを伴う実験	麻酔下における外科的処置で，処置後に著しい不快感を伴うもの．苦痛を伴う解剖学的あるいは生理学的欠損あるいは障害を起こすこと．苦痛を伴う刺激を与える実験で，動物がその刺激から逃れられない場合．故意にストレスを加え，その影響を調べること．長時間（数時間あるいはそれ以上）にわたって動物の身体を保定（拘束）すること．麻酔薬を使用しないで痛みを与えること．動物が耐えることのできる最大の痛みに近い痛みを与えること	動物に対する苦痛を最小限のものにするために，あるいは苦痛を排除するために，別の方法がないか検討する．また，人道的エンドポイントの設定を考慮する
カテゴリ E	麻酔していない意識のある動物を用いて，動物が耐えることのできる最大の痛み，あるいはそれ以上の痛みを与えるような処置	手術する際に麻酔薬を使わず，単に動物を動かなくすることを目的として筋弛緩薬等を使うこと．麻酔していない動物に重度の火傷や外傷をひきおこすこと．避けることのできない重度のストレスを与えることや，ストレスを与えて殺すこと	実験によって得られる結果が重要なものであっても，決して行ってはならない

当するような苦痛度の高い実験では，計画段階で人道的エンドポイントの設定を検討しなければならない．実験動物は安楽死処理をもって終了することが原則ではあるが，中・大動物を用いた実験では，実験打ち切り後に治療を行うケースもある．

2.3　動物実験計画書の作成

> **到達目標：**
> 　動物実験計画書が必要な理由と主な記載項目を説明できる．
> **【キーワード】** 動物実験計画書，動物実験委員会，研究機関等における動物実験等の実施に関する基本指針，機関内規程

　動物実験を実施するにあたっては，取得されるデータの信頼性を確保することはもとより，実験の意義およびそれを必要とする理由を説明できなければならない．また，動物福祉に配慮し，動物実験に関連する法令指針等を遵守するとともに，

実験実施者等の労働安全衛生も確保しなければならない．それを確認するため，動物実験を実施する前に必ず**動物実験計画書**（図2.1）を作成し，**動物実験委員会**の審査に基づき機関長（大学の学長等）の承認を受ける．承認後に計画を変更する場合は必要に応じて変更の承認を受け，実験の終了にあたっては得られた成果をまとめて動物実験結果報告書を提出する．

　動物実験計画の立案にあたっては，以下に示した事項を検討して動物実験計画書に記載する．
・動物実験の目的とその必要性
研究の背景や目的，学術的な意義に加え，社会にもたらす利益も説明する．
・動物実験実施者に対する教育訓練の実績
・使用する実験動物種ならびに遺伝学的および微生物学的品質
・実験方法，使用する実験動物の数とそれが必要な根拠
方法は具体的に記載する．例えば，薬物を投与する場合はその名称だけでなく保定方法，投与経路，

○ ○ 大 学 動 物 実 験 計 画 書

○ ○大学学長殿

□ 新規 □ 変更・年度更新

提出年月日 年 月 日 受付年月日 年 月 日 受付番号

研 究 課 題				
研 究 目 的				
	フリガナ	部局名	職	動物実験の経験等
動物実験責任者名 (選択項目を■)	氏 名 e-mail @	連絡先TEL:		教育訓練受講の□有□無
動物実験実施者名 (括弧内にフリガナ、選択項目を■)	( ) @	連絡先TEL:		教育訓練受講の□有□無
	( ) @	連絡先TEL:		教育訓練受講の□有□無
	( ) @	連絡先TEL:		教育訓練受講の□有□無
	( ) @	連絡先TEL:		教育訓練受講の□有□無
	( ) @	連絡先TEL:		教育訓練受講の□有□無

実験実施期間	承認後 ～ 20( )年 3 月				中止・終了等	20( )年 月 日	
飼養保管施設 及び 実験室	飼養保管施設				実験室		
使 用 動 物	動 物 種	系 統	性 別	匹 数	微生物学的品質	入手先(導入機関名)	備 考

研究計画と方法	研究概要(研究計画と方法について、その概要を記入する.) 実験方法(動物に加える処置、使用動物数の根拠を具体的に記入し、「想定される苦痛のカテゴリー」や「動物の苦痛軽減・排除方法」等と整合性をもたせる.)

特殊実験区分 (該当項目をすべて■)	□ 1. 感染実験 安全度分類: □ BSL1 □ BSL2 □ BSL3 □ 2. 遺伝子組換え動物使用実験 区分: □ P1A □ P2A □ P3A □ 3. 放射性同位元素・放射線使用実験 □ 4. 化学発癌・重金属実験	
動物実験の種類 (選択項目を■)	□ 1. 試験・研究 □ 2. 教育・訓練 □ 3. その他	動物実験を必要とする理由(選択項目を■) □ 1. 検討したが、動物実験に替わる手段がなかった. □ 2. 検討した代替手段の精度が不十分だった. □ 3. その他

想定される苦痛のカテゴリー (選択項目を■)	□ B. 脊椎動物を用い、動物に対してほとんど あるいはまったく不快感を与えないと思われる実験. □ C. 脊椎動物を用い、動物に対して軽度のストレスまたは痛み(短時間持続するもの)を伴うと思われる実験. □ D. 脊椎動物を用い、回避できない重度のストレスまたは痛み(長時間持続するもの)を伴うと思われる実験. □ E. 無麻酔下の脊椎動物に、耐えうる限界に近い またはそれ以上の痛みを与えると思われる実験.
動物の苦痛軽減、排除の方法 (該当項目をすべて■)	□ 1. 短時間の保定・拘束および注射など、軽微な苦痛の範囲であり、特に処置を講ずる必要はない. □ 2. 科学上の目的を損なわない苦痛軽減方法は存在せず、処置できない. □ 3. 麻酔薬・鎮痛薬等を使用する. (具体的な薬剤名及びその投与量・経路を記入:) □ 4. 動物が耐えがたい痛みを伴う場合、適切な時期に安楽死措置をとるなどの人道的エンドポイントを考慮する. □ 5. その他(具体的に記入:)
安楽死の方法 (該当項目をすべて■)	□ 1. 麻酔薬等の使用(具体的な薬剤名及びその投与量・経路を記入:) □ 2. 炭酸ガス □ 3. 中枢破壊(具体的に記入: 法) □ 4. 安楽死させない(その理由を記入:)
動物死体の処理方法 (選択項目を■)	□ 1. 大学内で焼却 □ 2. 外部業者に依託 □ 3. その他(具体的に記入:)
その他必要または参 考 事 項	(過去の動物実験計画書承認実績、学内の関連委員会への申請状況、飼養保管施設・実験室の承認状況などを記入する.)

委員会記入欄	審査終了: 20( )年 月 日 修正意見等 審査結果 □ 本実験計画は、○○大学における動物実験規程等に適合する. (条件等 □ 遺伝子組換え実験安全委員会の承認後、実験を開始すること.) □ 本実験計画は、○○大学における動物実験規程等に適合しない.
学長承認欄	承認: 20( )年 月 日 本実験計画を承認します. 承認番号: 第 号 ○ ○ 大 学 長

図 2.1 動物実験計画書様式(国立大学法人動物実験施設協議会ひな形)

投与器具，投与量および容量を記載する．苦痛を伴う処置ではその長さや頻度も記載する．

・人および環境等に影響を与える可能性のある動物実験等であるかどうか．

該当する場合は必要な措置および手続き，ならびに労働安全衛生に係る事項も検討する．遺伝子組換え実験等は，専門の委員会による承認のもとに実施する．

・in vitro の実験系および系統発生的に下位の動物種への置き換えが可能かどうか（代替法の活用）

・実験処置により発生すると予想される障害や症状および苦痛の程度（2.2.2 参照）

・より侵襲性の低い動物実験方法への置き換えが可能かどうか

・実験動物にとって耐え難い苦痛が予想される場合の苦痛軽減処置

・鎮静，鎮痛，麻酔処置，術後管理の方法

・人道的エンドポイントの設定（2.2.3 参照）

・実験動物の最終処分方法（安楽死の方法等）

動物実験計画書の審査にあたっては，関係する各種の法令指針等の記載に実験計画が適合するか否かが問われることとなる．特に，動物実験計画書の審査を直接，義務付けている「**研究機関等における動物実験等の実施に関する基本指針**（文部科学省）」およびその規制により各機関で定められた「**機関内規程**」の遵守は必須となる．実験動物の飼育方法等を定めた「実験動物の飼養及び保管並びに苦痛の軽減に関する基準（環境省）」も守らねばならず，より詳細に動物実験の実施体制について示された「動物実験の適正な実施に向けたガイドライン（日本学術会議）」も審査の参考とされる．

2.4 統計解析による動物実験成績の評価

> **到達目標：**
> 実験成績を適切に評価するための統計解析について説明できる．
> 【キーワード】帰無仮説，危険率，有意水準，母集団，標本，標本分散，不偏分散，標準偏差，標準誤差，正規分布，t 検定，多重比較

動物実験から得られたデータの解析には，多くの場合，統計学の手法が用いられる．すなわち，

実験処置によって動物から得られた反応が，意味のある（有意である）反応であるのか，あるいは，偶然の反応であるのかを，確率論的に検証するのである．動物実験を計画する際には，3R を考慮しなければならないことは，これまで述べてきたが，使用動物数，実験群数等の設定の際は，統計解析への配慮が必要である．

動物実験の解析に用いられる統計解析の手法のほとんどは，仮説検定という方法論に基づいている．仮説検定では，検定される群間には「差がない」とする仮説（**帰無仮説**）を立て，この仮説は正しいのに，誤って除外してしまう確率（**危険率**）を算出する．危険率が 5% 未満と出れば，通常，帰無仮説は捨てても危険は小さいと判断し，対立する仮説，すなわち，「差がある」を支持することになる．この帰無仮説を捨てる基準となる危険率を**有意水準**といい，通常は 5% に設定することが多いが，研究目的等に応じて，1% または 0.1% とすることもある．有意水準は小さく設定するほど，その判定の確からしさは増加するが，有意な差は出にくくなる．5% に設定した有意水準は $p=0.05$ と記載され，$p<0.05$ は「差がないことが真実である確率は 5% 未満であるため，有意差ありと判定する」ということである．

2.4.1 母集団と標本

研究の対象とし，情報を得たいと考えている対象の集合全体を**母集団**という．一般に母集団すべてを対象として実験を行うことは不可能であるので，**標本**を抽出して実験を行い，母集団で行った実験結果を推定することになる．例えば，12 匹のラットを用いて行った実験について考えてみる．ふつうの研究者であれば，得られた結果が 12 匹のラットのみで当てはまるのではなく，世界中のどの研究者が行っても同様の結果が得られることを期待するはずである．この場合の母集団は，同じ条件で実験に供されるすべての同系統のラットを意味し，そのような母集団が実際に存在しているかどうかは重要でない．

2.4.2 平均値，標準偏差と標準誤差

実験データは母集団から抽出された標本から導かれたものであり，それらの平均値とばらつきを用いて，母集団のそれらを推定することができ，

更に，母集団の群間におけるデータ比較も可能となる．いずれの場合も，データのばらつきの特徴が分かっていることが前提であり，平均値だけを求めても統計解析は不可能である．標本から得られたデータのばらつきの範囲は，**標本分散**（s^2），あるいは**標本標準偏差**（s）で表される．

$$標本分散（s^2）= \frac{1}{n}\sum_{i=1}^{n}(x_i - \bar{x})^2$$

$$標本標準偏差（s）= \sqrt{s^2}$$

x_i：測定値，$\bar{x}$：平均値，n：標本の大きさ

標本分散や標本標準偏差は，母集団のそれらの値よりも，少し小さな値となることが知られており，母集団の分散や標準偏差の推定には使えない．母集団の分散や標準偏差は，標本分散の計算式において，標本の大きさ（n）ではなく，（$n-1$）で割ることによって推定できる．この（$n-1$）で割った分散を**不偏分散**（μ^2）と呼び，μ^2の平方根（μ）を**不偏標準偏差**と呼ぶ．この不偏標準偏差こそが，母集団におけるデータのばらつきの程度を推定するために研究者が一般的に用いる**標準偏差（standard deviation：SD）**である．標本として抽出した6匹のラットの体重を測定したところ，100 g, 130 g, 110 g, 125 g, 120 g, 105 g となり，平均値は115 g であった．この場合，不偏分散と不偏標準偏差は，以下のように計算される．

$$(100-115)^2 + (130-115)^2 + (110-115)^2$$
$$+ (125-115)^2 + (120-115)^2 + (105-115)^2$$
$$= 700$$
$$不偏分散 = 1/(6-1) \times 700 = 140$$
$$不偏標準偏差 = \sqrt{140} = 11.8$$

一方，母集団からn個の標本を複数回抽出すると，それぞれの標本の平均値にもばらつきが生じる．**標準誤差（standard error：SE）**は，この母集団から複数回抽出した標本の平均値のばらつきの範囲を示している．

$$標準誤差（SE）= SD/\sqrt{n}$$

前例における標準誤差は，$11.8/\sqrt{6} = 4.8$，と計算される．実験データは（平均値±SD），あるいは（平均値±SE），で表記されることが多い．それらの使い分けに絶対的な基準は存在しないが，動物実験から得られるデータは概してばらつきが大きいため，ばらつきが小さい（平均値±SE）が使用されるケースが多い．いずれを使用する場合でも，母集団のデータのばらつきの程度を推定するために用いられる SD と母集団から抽出した標本の平均値のばらつきを推定するために用いられる SE の違いを正しく理解して使用しなければならない．

2.4.3 正規分布，パラメトリック検定とノンパラメトリック検定

正規分布とは確率分布の一種で，実験データが平均値を頂点とした左右対称の釣鐘状に分布された状態をいう．正規分布をとるデータは平均値±SD の範囲に全体の約68％が，平均値±2SD の範囲に全体の約95％が含まれる，などの特長がある．統計解析の手法は，パラメトリック検定とノンパラメトリック検定に大きく分けられる．パラメトリック検定は母集団のデータが正規分布することを仮定して構築された方法であり，一方，ノンパラメトリック検定は母集団の分布に仮定がない手法である．したがって，パラメトリック検定を行う際は，データが正規分布しているかどうかを検定しなければならない（正規性の検定）．正規性の検定には，コルモゴロフ-スミルノフ検定，Q-Q プロットによる視覚的な確認など，いくつかの方法がある．動物実験では標本数がそれほど多くないケースが多いが，その場合に正規性の検定を行うと，正規分布とみなすという結果が得られることが多い．また，生物形質は一般に正規分布をとると考えられているため，動物実験では正規性の検定は省略されることもある．

2.4.4 2群の実験の検定法

動物実験で最も頻繁に使用される検定は，平均値の差に関するものであり，**t検定**（Student's t-test）は，2群の差を調べるときに用いられる方法である．t検定はエクセルでも簡単に実行できるが，実験データに対応のない場合か，対応のある場合か，そして，両側検定か，片側検定かに注意しなければならない．実験データに対応のない場合とは，例えば，10匹のラットを処置群と対照群の2群（$n=5$）に分けて比較するケースであり，対応のある場合とは，1群5匹のラットを用いて薬剤を投与する前（投与前群）と投与した後（投与後群）で比較するケースを指す．両側検定は比較する平均値が増加するのか減少するのか，方向性を問わずに評価できるのに対して，片側検定は平均値が増加あるいは減少することが広く知られてい

るなど，変化の方向性を事前に絞れる場合に可能となる．t検定はパラメトリック検定であり，対応のない2群のt検定では，データの正規性，そして2群が同じ分散（等分散）を示すことが前提となる．等分散の検定はF検定が用いられ，等分散でなければ，Welchの検定を行う．対応のある2群のt検定では，等分散の検定は必要ない．

2.4.5　3群以上の実験の検定

3群以上で平均値を比較する場合（**多重比較を行う場合**），t検定を繰り返し用いてはいけない．A，B，Cの3群で構成された実験で，それぞれの群間の平均値を比較するケースを考えてみる．AB間，BC間，CA間それぞれで，$p=0.05$の有意水準でt検定を行った場合，「少なくとも1つの群間に有意差あり」となる確率は，$1-(1-0.05)\times(1-0.05)\times(1-0.05)$で計算され，$p=0.14$となってしまう．5%の危険率で検定したつもりが，14%に上昇し，実験データを甘く評価してしまうことになる．このように，実験の群数が増えれば増えるほど，本当は差がないのに偶然に有意差が出る確率が高くなることを，多重性の問題という．

多重性の問題を解決するために，有意水準の増加を極力少なくした検定法として，多重比較がある．多重比較では，有意水準を狭めることで，全体の有意水準を5%に調整するように工夫されている．パラメトリック検定であるTukey-Kramer法，Bonferroni法，Dunnett法をはじめとする多くの方法が開発されている．全群で比較する場合はTukey-Kramer法，Bonferroni法，対照群と処置群のみの比較を行う場合は，Dunnett法が用いられる．

一方，3群以上の比較では，多重比較を行う前に，分散分析（analysis of variance：ANOVA）を行うことがある．分散分析は，各群の平均値がすべて等しいかを調べる検定法であり，群間の比較を行うものでない．

平均値の差の解析を中心に解説してきたが，それ以外の統計解析が必要となる動物実験も，もちろん存在する．ある形質がメンデルの法則に従って遺伝するかどうかを調べるなどの出現率の検定では，χ^2（カイ2乗）検定が利用される．統計解析の基礎を理解したうえで，適切な方法を選択する必要がある．エクセルで簡単に行える検定もあ

るが，多重比較等を行う際は，専用の統計解析ソフトを入手しなければならない．

2.5　動物実験成績の外挿

> **到達目標：**
> 動物実験から得られた成績の外挿について説明できる．
> 【キーワード】　外挿，アロメトリー式，疾患モデル動物

動物実験の主な目的の1つは，動物に一定の処置を加えてその反応を観察し，そこからヒトまたは他の動物種で起こる反応を類推することであり，これを「**外挿**」という．先述したように動物実験から得られた成績には動物種差があり，この存在が正確な外挿の妨げとなっている．実験動物の成績をヒトへ正しく外挿するためには，ヒトと動物との間の形態学的・生理学的特徴についての理解が必要であると共に，遺伝子機能の種差についての理解も重要である．いくつかの生体反応については，多種類の動物から蓄積されたデータを用いて任意の換算法が考案されており，ヒトでの反応値を類推する方法が確立されている．また，近年の分子生物学の急速な進展に伴い，遺伝子レベルで外挿を論じる事も可能となっている．

換算法による外挿の代表例としては，**アロメトリー式**が有名である．アロメトリー式は生物における2つの指標（例えば体重と身長）の間には両対数線形関係が成立することを示しており，$y=bx^a$で表される．一般的に寿命などの生理的時間は体重の1/4乗に，体表面積は体重の2/3乗に，標準代謝量は体重の3/4乗に比例することなどが知られている．アロメトリー式が最も応用されている研究分野の1つは薬物動態学であり，薬物の血中半減期Yは，体重Wの0.23乗に比例することが知られている（$Y=\alpha W^{0.23}$：αは薬物固有の定数）．

一方で，ヒト疾患の原因の解明，病態の解析，診断や治療法の確立のために各種の**疾患モデル動物**が用いられており，疾患モデル動物から得られた研究成果をヒトへ外挿する試みも盛んである．このためには個々の遺伝子の機能，遺伝子変異がもたらす表現型の動物種差についての理解が重要となるが，ヒト・マウスをはじめとする様々な動

物における全ゲノム配列の解読，ヒトの遺伝性疾患および遺伝子欠損マウスの表現型データの蓄積等によって，この遺伝子レベルの種差は急速に解明されつつある． 〔佐藤雪太〕

参 考 文 献

1) 市原清志 (1990)：バイオサイエンスの統計学，南江堂．
2) 石村貞夫 (1993)：すぐわかる統計解析，東京図書．
3) 石村貞夫 (1994)：すぐわかる統計処理，東京図書．
4) 永田 靖，吉田道弘 (1997)：統計的多重比較法の基礎，サイエンティスト社．
5) 足立堅一 (1998)：らくらく生物統計学，中山書店．
6) 池田郁男 (2015)：実験で使うとこだけ生物統計1 キホンのキ，羊土社．
7) 池田郁男 (2015)：実験で使うとこだけ生物統計2 キホンのホン，羊土社．

演 習 問 題
(解答 p.209)

2-1 動物実験の選択に関する記述として正しいのはどれか．
（a） 動物種の選択について慎重に検討すれば，系統についての検討は必要ない．
（b） 研究目的の達成が可能となる最も高等な動物種を選択しなければならない．
（c） 実験動物の品質は大きく遺伝学的品質と微生物学的品質に分けられる．
（d） 必ず SPF 動物を使用しなければならない．
（e） 必ず日和見病原体はフリーでなければならない．

2-2 3R の国際原則に関する記述として<u>誤っている</u>のはどれか．
（a） ラッセルとバーチによって提唱された．
（b） Replacement では，動物を使用しない実験方法への置き換えを検討する．
（c） Reduction では，動物実験を行う研究者の削減を検討する．
（d） Refinement では，動物へ与える苦痛を最

小限に削減させることを検討する．
（e） 「動物の愛護及び管理に関する法律」に明記されている．

2-3 実験動物の福祉に関する記述として正しいのはどれか．
（a） 動物へ薬剤等の投与を行っている最中は，苦痛に対する配慮は不要である．
（b） 研究者が実験動物の苦痛を判断してはいけない．
（c） 実験動物の命を無駄にしないために，動物実験の計画は途中で変更してはいけない．
（d） 人道的エンドポイントとは，実験中に実験動物を人道的に扱う最後のタイミングのことである．
（e） SCAW の苦痛分類でカテゴリーE と判断された動物実験は，実施してはいけない．

2-4 動物実験計画書に関する記述として<u>誤っている</u>のはどれか．
（a） 「実験動物の飼養及び保管並びに苦痛の軽減に関する基準（環境省）」でその作成と審査が義務付けられている．
（b） 実験の学術的な意義だけでなく，成果の社会への利益も記載するのが望ましい．
（c） 動物の福祉だけでなく，実験実施者等の安全確保も検討する．
（d） 薬物投与の実験では，体重あたり投与量だけでなく容量も記載する．
（e） 法令指針に適合しない計画は，動物実験委員会の審査に基づいて機関長が却下して良い．

2-5 統計解析に関する記述として正しいのはどれか．
（a） 有意水準は必ず5%に設定する必要はない．
（b） 動物実験から得られるデータの値はすべて正規分布している．
（c） 母集団すべてを対象として実験を行わなければならない．
（d） 動物実験の統計解析では，標準偏差と標

準誤差の意味は同じである.

(e) 2群間の平均値の比較では,多重性の問題が生じる.

2-6 t 検定に関する説明として誤っているのはどれか.

(a) 一般的に2群の平均値の差を調べるときに用いられる.

(b) エクセルを用いて実施できる.

(c) 実験データに対応のない場合か,対応のある場合かに注意しなければならない.

(d) 必ずデータの変化の方向性を事前に絞って実施しなければならない.

(e) パラメトリック検定であり,母集団が正規分布することを仮定している.

3章　動物実験の基本的技術

一般目標：
再現性および精度の高い実験成績を得るために必要な各種動物に適した基本的技術について理解する．

3.1 基本手技

> **到達目標：**
> 各実験動物のハンドリング，主な保定法，識別法，投与法，採血法および試料採取法を説明できる．
>
> **【キーワード】** ハンドリング，保定器，モンキーチェアー，色素着色，耳刻法，マイクロチップ，首輪，耳標，経口投与，静脈内注射，皮下注射，皮内注射，筋肉内注射，腹腔内注射，吸入曝露，心採血，頸静脈，後大静脈，腹大動脈，眼窩静脈叢，背中足静脈，尾静脈，代謝ケージ，尿道カテーテル

3.1.1 ハンドリングと保定

動物実験にあたって最初に問題となるのは実験動物の**ハンドリング**である．通常実験動物は所定のケージ，ペンなどで飼育されているので既に拘束状態にある．そこからさらに実験目的に応じて動物を拘束することを保定という．保定の条件によって動物の示す生理学的指標が変動することがあるので，この変動を最小限に抑えるためには，保定法について習熟しなければならない．種々の保定法があるが，動物に不安や恐怖を与えないように保定することが重要となる．場合によっては**保定器**や麻酔薬を使用することもある．

a. マウス

初めて動物を取り扱うとき人は多少の恐怖心をおぼえるものであるが，これと同じように動物もヒトに接するときにはかなりの恐怖心を持っているので，その恐怖心を取り除くように声をかけたり，優しく体に触れる等に配慮して取り扱うとよい．やむを得ず動物が嫌がる取り扱いをする場合には，咬まれないような配慮が必要となる．

[保定法] 利き手で尾をつかみ，後方に軽く引っ張り，前肢をケージの網蓋につかませる．もう一方の手の親指と人指し指で耳根部と頭部の皮膚をつまみ，小指と中指で尾をはさんで固定する（図3.1）．

b. ラット

ラットはマウスと比べて性格が温和であるが，大きいので，咬まれるとその傷は大きくなる．そのため取り扱いにはしっかりとした技術が必要となる．ラットに接する場合は，背部または腹部から優しく持ち上げ，動物を不安定な状況から速やかに解放するように心がける．持ち上げたラットは手に乗せたまま保定者の胸などにもっていき，

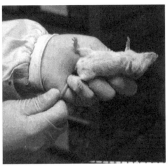

図3.1　マウスの保定

図3.2　ラットの保定[1]

保定している手を安定させるのがこつである。ラットは尾を持って取り扱われることを嫌うし，脱皮しやすいのでマウスのように尾を持って取り扱うことは避けなければならない。

［保定法］利き手で尾の付け根をつかみ，もう一方の手の親指と人指し指で耳根部と頭部の皮膚をつまみ，他の3指と手のひらで背部の皮膚を大きくつかむ。また親指と中指を背部から腋の下にまわして持ち上げ，片方の前肢を人さし指と中指ではさむと確実に拘束できる。左手で背側から胸部を包みこみ，親指を右腋下に，人さし指を左腋下に入れて両前肢を広げるように保定してもよい（図3.2）。

c. ハムスター，モルモット

ハムスター類は警戒心が強いため，不安な状況に置くと独特の鳴き声を発する。しかも尾が短く，尾による取り扱いが行えないために初心者には扱いづらい動物である。しかしながら，ヒトに慣れる習性を持っているので，日頃から動物によく接して不安感を持たせないよう心がけることが大切である。また，ケージ内で眠っているときに，いきなりつかもうとすると驚いてその手を咬むことがあるので，ケージの壁を軽くたたくなどして，起こしてやることが必要である。

モルモットはおとなしい動物で，跳んだりはねたりしないが，動きが敏捷で一度逃がすと捕獲するのに苦労することから，注意深く取り扱う必要がある。体重が500gまでのものであれば，片手でつかむこともできる。この場合，手のひらをモルモットの背部にあて，親指を前肢の腋下に入れ，人差し指と中指で他方の前肢を挟み込むようにして柔らかくつかむようにする。皮膚をつまんで持ち上げるようなことは決して行ってはならない。

［保定法］ハムスター，モルモットいずれも，ラットと同じ方法で保定できる（図3.3）。大きなモルモットを片手で保定することは困難なことから，1人が両手で保定し（図3.4），もう1人が処置を行うようにする。ハムスターは皮下組織がルーズであるため，背部の皮膚をしっかりとたぐり寄せるように保定する必要がある（図3.5）。

d. ウサギ

ウサギは非常におとなしく，噛み付いたり引っ掻いたりすることはめったにない。しかし授乳中の親は興奮していることがあり，不用意にケージの中に手を入れると飛びかかってくることがあるので気を付ける。また，体の大きさに比べて骨が

図3.3 モルモットの保定[1]

図3.5 ハムスターの保定

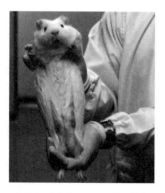

図3.4 大きなモルモットの保定

図3.6 ウサギの保定[1]

細く,骨折したり,腰を抜かしてしまったりしやすいので,雑に取り扱ってはいけない.

［保定法］ ウサギを持ち上げる場合には,片手で胸背部の皮膚を広くつかみ,もう一方の手で臀部を支える（図 3.6）.頭部を腋の下に入れるとウサギは落ち着く（図 3.7）.耳をもって持ち上げることは絶対にしてはならない.

e. イ ヌ

イヌを取り扱う際には咬傷などの危害を防止するためにもイヌの性質をよく判断し,個体に応じた取り扱いをすることが大切である.尾を振り,じゃれて近寄ってくるイヌは人に親和性を持ったおとなしいイヌであるが,尾を股間にはさみ,歯を剥き出すようなイヌは警戒・恐怖の状態にあることを示しているので,注意深く接する必要がある.どのようなイヌでも初めて接する際は,優しく声をかけてイヌに安心感を与えながら接近する.

［保定法］ 口輪を用いることが多い.包帯を口吻に二重にまわし,下顎の下部で一度結んだ後,包帯の両端を後頭部にまわして固く結んで口を固定する（図 3.8）.一方の手で下から前肢とともに胸部を支え,もう一方の腕で大腿および臀部を支える.前肢への静脈注射等の際には背後から両前肢を持ち上げ,腰部を両足ではさみ,前肢の肘関節部を伸ばすようにしっかり保定する（図 3.9, 3.10, 3.16）.

f. ネ コ

ネコは一般に警戒心が強く,見知らぬ人からは遠ざかり,不用意に手を出して捕まえようとすると,引っ掻き,噛みつくことがあるので気を付けなければならない.ネコを扱う場合,個々のネコがヒトに良く慣れているか否かを十分に観察することから始める.ヒトに良く慣れたネコはケージの前面にきてニャーニャーと鳴き,自らヒトの方へすりよってくる.粗暴なネコはケージの奥にうずくまり,ヒトに対して毛を逆立てて,フーフーと威嚇の声を発する.ネコに接する場合には,優しく声をかけながら近づき,ヒトに対する反応や行動をよく観察することが大切である.

［保定法］ ネコを保定する場合,おとなしいネコの場合には,声をかけながら近づき,背中をなでて警戒心を和らげた後,片手で首筋をつかんでケージから出し,両手で頭部と前肢を保定し,小脇に抱え込むようにする.良く慣れたネコでも実験処置を加える場合には鋭い爪をたてられないように注意し,必要に応じて厚手の革手袋や保定袋を使用する.粗暴なネコでは原則として革手袋や保定袋を使用して必要な部分だけを袋から出して

図 3.7 ウサギを落ち着かせる保定法

図 3.9 イヌの保定[2]

図 3.8 イヌの保定[3]

図 3.10 イヌの保定（横臥位）[2]

実験処置を加えるが，実験処置に先立ち麻酔を施すこともある（図3.11）．

g. ブタ

ブタでは通常の管理を含めた取り扱いや接し方が大切である．ブタが嫌がる刺激や不適切な処置を加えられると，ヒトが近づいたり触るだけで金切り声をあげたり凶暴性を示すようになることから，正常な実験の遂行が困難となることがある．しかし，日頃からブタに適切な方法で接していればヒトが話しかけるだけでも落ち着くようになる．したがって，飼育管理者が声を出しながらブタに接し，頻繁にブラッシングしたり手を触れたりすればよく慣れるので，実験の際に有利になる．

［保定法］　小さなブタ（体重10～15 kg程度）の保定や移動では，ブタに不安を与えないように静かに両手で胸部を両脇からかかえ，静かに持ち上げ，胸に抱きかかえるようにし，片手を腰部にあてるようにするとよい（図3.12）．注射等の処置を施すためにしっかりと保定するには，図3.13のように前後肢を垂れ下げ，腹部・胸部で支える方式（ハンモック方式）を用いると，長時間比較的安定して保定できる．

h. 霊長類

サル類は一般に乱暴でかつ動作が敏速，しかも飛びついたりよじ登る等立体的な行動様式をとる．また，手足とも握力が強く，何でも構わずつかんで引き寄せ，鋭い歯で咬む習性がある．したがって取り扱いには細心の注意が必要である．決して不用意におりに近づいたり安易に捕まえようとしてはならない．サル類の取り扱いはできるだけ経験者を含む複数の人員であたる．サル類は，一般的には挟体装置の付いたケージで飼育し，その取り扱いは原則として麻酔下で行うが，目的等によってやむなく無麻酔下で取り扱わざるを得ないときには，咬まれてもけがをしないように専用の革手袋などの防護装備を着け，捕獲網を用いて行う．

［保定法］　手で保定する場合には，サルの両腕を羽交い締めにして背側で片方の手で保定し，もう一方の手で後頭部から頭部の皮膚をつかむ．非麻酔下で長時間にわたって保定したい場合には，**モンキーチェア**を用いる（図3.14）．

3.1.2 個体識別法

実験動物の個体識別には毛色（アルビノ，有色），動物の大きさ，実験期間の長短等によって，異なった方法が取られる．

図3.11　ネコの保定[2]

図3.12　仔ブタの保定[2]

図3.13　ブタの保定[2]

図3.14　モンキーチェアを用いた経口投与（サル）[1]

a. 色素着色

アルビノ動物等の毛色の薄い動物では，色素着色による個体識別が可能となる．ピクリン酸のアルコール飽和溶液（黄色）による着色は2～3ヶ月間消失せず，よく使われていたが，ピクリン酸には発がん性があり，推奨できない．比較的早期に色がおちるので，頻繁に塗り直さねばならないという欠点を有するが，塩基性フクシン（赤色）やメチレン青（青色）のアルコール飽和溶液が使用可能である．実験動物に対して有害な物質を含まない色素を用いた実験動物用マーカーも市販されている．なお，モルモットは生まれたときには既に毛が生えているので，新生子でも本法による個体識別が可能である．

b. 入墨法

麻酔下で入墨器を用いて行う方法で，場所は比較的毛の少ない下腹部等がよい．イヌやウサギ，モルモットなどでは耳介内側への入れ墨も永久的な個体識別法として利用できる．サル類の場合，顔面に場所を変えて「ほくろ」の入墨を行うこともある．

c. 耳刻法および耳標

いずれも耳介標識法である．専用器を用いて行うが，複数処置することで多くの個体の識別が可能となる．本法は有色動物の個体識別法としても優れており，永久的な識別が可能となる．また耳に装着する標識（耳標）により個体識別する場合もある．番号が刻印されたアルミニウム環を耳介の中央に穴をあけてはめ込むタイプのものと，着色された合成樹脂製のものを耳介の外縁部に穴をあけて装着するタイプのものがあり，ブタ，ヤギ，ヒツジ等でよく使われる．

d. マイクロチップ法

長さ数mmの標識信号を発する小片（マイクロチップ）を皮下に植え込み，専用器で読み取る方法である．幅広い動物種に装着が可能であり，個体識別は確実に行える．

e. ラベルによる識別法

遺伝子組換え動物（特にマウス）が急増している現在，遺伝子組換え生物等規制法では小型げっ歯類においてはケージラベルによる個体識別法も可能とされている．

f. 首　輪

イヌ，ネコ，サル類などの場合は，首輪に装着された金属プレートに刻印された個体番号等で識別する方法もある．

3.1.3　試料投与法

試料投与では試料の種類や実験目的により，投与経路が選択される．また，動物の大きさと投与部位によっては，1回に投与できる溶液量には限界があるので，試料溶液の濃度の調整も必要になる．経路の違いによって種々の方法がある．主な動物種における投与部位と投与量を表3.1に示している．

a. 経口投与（peroral administration：po）

試料を経口的に消化管内に投与する方法であり，水や飼料に混ぜて投与する．この方法はすべての動物に適用できるが，動物の嫌がる味や臭いを持った試料等は，目的とする量を摂取させることは困難である．また食いこぼし等により正確な投与量を算出することはむずかしい．投与時にはカプ

表 3.1　各動物種における投与経路別に推奨される投与容量 [4]

種	投与経路と投与容量（mL/kg*はmL/投与部位）					
	経口	皮下***	腹腔内	筋肉内	静脈内（急速）	静脈内（低速）
マウス	10 (50)	10 (40)	20 (80)	0.05** (0.1)**	5	(25)
ラット	10 (40)	5 (10)	10 (20)	0.1** (0.2)**	5	(20)
ウサギ	10 (15)	1 (2)	5 (20)	0.25 (0.5)	2	(10)
イ　ヌ	5 (15)	1 (2)	1 (20)	0.25 (0.5)	2.5	(5)
サ　ル	5 (15)	2 (5)	— (10)	0.25 (0.5)	2	(—)
マーモセット	10 (15)	2 (5)	— (20)	0.25 (0.5)	2.5	(10)
ミニブタ	5 (15)	1 (2)	1 (20)	0.25 (0.5)	2.5	(5)

*括弧内の数値は許容最大投与容量を示し，「—」は利用できるデータが存在しないことを示している．

**筋肉内投与の投与部位は1日あたり2ヶ所を超えないものとする．

***皮下投与部位は1日あたり2～3ヶ所までとする．

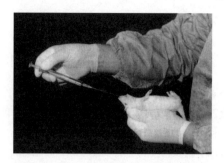

図3.15 胃ゾンデによる経口投与（マウス）[1]

図3.16 イヌの静脈内注射（橈側皮静脈）[3]

セルや胃ゾンデや胃カテーテルを用いることもある（図3.15）が，必要に応じてバイトブロック（動物がチューブを噛み切らないようにする器具）を用いる．注意点として，気管内に誤注入しないようにする．試料をカプセルに入れて嚥下させる方法はイヌ，ネコ，サルでしばしば用いられる．胃ゾンデ法はマウス，ラット，ハムスター，モルモット等に適用され，投与に際しては頭頸部を伸ばすように動物を片手で保定し，注射筒に接続した胃ゾンデの先端を口蓋面に沿ってすべらせるように挿入する．先端部が咽頭部に達するとわずかに抵抗を感じるので，ゾンデの先端を浮かすようにして食道から胃に進める．注射器の内筒を引いて空気が入ってこないことを確認した上で試料を投与する．投与量はマウス，ラットともに 10 mL/kg，が目安である．カテーテル法はウサギ，イヌ，ネコ，サル等に適用されるが，投与時には頭頸部が動かないように動物を保定し，口角に咬ませた開口器の穴からカテーテルの先端を入れ，動物の嚥下反射を利用して食道に到達させる．カテーテルに接続した注射器の内筒を引いて空気が入ってこないことを確認後，試料を投与する．

b. 静脈内注射（intravenous administration：iv）

静脈内投与を行う場合には，血液の浸透圧やpHに及ぼす影響を十分に考慮しておく．静脈内投与で利用される静脈は動物種によって決まっており，マウスやラット等では尾静脈，モルモットでは後肢の小伏在静脈，ウサギでは外側耳介静脈，イヌ，ネコ，サルでは橈側皮静脈や外側伏在静脈が用いられることが多い．マウスやラットでは，皮膚への刺激や加温によって血管を怒張させた後に試料を投与するが，イヌやネコ等では保定者が橈側皮静脈や外側伏在静脈等の近位を圧迫して血管を怒張させてから注射針を血管内に刺入し（図3.16），針先を進めて血液の逆流を確認後に試料を投与する．針の刺入は遠位から始め，必要に応じて近位へ移動していく．投与後はただちに血中濃度が上昇する．急速大量投与は循環系への負荷となる．以上述べた一般的な注射部位のほかに，背中足静脈（マウス，ラット），舌下静脈（ラット），陰茎静脈（ラット，モルモット），外頸静脈（イヌ，ネコ），大腿静脈（サル）を利用することもある．

c. 皮下注射（subcutaneous administration：sc）

通常は背部皮下に注射するが，鼠径部など，実際にはどこでも可能である．アルコール綿で消毒した皮膚をつまみ，固定した針先の方へ動かすことにより皮膚に注射針を刺入する．皮下に注射針の先端が到達すると針先が容易に移動できるようになる．吸収は緩徐であり，循環系への影響は小さい．1回投与量はマウスで 10 mL/kg，ラットでは 5 mL/kg 程度である．ワクチン投与等に用いられる．

d. 皮内注射（intracutaneous injection：ic）

表皮と真皮の間の皮内に薬を注射する方法である．マウス，ラット，ハムスターでは背部の皮内，尾根部もしくは足部の皮内，モルモット，ウサギでは耳介の皮内，サルでは上瞼の皮内に実施する．26G 程度の太さの針を針先が見えるくらいに上皮と真皮の間に浅く刺入し，試料をゆっくりと注入する．うまくいけば注射部位に豆粒大の小隆起ができる．二段針を用いると皮内注射は比較的容易になる．1ヶ所の投与量は最大 0.2 mL 程度である．ツベルクリン反応，アレルゲンテスト等

で用いられる．

e. 筋肉内注射（intramuscular administration：im）

筋肉の多い臀部や大腿部に注射する．皮膚をアルコール綿で消毒した後，皮膚を緊張させて一気に注射針を筋肉内に刺入し試料を注入する．注射痛があるため，刺激性のない試料に限られる．誤って血管内に投与しないように針先が筋肉内に入った後少し吸引し，血液の逆流がないことを確認する．吸収は速い．

f. 腹腔内注射（intraperitoneal administration：ip）

実験小動物でよく使われる経路である．試料溶液に刺激性がある場合は腹膜炎等起こすことがあるので適用は限られる．吸収面積が広いために静脈内注射と同等くらい速く吸収される．げっ歯類以外の動物ではあまり利用されることはない．動物を片手で保定し，下腹部をアルコール消毒した後注射針を皮下に刺入して針先を皮膚に平行して少し移動させ，皮膚の針穴とは異なった位置で針を腹腔に到達させる．その際，肝臓や消化管内を傷つけないように注意する（特に盲腸の大きな動物等）（図3.17）．1回あたりの投与量はマウスで20 mL/kg，ラット，ハムスター，モルモットで10 mL/kg 程度であり，時間をおけば反復投与も可能である．

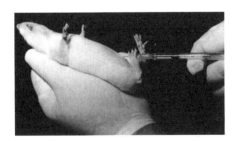

図 3.17 ラットの腹腔内投与[1]

g. 吸入曝露法

実験動物の呼吸器系を通して被験物質を曝露させ，一般毒性，生殖毒性，がん原性など生体への影響を調べる方法である．近年では大気汚染物質，農薬，新規化学物質，工業用ナノマテリアル等の安全性に加え，医薬品開発時の薬理試験や薬物動態試験などさまざまな研究分野において吸入曝露実験の必要性が高まっている．また吸入曝露のための実験装置も開発され，市販されている．

3.1.4 試料採取

a. 臓器採取

終末試料採取で臓器を採取する場合は，深麻酔下で実施する．

b. 血液採取

大量の血液を採取する場合も麻酔下で実施する．小動物では開腹下で**後大静脈**の腎静脈分岐部から最も多量の血液が採取できる．大動物では一般に**頸静脈**が大量採血に用いられる．**心採血**は無麻酔で実施してはならないが，静脈採血は保定がよければ無麻酔でも可能である．小動物からの少量採血では，表在静脈部分の皮膚に切開を加え，血液滴をガラス管などで吸引することも可能である（マウス・ラットの伏在静脈や頸静脈）．**眼窩静脈叢**からの採血は麻酔下で行うことができるが，眼底に高度の障害を起こす可能性が高く，推奨できない．各動物種の総血液量および推奨最大採血量を表3.2に，各種採血法の利点と欠点を表3.3に示している．

c. 採尿

採尿法には強制採尿法と自然採尿法がある．強制採尿法はカテーテルを尿道に挿入するため，雌よりも雄の方がやりやすい．自然採尿法は専用の採尿ケージに動物を収容し，目的の時間に排泄した尿を集める．**代謝ケージ**を用いると糞と尿を分

表 3.2 各動物種の総血液量および推奨最大採血量（表示体重を基準とする）[4]

種（体重）	血液量（mL）	7.5%（mL）	10%（mL）	15%（mL）	20%（mL）
マウス（25 g）	1.8	0.1	0.2	0.3	0.4
ラット（250 g）	16	1.2	1.6	2.4	3.2
ウサギ（4 kg）	224	17	22	34	45
イヌ（10 kg）	850	64	85	127	170
アカゲザル（5 kg）	280	21	28	42	56
カニクイザル（5 kg）	325	24	32	49	65
マーモセット（350 g）	25	2.0	2.5	3.5	5
ミニブタ（15 kg）	975	73	98	146	195

表 3.3 各種採血法の利点と欠点 [4]

採血経路／静脈	全身麻酔	組織損傷*	反復採血の可否	採血量	動物種
頸静脈	不要	軽度	可	＋＋＋	ラット, イヌ, ウサギ
橈側皮静脈	不要	軽度	可	＋＋＋	マカク属 イヌ
伏在静脈／外側足根静脈	不要	軽度	可	＋＋（＋）	マウス, ラット, マーモセット, マカク属, イヌ
耳介周囲静脈	不要 （局所麻酔）	軽度	可	＋＋ ＋	ウサギ ミニブタ
大腿静脈	不要	軽度	可	＋＋＋	マーモセット, マカク属
舌下静脈	必要	軽度	可	＋＋＋	ラット
外側尾静脈	不要	軽度	可	＋＋（＋） ＋	ラット マウス, マーモセット
耳介中心動脈	不要 （局所麻酔）	軽度	可	＋＋＋	ウサギ
前大静脈	不要	軽度	可	＋＋＋	ミニブタ
尾の先切断（1〜3 mm 未満）	必要	中等度	制限あり	＋	マウス, ラット
眼窩静脈叢	必要	中等度／高度	可	＋＋＋	マウス, ラット
心臓**	必要	中等度	不可	＋＋＋	マウス, ラット, ウサギ

*：組織損傷の可能性は，組織損傷の発現率並びに後遺症（炎症反応，組織学的損傷など）の重症度に基づいている．
**：全身麻酔下での屠殺処理としてのみ実施．

離して採取できる．動物を保定した際に排尿することが多いので，これを利用して尿採取することもできる．ウサギ，イヌ，ネコ，サル等では**尿道カテーテル**による採尿が可能である．

d. 採 糞

採糞法は少量であれば肛門部をはさんで圧迫すれば通常数個の糞塊が採取できる．多量の糞を集める場合は代謝ケージを使用する．

〔上村亮三〕

参 考 文 献

1) 日本実験動物協会編（1991）：実験動物の基礎と技術〈技術編〉，丸善．
2) 光岡知足他編（1990）：獣医実験動物学，川島書店．
3) 大阪府立大学獣医解剖学教室提供．
4) Diehl K.-H., *et al.* (2001)：A good practice guide to the administration of substance and removal of blood, including routes and volumes. *J. Appl. Toxicol.*, **21**：15-23.（中井伸子訳（2004）：「被験物質の投与（経路と容量を含む）及び採血に関する手引き」関西実験動物研究会会報 25 号，9-27）

3.2 実験動物麻酔学

到達目標：
各実験動物に適した主な麻酔法，鎮痛法，安楽死法および剖検の方法について説明できる．
【キーワード】 ケタミン，キシラジン，メデトミジン，ペントバルビタール，チオペンタール，ミダゾラム，ジアゼパム，プロポフォール，イソフルラン，セボフルラン，ジエチルエーテル，トリブロモエタノール，非ステロイド性抗炎症薬（NSAIDs），ブプレノルフィン，ブトルファノール，麻酔薬，過剰投与，頸椎脱臼，CO_2 ガス，食道，胃，小腸，結腸，盲腸，肝臓，膵臓，気管，肺，心臓，腎臓，膀胱，脾臓，胸腺，リンパ節，精巣，卵巣，子宮，大脳，小脳，脊髄，下垂体，甲状腺，唾液腺，副腎

動物実験に使用される動物を実験動物といい，その実験動物を麻酔するという行為は動物愛護法（1.2 節参照）にその規定がある．特に，実験動物麻酔では，世の中の一般市民が私たちが行う動物実験について「動物虐待に当たるのではないか」との疑念を抱くことを払拭するためであることも理解しておく必要がある．実験動物麻酔学で駆使

される麻酔技術や知識は通常の麻酔学と同じであり，特殊な技術，知識はきわめて限定的であり，獣医麻酔学の1分野とも考えられる．しかし，実験動物麻酔ではその目的が動物実験によるデータを獲得することがその主たるものであるので，計画された研究成果獲得の目的を侵害しない範囲に限定される．あらかじめ動物実験委員会の審議を受ける動物実験計画書には詳細な麻酔法を記載するが，適切な対照群を置き，それらの動物にも実験群と全く同じ麻酔を施行することにより，麻酔による研究目的の侵害を最少限に抑えることができる．

3.2.1　実験動物麻酔の特殊性

多くの研究者が実験動物の麻酔で難渋するのは投与のための保定である．一部の例外を除けば，実験動物を保定せずに麻酔する方法はない．したがって実験動物麻酔学には正しい保定方法が含まれることとなる．

実験動物でも1個体が貴重な実験（例えば霊長類の手術，人工臓器の長期実験など）および疾患に陥った動物の麻酔が行われることもあるが，そのような実験動物麻酔では専門家に指導を仰ぐことを強く勧める．幸いわが国には日本実験動物医学専門医協会が認定する実験動物医学専門医（Diplomate of Japanese College of Laboratoory Animal Medeicine：DJCLAM）が存在し，これら実験動物医学専門医は国際実験動物医学専門医協会（International Association of Colleges of Laboratory Animal Medicine：IACLAM）に所属しているので，高度な実験動物麻酔に関しても容易に情報入手可能である．また家畜および家庭動物，とりわけ伴侶動物（ペット）に汎用される動物種では，獣医麻酔学の方法が直接適用可能である．関連の教科書も多く出版されているので，参照することを勧める．

実験動物の多くはマウス，ラットなどのげっ歯類である．しかし，これら実験小動物はその体型が小さく，ヒトおよび他の大型の動物種の麻酔法をただちに適用できない場合も多い．またこうした実験小動物では，他の大型の動物に比較し，代謝はきわめて早い．さらに循環・呼吸機能も特殊であり，心拍数は正常でもきわめて多く500拍／分以上を数えることがあり，実際にこれを計数す

ることすら困難である．また呼吸に関しては，例えばウサギのように意図的に呼吸停止を長時間行う動物種が存在する．特に吸入麻酔では，麻酔薬の臭いのため吸入を忌避し，相当長い時間呼吸停止するだけでなく，その間の血液ガス動態も大きく変化することが知られている．また，スニッフィング，パンティングといわれるきわめて早いが浅い呼吸を行うことも多い．実験小動物の気管挿管では，使用する気管チューブは0.1 mm単位で選択し，マウスでは1 mm以下の気管チューブの使用も考慮しなければならない．喉頭鏡も耳鏡あるいは鼻鏡を転用するなどが推奨される．しかし，近年開発された，マウスにも適用できる気管ファイバースコープによる気管チューブ挿管が注目されている．またウサギの気管挿管では，口腔および喉頭部の解剖学的な特徴から喉頭鏡を用いても喉頭を直視することがきわめて困難であるが，新たに内視鏡を用いた気管挿管法が開発されている．ブタおよびヒツジ，ヤギでは口吻が長大で，通常の喉頭鏡のブレードでは喉頭を直視することが困難であり，長大なブレードをもつ専用の喉頭鏡が必要である．

麻酔薬の用量は通常体重あたりの重量で記載されることが多いが，実験小動物ではその用量体重相関は大型の動物と異なり，他の動物種の用量をそのまま適用できないことが多い．一般論としては，体重あたりの麻酔薬重量は，実験小動物ではより大きくなる．

実験動物の麻酔に関連する法律・規定・指針が示されており，それらに従うことが求められる．「動物の愛護と管理に関する法律」ならびにそこで規定される「実験動物の飼養及び保管ならびに苦痛軽減の基準」では，麻酔薬，鎮痛薬を投与することが求められている．また，動物用医薬品および毒劇薬，処方せん薬（指示薬）などの規制を持つ「薬事法」ならびに「麻薬及び向精神薬取締法」がある．国際的には実験動物麻酔は医薬品（試薬ではなく）を用いて行うこととなっている．今後各国の法制が厳格化されると，適切な麻酔を施行していない研究論文は受理されない可能性が高く，国際標準・指針等に沿った麻酔を施行すべきである．

3.2.2 保　　定

実験動物は所定のケージ，ペンなどで飼育され
ているので，すでに拘束状態にある．そこからさ
らに実験目的に応じて動物を拘束することを保定
という．動物種および実験目的に応じて種々の保
定法があるが，実験動物を不安や恐怖を与えずに
拘束することが重要である．このために，各種の
保定器材および麻酔薬も使われるが，基本的には
手を用いて拘束する．

a.　ラット

利き腕の手で尾をつかみ，もう一方の手の親指
と人指し指で耳根部と頸部の皮膚をつまみ，他の
3指と掌で背部の皮膚を大きくつかむ．また親指
と中指を背部から腋下にまわして持ち上げ，片方
の前肢を人指し指と中指ではさむと確実に拘束で
きる．

b.　マウス

利き腕の手で尾をつかみ，両後肢を持ち上げ，
前肢をケージの網蓋につかまらせ，もう一方の手
の親指と人指し指で耳根部と頸部の皮膚をつまむ．
小指と中指で尾をはさんで固定する．

c.　ハムスター，モルモット

ラットと同様の方法で保定できる．

d.　ウサギ

片手で胸背部の皮膚を大きくつかみ，もう一方
の手で臀部を支える．頭部を脇の下に入れるとウ
サギは落ち着く．耳を持って持ち上げてはならな
い．

e.　イ　ヌ

口輪を用いる．包帯等を口吻に二重に回し，下
顎の下部で一度結ぶ．包帯の両端を後頭部に回し，
結ぶ．一方の腕で下から前肢とともに胸部を支え，
もう一方の腕で大腿および臀部を支える．横臥位
の保定では，台上に立たせ，保定者は横に立つ．
両腕を背を越して，反対側から前後肢の間で抱き
抱えるようにし保定者側の前肢と後肢をつかむ．
これらを静かに持ち上げ横転させ，肘で頭頸部と
腰部を台上に押しつける．前肢への静脈注射など
のためには，保定者が椅子等に座り，背後から両
前肢を持ち上げ，腰部を両足ではさむ．注射をす
る前肢は肘関節部をもち，伸ばすようにする．

f.　霊長類

熟練すると5kg以下の個体では両腕を羽交い締
めにして背部で把持し，もう一方の手で両足を把

持できる．大型の個体では挟体装置で保定し，麻
酔をすることを勧める．

3.2.3 投　　薬

麻酔薬の投与には経路により種々の方法がある．
また，その経路と動物個体の大きさにより投与量
には上限があるので，麻酔目的により投与経路を
十分検討する必要がある．

a.　静脈内注射

尾静脈などでは皮膚を刺激したり暖めたりして
静脈を怒張させる．橈側皮静脈などでは近位を圧
迫し怒張させる．皮膚を注射針が貫いた後，静脈
に針先を刺入し，少し前方に進める．注射針ある
いは注射筒と手で体表に固定する．少し吸引する
と血液が逆流することで正しく静脈内に刺入され
ていることを確認する．注射は少し遠位から行い，
必要に応じ徐々に近位へ移動する．投与量は5～
10 mL/kgである．投与後ただちに循環血中濃度
が上昇する．静脈内投与では高濃度の麻酔薬を短
時間で注射することにより，一過性に血中麻酔薬
濃度を上昇させて麻酔導入を行うことがある．

b.　皮下注射

皮膚をつまみ，固定した針先の方へ皮膚を動か
すことにより皮膚に注射針を刺入する．皮下に注
射針の先端が到達すると，針先が容易に移動でき
るようになる．投与量は10～20 mL/kgだが，吸
収された後は追加投与が可能である．注射部位は
背部が適当であるが，実際的にはどこでも可能で
ある．吸収は緩慢である．

c.　筋肉内注射

筋肉の多い大腿部に注射する．ヒトで十分経験
されるとおり，注射痛がある．したがって試料の
pHなど刺激性のないものに限られる．誤って脈
管内に投与しないよう，針先が筋肉内に入った後
少し吸引し，血液が逆流してこないことを確認す
る．吸収は速い．

d.　腹腔内注射

実験小動物でよく使われる経路である．刺激性
のある麻酔薬等では腹膜炎などを引き起こすため，
適用は限られる．吸収は静脈内注射と同等くらい
速い．消化管内に誤って投与すると吸収だけでな
く反応に著しい違いを生ずるので，特に盲腸の大き
な動物では注射部位・角度に留意する．10 mL/kg
の投与が可能で，繰り返し投与することができる．

3.2.4 麻酔の準備

動物実験における麻酔方法の決定にあたっては，器具，薬剤，人材が十分であるかが重大な要素である．麻酔薬は譲渡，保管，施用が法的に規制されているものがほとんどである．麻酔薬のほぼすべてが，劇薬ないし，毒薬であり法的にその使用，保持，譲渡が法的に規制されている．獣医師が麻酔（診療）目的で動物に施用するには規制はない．さらに p.10 で述べられているように，麻薬，向精神薬はさらに規制が厳しい．獣医師であっても施用免許，研究免許を所持して適切に管理しなければならない．しかし，獣医師ではない研究者等が容易にこうした薬剤を利用できる制度の確立が望まれる．

麻酔事故を防ぐための最大のポイントは，健康な SPF 動物の使用である．実験動物で問題となる感染症の多くは呼吸器系を侵襲するので，一見健康といわれる動物もコンベンショナル動物では麻酔リスクが著しく増大する．また，麻酔施行前の実験動物の輸送はストレスを増すことが多いことから，輸送後には 7 日間以上の馴致期間を設けるべきである．イヌ，ネコ，ブタ，サルなどでは麻酔前の絶食が重要となる．特に麻酔導入中に嘔吐すると，気道閉鎖により窒息する．逆にウサギでは，麻酔前の絶食は不要とされている．またげっ歯類でも，研究目的で絶食が必要となる場合を除き，麻酔前の絶食・絶水は特に必要ない．しかし，モルモットでは，食餌が口腔内に残りこれが気道を閉鎖することがあるとされるので，短時間の絶食が必要となる．また反芻動物では，長時間絶食しても胃内容物の逆流および大量の唾液を制御するのは困難なので，絶食するのではなく，麻酔導入法を工夫すべきである．

実験用小動物に飲水を長時間与えずにおくと重度の脱水となる．しかし実験動物は一般に皮毛に被われているため，脱水状態を見いだすのが困難である．実験目的にもよるが小動物で麻酔前の絶食を特に推奨しないのは，絶食による嘔吐防止の利益と脱水による悪影響を比較したとき，絶食による利益は少ないと考えられるからである．

麻酔前投薬は種々の目的で行われる．動物の麻酔では患者の協力は期待できないので，麻酔導入が容易に行われるように鎮静化するのが主な目的となる．麻酔前投薬の目的を列挙すると，以下のとおりである．

①不安を軽減し，鎮静化させ，ストレスを軽減する．
②全身麻酔薬の量を少なくし，その薬剤による副作用を軽減する．
③スムースな麻酔導入を助ける．
④スムースな覚醒を助ける．
⑤唾液，気管支からの分泌を抑制し，気道閉鎖を予防する．
⑥気管チューブ挿管時や外科的侵襲による迷走血管反射による循環系への影響を遮断する．
⑦術前，術直後の痛みを軽減する．

動物実験において外科的処置を行うにあたり考慮しなければならないのは，痛みを感じさせてはならないということである．これを防ぐ唯一の方法は麻酔であり，全身麻酔，局所麻酔などでこれに対応しなければならない．もちろん研究目的によっては麻酔による影響を避けなければならない動物実験も現実には存在する．その際でもできるだけ動物に痛みを感じさせない方法を追求しなければならない．法の規定に従えば，最新の情報を入手して，より適切な麻酔法を選択しなければならない．このため，獣医師が参加する動物実験委員会において，麻酔法に関して動物実験計画書を入念に審査することが国際的には一般的である．

麻酔方法の選択ではできるだけ苦痛を軽減できる方法を選択しなければならない．医学・獣医学では薬事法上の処方箋医薬品を用いて麻酔が施行されてきた．しかし，こうした医薬品以外の薬剤を麻酔に用いることは，動物愛護法の精神「できるだけ苦痛を軽減する」に抵触するものと考えられるだけでなく，国際的にその使用が否定されている．アバチンがその一例である．また，かつては麻酔薬として医学・獣医学の分野で用いられたものの，その後の研究から安全性等に問題があるとしてすでに臨床的に使用されない麻酔薬の実験動物への適用も行うべきではない．この例としてエーテル，クロロフォルムがある．

実験動物の麻酔では伝統的に不動化だけを目的とした薬剤も麻酔薬とされてきた．例えば，血圧低下がきわめて少ない不動化薬のアルファクロラロース（80 mg/kg iv）およびウレタン（1,000 mg/mg ip）などである．特に生理学の研究では，血圧を一定に保ちつつ各種の生理学的パラメター

を計測する必要があるため，これらの薬剤が賞用されてきた．しかし，実験動物の麻酔の主目的はできるだけ苦痛を軽減するためであるから，こうした不動化を目的とした試薬を麻酔薬とするのは適切でなく，その使用は終末手術に限定すべきである．

全身麻酔は多種の麻酔薬によって施行される．単独の使用により完全に無意識の状態にし，鎮痛作用と反射の抑制および筋弛緩を得ることのできる薬剤として3%セボフルレン，2.5%イソフルレン吸入法がある．さらに注射麻酔としてはメデトミジン，ミダゾラム，ブトルファノールの3種混合麻酔（文献的にはマウスにおいて上記の順に0.3 mg/kg，4 mg/kg，5 mg/kgで短時間の外科麻酔が得られるとされている．しかし，これはいわゆるバランス麻酔の1つであり，種々の薬剤を種々の混合比，用量を獣医師と相談の上，各動物種に用いるのが適切である）などがある．

動物実験においては一般的に動物が協力的ではないので，局所麻酔が適用される実験は限られているが，全身麻酔が研究目的により制限されている場合や保定が確実に行える小手術時には用いられる．2%リドカインを侵襲が予測される局所に注射する．また，神経支配が明らかな部位では近位に麻酔薬を十分浸潤させることにより，遠位部全域に麻酔効果が期待できる．粘膜では4%リドカイン液あるいはスプレーの噴霧により局所麻酔が得られる．特に，全身麻酔のための気管挿管時には喉頭への噴霧が行われる．また尿道カテーテル法などではカテーテル表面にリドカインゼリーを塗布する．局所麻酔では全身麻酔と違い大きな副作用は少ない．しかし，実験終了後も感覚麻痺が続き，その部位を損傷したり，自虐して外傷となることがある．

麻酔の施行に際しては実験動物の状態を常に監視しなければならない．特に欧米ではILARの指針，実験動物保護法で麻酔管理の必要性が強調されている．動物愛護法により，できるだけ少ない数の実験動物の使用が求められたことから，麻酔の失敗は許されなくなった．麻酔事故を防止するためには，麻酔に対する十分な知識と技術が重要であるが，すべての研究者にこれを習熟させるのは現実的ではない．このためには，実験動物医学専門医など実験動物獣医師の関与が欠かせない．

実験動物の麻酔では施行する対象が健康な個体である場合がほとんどであり，遺伝的・微生物学的背景がほぼ同一の個体を用いることが多く，適切な麻酔方法の選択により，臨床とは異なりきわめて安全に麻酔施行が可能である．しかし，麻酔の深度だけでなく，実験動物の生理学的な要素は麻酔中にもダイナミックに変化しているので，適切な麻酔管理が必要となる．実験動物の麻酔においても臨床上と同様に術前，術中，術後の麻酔管理を行うこととなり獣医麻酔外科学会の指針案が参考となる．各種反射（角膜反射，後肢，前肢引き込み反射，テールフリック反射，正向反射は麻酔深度の簡易な指標として使われ，表記の逆順に，麻酔深度が増すと喪失する．しかし，適切な麻酔深度は下記の生理学的指標とともに熟練した獣医師が総合的に判断しなければならない）および体動などによる麻酔深度の定期的監視，呼吸，心拍動，体温，皮膚粘膜の色調などの観察など簡単な検査でも相当の情報が得られる．さらに高度な血圧・中心静脈圧の測定，心電図の観察，パルスオキシメータないし血液ガスモニターによる定期的な監視など，適切な麻酔管理は，より少ない数の実験動物の使用につながる．

3.2.5　動物種別麻酔

以下に実験動物種別の麻酔法を述べる．本文中の略号は，ip：静脈内注射，im：筋肉内注射，sc：皮下注射である．表3.4～3.11には，Flecknell (2009)[2]に示された方法のうち，わが国でも入手が容易な麻酔薬等で施行できる方法を示し，また関連文献に示された新しい麻酔法を追加した．

a.　マウス（表3.4）

マウスは体が小さくほかの動物と同様な麻酔方法を適用できない．特に代謝は大きな動物と比べ速く，正常の心拍数，呼吸数も多い．したがって心拍数などを聴診等で把握することも困難である．また血管もたいへん細く，静脈ラインを確保したり血液ガスを測定するなども困難である．さらに全身麻酔中に体温降下が起きやすい．いずれにせよ状態の悪化は容易に外見からは把握しにくいうえ，一度悪化すると急速に進行する．逆に現在使われる実験動物マウスはほとんどが近交系であり，薬剤に対する反応は画一的である．さらにSPF動物の利用が一般化していることから，呼吸器系の

表 3.4　マウスの麻酔

薬剤名	用　量	麻酔効果	麻酔時間（分）	覚醒時間（分）
メデトミジン＋ミダゾラム＋ブトルファノール*	0.3 mg/kg＋4 mg/kg＋5 mg/kg ip	外科麻酔	30	60
チオペンタール	10～15 mg/kg iv	外科麻酔	10	15
プロポフォール	10 mg/kg iv	外科麻酔	5	10
ケタミン＋アセプロマジン	75 mg/kg＋2.5 mg/kg ip	不動化／麻酔	20～30	120
ケタミン＋ジアゼパム	75 mg/kg＋5 mg/kg ip	不動化／麻酔	20～30	120
ケタミン＋メデトミジン	75 mg/kg＋0.5 mg/kg ip	外科麻酔	20～30	120～240
ケタミン＋ミダゾラム	75 mg/kg＋5 mg/kg ip	不動化／麻酔	20～30	120
ケタミン＋キシラジン	75～100 mg/kg＋10 mg/kg ip	外科麻酔	20～30	120～240

＊：アチパメゾール 0.3 mg/kg ip 追注でただちに覚醒.

疾患などによる不測の事態はごくまれである．また麻酔導入に伴う嘔吐はほとんど起こらないので，術前の絶食は不要である．逆に代謝が速いだけに絶食，特に絶水による影響は大きく，マウスでは術前まで飲水を供給すべきである．トランスジェニック，ノックアウトマウスなどの貴重な個体で，そのフェノタイプが明らかでない場合には，注射麻酔より麻酔深度の調節性に優れる吸入麻酔を行うべきである．この際マウスではあっても個体が貴重なのであるから，麻酔器，特に気化器は正確な麻酔薬濃度を得られる機種を使うべきである．注射麻酔ではメデトミジン（0.3 mg/kg），ミダゾラム（4 mg/kg），およびブトルファノール（5 mg/kg）の ip による麻酔法は有用である．アチパメゾール（0.3 mg/kg ip）により迅速な麻酔覚醒も行うことが可能である．ケタミンと他の麻酔薬の混合により良好な麻酔施行が可能であるが，ケタミンは麻薬であり，その使用にあたっては麻薬免許が必要で，薬剤管理なども煩雑である．

　マウスの容易な吸入麻酔法は麻酔瓶の使用である．麻酔瓶に吸気口と排気口がついている場合（デシケーターなどが使いよい）気化器で濃度を調整した麻酔ガスを麻酔器から導入し，排気口から過剰ガスを排出することにより，安全でかつ安定した全身麻酔が行える．顔面マスクにより麻酔を維持することもでき，このときには麻酔ガスが漏出するので排気チャンバー内などで操作を行う．最も安全な麻酔法は，吸入麻酔薬を適当な気化器を用いて，酸素をキャリアーガスとして使う方法である．わが国でも少量のガス流量でも正確な麻酔濃度を得られる小型げっ歯類専用の気化器が開発され市販され始めた．こうした正確な麻酔薬濃度が小流量でも供給可能となったことから，マウ

スの気管内挿管による安全な吸入麻酔法ができるようになった．マウスの気管内挿管は直視下ではきわめて困難であるが，光源つきの耳鏡などを改良して喉頭鏡として使うことができる．また約 0.3 mm 径の気管ファイバーの使用により喉頭を観察しつつ，直接気管内に挿管する技術も開発されている．体重 25 g のマウスでは 22G の静脈留置針外套を適当な長さに切断すると，気管チューブとなり得る．

　マウスでは長時間の全身麻酔では体温低下対策が必要となる．温水パッド，電気毛布などの保温装置を用いて保温する．また簡易には発砲スチロールの板の上で白熱球を点灯して保温することができる．さらに発泡スチロールなどの断熱シートを体幹に巻き付ける方法も用いられる．特に術後の麻酔覚醒中には，こうした方法が推奨される．

b.　ラット（表 3.5）

　ラットでは安全域の広い混合麻酔薬注射が賞用される．メデトミジン（0.15 mg/kg），ミダゾラム（2 mg/kg），およびブトルファノール（2.5 mg/kg）の ip による麻酔法は有用である．覚醒を早めるためにはアチパメゾール（0.15 mg/kg ip）を投与できる．キシラジン（10 mg/kg ip）＋ケタミン（75 mg/kg ip）混合は，同一の注射器内に吸引して使用でき，通常約 30 分の深麻酔が得られる．しかし，系統などによっては十分な外科麻酔は得られないとする意見もある．このようなときにはケタミンの量を増量し（100 mg/kg ip）混合注射することもできる．また術中の覚醒時には適宜追加注射を行うことができる．おおまかな目安として，初期投与量の 1/4 量から 1/3 量を注射して麻酔時間を延長できる．

　ペントバルビタール（40～50 mg/kg ip）はな

表 3.5 ラットの麻酔

薬剤名	用　量	麻酔効果	麻酔時間 （分）	覚醒時間 （分）
メデトミジン＋ミダゾラム＋ブトルファノール*	0.15 mg/kg＋2 mg/kg＋2.5 mg/kg ip	外科麻酔	30	60
チオペンタール	10～15 mg/kg iv	外科麻酔	10	15
プロポフォール	10 mg/kg iv	外科麻酔	5	10
ケタミン＋アセプロマジン	75 mg/kg＋2.5 mg/kg ip	浅麻酔	20～30	120
ケタミン＋ジアゼパム	75 mg/kg＋5 mg/kg ip	浅麻酔	20～30	120
ケタミン＋メデトミジン	75 mg/kg＋0.5 mg/kg ip	外科麻酔	20～30	120～240
ケタミン＋ミダゾラム	75 mg/kg＋5 mg/kg ip	浅麻酔	20～30	120
ケタミン＋キシラジン	75～100 mg/kg＋10 mg/kg ip	外科麻酔	20～30	120～240

＊：アチパメゾール 0.15 mg/kg ip 追注でただちに覚醒.

がらく使われてきたが，上記混合麻酔薬と比較して麻酔効果は不安定で，呼吸抑制も強く，死亡率が高い．また鎮痛効果が期待できないので，実験動物への適用は推奨できない．

麻酔薬を術者が吸入せぬように排気チャンバー内で行うか，十分な換気を行うなどの注意が必要である．気管挿管は，約 0.5 mm 径の気管ファイバーを用いる方法が普及し始めている．体重250gのラットでは，気管チューブとして 16G の静脈留置針の外套を適当な長さに切断し用いることができる．この際，硫酸アトロピン 0.1 mg/kg の前投薬により，唾液分泌を抑制しより良い視野を確保できる．

マウスと同様，全身麻酔中は低体温に十分気をつけなければならない．特に注射麻酔では麻酔薬の体内代謝によって麻酔覚醒が起こるが，低体温ではこの代謝が著しく低下し麻酔覚醒しないこともある．

c.　ウサギ（表 3.6）

ウサギは術前の未熟な取り扱いや吸入麻酔薬の導入時に容易にストレスを受ける．ストレスと麻酔薬双方の影響により，循環系および呼吸系の抑制を引き起こしうる．さらに，*Pasteurella multocida* による既存の肺病巣が影響して，麻酔中に呼吸不全がしばしば起こる．ウサギでは，バルビツール系の薬剤を使用した際に特に麻酔からの回復は遅い．また，消化管の障害により，術後の合併症として長期の食欲不振がしばしば起こる．慎重な麻酔薬の選択，術前，術後のストレス管理，術中・術後の高水準の看護によって，これらの問題を最小限に抑えることができる．ウサギでは麻酔導入または回復時に嘔吐を起こさないので，麻酔前の絶食は必要がない．またウサギは大結腸を持ち食

糞行動もあるため，腹部手術のための腹腔内臓器，特に消化管の体積を減少させる目的での術前の絶食は効果がない．

馴致していないウサギでは鎮静剤投与を行う必要がある．ストレスをできる限り軽減し，鎮静化して初めてウサギを実験に用いることができる．ウサギに対して多くの鎮静剤が有効である．キシラジン（2～5 mg/kg im）により軽い鎮静から深い鎮静まで得られるが，単剤投与では極軽度の鎮痛しか得られない．ケタミン（25～50 mg/kg im）により深い鎮静が得られる．ただし他の動物と同じく筋肉の弛緩に乏しく，体表の手術にも適さないほどわずかな鎮痛しか得られない．アセプロマジン（1 mg/kg im）は鎮静に用いられるが，麻酔効果は認められない．メデトミジン（0.25 mg/kg im）は安全かつ効果的な鎮静剤である．高用量（0.5 mg/kg im）を投与すると反射が失われる．アトロピン（0.1 mg/kg sc, im, iv）により短時間の唾液腺および気管支粘液の分泌量を抑制でき，さらに迷走神経を遮断し徐脈を防ぐ．しかし，ウサギでは肝臓内に大量のアトロピナーゼがあり効果は短時間であるとされる．これに対して近年グリコパイロレート（0.01 mg/kg iv，0.1 mg/kg sc, im）は，ウサギでも長時間の抗コリン効果があり有効であるというという報告がなされている．

メデトミジン（0.5 mg/kg），ミダゾラム（2 mg/kg），およびブトルファノール（0.5 mg/kg）の ip による麻酔法は有用である．覚醒を早めるためにはアチパメゾール（0.75 mg/kg ip）を投与できる．ケタミン（35 mg/kg im）＋キシラジン（5 mg/kg im）の混合投与，ケタミン（15 mg/kg im）＋メデトミジン（0.25 mg/kg im）の混合剤も使われる．これら2種類の混合剤により約30

3.2 実験動物麻酔学

表3.6 ウサギの麻酔

薬剤名	用　量	麻酔効果	麻酔時間（分）	覚醒時間（分）
メデトミジン＋ミダゾラム＋ブトルファノール*	0.5 mg/kg＋2 mg/kg＋0.5 mg/kg ip	外科麻酔	60	120
チオペンタール	30 mg/kg iv	外科麻酔	5〜10	10〜15
プロポフォール	10 mg/kg iv	軽麻酔	5〜10	10〜15
ケタミン＋アセプロマジン	50 mg/kg im＋1 mg/kg im	外科麻酔	20〜30	60〜90
ケタミン＋ジアゼパム	25 mg/kg im＋5 mg/kg im	外科麻酔	20〜30	60〜90
ケタミン＋メデトミジン	15 mg/kg im＋0.25 mg/kg im	外科麻酔	30〜40	120〜240
ケタミン＋キシラジン	35 mg/kg im＋5 mg/kg im	外科麻酔	25〜40	60〜120
	10 mg/kg iv＋3 mg/kg iv	外科麻酔	20〜30	60〜90
ケタミン＋キシラジン＋アセプロマジン	30 mg/kg im＋5 mg/kg im＋1.0 mg/kg im（または sc）	外科麻酔	45〜75	100〜150
ケタミン＋キシラジン＋ブトルファノール	30 mg/kg im＋5 mg/kg im＋0.1 mg/kg im	外科麻酔	45〜75	100〜150

*：アチパメゾール 0.3 mg/kg ip 追注でただちに覚醒.

分間程度の外科麻酔が得られる．また，ウサギでは耳介部の辺縁の静脈を用いると静脈の確保が容易であることからプロポフォールが有望と考えられる．10 mg/kg iv により 10 分間程度の全身麻酔が期待でき，本剤では蓄積効果がほとんどないとされることから，8 mg/kg/hr の持続点滴ないし 1 mg/kg の追注で，麻酔時間の延長が図られる．他の睡眠剤・静穏剤との併用により，より安全で確実な麻酔も期待できよう．チオペンタール（30 mg/kg iv，1.25 % 溶液を用いる）の投与で 5〜10 分間の麻酔効果が得られる．ペントバルビタールで中等度および深度の麻酔を得るためには高用量を投与することが必要で，この際には呼吸停止が起こる．また心停止も認められ，ウサギにこの麻酔薬を用いることは推奨されない．

ウサギでは吸入麻酔薬の使用だけで麻酔導入が可能であるが，ウサギが忌避するハロセン，イソフルレンなどでは息をこらえるような状態となり，麻酔導入は危険を伴うとされる．これを防ぐために動物が忌避しないセボフルレンの使用が適当である．麻酔投与をよりよく調節するために顔面マスクを用いての麻酔導入が望ましい．この際も導入が長引くと動物は騒擾し，保定は困難となる．したがって倫理的な動物実験を行うという観点からも，また実験をスムースに進行させるという観点からも，迅速に導入が行われる薬剤の選択が必要となる．気管内挿管は 3〜4 mm の気管チューブで種々の方法を用いて行われるが，口腔が狭小で下顎の緊張は容易にはとれないので，十分な導入麻酔を行わなければ困難である．顔面マスクを用いて吸入麻酔による十分な深度が得られたら，適当な姿勢に保定し，挿管する．動物が覚醒すると強いストレスにより不測の事態がまま発生するので，麻酔導入を再度行い余裕をもって挿管することが重要である．近年内視鏡の使用により，より容易な気管挿管が可能となった．

ウサギにおいて最もよく用いられる麻酔回路はAyre's T-piece である．この麻酔回路は T 型の間の一端を気管チューブ，他の一端を麻酔器に接続し，他端は外界に交通させる最も呼吸抵抗の少ない麻酔回路である．外界に交通している一端を閉塞，開放を繰り返すことにより人工呼吸も行いうる．ただし，従事者の麻酔薬曝露を防止するために，適切なチャンバー内で行うことが推奨される．

d. イヌ（表3.7）

イヌはトレーニングされていれば容易に保定が可能であるが，前投薬により静穏を得ておくと導入はスムースである．イヌは獣医臨床例がきわめて多い動物種であり，獣医診療目的に麻酔薬の臨床研究が多い．臨床例では実験動物よりもさらに安全性を重視した麻酔法が施行されるが，動物実験ではあまりに複雑な麻酔方法を選択すると実験結果の解釈が困難になる場合も予想される．最新の麻酔方法を検討することは動物愛護法の精神からも重要であるが，シンプルで適切な麻酔法がある場合には，そちらを選択することが適当である．これらのことから，前投薬もできるだけシンプルなものを選択し，全身麻酔は吸入麻酔で維持することが第1選択となろう．一方，麻酔薬の影響が研究上排除できるような強い外科侵襲を伴う実験

表 3.7　イヌの麻酔*

薬剤名	用　量	麻酔効果	麻酔時間 (分)	覚醒時間 (分)
プロポフォール	5〜7.5 mg/kg iv	外科麻酔	5〜10	15〜30
ケタミン＋メデトミジン	2.5〜7.5 mg/kg im＋40 µg/kg im	浅〜中麻酔	30〜45	60〜120
ケタミン＋キシラジン	5 mg/kg iv＋1〜2 mg/kg iv（または im）	浅〜中麻酔	30〜60	60〜120
サイアミラール	10〜15 mg/kg iv	外科麻酔	5〜10	15〜20
サイアミラール	10〜20 mg/kg iv	外科麻酔	5〜10	20〜30

*獣医麻酔学の教科書に種々の新しい麻酔法が記載されている.

では，積極的に鎮痛薬を用いて術中の疼痛遮断を行い，術後鎮痛を図るべきである.

イヌは嘔吐しやすいので全身麻酔を行う 12 時間前以降は絶食とする．メデトミジン（0.1 mg/kg im, sc），キシラジン（1 mg/kg im）あるいはアセプロマジン（0.2 mg/kg im, sc）が前投薬として賞用される．また術中の疼痛遮断を期待して前投薬にブトルファノールを用いることができる．副交感神経遮断薬の硫酸アトロピン（0.05 mg/kg sc）を麻酔前に投与する.

イヌは静脈が確保しやすいので，多くの注射麻酔薬を適量確実に注射することが可能である．ケタミン（5 mg/kg）とキシラジン（1 mg/kg）の iv により約 30 分間の中麻酔が得られる．短時間の外科麻酔ではサイアミラール（10 mg/kg iv）あるいはチオペンタール（10 mg/kg iv）が用いられる．近年はプロポフォールの iv が賞用されている．6 mg/kg の iv にて約 10 分間の全身麻酔が得られる．2 mg/kg の追加投与ないし 8 mg/kg/hr の持続点滴により麻酔時間の延長を図ることができる．また，各種前投薬の併用により，より確実で安全な全身麻酔が期待できる．プロポフォールは心筋に抑制的に働き血管拡張作用も持つことから，血圧を低下させ，心拍出量も低下することに留意する必要がある．また投与速度が速いと無呼吸となる場合があり，緩徐な投与が求められる.

導入はサイアミラールあるいはチオペンタール（7 mg/kg iv）の急速静脈注射で行う．簡易な吸入麻酔法として顔面マスク，ノーズコーンが使用できる．吸入麻酔薬の濃度調節性に優れた気化器を装置した麻酔器を用い，5％のセボフルレン，イソフルレンの吸入により速やかに麻酔導入が可能である．手慣れると，気管挿管は容易である．挿管時に動物が覚醒すると強いストレスにより，騒擾さらには呼吸停止，心停止することがある．このため挿管に手間取った場合は麻酔導入を再度行

い，余裕をもって挿管することが重要である．一般的な挿管手順としては，麻酔導入後，ただちに仰臥位に保定し，十分に開口させる．喉頭鏡を用いて直視下に声帯を確認し，挿管する．挿管後，ただちに気管チューブを口吻に包帯等で固定し，カフに空気を充填する．胸部を圧迫して，気管チューブから呼気が排出されることで正しく気管内に挿管されたことを確認する．あらかじめ所定の濃度の吸入麻酔ガスでリザーブバッグを満たした麻酔器に，気管チューブを接続する．従来イヌの麻酔ではハロセンがよく使われたが，その副作用のためセボフルレン，イソフルレンが多く用いられるようになってきた．吸入麻酔時に多くの肉食獣でアドレナリン感受性が高くなるので，薬剤の選択と前投薬は重要である.

e.　ブタ（表 3.8）

小型のブタ（10 kg 未満）は容易に保定できる．しかしどのようなブタでも保定の際には騒々しく鳴き，麻酔導入前に鎮静剤を用いる必要がある．大型のブタでも物理的に保定しうるが，麻酔前投薬により導入を容易にし，動物のストレスを軽減する．前投薬の中には薬剤を大量に投与する必要あるものもあるが，こうした際には緩徐に投与することによりストレスを防ぐことが可能である．長めの翼状注射針でチューブが 30 cm 以上のものを用い（体重 50 kg 以上の際にはより長いチューブが好都合である），ブタの頸部筋肉に針を刺入し，ブタの動きに合わせ注射器と一緒にケージあるいはペン内を移動することにより，ブタにゆっくりと麻酔薬を投与できる．まれではあるが，麻酔導入中に嘔吐することがあるので，ブタは麻酔導入 12 時間前から絶食させておく.

アザペロン（8 mg/kg im）により鎮静を得るが，麻酔効果は得られない．メトミデート（1 mg/kg im）投与と組合せることで深い鎮静と簡単な外科処置が行える程度の麻酔が得られる．ア

表 3.8 ブタの麻酔

薬剤名	用 量	麻酔効果	麻酔時間 (分)	覚醒時間 (分)
プロポフォール	2.5～3.5 mg/kg iv	外科麻酔	10	10
チオペンタール	6～9 mg/kg iv	外科麻酔	5～10	10～20
アザペロン	8 mg/kg im	静 穏	180	640
メデトミジン	0.1 mg/kg im	静 穏	60	240
ミダゾラム	2 mg/kg im	静 穏	40	180
ケタミン	10～15 mg/kg im	静穏／不動化	20～30	60～120
ケタミン＋アセプロマジン	22 mg/kg＋1.1 mg/kg im	浅麻酔	20～30	60～120
ケタミン＋ジアゼパム	10～15 mg/kg im＋0.5～2 mg/kg im	不動化／浅麻酔	20～30	60～90
ケタミン＋メデトミジン	10 mg/kg im＋0.08 mg/kg im	不動化／浅麻酔	40～90	120～240
ケタミン＋ミダゾラム	10～15 mg/kg im＋0.5～2 mg/kg im	不動化／浅麻酔	20～30	60～90

セプロマジン（0.2 mg/kg im）により中等度の鎮静が得られるが麻酔効果は得られない．ジアゼパム（1.1 mg/kg im）により急速な鎮静を得るが，完全な不動化を得るためにはケタミン（10～15 mg/kg）の追加投与を行う．なお，ケタミンとジアゼパムの混合は同一の注射器で行える．ミダゾラム（0.5～2 mg/kg）も同様に混合できる．ただし，大量（6～8 mL）の注射薬が必要となるため，体重15～20 kgの動物への投与が限界であり，この混合剤は小型のブタにだけ適用される．ケタミン（10～15 mg/kg im）は若齢および成獣ブタで有効であり，不動化を得るが，自発運動は残る．アトロピン（0.05 mg/kg im）の投与により唾液および気管粘液の分泌が抑制される．ケタミンが麻薬指定されたことから，メデトミジン（40 μg/kg）とミダゾラム（0.2 mg/kg）の混合imが今後多く使われるものと思われる．

物理的または化学的拘束をした後，各種の麻酔薬を外科麻酔を得るために静脈投与できる．また前述の麻酔前投薬をすでに投与している際には，30～50％投与量を減らすことができる．最も容易な投与経路は耳の静脈からであり，確実な静脈投与の経路として留置針を留置することを推奨する．チオペンタール（6～9 mg/kg iv）あるいはサイアミラール（5 mg/kg iv）により外科麻酔を5～10分間得られる．もし，鎮静剤の投与を行わなければ，一部の個体において遊泳運動を伴った覚醒状態が認められる．近年はプロポフォール（2.5～3.5 mg/kg iv）がよく使われるようになった．静脈が確保できると蓄積効果も少なく，点滴で維持（8 mg/kg/hr）することも可能であり使いやすい麻酔薬である．

適切な前投薬がなされていれば，顔面マスクあるいはノーズコーンによるセボフルレンの吸入で麻酔導入を行い得る．問題点は麻酔用のガスによりかなりの環境汚染が発生し，周囲の関係者が吸入麻酔ガスに曝露されることである．換気の十分なされた部屋で麻酔導入を行うだけでなく，換気は一方向気流で行えるような場所で行うべきである．したがって大型のブタでは注射麻酔により麻酔導入を行い，気管挿管後，吸入麻酔薬で麻酔を維持することが望ましい．ブタは開放型の麻酔回路を用いて呼吸維持を行うことが多いが，大型動物（30 kg 体重以上）に対しては消費する麻酔用量を減らすためにも閉鎖循環式の回路を用いることを勧める．閉鎖回路による麻酔を行うことは専門的であり，実験動物獣医師のアドバイスが必要となる．気管挿管では口吻が長いため喉頭をはっきりと直視することが難しく，また，口腔内周囲が狭小で，喉頭部の構造は複雑である．したがってブタ用に開発された長いブレードを持つ喉頭鏡を用い，十分な麻酔導入を行った後に落ちついて気管挿管すべきである．気管チューブには堅いスタイレットを先端から2～3 cmの所まで通しておいて，チューブ全体をまっすぐにし，先端だけがわずかに曲がっているようにすると操作が容易である．技術を習得すればブタの気管挿管は必ずしも困難ではない．気管挿管後の手順はイヌと同じである．

f. 霊長類（表3.9）

霊長類の麻酔ではヒトの小児用麻酔をほぼ同様に適用可能である．また実験動物麻酔の成書には麻酔法だけでなく麻酔管理全般についての詳細な記載があるので，参照することを勧める．

g. 他の動物種

多くの動物種では獣医麻酔学の教科書に麻酔法

表 3.9 霊長類の麻酔

薬剤名	用　量	麻酔効果	麻酔時間 （分）	覚醒時間 （分）
プロポフォール	7〜8 mg/kg iv	外科麻酔	5〜10	10〜15
チオペンタール	15〜20 mg/kg iv	外科麻酔	5〜10	10〜15
ケタミン＋ジアゼパム	15 mg/kg im＋1 mg/kg im	外科麻酔	30〜40	60〜90
ケタミン＋キシラジン	10 mg/kg im＋0.5 mg/kg im	外科麻酔	30〜40	60〜120
ケタミン＋メデトミジン	5 mg/kg im＋0.05 mg/kg im	外科麻酔	30〜40	60〜120

表 3.10 ハムスターの麻酔

薬剤名	用　量	麻酔効果	麻酔時間 （分）	睡眠時間 （分）
ケタミン＋アセプロマジン	150 mg/kg＋5 mg/kg ip	不動化／麻酔	45〜120	75〜180
ケタミン＋ジアゼパム	70 mg/kg＋1 mg/kg ip	不動化／麻酔	30〜45	90〜120
ケタミン＋メデトミジン	100 mg/kg＋0.25 mg/kg ip	外科麻酔	30〜60	60〜120
ケタミン＋キシラジン	200 mg/kg＋10 mg/kg ip	外科麻酔	30〜60	90〜150

表 3.11 モルモットの麻酔

薬剤名	用　量	麻酔効果	麻酔時間 （分）	覚醒時間 （分）
ケタミン＋アセプロマジン	100 mg/kg＋5 mg/kg im	不動化／麻酔	45〜120	90〜180
ケタミン＋ジアゼパム	100 mg/kg＋5 mg/kg im	不動化／麻酔	30〜45	90〜120
ケタミン＋メデトミジン	40 mg/kg＋0.5 mg/kg ip	中麻酔	30〜40	90〜120
ケタミン＋キシラジン	40 mg/kg＋5 mg/kg ip	外科麻酔	30	90〜120

が記載されている．ここでは各実験動物種に適応する麻酔薬剤を表に示すにとどめる（表 3.10, 3.11）．

3.2.6 安　楽　死

動物実験が終了した後は動物を安楽死により殺処分しなければならない．また実験処置あるいは疾患または負傷等によって救うことができない状態に陥り苦痛が著しい場合には，殺処分しなければならない．動物の死の定義はまだ十分定まっていないことから，生死の判断について疑問が生じた際には獣医学的判断にゆだねなければならない．また動物の苦痛を判断することは非常に困難であるが，欧米ではヒトが苦痛と感ずるような処置では動物にも同等の苦痛があるとされており，現在ではこの判断が最善と考えられる．さらに動物の苦痛だけでなく関係者の苦痛，特に精神的苦痛にも配慮しなければならない．したがって動物が苦痛を感ずることがなくとも関係者がむごいと感じたり，動物に苦痛を伴うと思わせるような方法は避けるべきであろう．特に筋肉の痙攣や異常な動きを起こす方法，大量に出血する方法は，たとえ全身麻酔下でも避けるべきである．これらを踏ま

え安楽死の方法の選択にあたっては以下のような順で行う．

① 実験動物の安楽死法はまず一般的に国際的に容認されている方法（バルビツールの静脈内投与，麻酔薬の静脈内投与，吸入麻酔薬の吸入，二酸化炭素（CO_2）の吸入など）を考慮する．ただし，CO_2 吸入では苦痛があるとする意見もあり，濃度，濃度増加率等も含め最新の文献を参照することが望ましい．

② 研究目的が①の方法では達成できない場合はその他の最近の文献で容認された方法を考慮し，獣医師の参加する動物実験委員会に判断を仰ぐ．

③ 文献的に容認されていない方法でなければ研究目的を達成できないと考えられたときは，その研究の期待される成果と動物の受ける苦痛を比較考慮し，動物実験委員会が判断する．

④ 最新の文献，成書を参照し，適切でないとされる安楽死法は行わない．例えば筋弛緩薬（サクシニルコリンン，ツボクラリン，キニーネ等）だけを投与した後に他の窒息，放血などを行うことは適切でない．

現在のところ最善の安楽死法は麻酔薬の過量投与により，意識を消失した状態で殺処分すること

である．ペントバルビタールはこの目的に適している．ほとんどの動物で 200 mg/kg を静脈内あるいは腹腔内に急速に注射することにより，意識消失後，呼吸停止し，心停止も数分以内に起こる．この方法ではこれらが非可逆的に起こり，蘇生の可能性が少ない．逆に，近年多用される鎮静剤・鎮痛剤の増量による安楽死はたいへん難しい．したがって，ペントバルビタールを安楽死薬として準備しておくことを勧める．麻酔を行わずに使われるのが CO_2 の吸入である．CO_2 を吸入させると急激に脳内の pH は下がり，意識を消失する．やがて脳機能が喪失し，死にいたる．この際，酸素が供給されないと意識消失前に呼吸困難となり動物が騒擾するので避けなければならない．新生児では CO_2 の吸入に抵抗性があることから推奨されない．CO_2 は取り扱いが容易なことから推奨される．麻酔瓶と同様に密閉容器に動物を入れ，CO_2 を急速に供給する．動物は数分以内に意識を消失し，脱力する．呼吸停止にはさらに数分を要するので，呼吸停止を確認する．CO_2 専用の安楽死用機材が市販されている．

物理的な方法で殺処分する際にも麻酔下で行うことが望ましい．マウスでは頸椎脱臼を熟練したものが行いうる．ウサギなどでは断首，頭部打撲も行い得るとされるが，麻酔下で行うのが適当である．

実験動物の安楽死は単に科学的な問題だけではなく，人の情緒心情に関わる問題であり，その方法の選択，および施行には十分な検討が必要である．安楽死法の選択，施行に少しでも困難を感じた場合には実験動物獣医師のコンサルテーションを受けることを強く勧める．実験動物の処分後の遺体は現行法令では医療用廃棄物として扱うのが適当と考えられ，法に従い焼却処分を行わなければならない．科学の進展のために生命を意図的に奪ったのであるから，遺体の扱いはけっして粗略にしてはならない．

3.2.7 剖 検 法

解剖により内臓組織を観察し，試料を採取するために解剖検査（剖検）が行われる．剖検に先立ち，安楽死前の生体観察は剖検時の観察の理解に役立つ．また安楽死後も，入念に体表観察を行う．特に眼，鼻，口，肛門，外陰部等体内への経路を持つ諸器官周辺には体内の状態を反映する情報が多い．剖検による肉眼観察はきわめて大量の生体情報を提供するが，実験動物が最も多く使われる安全性試験においては，甚大な生体への影響が事前に予測される披験物質は，動物福祉の建前から，あらかじめ動物実験以外の方法でその毒性を検索しておかねばならない．したがって，実験動物に投与される段階ではその生体への影響は極めて限定的なものがほとんどであり，より精細な病理組織学的検索，生化学的検索が剖検に続いて行われる事が多い．このため，試料となる摘出臓器・組織・体液はできるだけ新鮮なものが必要であり，肉眼観察と記録は迅速に行う必要がある．肉眼所見の記録は重要であるが，これは写真，ビデオなど画像により記録が補完されることが多い．

剖検では微生物学的検索などを目的としている場合も多く，無菌的な処置を講ずる必要もあるが，衛生的で清潔な器具・機械を用いて，快適な環境で行わねばならない．また生体からの試料はそのものが感染源となることもあり，剖検はバイオセーフティの原則に基づき行われるべきである．特に感染の恐れがある場合は当然として，感染の有無が確認できないような例でも，バイオセーフティキャビネットを適切に使用し，BSL2 における実験手順を適用すべきである．

剖検の手順は研究目的に合致するようあらかじめ計画しておき，各個体について同じ手順を用いることで観察成績を安定させることができる．また迅速に遺漏なく網羅的に観察し，さらに試料を採取するためには，剖検前の計画と準備が欠かせない．さびなどにより切れ味が悪い器具の使用は研究成績をゆがめるだけでなく，倫理的な動物実験の施行が求められることにも反することとなるので，清潔で機能が正しく発揮できる適切な器具を準備する．また遺漏なく試料を採取する目的で，区分けされたトレーを準備する．

定型的な剖検では，動物遺体を仰臥位に保定し，腹部正中ないしは下腹部を頂点にして側腹部へと V 字に切皮する．腹壁も同様に正中ないしは V 字に切開し，腹腔内臓器を観察する．腹腔内主要臓器の観察と腹腔内貯留液の観察採取を行う．臓器・組織の観察では，部位，形状，大きさ，色調，硬度，癒着，組織重量などが主要観察点である．

横隔膜を切開し，肋骨，肋軟骨接合部を頸部に向かって離断する．胸水，胸腔内臓器を観察する．開腹，開胸した状態で肉眼観察を終了した後，臓器摘出を行う．消化管など中空臓器では内容物によるほかの組織の汚染を防止するため，離断部は鉗圧し，適宜結紮閉鎖する．食道下部を離断し，膵臓をつけたまま胃，小腸，大腸を腸間膜リンパ節とともに一体として，摘出する．中空臓器は切開して，内容を観察後，内容物を水洗し，粘膜面の観察を行う．続いて脾臓，肝臓（ラット以外では胆嚢とともに），腎臓，副腎を摘出する．副腎は脂肪組織に埋没して発見が困難であり，慎重に検索する．泌尿生殖器を続いて摘出する．胸腔では胸腺を観察摘出した後，心臓を摘出する．大量の出血を防止するため，離断する脈管は鉗圧する．気管，肺は所属リンパ節とともに一体として摘出する．研究目的によっては胸腔内臓器は一体として摘出することもよく行われる．頸部の甲状腺，上皮小体を観察摘出し，耳下腺，顎下腺，舌下腺を観察摘出する．

頭部は正中で切皮し，左右に剥離する．必要に応じて付着筋を摘除する．左右の眼窩上縁と後頭骨の後頭窩の上縁と内耳孔上端を結ぶ線上で切開する．鋏ないし鋸を用いて周辺の軟組織を離断し，頭蓋骨上部を摘除する．頸椎を2ヶ所で縦切し，椎骨から棘突起を離断し，硬膜を観察する．脳神経を切断し，大脳，小脳，脳下垂体，延髄を一体として摘出する．脊髄は背部の付着筋を摘除し，椎弓を2ヶ所で縦切し，棘突起を摘除し，観察摘出する．これ以外の皮膚，乳腺組織，骨，舌なども適宜摘出する．

摘出した臓器・組織は速やかに固定する．中空臓器では固定液を腔内に還流する．また厳格な超微形態学的観察が必要な場合は，還流固定を行う．

研究目的の剖検以外に，死亡動物および瀕死動物について病因検索のために剖検が行われる．特に倫理的な側面からエンドポイントの設定は必須であり，重大な臨床症状を呈し，苦痛軽減が不可能と診断した場合は実験動物獣医師の責任で安楽死処分を行う．この際も遺体は貴重な研究試料であり，研究責任者とよく相談のうえ剖検を行うとともに，動物実験計画書に沿って，適切な試料保全を図らねばならない．

剖検後の遺体は研究試料を提供してくれた動物に感謝し，丁寧に取り扱い，法に則って保管，廃棄処分を行う． 〔黒澤 努〕

参 考 文 献

1) 日本実験動物学会監訳，鍵山直子他訳（2011）：実験動物の管理と使用に関する指針 第8版，アドスリー．

2) Flecknell, P. (2009)：*Laboratoory Animal Anaesthesia, 3rd ed.*, Elsevier.

3) Fish, R. E., *et al.* eds. (2008)：*Anesthesia asn Analgesia in Laboratory Animals, 2nd ed.*, Elsevier.

4) 多川政弘監訳（2006）：小動物臨床麻酔マニュアル，インターズー．

5) 獣医麻酔外科学会 麻酔・疼痛管理専門部会（2012）：犬および猫の臨床例に安全な全身麻酔を行うためのモニタリング指針．〔http://jsvas.info/anesth_files/monitoringguidance.pdf〕

6) Kawai, S., *et al.* (2011)：Effect of Three Types of Mixed Anesthetic Agents Alternate to Ketamine in Mice. *Exp. Anim.*, **60**(5)：481-487.

7) 鈴木 真・黒澤 努訳（2011）：安楽死に関するガイドライン，アドスリー．

8) Nishimura, R., *et al.* (1993)：Comparison of Sedative and Analgesic/Anesthetic Effects Induced by Medetomidine, Acepromazine, Azaperone, Droperidol and Midazolam in Laboratory Pigs. *J. Vet. Med. Sci.*, **55**(4)：687-690.

演 習 問 題
(解答 p.209)

3-1 片手で胸背部の皮膚を広くつかみ，もう一方の手で臀部を支えるように保定する実験動物は何か．

3-2 次の中で麻酔下で実施しなければならないのはどれか．

（a） 頸動脈からの採血

（b） 外側伏在静脈からの採血

（c） 橈側皮静脈からの採血

（d） 眼窩静脈叢からの採血

（e） 心臓からの採血

3-3 実験動物の麻酔について，以下の記述のう

ち誤っているのはどれか.

(a) 実験動物の麻酔は動物愛護法の規定に従い，動物実験における実験動物の苦痛をできるだけ軽減する目的で施行される.

(b) 実験動物の麻酔では，決められた薬用量の麻酔薬を投与することにより常に適切な麻酔深度が得られる.

(c) 実験動物の麻酔にあたっては，事前の入念な計画立案が重要である.

(d) 実験動物の麻酔を含む動物実験の計画は，動物実験委員会にて審議されることが適当である.

(e) マウスやラットでは麻酔前に絶水とする必要は必ずしもない.

3-4 実験動物の安楽死について，下の記述のうち誤っているのはどれか.

(a) 動物実験が終了した後は，動物をできるだけ苦痛の少ない方法で安楽死処分しなければならない.

(b) 動物の苦痛はヒトが苦痛と感ずるような処置では動物にも同等の苦痛があると考えるのが適当である.

(c) 実験動物の安楽死には麻酔薬の過量投与が適当である.

(d) 実験動物の安楽死では施行者の精神的苦痛にも配慮すべきである.

(e) 実験動物の安楽死は動物が苦痛を感じることがなければ，関係者がむごいと感じたりする方法で行ってもよい.

4章　実験動物の遺伝

一般目標：
遺伝子，染色体の構造および遺伝情報の発現機序を比較生物学の観点から理解する．

4.1　遺伝学の基礎

> **到達目標：**
> 遺伝子や染色体の構造と機能およびメンデルの遺伝の法則を含めた遺伝情報の発現機序について説明できる．
>
> **【キーワード】** デオキシリボ核酸（DNA），ヌクレオチド，アデニン，グアニン，チミン，シトシン，エクソン，イントロン，プロモーター，エンハンサー，転写因子，メッセンジャー RNA（mRNA），スプライシング，常染色体，性染色体，相同染色体，核型（karyotype），形質，表現型，優劣（優性）の法則，分離の法則，独立の法則，不完全優性，共優性，伴性遺伝，致死遺伝子，連鎖，組換え，交叉，染色体地図，エピスタシス，ポジショナルクローニング

4.1.1　遺伝子，染色体，形質
a.　遺伝子

19世紀後半にメンデルは，親から子に伝えられる様々な遺伝形質は，粒子状の因子（factors）によって決定されるという概念を確立した．20世紀初頭に，これらの因子に対して，遺伝子（gene）という名前が付けられた．今日では，遺伝子は遺伝情報の単位であること，その情報の本体はデオキシリボ核酸（DNA）の塩基配列であることはよく知られている．

DNAの最小単位は，ヌクレオチド（nucleotide）である．ヌクレオチドは，デオキシリボースに塩基とリン酸が結合した分子で，塩基にはアデニン（A），グアニン（G），チミン（T），シトシン（C）の4種類がある．

b.　遺伝子の構造

図4.1に哺乳類における遺伝子の一般的な構造を示す．ほぼすべての遺伝子はエクソン（exon）とイントロン（intron）で構成される．遺伝子の最上流部には，遺伝子の転写を制御する転写因子（transcription factor）が結合するプロモーター（promoter）領域がある．プロモーターとは別に，遺伝子の上流，イントロン内，あるいは下流に存在し，遺伝子の発現を調節している領域をエンハンサー（enhancer）と呼ぶ．エクソンは5'非翻訳領域（untranslated region），翻訳領域（coding sequence），3'非翻訳領域に区分される．遺伝子の最下流部にはポリ（A）付加部位がある．

c.　遺伝子の発現

DNAである遺伝子を鋳型として，RNA（リボ核酸）が合成される．これを転写（transcription）という．RNAを構成する塩基は，アデニン，グ

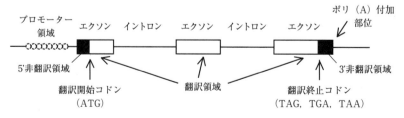

図 4.1　哺乳類遺伝子の一般的な構造
エクソンのうち白色の部分は翻訳領域（coding sequence：CDS），黒色の部分は非翻訳領域（untranslated region：UTR）である．

アニン，シトシン，そしてチミンの代わりに，**ウラシル**（U）である．

転写の過程は，まず，転写因子とRNAポリメラーゼが遺伝子のプロモーター領域に結合し，1本鎖RNA（pre-mRNA）が合成される．その後，**スプライシング**（splicing）によりイントロン部分が除かれ，**メッセンジャーRNA**（mRNA）となる．最終的には，メッセンジャーRNAの遺伝記号（コドン）が翻訳（translation）されてタンパク質が合成される．

d. 染色体

DNAは，染色体（chromosome）という構造体をとって，細胞核の中に存在している．染色体は，通常，細胞を顕微鏡で観察してもはっきりとした形では観察されない．細胞周期の分裂期にのみ凝集し，ひも状の構造体としてはっきりと認められる．

染色体には，2本の**性染色体**（sex chromosome）とそれ以外の**常染色体**（autosomal chromosome）がある．性染色体は性を決定する染色体である．哺乳類の性染色体にはXとYがあり，XXが雌，XYが雄となる．常染色体は，同形，同大の染色体が2本ずつ対をなしている．対になる染色体を互いに**相同染色体**（homologous chromosome）と呼ぶ．相同染色体の一方は父親，他方は母親由来のものである．動物種によって染色体数と形が決まっており，これを**核型**（karyotype）と呼ぶ．

e. 形 質

形質（trait）とは，生物個体が示し遺伝によって子孫に伝えられる性質をいう．形質には，形態的な性質のみでなく，生化学的，生理的，あるいは心理的性質などあらゆる性質が含まれる．それぞれの形質は，それを支配する遺伝子とその発現過程，環境の相互作用の結果として現れる．形質の中には，環境の影響をほとんど受けないもの，環境の影響を大きく受けるものがある．前者では，遺伝子の作用と形質の発現を直接結び付けることができる．

4.1.2 遺伝の法則

遺伝現象を最初に法則として系統立ててまとめ上げたのは，オーストリアの修道院の牧師であったメンデルである．メンデルは交配が容易なこと，形質が観察しやすいことなどの理由でエンドウを実験材料に選んだ．エンドウの種子の形，子葉，草丈など7対の形質の違いを研究対象とし，3つの重要な遺伝の法則を発見した．メンデルの遺伝の法則は，動植物のあらゆる遺伝現象に適用できる．ここでは，この法則をマウスの形質を例にして説明する．

a. メンデルの遺伝の法則
(1) 優劣の法則

有色の近交系マウスとアルビノの近交系マウスを交配すると，雑種第一代（first filial generation：F_1）では，すべてのマウスが有色となり，アルビノのマウスは現れてこない．このような雑種第一代で現れる形質を優性（dominant）といい，現れない形質を劣性（recessive）という．**優劣の法則**（law of dominance）とは，雑種第一代では，優性の形質のみが現れ，劣性の形質が現れない現象のことをいう．

この現象を遺伝子で説明する（図4.2）．有色を支配する対立遺伝子をC，アルビノを支配する対

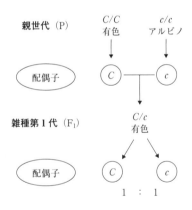

図4.2 優劣の法則，分離の法則
有色とアルビノのマウスの交配により得られたF_1世代はすべて有色となる（優劣の法則）．F_1の配偶子には，C対立遺伝子とc対立遺伝子を持つものが1：1で存在する．F_1同士の交配により得られたF_2では，F_1世代では観察されなかったアルビノが分離して出現し，有色とアルビノの割合が3：1となる（分離の法則）．

立遺伝子を c とすると，**遺伝子型**（genotype）は，有色の方は C/C，アルビノの方は c/c となる．F_1 は C/c となり，C は c に対して優性で，F_1 の個体はすべて C の形質（有色）を現す．なお，遺伝子型で対をなしている遺伝子が C/C または c/c のように同じ場合を<u>ホモ接合体</u>（homozygote），C/c のように異なる場合を<u>ヘテロ接合体</u>（heterozygote）と呼ぶ．

(2) 分離の法則

この実験で得られた F_1 同士を交配すると，雑種第二代（F_2）において，有色のマウス（遺伝子型は C/C または C/c）と，アルビノのマウス（遺伝子型は c/c）が 3：1 の比で現れる（図4.2）．このように，F_1 では現れなかった劣性の形質が F_2 で分離して現れる現象を**分離の法則**（law of segregation）という．遺伝子型でみると C/C，C/c，c/c が 1：2：1 の比で生じていることが分かる．C/C，C/c の遺伝子型はともに有色を示すので，表現型では，有色とアルビノの比が 3：1 となる．

(3) 独立の法則

上に述べた 2 つの法則は，1 組の対立遺伝子についての法則であった．**独立の法則**（law of independence）とは，2 組以上の対立遺伝子があって，各組が他の組と無関係に遺伝するという法則である．

例えば，マウスの毛色（有色とアルビノ）と被毛（有毛と貧毛）という 2 つの形質を例にとって説明する（図4.3）．有色で有毛のマウス（遺伝型は C/C，HR/HR）とアルビノで貧毛のマウス（遺伝型は c/c，hr/hr）を交配すると，F_1 の遺伝

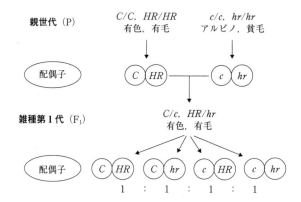

図4.3 独立の法則
有色有毛のマウスとアルビノ貧毛のマウスの交配により得られた F_1 世代はすべて有色有毛となる．F_1 の配偶子には，C と HR を持つもの，C と hr を持つもの，c と HR を持つもの，c と hr を持つものが 1：1：1：1 で存在する．F_1 同士の交配により得られた F_2 では，有色有毛，有色貧毛，アルビノ有毛，アルビノ貧毛のマウスが，9：3：3：1 で分離する．しかし，C 遺伝子座，HR 遺伝子座のみについて考えると，各遺伝子座における表現型の割合は 3：1 となっており，C 遺伝子座と HR 遺伝子座は独立している．

子型はすべて C/c，HR/hr となり，C は c に対して優性，HR は hr に対して優性なので，F_1 個体はすべて有色で有毛となる．F_2 では，図4.3で示すように，有色で有毛，有色で貧毛，アルビノで有毛，アルビノで貧毛が9：3：3：1の割合で現れる．毛色だけに注目すると，有色とアルビノが3：1で分離している．同様に有毛と貧毛も3：1で分離している．すなわち，毛色を支配する遺伝子（C と c）と被毛を支配する遺伝子（HR と hr）は，それぞれ他の遺伝子に影響されることなく，独立して遺伝している．

b.　メンデルの法則の拡張

メンデルが選んだエンドウの7つの形質は，偶然上記の3法則に完全に合致するものであったが，現在ではこれらの法則に完全には合致しない形質も多数知られている．これら例外も，基本的にはメンデルの遺伝の法則を拡張して解釈することで説明可能なものである．

（1）不完全優性と共優性（優劣の法則の例外）

優劣の法則が完全に適用できる場合，ヘテロ接合体 Aa の表現型は，優性のホモ接合体 AA の表現型と同一となる．しかし，ヘテロ接合体 Aa の表現型が AA と aa の表現型の中間的な表現型を示す場合がある．このような形質を**不完全優性**という．例えば，アサガオの赤花遺伝子 R と白花遺伝子 r を両方持つ個体（遺伝子型 Rr）の花の色は，両者の中間的な表現型である桃色になる．

共優性の形質では，F_1 は両親の形質をともに示す．ヒトのABO式血液型においては，A対立遺伝子とB対立遺伝子のヘテロ接合体は両方の形質を示すAB型となる．

（2）伴性遺伝と致死遺伝子（分離の法則の例外）

伴性遺伝（sex-linked inheritance）は，性染色体上に存在する遺伝子の遺伝様式をいう．伴性遺伝では，遺伝子が雌にあるか雄にあるかによって，その子への遺伝子の伝わり方が異なり，子での現れ方が雄と雌とで異なる．これは，性染色体の構成が，雌ではXXであるのに対し，雄ではXYであることに起因する．分離の法則は常染色体（autosome）上の遺伝子についての法則であるので，このような例外が存在する．

例えば，マウスの白質ジストロフィー遺伝子 jp は，X染色体上にあって劣性である．雌ではX染色体が2本あるので，その中の1本が正常の遺伝子を持っていれば，他の1本のX染色体に jp 遺伝子があっても見かけは正常となる．これに対して雄ではX染色体が1本しかないので，この1本のX染色体に jp 遺伝子があれば劣性でも白質ジストロフィーとなって現れる．

遺伝子のなかには突然変異を起こすと，個体の生存や発育ができなくなり死をもたらすものがある．このような遺伝子を**致死遺伝子**（lethal gene）という．致死遺伝子の多くは優性の形質を支配する遺伝子で，ヘテロの状態で体のある部分に異常が現れ，ホモの状態になると個体を死に至らせる．ホモ個体が胎生期に死亡するので，生まれてくる個体の表現型の分離比は分離の法則とは大きく異なってくる．

例えば，マウスのアグーチ遺伝子座の A^y は致死遺伝子である．ヘテロ接合体は毛色が黄色となる．しかし，ホモ接合体は胎生初期に致死となるため生まれてくることはない．したがって，ヘテロ接合体同士の交配によって得られる個体では，黄色：野生色の個体が2：1に分離し，分離の法則の3：1とは異なる分離比を示す．

（3）連鎖と組換え（独立の法則の例外）

独立の法則は，対象となる遺伝子座が異なる染色体上に存在する場合に成り立つ．しかし，対象となる遺伝子座が同一の染色体上に近接して存在する場合は，独立の法則が成り立たない．つまり，同一の染色体上に存在する2つの遺伝子座の対立遺伝子は行動をともにして子孫に伝わる傾向がある．このような現象を**連鎖**（linkage）という．遺伝子の次世代への伝達が染色体を単位にしていることによって，連鎖は説明できる（図4.4）．

しかし，一方で同一染色体上の遺伝子座であっても，つねに行動をともにして次世代に伝達されるわけではなく，同一染色体の一部が交換することで，遺伝子の組合せが変化することもある．この現象を**組換え**（recombination）という．組換えが生じるのは，減数分裂時に相同染色体間で**交叉**（crossing over）が起こるからである．多くの遺伝子について組換えの起こる率を求めることによって，同一の染色体上にある遺伝子の群を知ることができる．組換えは染色体上のランダムな位置で起こるので，同一の染色体上にある2つの遺伝子間の組換え率は，それらの距離が短いほど低く，長いほど高くなる（図4.4）．このことを利用

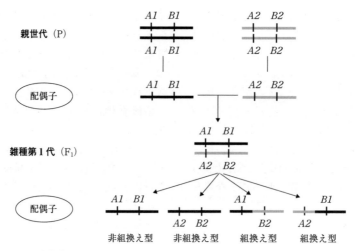

図4.4 連鎖と組換え
同一の染色体上に近接して存在する遺伝子座の対立遺伝子は行動をともにして子孫に伝わる傾向がある（連鎖）．一方で，減数分裂時に相同染色体間で交叉が起こることによって，組換えが起こる．この図ではF_1世代の雄に親系統の雌を戻し交配することによって得られた戻し交雑世代の遺伝子型を示している．F_1世代の雄の生殖細胞では，非組換え型，組換え型あわせて4種類の配偶子がつくられる．このとき，組換え型の配偶子が得られる頻度は，遺伝子座間（ここではAとB）の距離に依存する．組換え型の割合を知るには，配偶子から個体を作出し，得られた個体の遺伝子型を決定する．この図のように，組換え型の染色体を持つ個体が全個体の10％であれば，A座位とB座位との組換え頻度は10％と推定され，それらの遺伝的な距離は10 cM（センチモルガン）となる．

して，染色体上の遺伝子座の位置関係を示したものが**染色体地図**（chromosome map）である．

c. 遺伝子の相互作用

2つまたはそれ以上の遺伝子が同一形質に働くとき，1つの遺伝子が他の遺伝子の作用を抑えることがある．この現象を**エピスタシス**（epistasis）もしくは上位と呼んでいる．エピスタシスの例は，マウスの毛色に見られる．B遺伝子座は，毛色が黒色になるか茶色になるかを決める．B/BまたはB/bであれば黒色，b/bであれば茶色となる．しかし，毛色が黒色か茶色になるのは，毛色が有色であることが前提であり，アルビノ個体ではBまたはbの作用は全く発現しない．このような場合，有色かアルビノを決めているC遺伝子座はB遺伝子座に対して上位であるという．

エピスタシスという語は，しばしば，より一般的な意味に用いられる．異なった遺伝子座にある複数の遺伝子の効果が，それらが独立に作用したときに期待される効果と異なっている場合に，その効果を表すのに用いられる．

d. 突然変異遺伝子のポジショナルクローニング

マウスやラットを飼育していると，異常な表現型を示す突然変異体（ミュータント）に遭遇する．突然変異形質を支配する遺伝子（突然変異遺伝子）を遺伝学的アプローチから同定するには，**ポジシ**

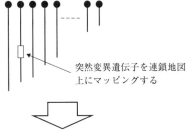
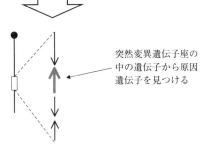

図 4.5 ポジショナルクローニングの手順
最初に分離世代子を作成し，突然変異遺伝子を連鎖地図上にマッピングする．次いで突然変異遺伝子座に存在している遺伝子（候補遺伝子）の中から，原因遺伝子を同定する．

ョナルクローニング（positional cloning）という手法がとられる（図4.5）．

ポジショナルクローニングは，まず，戻し交雑子や F_2 交雑子などの分離交雑子を用いて，突然変異遺伝子を染色体上の特定の位置にマッピングする．次いで，ゲノムデータベースを利用し，突然変異遺伝子座に相当するゲノム領域を限定する．このゲノム領域内にマッピングされている遺伝子は**候補遺伝子**と呼ばれる．ミュータント動物における候補遺伝子の発現異常，ゲノム変異を明らかにすることによって，候補遺伝子のなかから真の原因遺伝子が同定できる．

4.2 量的形質と集団遺伝

> 到達目標：
> 質的形質，および量的形質の解析方法，およびハーディー・ワインベルグの法則について説明できる．
>
> 【キーワード】 量的形質座位（QTL），統計遺伝学，遺伝子頻度，遺伝型頻度，ハーディー・ワインベルグの法則

4.2.1 量的形質の遺伝解析

量的形質（quantitative trait）とは，長さ，重さ，時間などの計量値で表される形質で，その計量値は連続的に分布する．例えば，マウスの体重，血圧，寿命などがあげられる．量的形質の遺伝解析は下記で述べる QTL 解析によって可能となった．

a. 量的形質遺伝子座

量的形質には，一般には複数の遺伝子座が関与する．これら量的形質に関与する遺伝子座を**量的形質遺伝子座**（quantitative trait locus：**QTL**）と呼ぶ．ある遺伝子座に2種類の対立遺伝子があるとすると，F_2 世代では3つの遺伝型が分離する（$A/A, A/a, a/a$）．ここで，量的形質に関与する遺伝子座が N 個あれば，F_2 世代で分離する遺伝子型は 3^N となる．$N=5$ の場合，$3^5=243$ 種類もの遺伝子型が分離することになり，各遺伝子型間に対する表現型の差はわずかとなる．そのうえ量的形質の表現型は環境の影響を受けて変化しやすい．そのため量的形質の遺伝子型と表現型を明確に対応付けることができなくなる．そこで，量的形質の解析には**統計遺伝学**（statistical genetics）の理論をもとにしたQTL解析という手法が用いられる．

b. QTL 解析

古典的な統計遺伝学では，表現型値のみがデータとして与えられた．そのため，量的形質について推定できるのは，分離世代における変異のうち遺伝するのはどのくらいかとか，ある閾値以上の表現型値を示す個体を選抜したときに形質がどの程度改良されるかということのみであった．このように，形質の表現型値のみでは情報不足であったために，量的形質に関与する遺伝子座（QTL）はいくつあるのか，またそれらは染色体上のどこにあるのかは推定できなかった．

そこで，QTL の近くに質的形質である遺伝子マーカーがあれば，それらとの連鎖を利用して各QTL の染色体上の位置と遺伝効果を推定できることが提示された．1980年代に DNA マーカーが多数開発され，それらを用いた全染色体領域をカバーする詳細な連鎖地図が作成された．これに加えて，QTL 解析における効率的な理論（interval mapping，分散分析法，回帰分析法，composite interval mapping）が開発されたこと，QTL 解析プログラムが公開されたことなどにより，QTL 解析が実験室レベルで実施できるようになった．

4.2.2 集団遺伝学の基礎

集団遺伝学とは，生物の繁殖集団のなかで遺伝子がどのように分布し，どのように伝わっていくかを，統計学を使って明らかにする遺伝学の一分野である．その目的は，効果的な育種法を立案したり生物進化の機構を解明することである．実験動物学では，アウトブレッドコロニーの遺伝分析を行うときなどに，集団遺伝学の考え方を取り入れる場合がある．

a. 遺伝子頻度と遺伝子型頻度

ある集団の遺伝的構成を表すには，通常，**遺伝子頻度**（gene frequency）を用いる．遺伝子頻度は，**遺伝子型頻度**（genotype frequency）が分かれば，簡単な計算で求めることができる．

常染色体上の毛色遺伝子座 C を例にして考えてみよう．遺伝子型としては，$C/C, C/c, c/c$ がある．N 個体からなるマウス集団があり，そのなかで，遺伝子型が C/C のものが x 個体，C/c のものが y 個体，c/c のものが z 個体いるとする（$N=x+y+z$）．

遺伝子型頻度は，それぞれの遺伝子型をもつ個体数の全体の個体数に対する割合であるので，表4.1 のように求められる．

C/C の遺伝子型頻度（P）$= x/N$

C/c の遺伝子型頻度（H）$= y/N$

c/c の遺伝子型頻度（Q）$= z/N$

次いで，遺伝子頻度を求めてみよう．それぞれの遺伝子型を持つ個体において，対立遺伝子 C と c の数が表4.1 中のように求められる．全体の個体数 N では，$2N$ 個の対立遺伝子が存在する．したがって，遺伝子頻度は以下のようになる．

$$C \text{ の遺伝子頻度}(p) = \frac{2x+y}{2N} = P + \frac{1}{2}H$$

$$c \text{ の遺伝子頻度}(q) = \frac{y+2z}{2N} = \frac{1}{2}H + Q \tag{4.1}$$

この式から分かるように，遺伝子頻度と遺伝子型頻度は独立でなく，関連している．当然のことながら，$p+q=P+H+Q=1$ となる．

以上のように，集団の遺伝的構成を表すには，遺伝子頻度を用い，その遺伝子頻度は実際に観察された遺伝子型頻度から容易に求めることができる．

b. ハーディー-ワインベルグの法則

集団における遺伝子頻度や遺伝子型頻度の変化に関する基本的な法則を 1908 年ハーディー（Hardy）とワインベルグ（Weinberg）がそれぞれ独立に発見した．この集団の遺伝的構成に関する基本法則を**ハーディー-ワインベルグの法則**と呼ぶ．

ハーディー-ワインベルグの法則とは，無作為交配が行われている十分に大きな集団で，移住（外部からの遺伝子の移入），突然変異，個体間に生存率・繁殖率の差（淘汰・選択）がなければ，世代を経ても，遺伝子頻度は常に一定である，という法則である．

つまり，充分に大きな集団で，対立遺伝子 $A1$ の遺伝子頻度が p_1 で，対立遺伝子 $A2$ の遺伝子頻度が q_1 であるとする．ハーディー-ワインベルグの法則が成り立つ集団では，次世代での $A1$，$A2$ の遺伝子頻度がそれぞれ，p_1, q_1 となり，前世代の遺伝子頻度と変わらない．

なぜ，このような法則が成立するのか，以下で証明してみよう．$A1$ の遺伝子頻度を p_1，$A2$ の遺伝子頻度を q_1 とする．$A1/A1$ の遺伝子型頻度を P，$A1/A2$ の遺伝子型頻度を H，$A2/A2$ の遺伝子型頻度を Q とする．

$A1$ をもつ配偶子の頻度は，$P + \dfrac{1}{2} \times H$

$A2$ をもつ配偶子の頻度は，$\dfrac{1}{2} \times H + Q$

となり，これらは式（4.1）より，p_1, q_1 に等しい．

次に，次世代においてこれらの配偶子が出会って接合体が形成された際の遺伝子型頻度を求める．

$A1/A1$ が得られる頻度は，$p_1 \times p_1$

$A1/A2$ が得られる頻度は，$p_1 \times q_1 + q_1 \times p_1$

$$= 2p_1q_1$$

$A2/A2$ が得られる頻度は，$q_1 \times q_1$

遺伝子型頻度が分かれば，遺伝子頻度を求めることができる．次世代における遺伝子頻度（p_2, q_2）は，

表 4.1

遺伝子型	個体数	遺伝子型頻度	遺伝子の数
C/C	x	$x/N = P$	$C : 2x$
			$c : 0$
C/c	y	$y/N = H$	$C : y$
			$c : y$
c/c	z	$z/N = Q$	$C : 0$
			$c : 2z$

$N = x+y+z$

$$p_2 = P + \frac{1}{2}H = p_1p_1 + \frac{1}{2}(2p_1q_1)$$
$$= p_1p_1 + p_1q_1 = p_1(p_1+q_1) = p_1$$
$$q_2 = \frac{1}{2}H + Q = \frac{1}{2}(2p_1q_1) + q_1q_1$$
$$= p_1q_1 + q_1q_1 = q_1(p_1+q_1) = q_1$$

このように，子世代における遺伝子頻度は親世代における遺伝子頻度に等しい．同様のことが孫世代でも生じる．そのため，孫世代における遺伝子頻度も親世代における遺伝子頻度と等しくなる．

4.3 エピジェネティクス

到達目標：
エピジェネティクスについて説明できる．
【キーワード】 エピジェネティクス，DNAのメチル化，ヒストンのアセチル化，X染色体の不活性化，ゲノムインプリンティング

4.3.1 エピジェネティクス

エピジェネティクス（epigenetics）とは，DNAの配列変化を伴わずに伝達される遺伝子機能の変化のことをいう．このようなエピジェネティックな変化は，細胞の有糸分裂により娘細胞に伝達されるもの，減数分裂により世代を超えて伝達されるものに分類できる（図4.6）．前者は，発生や細胞の分化に重要なエピジェネティックな変化で，後者は，植物ではしばしば見られるが，動物ではまれなエピジェネティックな変化である．

エピジェネティクスは胚発生，細胞分化，体細胞クローン，ゲノムインプリンティング，X染色体不活性化，神経機能，老化など，じつに様々な生物現象と関わっており，がんや先天異常をはじめとする多数の病気の原因とも関係している．

a. 胚発生と細胞分裂

生体は1つの受精卵から発生する．発生の過程で，受精時に両親から受け継いだゲノムDNAは，正確に複製され細胞に伝達される．それゆえ，生体を構成するすべての体細胞は，その核内に同一のゲノムDNAを持っている．

ところが，生体を構成する細胞は均一ではなく，形や働きも様々である．この違いは，異なる細胞では異なる組合せの遺伝子が発現していることによる（図4.7）．細胞が生きていくために最低限必要な遺伝子は，すべての細胞で発現している．しかし，神経，皮膚，血液では，それぞれの細胞の形や働きを特徴付ける遺伝子が選ばれて発現している．しかも，いったん特定の種類の細胞に分化すると，その特徴を失うことなく細胞分裂を続ける．つまり，遺伝子の発現のオン・オフは細胞分裂を経て安定に伝達される必要がある．

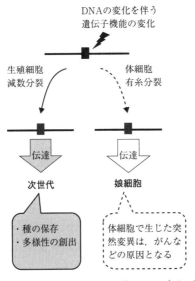
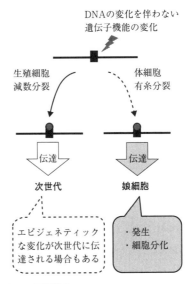

図4.6 エピジェネティクスの伝達様式

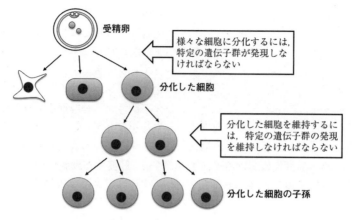

図 4.7 細胞分化と遺伝子の発現

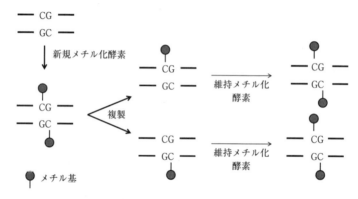

図 4.8 DNA メチル化の伝達

b. DNA のメチル化

エピジェネティックな機構のなかで，最も代表的なものは，**DNA のメチル化**（DNA methylation）である．DNA メチル化は，DNA 中のシトシン（C）にメチル基を転移させ，5-メチルシトシンに変換する化学反応である．この反応は DNA メチル化酵素によって触媒される．脊椎動物の DNA メチル化酵素には特異性があり，メチル化する C は，すぐ後ろに G のあるものに限られる．細胞分裂に伴う DNA の複製過程で，一本の鎖だけメチル化された状態になるが，維持 DNA メチル化酵素により，もう一本の非メチル化鎖がメチル化される．このように，細胞は DNA 複製を経てもメチル化状態を安定して伝えることができる（図4.8）．

ヒトやマウスのゲノムでは CG 配列の約 70% がメチル化されており，それの多くは転写抑制された領域にある．つまり，DNA メチル化には遺伝子の発現をオフにする働きがある．その代表的な機構としては，第 1 に，DNA メチル化自身に転写抑制がある．第 2 に，メチル化された CG 配列に特異的に結合するタンパク質による転写抑制がある．第 3 に，DNA メチル化がヒストン修飾と共同で行う転写抑制がある．

c. ヒストンのアセチル化

細胞核の中でゲノム DNA は裸で存在しているのではなく，様々なタンパク質とともに<u>クロマチン</u>と呼ばれる複合体を形成している（図 4.9）．クロマチンに最も大量に含まれているのはヒストンタンパク質である．クロマチン最小単位はヒストン 8 量体に DNA が 2 回（147 塩基）巻き付いたもので，これはビーズのように DNA メチル化の糸でつながっている．

核内ではヒストンは正に電荷しており，負に荷電した DNA と安定的に結び付いている．そのため，転写因子，RNA ポリメラーゼなどは，ヒストンに結合した DNA 部分に容易に近づくことはできない．つまり，転写が抑制されている．

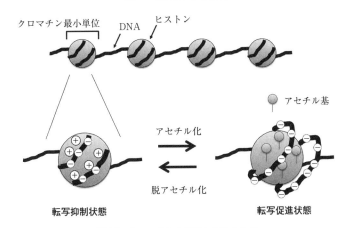

図 4.9 クロマチンの構造とアセチル化

ヒストンのアセチル化（histone acetylation）とは，ヒストンタンパク質にアセチル基が付加される反応で，それにより，ヒストンの正電荷が失われ，ヒストンと DNA の結び付きが緩くなる．その結果，転写因子，RNA ポリメラーゼなどが DNA に近づきやすくなり転写されやすい状態になる．

d. X 染色体の不活性化

マウスやラットでは，雌は X 染色体を 2 本，雄は 1 本もつ．雌の X 染色体が 2 本とも機能すると，遺伝子の発現量が過剰となり，その雌は死んでしまう．そこで，雌は 2 本の X 染色体のうち 1 本を抑制し，機能できないようにする仕組みを発達させた．これを **X 染色体の不活性化**（X inactivation）という．X 染色体の不活性化は塩基配列を変えることなく，まるごと 1 本の染色体を抑制してしまう典型的なエピジェネティックな現象である．

この X 染色体の不活性化は，発生の初期に，細胞ごとに 2 本の X 染色体からランダムに 1 本が選ばれて起こる．したがって，雌は，父親由来の X 染色体が不活化された細胞と，母親由来の X 染色体が不活化された細胞とのモザイクとなっている．

e. ゲノムインプリンティング

哺乳類では，父親由来のゲノム（精子によりもたらされる），あるいは，母親由来のゲノム（卵子によりもたらされる）のどちらか一方のみから，発現する遺伝子群がある．このような遺伝子群は，paternally expressed genes（Peg）および maternally expressed genes（Meg）と呼ばれ，およそ 200 個程度あると考えられている．この遺伝子群の発現調節に関わる機構を**ゲノムインプリンティング**（genome imprinting）と呼び，典型的なエピジェネティックな現象である．

哺乳類では，Peg または Meg があるために，父親由来のゲノムと母親由来のゲノムは機能的に同一ではない．そのために，哺乳類は，父親由来ゲノムからのみ，母親由来ゲノムからのみでは，個体発生することができず，両方のゲノムがそろって始めて，個体発生できる．

精子ゲノム，卵子ゲノムにインプリントされた父親由来，母親由来の「目印」（DNA のメチル化）は，体細胞系列では，個体発生と成長の過程で一生を通じて維持される（図 4.10）．一方，生殖細胞系列では，胎生期に父親由来・母親由来の「目印」の消去が起こる．そして胎児の性別に従って，雄であれば父型の「目印」が，雌であれば母型の「目印」があらためて付けられる．

4.3.2 エピジェネティクスと表現型

細胞がどのような形態をとるか，刺激に対してどのように反応するか，あるいは，どのような物質を分泌するかといった細胞の個性は，その細胞自身の遺伝子発現のパターンで決まる．この細胞の遺伝子発現のパターンは，DNA のメチル化やヒストンのアセチル化などで修飾されたゲノム（これを**エピゲノム**という）に記憶されている．そして，エピゲノムは，環境要因によって変化し記憶される．つまり，環境要因によってエピゲノムは変化し，それに伴い細胞の個性は変化し，維持される．

このような環境要因によるエピゲノムの変化と

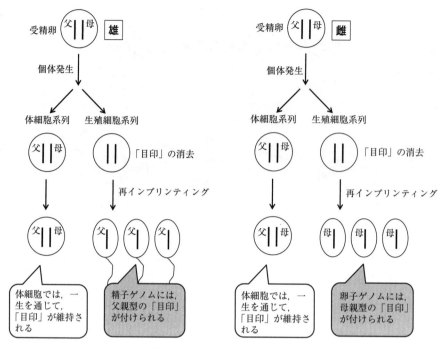

図4.10 ゲノムインプリンティング

それに伴う表現型の変化の例をあげる．まず，若年期の経験がエピゲノムに影響するという報告がある．若年期のラットが母ラットに頻繁になめられて毛繕いされると，海馬でのグルココルチコイド受容体遺伝子のエピゲノムが変化し，発現が上昇する．その結果，ストレスへの応答に影響が出るというものである．次に，マウスの例であるが，妊娠雌の栄養状態が子マウスの表現型（毛色）に影響を与えるという報告がある．これは，アグーチ遺伝子座のviable yellow（A^{vy}）変異を利用したものである．A^{vy}変異は，アグーチ遺伝子の上流にレトロトランスポゾンが挿入された変異で，そのレトロトランスポゾンのメチル化の状態によってアグーチ遺伝子の発現が変化する．つまり，低メチル化では，アグーチの発現が上昇し，黄色の毛色となる．一方，高メチル化では，アグーチの発現が低下し，黒色の毛色となる．また，このメチル化の状態は個体レベルでモザイクとなっている．そのため，子マウスは「黄色」から「黄色と黒色のまだら」そして「黒色」と変化に富む毛色を示す．妊娠したA^{vy}マウスにメチル基ドナー（葉酸，ベタインなど）が欠乏した餌を与えると，子マウスのアグーチ遺伝子は低メチル化状態となり，子マウスの多くが黄色の毛色を示すようにな

った．このように，栄養・食物が個体レベルのエピゲノムに影響することが分かっている．

4.4 動物種間の遺伝的相同性

到達目標：
動物種間の遺伝的相同性について説明できる．
【キーワード】　比較遺伝子地図，シンテニー，遺伝病

4.4.1 ゲノム

動物種間の遺伝的相同性（あるいは相違性）は，ゲノム（genome）の比較を通して行われる．ゲノムとは，ある生物が持つ遺伝情報の全体として定義される．通常父親と母親のそれぞれから1セットのゲノムを受け継ぎ，これら2セットのゲノムが機能することによって，その個体の生命活動が営まれる．ゲノムの塩基配列をすべて決定しようとする試みが，各種生物で実施されてきた．

2003年には，ヒトゲノムの解読完了が宣言された．ヒト以外にゲノムがほぼ解読された実験動物には，線虫，ショウジョウバエ，マウス，ラット，モルモット，ウサギなどがある．実験動物の

他にも，家畜や野生生物など様々な生物のゲノムが解読されている．どの生物のゲノムがデータベースとして公開されているかは，例えば Ensembl（http://asia.ensembl.org/info/about/species.html）というゲノムデータベースを参考にするとよい．

解読されたゲノムを動物種間で比較することによって，ゲノムの類似性，遺伝子の類似性が分かるようになった．例えば，ヒト，マウス，ラットを比較すると，ヒトゲノムは約 29 億塩基対，マウスゲノムは約 26 億塩基対，ラットゲノムは約 28 億塩基対と報告されている．ところが，遺伝子数はいずれも 2 万数千個で，ほとんどは 1 対 1 に対応している．これはヒト，マウス，ラットの共通祖先が持っていた遺伝子がそれぞれ，進化の過程で，ヒトとマウス，ラットに引き継がれた結果と解釈される．マウスとラットでは，86～94% の遺伝子が 1 対 1 に対応する相同遺伝子を持っている．マウスにはなくラットにのみ見つけられた遺伝子は，主に遺伝子の重複による遺伝子ファミリーの拡大によって生じている．これらには，フェロモン，臭覚受容体，免疫，解毒，タンパク質分解などに係る遺伝子が含まれている．

様々な生物の遺伝子配列を比較することによって，コーディング配列以外にも高度のゲノムが保存されている領域が特定できるようになった．具体的には，様々な種において，ある遺伝子の上流の配列を比較することで，それらの種間で保存されているゲノム領域を特定することができる．これらの領域は，プロモーターやエンハンサーなどといった遺伝子の発現を調節する領域と推定できる．

4.4.2 比較遺伝地図

ゲノムが解読される以前から，各動物種で作製された遺伝子連鎖地図を比較すると，ある領域においては，遺伝子の並びが保存されていることが知られていた．このように，遺伝子の並びが種間で保存されていることを**シンテニー**（synteny）という．また，複数の動物種で，それぞれの遺伝子地図を並べ比較したものを**比較遺伝子地図**（comparative map）という．図 4.11 にヒトと実験動物の比較遺伝子地図の一例を示す．ヒトの第 1 染色体にマッピングされている遺伝子で，これ

ら 5 つの動物種いずれかにマッピングされている**相同遺伝子**（orthologous gene）を選び出し，各動物において近接する遺伝子が同じ染色体にマッピングされて入れ，それらを 1 つのグループとしている．このようにしてみると，ヒトの染色体の一部は他の動物の染色体の一部と対応していることが分かる．

4.4.3 ヒトと実験動物の遺伝病

マクージック（McKusick）は，遺伝と環境の働き合いの視点から，病気を表 4.2 のような 6 つのカテゴリーに分類した．

これらのなかで一般に**遺伝病**（hereditary disease）と呼ばれているものは，カテゴリー 1 と 2 に属するものである．それらは，Online Mendelian Inheritance in Man（OMIM）というデータベースに随時登録されている．

遺伝病の本体は，遺伝子の突然変異である．ヒトでは，遺伝病を示す家系の分析から，その遺伝病の原因遺伝子が同定されてきた．実験動物では，ポジショナルクローニング法などにより，疾患モデルとして利用されている突然変異系統の原因遺伝子が同定されている．

通常，ヒトの遺伝病の病態は，動物モデルに比べると多様である．その理由として，どの遺伝病においても，ヒトでは遺伝的背景や環境要因がそれぞれ大きく異なっていること，また原因遺伝子は同じでも，遺伝子変異が家系間あるいは個体間で異なっていることがあげられる．

それに対し，実験動物の突然変異系統における遺伝子変異は，それが近交系なら系統内の個体間には病態に相違はない．もちろん，ヒトと同様に 1 つの遺伝子に関して異なるタイプの遺伝子変異

表 4.2　人類遺伝学からみた病気の分類

検査法	検査対象
カテゴリー 1	生殖細胞における染色体遺伝子の変化による病気
カテゴリー 2	生殖細胞における細胞質小器官の遺伝子の変化による病気（ミトコンドリア DNA の異常など）
カテゴリー 3	染色体異常による病気
カテゴリー 4	体細胞における遺伝子の変化による病気（がんなど）
カテゴリー 5	染色体上の複数の遺伝子と環境とのはたらき合いによる病気
カテゴリー 6	環境が主要な役割を果たす病気（感染症など）

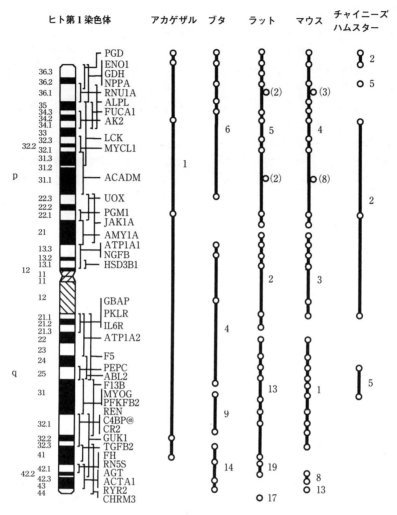

図4.11 ヒト第1染色体に関する比較遺伝子地図
ヒト以外の動物において，相同遺伝子がマッピングされている場合には，対応するヒトの遺伝子記号の位置上に丸印を付けて表示した．同じ染色体にマッピングされた複数の遺伝子間は直線でつなぎ，染色体番号を右側に記載した．

アレルが存在する場合もある．この場合，病態に相違がみられることが知られている．

同じ遺伝子に生じた変異によるヒトと動物の遺伝病において，その病態に完全に一致がみられない場合は，種差あるいは系統差を反映していると考えられている． 〔庫本高志〕

演習問題
(解答 p.209)

4-1 DNA（デオキシリボ核酸）について<u>正しい</u>ものはどれか．

(a) 塩基の種類は，アデニン，グアニン，シトシン，ウラシルの4種類である．
(b) デオキシリボースに塩基とリン酸が結合した分子である．
(c) RNAポリメラーゼにより合成される．
(d) 最小単位はヌクレオチドと呼ばれる．
(e) スプライシングを受け，メッセンジャーRNAとなる．

4-2 メンデルの遺伝の法則について<u>誤っている</u>ものはどれか．

(a) エンドウを実験材料とすることで発見された．

（b）雑種第1世代では，優性の形質のみが現れ，劣性の形質は現れない．

（c）雑種第2代では，雑種第1代で現れなかった劣性の形質が現れる．

（d）2組以上の対立遺伝子がある場合，各組は他の組と無関係に遺伝する．

（e）ヘテロ接合体の表現型が優性ホモ個体と劣性ホモ個体との中間的な表現型となる．

4-3 量的形質として適当でないものはどれか．

（a）計量値は連続的に分布する．

（b）長さ，重さなどの計量値で表される．

（c）環境の影響を受けやすい．

（d）複数の遺伝子座に支配されている．

（e）代表的なものとして毛色がある．

4-4 ハーディー–ワインベルグの法則が成り立つ集団の条件として誤っているものはどれか．

（a）理論的に無限大の集団．

（b）集団がランダムに交配していない．

（c）個体間に生存率・繁殖率の差がない．

（d）外部からの遺伝子の移入がない．

（e）突然変異がない．

4-5 エピジェネティクスについて誤っているものはどれか．

（a）DNAの配列変化を伴うことなく伝達される遺伝子機能の変化のこと．

（b）発生や細胞の分化に重要である．

（c）がんや先天異常など多数の病気の原因とも関係している．

（d）X染色体の不活化を引き起こす．

（e）遺伝子の発現を抑制するものとして，ヒストンのアセチル化がある．

4-6 DNAのメチル化について誤っているものはどれか．

（a）DNA中のグアニンにメチル基を転移させることによって起こる．

（b）DNAメチル化酵素によって起こる．

（c）細胞分裂に伴い，伝達される．

（d）転写の抑制された領域に多い．

（e）遺伝子の発現をオフにする働きがある．

4-7 比較遺伝子地図について誤っているものはどれか．

（a）シンテニーを利用することで作成される．

（b）複数の種で作成された核型を比較することで作成される．

（c）相同遺伝子がマップされている遺伝地図を比較することで作成される．

（d）ヒトとマウス間，マウスとラット間など様々な種間で作成できる．

（e）マウスとヒトの遺伝子の数はともに約2万数千個で，ほとんどは1対1に対応している．

4-8 遺伝病について誤っているものはどれか．

（a）生殖細胞における染色体遺伝子の変化による病気である．

（b）生殖細胞における細胞質小器官の遺伝子の変化による病気である．

（c）家計分析やポジショナルクローニング法により病気の原因遺伝子を同定できる．

（d）体細胞における遺伝子の変化による病気である．

（e）その本体は，遺伝子の突然変異である．

5章　実験動物の育種

一般目標：
実験動物の育種学上の分類と育種の原理，および系統の作出・維持ならびに確認の方法を理解する.

5.1　育種学の基礎

> **到達目標：**
> 種，品種，系統の概念について説明できる.
> 【キーワード】　種，品種，系統

5.1.1　種

動物は生物分類学上，門 (phylum)，目 (order)，科 (family)，属 (genus)，種 (species) によって分類され，種は分類学上の基本単位である. 実験動物分野では種とは，互いに交配可能でかつ繁殖力のある子孫を作り得る同じ種類の動物すべてを指す. 家畜においても同様に扱うことができる. しかし，野生動物の多くのものでは，性的な隔離の有無を確認することが困難なために，体の各部位の形態学的特徴を基準にして分類されていることもある. 実験動物を学名で表記する場合は，属名と種名を表記する2名式命名法，もしくは亜種 (subspecies) を加えた3名式命名法がとられる.

主な実験動物の生物分類については8.2節に書かれている.

5.1.2　品　　種

品種 (breed) とは種の中の小分類であるが，生物分類学上での単位ではなく，家畜において産業上の必要から生まれた便宜的な分類である. 人類が利用できる形質がある程度均一で，世代を経過してもその形質と均一性を維持できる動物群である (ウサギのニュージーランドホワイト，ニワトリのレグホーンなど).

この用語は，実験動物として確立しているマウス，ラットなどでは用いられないが，家畜から実験動物への改良の過程にある動物種で用いられることがある.

5.1.3　系　　　統

系統 (strain) とは実験動物の分野で用いられる用語である. 計画的な交配方法によって維持されている元祖の明らかな動物群で，一般にその動物が共通の何らかの特徴を備えているものである.

5.2　実験動物の育種上の分類

> **到達目標：**
> 実験動物の系統の育種学上の分類を列挙し，その特徴について説明できる.
> 【キーワード】　近交系，リコンビナント近交系，セグリゲイティング近交系，コアイソジェニック系，コンジェニック系，クローズドコロニー，ミュータント系，命名法，任意交配，ハーディー–ワインベルグの法則，近親交配，戻し交配，クロス・インタークロス交配，交雑，交雑 F_1，交雑 F_2，3元交雑，4元交雑，選抜，淘汰，遺伝率，検定，直接検定，後代検定，兄妹検定，循環交配方式

5.2.1　各　種　系　統

実験動物の系統においては，遺伝的コントロールの方法の違いによって次のように分類されている.

a.　近交系 (inbred strain)

近親交配 (inbreeding) を長期にわたり続けている系統のことである. 一般には兄妹交配 (sister brother mating, sib mating) を20世代以上継続して行うことにより確立された系統のことをいう. 兄妹交配の代わりに親子交配 (parent off-spring mating) を用いてもよいが，この場合は次代との交配は両親の若い方 (後代のもの) と行うものと

する．ただし兄妹交配と親子交配を混用してはならない．20世代兄妹交配を続けると血縁係数（後述）はほぼ100％に近づき，同一近交系内では個体間に遺伝的相違はほとんどなく，いわゆるクローン動物と相同と考えることができる．これらの動物を使用して行う実験は個体間の遺伝的差異による実験結果の変動がないことが予想されるため，近交系動物は優れた実験動物であるといえる．

b. リコンビナント近交系（recombinant inbred strain）

相互に血縁関係のない2つの近交系の交配によって得られた F_2 の中で雌雄の交配の組をいくつか作り，以後はそれぞれ独立に近親交配を20世代以上継続することによって育成された一群の系統である．リコンビナント近交系においては，それぞれの系統の染色体上で，元祖の2種の近交系に由来する遺伝子群のうち強く連鎖するものがブロックとして入り交じっているために，遺伝子座の連鎖解析などに有用である．

c. セグリゲイティング近交系（segregating inbred strain）

特定の遺伝子座のみを強制的にヘテロに保ちながら近親交配を継続することによって育成された系統である．

d. コアイソジェニック系（coisogenic strain）

既存の近交系において1つの遺伝子座で突然変異が起こり，この突然変異遺伝子が保存されるように，もとの系統から分系して維持されている系統のことである．

e. コンジェニック系（congenic strain）

特定の突然変異遺伝子，あるいは特定の遺伝子型を持つ遺伝子を持つ動物を，既存の近交系に世代を繰り返して交配することによって，目的とする遺伝子以外のほとんどの遺伝子組成を既存の近交系と同一にさせた系統である．しかしながら，染色体上において突然変異遺伝子にきわめて近接した遺伝子群については，近交系由来のものに置き換わるのに非常に長い世代の交配を繰り返す必要があるので注意を要する．

f. コンソミック系（consomic strain）

特定の遺伝子を入れ替える代わりに，その遺伝子が存在する染色体全体を入れ替えることも可能である．このような系統のことをコンソミック系と呼ぶ．例えば2つのマウスの系統間で各染色体を入れ替えた系統をひとそろい用意しておけば，その系統間で違いのある様々な表現型を規定している遺伝子について解析可能となり，特定の遺伝子のみを入れ替えたコンジェニック系に比べその汎用性は高まる．

g. クローズドコロニー（closed colony）

5年以上外部から種動物を導入することなく，一定の集団内のみで繁殖を続けている群のことである．クローズドコロニーは，起原となった種動物の遺伝的な差異によって次の2種類に区別されている．

その1つは近交系に起原を持つが，兄妹交配による維持集団から分かれた後，任意の交配様式によって繁殖が続けられている集団である．実験動物の大量生産などがこれに当たる．他の1つは，非近交系由来の動物集団でその群内で遺伝子の組成が変わらないように維持されている群のことである．マウスのICR，CF#1，dd，ラットのSD，Wistarなどがこれに当たる．この集団内にはある程度の遺伝的変異が含まれているので，集団から取り出された個体と個体の間には，遺伝的な差異のあることを認識して実験に用いる注意が必要である．

h. ミュータント系（mutant strain）

遺伝性の異常な形質を持つ系統のことである．マウス，ラットのミュータント系の多くのものは，近交系として育成されるか，または既存の近交系にミュータント遺伝子を導入したコンジェニック系として育成されていることが多い．

5.2.2 各種系統の命名法

多数の近交系が確立されているマウスやラットにおいては，その命名法が国際的な委員会によって決められている．以下にその概略を述べる．

a. 近交系の命名

以下のような原則がある．

①普通は英大文字を使う．英文字と数字の組合せも可能であるが，文字で始まるようにする．

② F_{20} 以前に分かれた共通の祖先を持つ近縁の近交系は，関連のあることを示すような命名が望ましい．例：NZB，NZC，NZO

③すでに存在している名前には優先権があるので，重複は避ける．

④近交世代数を表示する場合，名前の後に括弧

書きで世代数 F を表示する. 例：A（F_{87}）

⑤亜系統は親系統の名前の後に斜線を引き, シンボルで表示する. 例：DBA/1, DBA/2

⑥卵移植や人工哺乳などで, 形質に違いのみられる可能性のある場合にも亜系として扱う. 次のような英小文字のシンボルで表示する.

卵移植	e
乳母哺乳	f
人工哺乳	h
卵巣移植	o
人工乳母哺乳	fh

例：C3HfB, B（C57BL/6 の略）マウスに乳母哺乳させた C3H マウス. C3HeB, C3H の卵を C57BL/6 に移植して得られたマウス.

b. ミュータント系, コアイソジェニック系の命名

対象となる遺伝子座名の略称をイタリック体にしてハイフンの後に続ける. 優性遺伝形質の場合は大文字で始め, 劣性遺伝形質は小文字で表記する. 例：BALB/c-*nu*

c. コンジェニック系の命名

遺伝子を導入された近交系名の後にピリオドを打ち, 元の系統の略称, さらにハイフンの後に遺伝子（座）名の略称を付ける. 例：C57BL/6.D2-*H2^d*, D2（DBA/2）マウスの主要組織適合性遺伝子 *H2^d* を導入された C57BL/6 マウス.

d. コンソミック系の命名

染色体を導入された近交系名の後にハイフンを付け, ドナー系統名を上付き文字として付した染色体名を記載する. 例：C57BL/6-Chr 3^DBA/2, 第 3 染色体が DBA/2 マウスのものに入れ替えられた C57BL/6 マウス.

e. リコンビナント近交系の命名

交配された元の親系統の略称を X で結ぶ. 第 1 世代を作製したときの雌親を先に書く. 普通リコンビナント系は群になっているので, シリーズ内の各群系統は数字によって区別する. 例：CXB1, CXB2, …

f. 遺伝子組換え動物の命名

近年たくさんの系統が作製されている. 詳細については 12 章に記した.

5.2.3 育種の原理

動物においては, 雌と雄が交配し, 次世代を作ることによって種が保存される. そして, どのような雌, 雄が交配するかによって, 次世代の動物の遺伝子組成が変化する. 育種操作を行うには, どのような交配方法をとるか, そして交配方式の違いが遺伝子組成にどのような影響を及ぼすかを理解する必要がある.

a. 任意交配

任意交配（random mating）とは, すべての雌, 雄が完全に機械的に交配することである. 実験動物においては交配に際し乱数表を用いるなどによって, 無作為に雌, 雄を組にして繁殖を行う場合である. 野生動物やヒトでは, 地理的な隔たりによる影響はあるものの, ある範囲の集団をみたときには任意交配に近い状態にある.

無限個の個体で構成される集団で任意交配が行われたときには, 遺伝子組成の変化は起こらない（**ハーディー–ワインベルグの法則**）. 現実の動物集団での個体数は有限であるが, 個体数がかなり多ければ近似的にハーディー–ワインベルグの法則を当てはめることができ, 集団の遺伝子組成の変化は無視できるほど少ない. しかし, 個体数が少ないときには, 少数の配偶子がランダムに選ばれるときの誤差（ゆれ）が次世代の遺伝子組成に大きな影響を与える. 実際に実験動物の繁殖維持においては動物集団の個体数は有限であるし, 繁殖率のよい子孫が選択されていってしまう傾向もある. したがって, 任意交配を続けている実験動物集団であるとしても, その遺伝子組成は変化していく可能性があることを注意する必要がある.

b. 近親交配

近親交配（inbreeding）とは任意交配のときに期待されるよりも遺伝的に類縁の濃い雌, 雄を意識的に交配することである. 実験動物においては兄妹交配, または親子交配が用いられる.

（1）近親交配による遺伝子組成の変化

近親交配を行ったときにはそれぞれの遺伝子座が, 同一祖先由来の遺伝子に固定していく. 個体の遺伝子座が同一祖先のもっていた 1 つの遺伝子型に固定している率を近交係数（coefficient of inbreeding）と呼び, *F* の記号で表す. 一方, 個体と個体間の遺伝的相似度を表す尺度として, 血縁係数（coefficient of relationship）*R* がある. 兄妹交配を続けたときの近交係数とそこで得られた同腹子の間の血縁係数の一例を表 5.1 に示した.

表 5.1 兄妹交配を続けたときの近交係数 F と兄妹間の血縁係数 R の変化

世代	近交係数(%)	血縁係数(%)	世代	近交係数(%)	血縁係数(%)
0	0	50.0	11	90.8	97.0
1	25.0	60.0	12	92.5	97.6
2	37.5	72.7	13	94.0	98.1
3	50.0	79.2	14	95.1	98.5
4	59.4	84.3	15	96.1	98.8
5	67.2	87.9	16	96.8	99.0
6	73.4	90.5	17	97.4	99.2
7	78.5	92.6	18	97.9	99.3
8	82.6	94.1	19	98.3	99.5
9	85.9	95.3	20	98.6	99.6
10	88.6	96.3			

世代が進むにつれて近交係数が上昇すると同時に血縁係数も上昇する.すなわち,近親交配を続けると,各個体の遺伝子型が固定していくとともに,個体間の遺伝子組成も類似していくことになる.

(2) 近親交配の意義と弊害

近親交配を行うと,遺伝子型は固定し同一系統内の個体間の遺伝的類似性が高くなるなど,実験動物としての価値が増加する.さらに,同一系統内の個体間の遺伝的なばらつきが少なくなることによって系統間の差が見出しやすくなる.また,特定の遺伝子が固定することによって特異な形質を持つ系統が育成されることもある.

一方,近親交配によって遺伝子座が固定するときに,有害な遺伝子がホモになる場合がある.また,多くの遺伝子座が固定することによって,環境の変動に対する適応性が低下する.これを近交弱勢(inbreeding depression)という.したがって,近交系の育成に際しては生存力や繁殖能力などについての選抜を注意深く行う必要がある.

c. 近交系への戻し交配

ある動物を近交系に交配してF_1を作ると,F_1は近交系の遺伝子組成を1/2持っている.F_1を再び同じ近交系へ交配してF_2を作ると,F_2は近交系の遺伝子組成を3/4持つことになる.このように近交系へn回戻し交配(backcrossing)すれば$1-(1/2)^n$の確率で近交系の遺伝子に置き換わり,7~8回の戻し交配でほぼ近交系と同じ遺伝子組成になることが期待される.非近交系の動物に新しい突然変異遺伝子が発見されたときには,新たに近交系を育成するよりも,その遺伝子を既存の近交系に導入するほうが効率がよいことになる.しかし,目的とする遺伝子と同じ染色体上にある他の遺伝子に関しては,染色体を異にする遺伝子に比べ,置き換わりの効率が低くなることに注意する必要がある.目的の遺伝子座にきわめて近接している遺伝子群については,さらに置き換わりの効率が低くなる.

d. 交 雑

交雑(outcrossing)とは,異なる集団あるいは異なる系統の動物を交配することである.ここでは近交系間の交雑について述べる.血縁関係のまったくない2つの近交系XとYを考えてみる.近交系XとYの間には血縁がないので,以下に示すようにそれぞれ異なった遺伝子型に固定している.

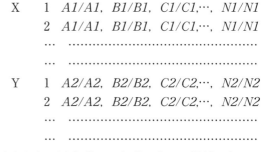

すなわち,近交系Xの個体1と2の関係,あるいは近交系Yの個体1と2の関係は,いずれも近交係数$F=1$,血縁係数$R=1$である.一方,近交系Xの個体1と近交系Yの個体1の関係はそれらが共通祖先を持たないので,$R=0$である.したがって,近交系XとYを交雑してできるF_1では$F=0$となり,それらの遺伝子型は,

交雑　個体　　遺伝子型
F_1　1　　$A1/A2, B1/B2, C1/C2, \cdots, N1/N2$
　　　2　　$A1/A2, B1/B2, C1/C2, \cdots, N1/N2$
　　　…　………………………………………………
　　　…　………………………………………………

となり,各遺伝子座はすべてヘテロになる.しかし,F_1の各個体間の血縁係数は$R=1$であり,遺伝的類似性がきわめて高い.すなわち,近交系間の交雑F_1の動物集団はヒトの一卵性双生児の遺伝的類似性と同様の性格を持っている.

F_1同士を交配して得られるF_2においては,種々の遺伝子型の動物が分離して出現する(メンデルの独立の法則;4章参照).

5.2.4 選抜，淘汰

育種において，**選抜**（selection）とは，目的とする形質に関与する遺伝子をもつ個体を選び，その個体から得られた子孫を残していくことである．一方，**淘汰**（culling）とは目的とする遺伝子をもたない，あるいは除去しようとする遺伝子をもつ個体に子孫を残させないようにすることである．すなわち，選抜と淘汰は育種における表裏の表現である．以下にいくつかの遺伝様式をとる場合の選抜，淘汰の方法とその効果について述べる．

a. 単純な遺伝様式をとる質的形質の選抜

（1）劣性遺伝子に支配されている形質

劣性遺伝子によって支配されている形質が外見あるいは動物を犠牲にすることのない検査によって識別でき，しかもホモ個体を用いた繁殖が可能な場合には，表現型によって選抜した個体を集めて交配することによって，1世代で目的とする形質を固定し，維持することができる．

一方，目的とする形質を持つ個体が致死，繁殖不能である，あるいは形質が発現する時期には繁殖可能年齢を過ぎているなどの場合には，後代検定や兄妹検定が必要になってくる（後述）．

（2）優性遺伝子に支配されている形質

優性遺伝子に支配されている形質の選抜（劣性遺伝子に支配されている形質の淘汰も同様）においては，A遺伝子座のA遺伝子の選抜が目的となるが，遺伝子型A/AとA/aを表現型から区別することはできない．そこで，まず遺伝子型a/aの個体を淘汰することを検討してみる．a/a個体を淘汰しつつ交配を繰り返し，a/a個体の出現率が1%まで低下した場合でも，その集団内にはA/a個体が約20%残されている．したがって，集団内に含まれている劣性遺伝子を淘汰する場合にホモの個体を除去するのみでは効果は非常に低いといえる．少数の個体からなる集団では偶然の機会に，A/Aの個体のみが選ばれ，集団内にA遺伝子が固定することも期待できるが，固定したことを証明することは困難である．したがって，優性遺伝子を完全に固定するためには，それをホモに持つ個体を選抜する必要がある．

優性遺伝子を固定するためには，まず表現型によってA形質を持つ個体を選び出す．それらの個体には遺伝子型A/AとA/aが含まれている．そこで，それぞれの個体をa形質を持つ個体（遺伝

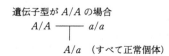

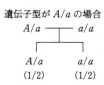

図5.1 遺伝子Aを固定するための検定法

子型a/a）と交配する．図5.1に示すように，選んだ個体の遺伝子型がA/Aであればa/aと交配したときにa形質を持つ子は現れてこないが，A/aであればa/aと交配したときにa形質を持つ子が1/2の確率で現れてくる．ここで，A/Aであると推定された雌，雄を交配することによってA遺伝子を固定することができる．

b. 量的形質についての選抜

量的形質といえども，本質的には質的形質と変わることはない．しかし，量的形質の表現型は測定によって得られる連続した観察値であるために，個々の観察値（表現型）と遺伝子型を直接対応させることができない．そのため，選抜，淘汰を行うときには，集団の平均値あるいは分散などの統計的変量を用いた分析が必要になってくる．ある変量について図5.2の上段に示すように正規分布が得られ，平均値M_0が得られたとする．

この集団の中から斜線で示す部分に属する個体

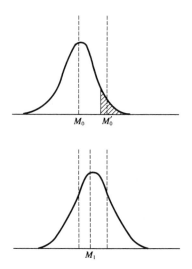

図5.2 量的形質の選抜についての模式図

を選び繁殖を行う．選ばれた個体における平均値を M_0'，選ばれた個体から次世代をとったときの次世代における平均値を M_1 とする（図5.2の下段）．ここで，$M_0' - M_0$ が選抜差（selection differential），$M_1 - M_0$ が選抜反応（selection response）と呼ばれるものである．またこれらの比

$$h^2 = \frac{M_1 - M_0}{M_0' - M_0}$$

を**遺伝率**（heritability）と呼ぶ．

選抜反応 $M_1 - M_0 = 0$ の場合には $h^2 = 0$ となり，その集団では目的とする形質についての遺伝的変異はなく，選抜を続ける価値のないことを示す．

上記の遺伝率の推定法は，親世代と子世代の環境の差を無視している欠点はあるが，実際に選抜によって系統を育成する場合に，1世代の選抜の成績によってその集団の遺伝率が測定できる長所を持っている．

5.2.5　検　　定

選抜を行うためには，各個体について目的とする形質あるいはそれを支配する遺伝子を持っているかどうかを知る必要がある．外見あるいは動物を犠牲にすることのない検査によって形質を識別でき，しかもその動物が繁殖可能であれば，目的とする形質を持つ個体をただちに選抜することができる．しかし，形質の識別のために動物を犠牲にする必要がある，対象になる個体には形質が現れない（泌乳量についての雄での選抜など），形質を発現した動物を繁殖に使用できない，などの場合には次のような検定を行う．

a.　直接検定

あらかじめ適当な雌，雄の組合せによって子を得ておき，その後に親について目的とする形質を持っているか否かを検査し，基準に合格した親動物の子のみを次世代に残し，他の子はすべて淘汰する方法である．この方法は目的とする形質について親を直接検査し，その子を次世代に残すので選抜する効果はきわめて高いが，淘汰の対象になる多数の子動物を検査終了まで飼育しておかなければならないという欠点がある．しかし，発がん率の高低などのように，繁殖期が終わり，老齢になってはじめて確認できるような形質の選抜の場合には有効な方法である．

b.　後代検定

子について形質を検査し，その成績をもとにして親を選抜する方法である．後述する劣性遺伝形質を持つミュータント系統の選抜等に用いられる．

c.　兄妹検定

兄妹検定とは，雄では観察できない形質を同腹の雌で検定する，あるいはその逆の場合を意味している．例えば，泌乳量は雌においてのみ測定可能であるが，これに関与する遺伝子は雄にも受け継がれていると考えられる．そこで同腹の雌での泌乳量によって雄の遺伝子組成を推定することになる．この方法は，産子数，乳がんの発生頻度などの形質の選抜を雄について行うときにも用いられる．

5.2.6　育種の方法

実験動物の育種には大別して2つの方向が考えられる．第1は，比較生物学的な研究に資するために，多種多様な動物種，系統の育成，突然変異形質の発見など，遺伝的変異あるいは特性の広がりを求めようとするものであり，第2の方向は，動物実験成績の信頼性や再現性を高めるために，遺伝的に同質の動物を群として，しかも繰り返して入手することを可能にしようとするものである．育種を実施する場合には，これら2つの方向は必ずしも独立したものではなく，互いに関連を持っている．

a.　野生動物および家畜の実験動物化

野生動物や家畜をそのまま実験に使用することは，実験の再現性の問題や，動物福祉の観点からも好ましいこととはいえない．そこで野生動物や家畜を実験動物として育成する必要が生じる．以下にこれらの動物の実験動物化の方法についてその大筋を述べる．

（1）調　査

文献，資料および実際の野外調査の成績などをもとにして，分布，生息状況，食性などを知り，採取方法，時期などを検討する．

（2）捕　獲

予備的な捕獲と本格的な捕獲に分けて実施する．予備的な捕獲では少数の動物を捕獲し，適切な捕獲方法，捕獲地から実験室までの輸送方法および飼育方法などを検討するとともに，感染症の検査，繁殖の可能性などを検討する．人工的な環境下での

飼育が可能になった時点で本格的な捕獲を実施する．

(3) 飼育，繁殖

実験室内の人工的環境下での飼育，繁殖が最終的な目標であるが，初期のうちは野生での状況を取り入れた環境，飼料で飼育し，動物を徐々に人工的な飼育に適応させていくことが肝要である．

(4) 遺伝的均一性の確立

一定の特性を固定し，それを維持したり，実験の再現性を高めるためには，実験動物化した動物を近交系化することが望ましい．しかしげっ歯類以外の動物においては，血縁係数が上がるにつれて生存力や繁殖能力が低下することが知られている（近交弱勢）．そのような場合には，得られた特性が安定して得られるようなクローズドコロニーの形で維持することが望ましい．また，実験動物化した系統を近交系化せずに，すでに近交系化されている系統と交配していくことで新たな特性を得ることも一法である．

b. 近交系の育成

近交系の育成は，遺伝的均一性を得るための典型的な方法である．兄妹交配もしくは親子交配を20世代以上継続して行う．

c. ミュータント系の育成

ミュータント系，特に1個の突然変異遺伝子によって支配される形質を特徴とする系統の育成には2つの段階がある．第1は新しいミュータント（突然変異形質あるいは突然変異遺伝子）を発見することであり，第2は新たに発見された，あるいは既存のミュータントを持つ動物について遺伝的背景の均一化を図ることである．

(1) 新しいミュータントの開発

新しいミュータントは系統育成あるいは維持を行っている途上で偶然の機会に発見される．特に，非近交系由来の動物集団にヘテロの型で保有されていたミュータントが，近親交配を行うことによってホモになり，発見されることが多い．

X線照射や化学物質の処理などによって積極的にあるいは高頻度に突然変異を起こさせる試みもなされている．不特定遺伝子座位に偶発的に起こる突然変異を注意深い観察によって発見し，それらの保存を行うとともに，利用価値の検討を行う必要がある．最近では，遺伝子工学的技術を応用したミュータントの開発が幅広く行われている．

新たに発見されたミュータントの形質が，既存のミュータントと類似している場合，それが同じ遺伝子座（locus）の変異に由来しているものなのか，異なる遺伝子座の変異に由来しておりその表現型のみが一致しているものなのかどうかを類推する必要が生じる．ミュータントの遺伝形式が単一遺伝子座で劣性遺伝様式をとる場合，図5.3に示すように2種類のミュータントをそれぞれつがいにして交配してみる．もし同じ遺伝子座で起きた変異であれば，(a) に示すようにF_1はすべてm_1/m_2となり，ミュータントの異常形質を示す．もし異なった遺伝子座の変異に起因していれば，(b) に示したようにF_1はすべて$m_1/+$，$m_2/+$となり，正常な形質を示す．このような交配試験を相補性試験（complementation test）という．

(2) ミュータント系の遺伝的均一性

同じ遺伝子であってもその発現は遺伝的背景（いわゆる体質）によって左右されるので，ミュータント系を実験に使用する際にも遺伝的背景を均一にすることが重要である．さらに，ミュータントをヒト疾患のモデルとして利用する場合には，ミュータント系とその対照になる正常系統の遺伝的背景が互いに同一になっていることが望ましい．ミュータント系の遺伝的均一性は次のようにして

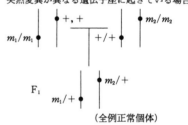

図5.3 ミュータントの相補性試験

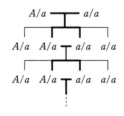

図5.4 ミュータント系のセグリゲイティング近交系

確立し，保持される．

 ⅰ）近交系に発見されたミュータント：発見されたミュータントの系統をもとの系統の亜系として維持する．この場合ミュータント系は突然変異を起こした遺伝子座以外の遺伝子組成はもとの系統と同一であり，コアイソジェニック系である．しかし，もとの系統から枝分かれした系統を独立して長い世代にわたって維持していると，両系の間の遺伝子組成が相互に異なってくる危険性がある．この危険性を防ぐためには，特定座位を強制的にヘテロになるように交配するいわゆるセグリゲイティング近交系として維持する（図5.4）．

 ⅱ）非近交系に発見されたミュータント：ミュータント個体の遺伝的組成は均一でないと考えられる．そこで，近交系に育成することも1つの方法であるが，ミュータントの形質を選抜しながら既存の近交系への交配を繰り返すことによってコンジェニック系を育成するのが有効である．交配の方法としては，ミュータント遺伝子をヘテロに持つ個体を選び，毎世代目的とする近交系へ戻し交配する方法（direct backcross）（図5.5）と N_1 同士の交配から得られた N_2 のなかのミュータント遺伝子をホモにもつ動物を選び，目的とする近交系と交配する，すなわち1世代おきに近交系と交配する方法（**クロス・インタークロス交配：cross intercross**）がある（図5.6）．なお，コンジェニック系の場合の世代は普通Nで表す．マウスにおいては主要組織適合性（major histocompatibility：MHC）遺伝子座（*H2*）に関する多くのコンジェニック系統が育成されているが，これらの育成も同様の方法で行われる．

d．クローズドコロニーの育成

 クローズドコロニーの育成は，集団に含まれている種々の遺伝子が集団内に均等に分布するように，またそれぞれの遺伝子組成が世代の経過に伴って変化しないようにする．

 個体数がある程度大きく，完全なランダム交配が行われている集団の遺伝子組成は，近似的にハーディー-ワインベルグの平衡を保っていると考えられる．したがって，集団の中からランダムに抽出された個体からなる群の遺伝子組成は，一定の誤差範囲に含まれる．例えば，a 遺伝子の出現頻度が q である集団から n 個体を1群として抽出したときの遺伝子出現頻度の標準誤差 m_q は，

$$m_q = \sqrt{\frac{q(1-q)}{n-1}}$$

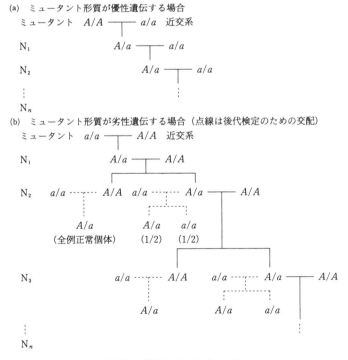

図5.5　ダイレクトバッククロス

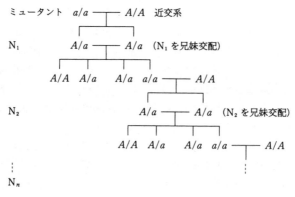

図 5.6 クロス・インタークロス交配

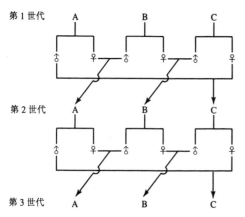

図 5.7 クローズドコロニー維持のための循環交配方式

となり，抽出個体数 n を大きくすることによって群間の差を十分に小さくすることができる．また，次世代に残す子の数を多くすることによって，世代の経過に伴う遺伝子組成の変化を少なくすることもできる．

一方，集団の個体数が少ないとき，あるいはランダム交配が行われていない（例えば，集団内がいくつかの小集団に分かれ，それぞれ独立に繁殖している）ときには，集団の遺伝子組成は世代とともに変化するし，その集団から抽出された動物群の群と群の間の遺伝子組成の差は大きくなる．

マウスやラットのような小動物のクローズドコロニーの育成・維持の方法として図 5.7 に示すような非近交系のための**循環交配方式**（rotation system for noninbred）が考案されている．

5.2.7 遺伝的複合

遺伝的複合とは，遺伝的に純化された動物（系統）を計画的に交雑することによって，種々の遺伝的組成を持った動物群を作出することである．

a. 遺伝的特性の複合

（1）2つ以上の特性の複合

1つの特性についての研究が進展すると，その特性を改良する必要の生じることがある．このようなときには，関連する形質あるいは相反する形質を複合することによって改良がなされる．例えば，SCID マウスは DNA の修復に必要な酵素を欠損しており，このために T および B リンパ球の分化が阻害されている．この特性を利用して種々の腫瘍や組織の移植に用いられている．一方，ベージュ（bg）マウスはナチュラルキラー細胞を欠損している．SCID マウスに bg 遺伝子を導入することにより，T，B 両リンパ球およびナチュラルキラー細胞を欠損させることができ，より移植片の拒絶の少ないマウス系統を作出することができる．

実験動物，特にマウスやラットではヒトの疾患のモデルとなる特性が数多く発見されている．これらの特性を種々組み合わせることによって，新しい知見が得られるであろう．

（2）遺伝的背景の変更

特性の解析を行うためには，遺伝的背景が均一になっている必要がある．その理由は特性の発現が遺伝的背景の違いによって変化するためである．このような現象は，特性の遺伝様式を分析するときにしばしば経験する．1つの遺伝子によって支配されていることが明らかな形質を持つ動物を異なる系統と交配したときに，F_2 などでの形質の発現が必ずしも理論値と一致しないことがある．そして形質の発現頻度は交配に用いた系統によって異なり，形質発現の程度（症状の強さなど）も異

なることがある．このような現象のことを「浸透度（penetrance）が異なる」という．

b. ヘテロ集団の作出

現在までの実験動物の育種は遺伝的ホモ性を求めることが重要視されてきた．意識的にヘテロ性を保持する集団としては非近交系由来のクローズドコロニーがある．しかし，クローズドコロニーにおいてはそれが保有するヘテロ性を具体的に知ることは困難であり，しかも永い世代の間そのヘテロ性を一定に保つことは不可能に近い．そこで，遺伝的に均一化されたいくつかの近交系を基礎にして計画的に交雑することによって，ヘテロ集団を作出することが行われている．これらの動物の特徴としては次のような点があげられる．

①動物集団に含まれる遺伝的変異を人為的にコントロールできる．すなわち，交雑 F_2 においては基礎となった2つの近交系が持っていた遺伝的組成の組合せによる遺伝的変異を得ることができ，3元交雑では3系統の，4元交雑では4系統の持っていた遺伝的組成の組合せとなるので，遺伝的変異は大きくなる．また，基礎となる系統を選ぶことによって種々の遺伝的変異を持たせることができる．

②基礎になった系統が明らかであるので，交雑動物に新しい特性や特殊な反応が発見されたときに，それらについての解析的研究が可能である．

③基礎になった近交系を維持している限り，任意のときに毎回同じ遺伝的組成を持つ動物群を再現させることが可能である．

実験動物として利用できると考えられるヘテロ集団の作出方法としては次のようなものがある．

（1）近交系間交雑第1代（F_1 hybrid）

異なる近交系の交雑によってできる F_1 動物である．F_1 動物の遺伝的組成の特徴についてはすでにのべた．近交系間の**交雑 F_1** は，n 種の系統を準備すれば雄雌の組合せを含めて $n(n-1)$ 種類を作ることが可能である．これらのなかに近交系ではみられなかった特性の見出される可能性がある．この例として，溶血性貧血を示す NZB マウスと正常 NZW マウスから得られた交雑 F_1 が全例新たに自己免疫性の疾患を呈するようになることが知られている．

（2）その他の交雑群

交雑 F_2（F_2 hybrid），3種類または4種類の近交系を交雑する **3元交雑**（3-way cross hybrid），**4元交雑**動物（4-way cross hybrid）などがある．これらはクローズドコロニーの遺伝的性格の欠点を補う動物として利用される．

5.2.8 遺伝的特性の維持とその確認

遺伝的に開発，改良，純化され，さらには複合された動物であっても，それらが一時的に存在するだけでは実験動物としての価値は少ない．それらの動物種や系統を保存し，必要に応じて計画的に生産し，均一性や特性が変化していないことを確認することが必要になってくる．

a. 近交系などの維持と生産

近交系，リコンビナント近交系，コアイソジェニック系，コンジェニック系の維持と生産がこれに相当する．

（1）維　持

系統を維持（maintenance）するための動物集団を維持集団（nucleus）または基礎ストック（foundation stock）と呼んでいる．近交系を維持する場合には次のような基本的な注意が必要である．

①定められた一定の近親交配（多くの場合兄妹交配）を継続して行う．

②不測の事態に備え，常時複数組のペアリングを行う．

③常時 2〜3 世代が同時に維持されているようにする．

④家系を1本にしぼる．

⑤可能な限り詳細な記録をとり，これを保存する．

⑥定期的な遺伝的モニタリング（後述）を行うことによって系統間に不用意な交雑（cross contamination）が起きていないことを確認する．

（2）生　産

実験に使用する動物の数がきわめて少数のときには，維持集団の余剰動物を使用すればよい．一方，使用数が多い場合に維持集団そのものを拡大することは望ましくない．維持集団を拡大すると，家系を1本にすることが困難であり，系統維持に必要な記録も多くなり煩雑になる．この場合には，維持集団とは別に量産用の生産集団を作る．

生産集団としては，増殖用コロニー（expansion colony）と生産用ストック（production

stock) がある．維持集団における余剰動物より増殖用コロニーを作り，ここでは兄妹交配を行い，2〜3代増殖するとともに，系図を記録する．このコロニーは系図つき拡大用繁殖ストック（pedigreed expansion stock）とも呼ばれる．実験に使用する動物数が少ない場合には，この増殖用コロニーで生産された動物を使用すればよい．使用数がさらに多い場合にはここから生産用ストックを作る．ここでは増殖用コロニーで生産（production）された動物をランダムに（血縁関係を気にすることなく）交配して繁殖する．生産用ストックで生産された動物はすべて実験に使用し，次世代をとらないことが望ましい．

b. ミュータント系の維持と生産

(1) 維　持

ミュータント系の維持においても，定められた交配を行う，家系を1本にする，記録を保存するなどの基本的な注意事項は近交系の場合と同様である．しかし，ミュータント系の場合にはミュータントの性質，すなわち優性遺伝か劣性遺伝か，繁殖能力があるか否か，ホモになったとき致死的か否か，などによって維持方法が変わってくる．

ⅰ）ミュータントが優性遺伝をする場合：対象となる遺伝子が優性である場合，ホモでもヘテロでもその遺伝子の伝達を検出し得るので維持は容易である．ホモの個体が致死的であったり，不妊である場合は当該遺伝子をヘテロに保ちながら系統を維持する．

ⅱ）ミュータントが劣性遺伝をする場合：ミュータントホモ（a/a）個体の両性が正常な繁殖能力を持つか，治療によって繁殖力を回復できる場合には，当該遺伝子をホモに保持したまま系統を維持する．ホモ個体の雌雄一方が繁殖不能で他方が繁殖可能な場合には，繁殖可能なホモ個体に対しヘテロの個体をペアリングすることにより系統を維持する．

ホモ個体の両性が致死または繁殖不能の場合には，図5.8に示す方法がとられる．まず，遺伝子型 a/a の出現した同腹の正常雌雄を交配する．この正常子の中には遺伝子型 A/A と A/a が1:2の割合で存在する．したがって，交配の組合せは，A/A×A/A，A/A×A/a および A/a×A/a の3種類ができることになるが，これらのうちの A/a×A/a の組合せからのみ a/a の子が生まれる．そこで，再び a/a の出現した同腹の正常個体どうしを交配する．この場合交配の組のうち，子のなかに a/a の出現する組の割合は理論的には4/9であるので，系統を途絶えさせないように交配の組合せを多く（10組程度）作る必要がある．

ⅲ）ミュータント遺伝子と連関関係にある標識遺伝子の利用：ミュータント遺伝子をホモに持つ個体が致死または繁殖不能であっても，ミュータント遺伝子座と同一染色体上の近い位置に毛色などの遺伝子座が知られた場合には，それを標識として利用して図5.9に示す方法によって系統を維持することができる．すなわち，a 遺伝子が目的とするミュータント遺伝子でホモ致死または繁殖不能であり，この遺伝子座に隣接して生存や繁殖に影響しない標識遺伝子 B があったとする．図5.9の上段に示すように，両遺伝子をヘテロ（a, B/A, b）に持つ個体どうしを交配する．両遺伝子間で組換えが起こらないとすると，生まれる子には正常で標識となるb形質を持つ個体（A, b/A, b），正常でB形質を持つ個体（a, B/A, b）およ

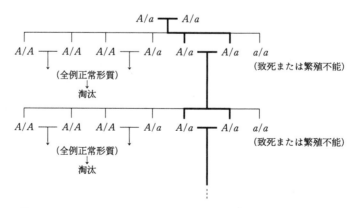

図5.8 ミュータントホモ個体の両性が致死または繁殖不能のときの系統維持

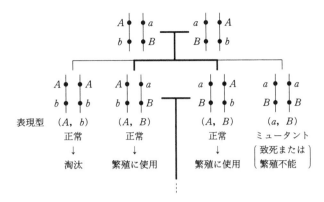

図 5.9 ミュータント遺伝子と連関関係にある標的遺伝子を利用したミュータントの系統維持

びミュータント形質とB形質を持つ個体（$a, B/a, B$）の3種類が現れる．次世代の繁殖には正常個体を用いることになるが，ここでB形質を持つ個体を選べばその遺伝子型は $a, B/A, b$ であり，a 遺伝子をヘテロに持つ個体を選抜することになる．この場合 A-a 座位と B-b 座位の間の組換え率が高いと a 遺伝子を失う危険性が高くなるので注意が必要である．

（2）生　産

ミュータント系の生産においても，維持集団から増殖用コロニーへ，さらには生産用ストックへという動物の流れが重要な点は近交系の生産と同様である．

c. 繁殖学的実験処置を加えた系統の維持と生産

以上述べてきた系統の維持，生産方法は雌雄の同居，交尾，妊娠の成立，分娩，哺乳など動物が本来持っている性的機能によるものである．しかし，性的機能が欠けているか不完全な動物を維持・生産するためには，自然の交配によるほかに，実験的処置を加えることが有利な場合がある．これらの方法について以下にのべる．

（1）卵巣移植技術の利用

ミュータント系のなかには交尾行動ができない，性成熟前に死亡するなどで，ミュータント動物それ自身を繁殖に使用できないことがある．このような動物であっても，卵巣機能が正常な場合には，ミュータント動物の卵巣を正常動物に移植することによって繁殖が可能になる．

卵巣移植技術を応用するには2つの問題点を解決する必要がある．第一は卵巣を提供する動物（donor）と受け入れる動物（recipient）の間の組織適合性（histocompatibility）である．適合性がないと移植された卵巣は拒絶される．第二は，卵巣を受け入れる側の卵巣の摘出が不完全で一部が残存していたときの判別である．これについては，産まれた子の遺伝子座をモニターする（後述）ことにより解決される．

（2）体外受精技術の利用

動物の卵子と精子を体外に取り出して受精させる技術の利用である．卵管から回収した卵子と，精巣上体，あるいは射出精液から採取した精子を培養液中で混合して受精させた後，2細胞期あるいは胚盤胞期まで体外培養によって発生させ，この胚を偽妊娠状態で黄体が活性化している借腹親（仮親）に移植して子へと発生させる．

（3）胚の凍結保存技術の利用

系統を交配により維持することは，多大な労力を必要とするばかりでなく，系統間の不用意な交雑，自然発生的な遺伝子の変異，微生物学的汚染，系統の途絶など様々な危険性をはらんでいる．そこでマウス，ラットでは発生途上の胚の凍結保存が行われている．凍結胚は液体窒素中で保存することにより半永久的に保存しうる．必要に応じ偽妊娠させた仮親の卵管中に凍結融解胚を移植することにより，元の系統を得ることができる．経済的な面ばかりでなく，不必要な動物の殺処分を削減できるので動物福祉の面からも好ましい維持方法といえる．これまでに確立された種々の近交系統やミュータント系統の凍結受精卵を特定の研究所などが効率的に管理保持するバイオリソースセンターが国内には存在する．

5.3 遺伝的検査法

> **到達目標：**
> 遺伝学的検査の方法について説明できる.
> 【キーワード】 遺伝的モニタリング，毛色遺伝子型，生化学的形質遺伝子型，免疫学的遺伝子型，マイクロサテライト，ポリメラーゼ連鎖反応（PCR），一塩基多型（SNP），制限酵素断片長多型（RFLP）

　実験動物が正しく維持，生産され，当初持っていた遺伝的均一性や特性が保有されていることを確認する必要がある．維持，生産および供給の過程において，動物の遺伝的品質を科学的にしかも客観的に監視することを**遺伝的モニタリング**（genetic monitoring）と呼ぶ．遺伝子座の変異の検出には，その遺伝子座に支配されている形質の違いを見分ける方法と，遺伝子の変異そのものを検出する方法とがある．遺伝的モニタリングは定期的に繰り返して実施され，その結果が動物の遺伝的品質の評価に直接つながるので，正確性，簡易性，能率性，経済性の4つの条件を同時に備えている必要がある．したがって，対象になる遺伝子座は限られたものになる．また，系統間で変異の少ない遺伝子座は有効性が低くなる．また，1つの染色体に偏らず，広くすべての染色体を網羅できるような組合せで選ぶことも必要である．

5.3.1 現在利用されている遺伝子座
a. 毛色遺伝子座
　外見の観察によって簡単に形質を識別できるので，最も簡便な方法といえる．しかし，同じアルビノ系統間では形質に違いがみられないので，遺伝子型を区別するためにはテスター系統との交配実験を行う必要がある．表5.2にマウス，ラットの代表的な系統の毛色の遺伝子型を，表5.3にテスター系統として DBA/2 を用いた後代検定の例を示す．近年では主な毛色遺伝子座の遺伝子本体は分子生物学的にその機能・変異などが明らかにされている（表5.4）.

b. 生化学的形質の遺伝子座
　動物体内の酵素やタンパク質のアミノ酸配列の変異を支配している遺伝子座である．血液，尿，涙や臓器のホモジネート抽出液をポリアクリルアミドゲルやセルロースアセテート膜などを支持体として電気泳動し，次いで基質を加え酵素活性染

表5.2 主要なマウス，ラット系統の毛色とその遺伝子型

系　統	毛　色	遺伝子型				
マウス						
A	アルビノ	*a*	*b*	*c*	*D*	
AKR	アルビノ	*a*	*B*	*c*	*D*	
BALB/c	アルビノ	*A*	*b*	*c*	*D*	
C3H/He	野生色	*A*	*B*	*C*	*D*	
C57BL/6	黒色	*a*	*B*	*C*	*D*	
C57BR/cd	チョコレート色	*a*	*b*	*C*	*D*	
DBA/2	淡褐色	*a*	*b*	*C*	*d*	
KK	アルビノ	*a*	*B*	*c*	*D*	
NC	シナモン色	*A*	*b*	*C*	*D*	
NZB	黒色	*a*	*B*	*C*	*D*	
ラット						
ACI	野生色	*A*	*B*	*C*	*D*	*h*^{i}
BN	チョコレート色	*a*	*b*	*C*	*D*	*h*^{i}
F344	アルビノ	*a*	*B*	*C*	*D*	*h*
IS	野生色	*A*	*B*	*C*	*D*	*H*
LE	黒色頭巾斑	*a*	*B*	*C*	*D*	*h*
SHR	アルビノ	*a*	*B*	*c*	*D*	*h*
W/Hok	アルビノ	*A*	*B*	*c*	*D*	*h*

A：agouti, *a*：non-agouti, *B*：black, *b*：brown, *C*：colored, *c*：albino, *D*：+, *d*：dilution, *H*：+, *h*：hooded.

表5.3 テスター系統によるアルビノ系マウス毛色遺伝子の後代検定

テスター系統 （毛色遺伝子型）		アルビノ系統 （毛色遺伝子型）	F$_1$の毛色 （毛色遺伝子型）
DBA/2 (*C/C, a/a, b/b, d/d*)	×	A (*c/c, a/a, b/b, D/D*)	チョコレート色 (*C/c, a/a, b/b, D/d*)
		AKR (*c/c, a/a, B/B, D/D*)	黒色 (*C/c, a/a, B/b, D/d*)
		BALB/c (*c/c, A/A, b/b, D/D*)	シナモン色 (*C/c, A/a, b/b, D/d*)
		DDK (*c/c, A/A, B/B, D/D*)	野生色 (*C/c, A/a, B/b, D/d*)
		HRS (*c/c, A/A, b/b, d/d*)	イエローグレイ色 (*C/c, A/a, b/b, d/d*)

5.3 遺伝的検査法

表 5.4 毛色遺伝子座と責任遺伝子

遺伝子座	遺伝子	表現型	
		野生型	変異型
C (colored)	tyrosinase (Tyr)	有色	アルビノ
B (black/brown)	tyrosinase-related protein 1 (Tyrp1)	黒色	褐色
A (agouti)	Agouti (A)	毛色に濃淡	毛色が均一
D (dilution)	myosin5a (Myo5a)	正常色	淡色
H (hooded)	KIT proto-oncogene receptor tyrosine kinase (Kit)	全身有色	頭巾斑

表 5.5 主要な近交系マウスの生化学的および免疫学的遺伝子型

	Idh-1	Pep-3	Akp-1	Hc	Car-2	Mup-1	Gpd-1	Pgm-1	Ldr-1	Gpi-1	Hbb	Es-1	Es-2	Thy-1	Mod-1	Trf	Es-3	H-2K	H-2D
A	a	b	b	0	b	a	b	a	a	a	d	b	a	b	a	b	c	k	d
AKR	b	b	b	0	a	a	b	a	a	a	d	b	b	a	b	b	c	k	k
BALB/c	a	a	b	1	b	a	b	a	a	a	d	b	b	b	a	b	a	d	d
C3H	a	b	b	1	b	a	b	b	a	b	d	b	b	a	b	b	c	k	k
C57BL/6	a	a	a	1	a	b	a	a	a	b	s	a	b	b	b	b	a	b	b
C57BR/cd	b	a	a	1	b	a	a	a	a	s	a	b	b	b	b	a	c	k	k
CBA	b	b	a	1	b	a	b	a	a	b	d	b	b	b	a	b	c	k	k
DBA/2	b	b	a	0	b	a	b	b	a	a	d	b	b	b	b	b	c	d	d
KK	a	b	b	0	a	b	a	a	b	s	b	a	b	a	b	b	c	b	b
NC	b	b	a	0	a	b	a	a	a	s	b	b	b	a	b	b	c	b	—
NZB	a	c	b	0	a	a	b	a	a	a	d	b	b	b	b	b	c	d	d
NZW	b	b	b	1	a	a	b	a	a	a	d	b	b	b	a	b	c	u	—

表 5.6 主要な近交系ラットの生化学的および免疫学的遺伝子型

	Es-1	Es-2	Es-3	Es-4	Es-Si	Alp	Cs-1	Svp-1	Mup-1	Amy-1	Hbb	Pg-1	RT1	RT2
ACI	b	a	d	b	a	S	a	a	b	a	a	b	a	a
ALB	b	a	a	b	a	b	a	a	b	a	a	b	b	c
BN/fMaj	a	c	a	b	a	S	a	b	a	b	a	a	n	a
BUF	a	a	a/d	b	a/b	b	a	a	b	a	a	a/b	b	a
Donryu	a	c	b	a	b	S	b	a	a	a	a	a	—	—
IS	b/a	a	b	a	a/b	S	b	a	a	a	b	b	—	—
LEW	b	a	d	b	a	S	a	b	a	a	b	a	l	a
SHR	a	a	b	a	b	F	b	a	a	a	b	b	—	—
TM	b	a	c	a	a	S	a	a	b	b	b	b	—	—
WAG	b	a	d	b	a	S	b	a	b	b	a	a	—	—
WF	a	c	c	b	b	S	a	a	b	a	a	b	—	—
W/Hok	a	a	d	b	b	F	a	a	b	a	a	b	k	a
WKAM	b	c	a	a	a	S	a	b	a	a	b	b	—	—
WKS	a	d	a	b	b	S	a	—	b	a	b	—	—	b
W/Kyo	a	d	a	b	b	S	a	a	a	a	a	b	—	—
WM	a	d	a	b	b	S	b	a	b	a	b	b	u	b

色を行う．遺伝子の多型により酵素やタンパク質の電気泳動移動度が異なることを利用し，各遺伝子型のタイピングを行う．染色バンドの移動度が速いか遅いか，バンドが検出されるか否かなどから a, b, c, …のように遺伝子型が便宜的に決められている．

c. 免疫学的遺伝子座

主要組織適合性遺伝子座（MHC，マウスでは H2，ラットでは RT1 と呼ばれる）が用いられる．その他，マウスでは Thy1（thymus cell anti-gen-1），Ly（lymphocyte differential antigen），Hc（hemolytic complement）などの遺伝子座がモニタリングに利用されている．実際には特異的抗体を用いた血球凝集反応，溶血反応，補体結合反応などの免疫細胞学的方法により測定する．

表 5.5 および表 5.6 にマウスおよびラットの代表的な系統の生化学的および免疫学的形質の標準遺伝子型（遺伝的プロファイル：genetic profile）を示す．

d. 分子生物学的遺伝子座

一般にDNAの多型はタンパク質に比べはるかに多い．したがって，DNAの多型を直接タイピングすることによって系統間の比較が可能になる．DNAの多型としてよく用いられるのは，多型が**ポリメラーゼ連鎖反応**（polymerase chain reaction：PCR）によって簡便に検出される**マイクロサテライト**である．ゲノム中には，例えばシトシンとアデニンの2塩基が繰り返す配列が多数存在する．その長さが各系統間で異なることを利用してタイピングを行う．実際には図5.10で示すように，マイクロサテライト領域を挟むようにPCRプライマーを設計し，PCR産物をゲル電気泳動することで検出する．表5.7に各系統間で多型が見られるマイクロサテライトとPCRで増幅されるDNA長を示す．

DNAの中でタンパク質をコードしていない部分には系統間で**一塩基多型**（single nucleotide polymorphism：SNP）が多数存在する．SNPの検出には，直接塩基配列を決定する方法の他に，制限酵素認識部位を利用する制限酵素消化物の長さの多型，すなわち**制限酵素断片長多型**（restriction fragment length polymorphism：RFLP），更には，一旦PCRでSNPが存在する領域を増幅したのち制限酵素で切断する**PCR-RFLP**などが

表5.7 主要な近交系マウスにおけるマイクロサテライトマーカープライマーによって増幅されるDNAの長さの多型の一例

マイクロサテライト	染色体	増幅DNA (bp)					
		A	C57BL/6	C3H	DBA	BALB/c	AKR
D1Mit3	1	185	160	185	160	185	206
D2Mit15	2	158	142	156	142	142	156
D3Mit29	3	150	150	148	184	200	148
D4Mit13	4	92	92	108	97	92	111
D5Mit13	5	176	194	176	194	176	176
D6Mit4	6	90	102	102	102	90	95
D7Mit40	7	204	204	228	228	204	228
D8Mit33	8	226	226	218	218	224	226
D9Mit11	9	116	74	116	104	116	112
D10Mit12	10	242	242	212	242	242	212
D11Mit4	11	307	246	242	300	242	307
D12Mit7	12	108	108	108	121	123	123
D13Mit3	13	188	159	196	196	188	164
D14Mit5	14	178	178	164	164	178	164
D15Mit75	15	164	178	128	178	178	178
D16Mit9	16	134	146	126	126	126	134
D17Mit11	17	160	176	176	150	150	176
D18Mit19	18	158	154	160	160	156	138
D19Mit16	19	116	136	118	118	136	132
DXMit16	X	86	118	86	118	86	86

利用される．最近は多数のSNPを一度に同時に検出できるマイクロアレイ法が開発されている．この方法は多数のサンプルを扱うときに有用である．

分子生物学的遺伝子座を利用する方法は尾の断片のようなものをサンプルとして行えるので，動物を殺すことなく検査でき，系統維持動物の遺伝的モニタリングとしては最適であるといえる．

〔安居院高志〕

演習問題
（解答 p.210）

5-1 以下の記述の中で誤っているのはどれか．
（a）実験動物学分野において「種」とは，互いに交配可能でかつ繁殖力のある子孫を作り得る同じ種類の動物すべてを指す．
（b）「種」は生物分類学上，「属」の1つ下のランクの単位である．
（c）「品種」は生物分類学上，「種」の1つ下のランクの単位である．
（d）「系統」とは計画的な交配方法によって維持されている元祖の明らかな動物群である．
（e）実験動物を学名で表記する場合には2名式命名法もしくは3名式命名法がとら

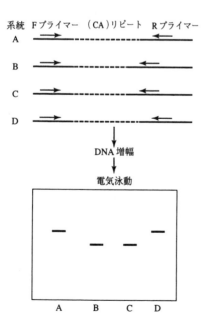

図5.10 マイクロサテライトの長さの多型を利用した遺伝的モニタリング

れる.

5-2 以下の実験動物の系統についての記述で, 誤っているのはどれか.
(a) 近交系は一般に, 兄妹交配または親子交配を長期継続することで確立される.
(b) クローズドコロニーとは, 5年以上外部から種動物を導入することなく維持されている繁殖群である.
(c) セグリゲイティング近交系とは, 特定の遺伝子座がヘテロに保たれている系統である.
(d) コンジェニック系とは, 特定の染色体が別系統のものと入れ替えられた系統である.
(e) リコンビナント近交系は, 遺伝子座の連鎖解析に有用である.

5-3 以下の記述の中で誤っているのはどれか.
(a) 任意交配とは集団内の雌・雄を完全にランダムに交配することである.
(b) 実際の実験動物集団では, 任意交配を続けるうちに遺伝子組成が変化する可能性がある.
(c) 個体の遺伝子座が同一祖先の持っていた1つの遺伝子に固定している率を血縁係数という.
(d) 近交系の育成に際しては, 近交弱勢の出現に留意して注意深く選抜を行う必要がある.
(e) 血縁関係のない2つの近交系を交雑した

F$_1$において, 各個体間の血縁係数は1である.

5-4 以下の記述の中で誤っているのはどれか.
(a) 優性遺伝子に支配されている形質の選抜は, 劣性ホモ個体の淘汰だけでは不十分である.
(b) 遺伝率とは［選抜反応/選抜差］である.
(c) 選抜反応は0に近いほど選抜の効果が高い.
(d) 後代検定とは子について形質を検査し, その成績をもとにして親を選抜する方法である.
(e) 兄妹検定によって, 産子数や泌乳量など雌の動物にしか発現しない形質の選抜を雄について行うことができる.

5-5 遺伝的モニタリングについて誤っているものを選びなさい.
(a) 検出には正確性, 簡易性, 能率性, 経済性の点で良い遺伝子座を選ぶ.
(b) 表現型を指標とするときは, 環境の影響等が出にくい遺伝子座を選ぶ.
(c) 系統間でなるべく多型の少ない遺伝子座を選ぶ.
(d) 毛色遺伝子座は検出に何ら操作が必要ない点が長所であるが, アルビノ系統に使えない点が短所である.
(e) マイクロサテライトは優れたモニタリング対象である.

6章　実験動物の繁殖

一般目標:
実験動物の生産と供給の基盤となる各実験動物の生殖および育成について理解する.

それぞれの種の寿命に応じて, 個体としての生物は必ず死に至る. しかし, 個体の死を超えてその個体の生物としての「生」を継承している. 雌雄の性を持ち有性生殖を行う哺乳動物では, 生殖細胞 (精子や卵子) をつくり, 受精によって個体の生命を次の世代に引き継いでいる.

6.1　繁殖学の基礎

到達目標:
実験動物の性分化のメカニズムおよび基本的な生殖器官の構造について説明できる.
【キーワード】 性分化, ウォルフ管, ミューラー管, 性的二型核, 卵巣, 卵管, 子宮, 腟, 副生殖腺, 精巣, 精巣上体, 精管, 精嚢腺, 前立腺, 凝固腺, 尿道, 陰茎, 腟栓

6.1.1　性分化

a.　性染色体

実験動物として使われる多くの動物の性は遺伝要因により決定される. 大部分の哺乳類ではホモのXX性染色体が雌性を, ヘテロのXY性染色体が雄性を決定するが, 鳥類やある種の両生類, 爬虫類ではホモのZZ性染色体が雄性を決定し, ヘテロのZOあるいはZW性染色体が雌性を決定している. 本章ではマウスおよびラットにおける知見を中心に述べる.

b.　生殖器の性分化

生殖器は, 胎生期のある一定の時期まで雌雄とも同じである. しかし, 受精によって決定された性染色体XY (雄) のY染色体上にある遺伝子 *Sry* (sex determinig region Y) が活性化され, 未分化生殖腺の髄質から精巣が形成される. 性染色体がXX (雌) である場合には未分化生殖腺の髄質は萎縮してその皮質が卵巣に分化する.

精巣がさらに分化すると, 精巣に精細管とライディヒ細胞 (Leydig cell) が形成される. 胎子の精巣ライディヒ細胞からアンドロゲン (androgen) の分泌が起こり, このアンドロゲンが**ウォルフ管** (Wolffian duct) を発達させ, 雄の副生殖器の表現型ができあがる. さらに, 精細管内に存在するセルトリ細胞 (Sertoli cell) から抗ミューラー管ホルモン (anti-Müllerian hormone) が分泌され, このホルモンが**ミューラー管** (Müllerian duct) に働くとミューラー管が退化し, 消失することになる. 一方, 雌では卵巣からこれらのホルモンが分泌されないので, ウォルフ管は退化し, ミューラー管は退化せずにそのまま発達し, 雌の副生殖器へと分化する.

c.　脳の性分化

生殖器と同様に, 脳にも雌雄差 (性差) が認められる. マウスやラットでは, 周産期におけるアンドロゲン作用が中心となって脳の機能的および形態的な性差が形成されると考えられている (図6.1). 顕著な機能的性差として, 成熟期におけるゴナドトロピン (gonadotrophin:GTH) の分泌パターンにみられる性差がある. GTHの一過性 (サージ状) 分泌は一般には雌でのみ認められ, 雌に性周期 (排卵周期) が存在することと大きな関係をもっている. 脳の形態的な性差としては, ラットの内側視索前野 (medial preoptic area:POA) にある**性的二型核** (sexual dimorphic nucleus:SDN) が最も良く知られている. SDN-POAは, 雄の方が雌よりも約5倍の大きさをもつ神経核で, 構成する細胞数も雄の方が多い (図6.2). これに類似した形態学的な性差は, マウス, ハムスター, モルモットなどの実験動物のほか, ヒトでも確認されている. よって, ラットのSDN-POAは哺乳類の性分化を研究する上での有用な指標として用いられている.

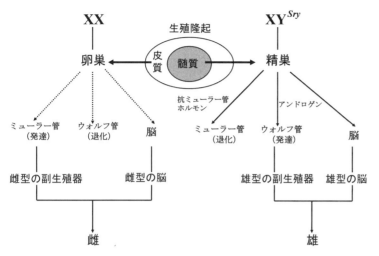

図6.1 胎生期における性分化

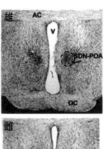

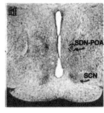

図6.2 ラットの視索前野の性的二型核
（SDN-POA）
AC：前交連，OC：視交叉，SCN：視交叉上核，V：第3脳室．

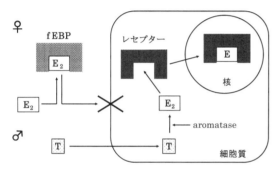

図6.3 脳内fEBP（α-フェトプロテイン）の保護作用

表6.1 妊娠期間と脳の性分化の臨界期の比較

動物種	妊娠期間（日）	臨界期（受胎後，日）
ラット	20～22	18～27
マウス	19～20	出生後
シリアンハムスター	16	出生後
モルモット	63～70	30～37
イヌ	58～63	出生前～出生後
ヒツジ	145～155	～30～90
アカゲザル	146～180	～40～60

マウスやラットの脳の性分化を説明する有力な仮説として，アロマターゼ（aromatase）説がある．マウスやラットの精巣では胎生期からアンドロゲンの産生が開始されるため，アンドロゲンは周産期の雄の脳に大量に運ばれることになる．アンドロゲンは脳内のアロマターゼによってエストロゲン（estrogen）に転換されて脳を雄型化（脱雌型化）する（図6.3）．一方，胎生期は母体からのエストロゲンに曝露されるが，雌胎子が脱雌型化を起こさないのは胎盤からのプロゲステロン（progesterone）の作用がエストロゲンの作用と拮抗することに加え，胎子血中のエストロゲン結合タンパク質とエストロゲンが結合することによりエストロゲンは脳内へ侵入できず，生理的作用を及ぼすことができないと考えられている．これがアロマターゼ説の概要である．

脳の性分化が起こる時期は妊娠期間の長さと深い関係がある．これは動物によって脳の発達期間が異なるため，アンドロゲンなどの性ホルモン作用に対する脳の性分化の臨界期が種によって異なるからと考えられている（表6.1）．

6.1.2 生殖器

生殖器（reproductive organ）は生殖腺（性腺：gonad）と副生殖器（accessory reproductive organ）とに分けられる（表6.2）．前者は，雌雄それぞれの配偶子を生産，放出する外分泌腺として，また副生殖器の形態および機能を支配するホルモンを分泌する内分泌腺としての2つの役割を担っている．後者は配偶子の排出道の構造をもち，配偶子あるいは受胎物の保護および交尾器としての機能を果たす諸器官によって構成されている．

a. 雌の生殖器

雌の生殖器は，生殖腺である**卵巣**と，副生殖器としての**卵管**，**子宮**，**腟**および外部生殖器からなる（8章図8.15，8.16）．

(1) 卵 巣

卵巣（ovary）は，動物の繁殖には欠かせない

表 6.2　雌雄生殖器の構成

生殖器の区分	雄	雌
生殖腺	精巣	卵巣
副生殖器		
生殖道	精巣上体	卵管
	精管	子宮
	尿道	腟
副生殖腺	膨大腺	子宮腺
	精嚢腺	大前庭腺
	前立腺	小前庭腺
	尿道球腺	乳腺
	凝固腺（げっ歯目）	
交尾器	陰茎	腟（腟前庭を含む）

表 6.3　卵子の大きさ

動物種	直　径　（µm） （透明帯は含まない）
マウス	75～ 88
ラット	70～ 75
モルモット	75～ 85
ウサギ	120～130
ネ　コ	120～130
イ　ヌ	135～145
ブ　タ	120～140
ヒ　ト	130～140

卵子を作る器官である．卵子の大きさと動物の大きさに明確な比例関係は無いが，マウス・ラットよりもイヌ・ブタの卵子の方が大きい傾向は認められる（表 6.3）．腎臓の後縁に左右 1 対存在し，卵巣間膜で支えられ，さらに子宮角端と固有卵巣索でつながっている．皮質では卵胞が発育し，性ステロイドホルモン（estrogen, progesterone）が分泌される．卵巣と卵管は，卵巣嚢が卵巣を包むことにより両者の連絡が保たれている．マウスやラットでは卵巣嚢が完全に卵巣を覆うが，モルモット，ウサギでは部分的にしか覆われていない．

（2）卵　管

卵巣嚢には蛇行した卵管（oviduct）が接続している．その蛇行の程度はマウス，ラットでは強く，モルモット，ウサギなどでは弱い．卵管は，漏斗状に広がり，卵管采を形成する漏斗部，卵子と精子の受精の場となる膨大部，および卵管子宮口を形成し子宮に移行する峡部から成り立っている．卵管の粘膜上皮には分泌細胞や線毛が認められ，これらの活動により受精ならびに胚の初期発生が円滑に営まれる．

（3）子　宮

ミューラー管から発生分化した 1 対の器官で，分化の過程において左右のミューラー管が結合し単一の管腔を形成する．子宮（uterus）は，子宮角，子宮体および頸管部から成る．子宮角の結合状態から重複子宮，双角子宮，分裂子宮および単子宮に分けられ，動物種によって異なる．マウス，ラット，ウサギなどの子宮は，左右の子宮角がそれぞれ独立して子宮頸管に移行して子宮体が形成されない重複子宮である．子宮は組織学的に，子宮外膜（漿膜），子宮筋層および子宮内膜（粘膜）の各層からなり，子宮内膜の形成は性ホルモンの支配を受け，性周期に伴って規則的に変化を示す．

（4）腟

腟（vagina）はミューラー管に由来した腟部と，体表皮膚が陥入してできた腟前庭からなる．マウス，ラット，ハムスターなどでは腟前庭部を欠いている．モルモットでは腟閉塞膜により腟は閉じられているが，発情期および妊娠中期に腟閉塞膜は消失して腟は開口する．

（5）副生殖腺

子宮腺（uterine gland），前庭腺（vestibular gland）および乳腺（mammary gland）がこれに属し，これらは性ホルモンの影響によりその形態および機能が大きく変化する．乳腺は雌雄に存在するが，通常は雌において良く発達し泌乳機能を持つようになる．乳腺は通常左右対で存在し，その数は一般には産子数に比例している．例えば，産子数が少ないモルモットでは 1 対なのに対し，産子数が多いラットでは 6 対が認められる．

b.　雄の生殖器

雄生殖器は生殖腺である**精巣**と副生殖器として，生殖道（**精巣上体**，**精管**，**尿道**），副生殖腺（**精嚢腺**，**前立腺**，**凝固腺**，尿道球腺）および交尾器（**陰茎**）からなる（図 6.4，8 章図 8.17）．

（1）精　巣

精巣（testis）は精子の生産とアンドロゲンを分泌する外分泌腺であり内分泌腺でもある．精巣表面は固有鞘膜，白膜により覆われており，内部は精巣縦隔，精巣中隔によって多数の小葉に分けられる．精巣小葉内には精子を生産する直径 0.1～0.3 mm の迂曲した精細管（seminiferous tubules）と，アンドロゲンを分泌するライディヒ細胞を含んでいる．一般には腹腔内から陰嚢内に精巣が下降する時期を雄の春機発動期（puberty）の 1 つの指標としているが，マウスで生後 21～25 日，ラットで 30 日前後である．精子の大きさは動物種

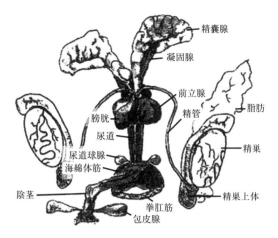

図 6.4 雄ラットの生殖器

表 6.4 各動物の精子の大きさ（μm）

動物種	頭 長	頭 幅	全 長
マウス	8.7	3.0	108
ラット	11.7	—	183
ウサギ	8.0	5.0	—
イヌ	6.5	3.5～4.5	55～65
ブタ	7.2～9.6	3.6～4.8	49～62

でほとんど差は認められない（表6.4）．

(2) 精巣上体

精巣上体（epididymis）は1本の屈曲した精巣上体管からできており，頭部，体部および尾部に区別されている．精子はここを通過する過程で成熟に至り，尾部に達した精子は運動性を獲得する．

(3) 精 管

精巣上体尾部に続く管で，陰嚢から骨盤に至り精管膨大部を形成した後，尿道基部の精丘に開口する．精管（deferent duct）の筋層はよく発達し，内面には多数のひだのある粘膜がみられ，性的興奮に伴う精管の蠕動運動により精子は精巣上体尾部から精管膨大部まで移行する．

(4) 精嚢腺

精管膨大部の外側に位置する1対の腺で，動物種によって形と構造が異なる．食肉目であるイヌ，ネコなどには精嚢腺（seminal vesicle）は存在しない．精嚢腺からは高濃度のタンパク質，カリウム，クエン酸，果糖および数種の酵素を含む粘稠な分泌物が排泄され，精液の精漿成分となる．

(5) 前立腺

精嚢腺の基部付近で尿道を取り囲んでいる．前立腺（prostate gland）は独立した大小多数（30～50個）の腺集合体で，個々の腺体から排出管（前立腺小管）が尿道に開口している．食肉目の前立腺は大きく発達している．

(6) 凝固腺

マウス，ラットなどでは精嚢腺の内側に1対の凝固腺（coagulating gland）が存在し，この腺の分泌物は2～3本の排泄管により精管の尿道への開口部の近くで尿道背側に開いている．交尾後，この分泌物は腟内で精嚢腺分泌物を凝固させて**腟栓**（vaginal plug）を形成する．

(7) 尿道および陰茎

膀胱から出た尿道（urethra）は，副生殖腺の開口部を伴い骨盤腔内を走り，坐骨弓部で前下方に曲がり，ここで尿道海綿体ならびに，これを包む筋肉とともに陰茎（penis）をつくる．陰茎は尿の排泄とともに交尾器として雌の生殖器道内に精液を射出する役割を担っている．

6.2 実験動物の生殖生理①
—性成熟，性周期，性行動—

> **到達目標：**
> 実験動物の卵子と精子の成熟・分化，性成熟，性周期および性行動のメカニズムについて説明できる．
>
> 【キーワード】 卵子，精子，始原生殖細胞（原始生殖細胞），卵祖細胞，第1卵母細胞，グラーフ卵胞，減数分裂，第2卵母細胞，第1極体，精祖細胞，セルトリ細胞，第1精母細胞，第2精母細胞，性成熟，春機発動，卵胞刺激ホルモン（FSH），エストラジオール，黄体形成ホルモン（LH），一過性の大量放出，性腺刺激ホルモン（ゴナドトロピン），性周期，完全性周期，不完全性周期，交尾刺激，自然排卵動物，交尾排卵動物，性腺刺激ホルモン放出ホルモン（GnRH），交尾行動，乗駕，挿入，射精，ロードシス，腟開口，偽妊娠

6.2.1 卵子と精子の成熟・分化

雌雄の性腺で作られる特殊に分化した性細胞は，それぞれ両親の遺伝子を担い，生殖に当たってまず合一し，新しい個体としての発生を始める．一般には雌雄の配偶子とも呼ばれる．雄の配偶子である**精子**（spermatozoon）は精巣で，雌の配偶子である**卵子**（ovum）は卵巣で作られるが，その起原は遠く胚の時期に，まだ雌雄いずれにも未分

化の性腺ができ始めるころに，卵黄内胚葉から移動してきた特別に大きく明るい細胞質と核とを持った**始原生殖細胞**（primordial germ cell）として始まる.

a. 卵子の形成

卵巣の発生は早期に始まる．胎子期の卵巣の皮質では原始生殖細胞である**卵祖細胞**（oogonium）が増殖し，上皮細胞に囲まれた原始卵胞になる．この始原生殖細胞は大きな丸い核を有する大型の細胞で多数の偽足様の突起を持ち，胚体外の内胚板（extra-embryonic entoblast）に出現し，背側腸間膜の組織内を移動し，先に述べた卵巣の皮質に達する．出生後，卵祖細胞の増殖は止まり，卵母細胞に発達する．**第1卵母細胞**は卵祖細胞の倍の大きさを有し，多層の立方細胞に囲まれている（原卵胞）．このように，哺乳動物の雌は第1卵母細胞が出生前に形成されているが，出生後は成熟分裂の初期の状態で進行を停止しており，卵母細胞がこの時期から動き始めて成熟分裂に入るのは排卵直前である．

性成熟までの卵胞は2次卵胞の型であるが，成熟すると性周期ごとに多数の2次卵胞が発育し始める．しかし排卵まで発育するのはその一部であって，動物種によって1〜20個である．卵胞の発育に伴って，まず卵母細胞の大きさが増し，この間に卵胞内に液体を満たしたスペースが出現し，**グラーフ卵胞**（Graafian follicle）を形成する．卵胞の成熟に伴って卵母細胞はその端部に位置し，一群の細胞に囲まれる．第1卵母細胞は2回分裂して1〜4個の細胞になり，染色体数が半数になる．この過程ではまず第1分裂（**減数分裂**）の前に卵母細胞内でDNAとタンパク質を合成し，分裂前期に入る準備をする．この分裂によって分裂前期のDNA量は2倍になり，各染色分体がその複製を持ち，2つの分体が合わさって四分体染色体を形成する．祖父由来の染色体と祖母由来の染色体はそれぞれ動原体で結合する．四染色分体のそれぞれは並列し，分裂前に交差によって遺伝子が交換される．

この交換によって，各卵子の遺伝子配列には質的な差異を生じる．減数分裂では四分体染色体の半数ずつがおのおのの娘細胞に分割される．この娘細胞の1つが**第2卵母細胞**であり，他の1つは小型の**第1極体**である．第2卵母細胞も第1極体

もさらに1回分裂するが，この分裂前にはDNA合成は起こらず，分裂速度もきわめて速い．結局，1個の第1卵母細胞は1個の卵細胞と3個の極体になる．この4個の細胞の核は同一であるが，細胞質は不均等に分割され，事実上すべての細胞質が卵細胞に集まる．3個の極体は変性し，消失する．排卵は第2卵母細胞の時期に起こり，第2分裂は卵管内で精子の侵入によって再開する．

b. 精子の形成

雄では，未分化の性腺は胚上皮（germinal epithelium）から盛んに突起（性索：sex cord）を伸ばし，これがしだいに発達して精巣の精細管（seminiferous tubulus）となる．始原生殖細胞は精細管内に入り込み，出生後**精祖細胞**（spermatogonium）となって管壁に接して1層に並ぶようになる．この細胞は性成熟まで休止している．精細管内には**セルトリ細胞**と呼ばれる特殊な形をしたやや大型の細胞がみられるが，これは精子の変態に際して精子の栄養を供給しているものと考えられ，幼若期の精巣の精細管内に早くから精祖細胞とともに存在する．

性成熟が近づくとともに精祖細胞は急激に分裂を始め，数を増すとともに**第1精母細胞**（primary spermatocyte），**第2精母細胞**（secondary spermatocyte）を経て精子細胞（spermatid）を生じる．これを精子発生過程（spermatocytogenesis）といい，この第1精母細胞から第2精母細胞を生じる分裂の際に染色体数は半減する（減数分裂，meiosis）．さらに精子細胞はセルトリ細胞に接しつつ，長い運動性の尾部を持つ精子へと変態する．この過程を精子完成（spermiogenesis, spermateliosis）といい，上記の精子発生過程と合わせて精子形成（spermatogenesis）という．精巣内で精祖細胞から精子が形成されるまでの期間はマウスで34日，ラットで48日，ヒトで62日である．精子は精巣から出て精巣上体を通過する過程でも変化し，細胞内水分が減少して運動性が増加する．その結果，受精能が増す．精祖細胞から始まって射精可能な精液内に精子として出現するまでの期間はマウスで41日，ラットで52日，ヒトで83日である．雄動物は性成熟後，生涯にわたって1日に数十〜数百万の精子を形成し続ける．

6.2.2 性成熟

動物がある日齢（動物種により週齢，月齢，年齢）に達すると生殖機能が備わり，雌では雄と交尾して妊娠可能な状態，雄では雌と交尾して妊娠させることのできる状態になることを**性成熟**（sexual maturation）に達したという．このような生殖可能な状態になるには一連の経過が必要で，この過程を性成熟過程と呼び，この過程の開始を**春機発動**（puberty），この過程の完了を性成熟としている．

春機発動に達すると，雌では卵巣の発育と排卵が開始され，雄では精巣の発育と精細管に精子の出現がみられる．また，雌においてマウス，ラット，ハムスターおよびモルモットでは**腟開口**，雄において**精巣下降**，陰茎の形状変化などの外部徴候がみられる．

一般には，雌では正確に性周期を回帰，雄と交尾して妊娠，分娩，哺育の一連の生殖過程が可能になった時期，一方雄では受精可能な精子を射出する段階に至った時期を性成熟に達したとみなされる．

a. 性成熟のホルモン機構

図 6.5 に雌ラットの生後早期における血中ホルモンレベルの変動を示した．生後 10〜20 日に大量の**卵胞刺激ホルモン**（follicle stimulating hormone：FSH）の分泌と卵巣および副腎から大量のエストロゲンの 1 種である**エストラジオール**（estradiol）の分泌がみられる．卵巣では卵胞の発育が進み，この時期の大量の FSH の作用を受けて胞状卵胞へと発育する．生後 20 日以降 FSH 分泌は低下しているが，生後 35 日ごろに**黄体形成ホルモン**（luteinizing hormone：LH）および FSH の**一過性の大量放出**（サージ：surge）が起こり，初回の排卵に至る．

従来より，春機発動以前にエストラジオールにより<u>負のフィードバック</u>（negative feedback）機序が働いているといわれていた．この時期の視床下部，下垂体のエストラジオールによる負のフィードバックの閾値は成熟動物の場合より低いので**性腺刺激ホルモン**（gonadotrophic hormone：GTH）の分泌は抑えられており，この閾値が上昇することにより GTH の分泌が招来されて排卵に至る大卵胞を生じ排卵すると考えられていた．しかし最近，負のフィードバックの閾値の変化は初

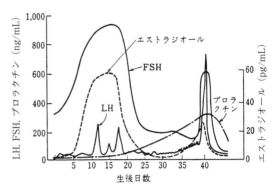

図 6.5 雌ラットの性成熟過程における血中 LH，FSH，プロラクチンおよびエストラジオール濃度の変化

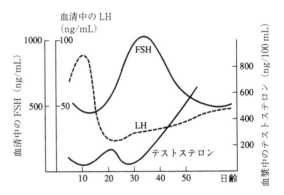

図 6.6 雄ラットの生後早期における血中ホルモンの変動

回排卵の直後に起こり，春機発動の結果であって原因にはならないことが判明した．つまり，エストラジオールによる LH 放出に対する視床下部-下垂体系への<u>正のフィードバック</u>（positive feedback）機構が春機発動の開始に重要な役割を演じているというものである．生後 16 日齢以前ではエストラジオールによる正のフィードバック機構は未完成であるが日齢が進むにつれて反応性が増加する．

一方，雄では春機発動以前に一過性の FSH，LH の上昇が認められており，性成熟過程すなわち精子形成能の発達はこの GTH による支配を受けている（図 6.6）．

b. 性成熟の神経機構

視床下部，扁桃体，海馬などの大脳辺縁系の様々な部位を破壊または刺激して，春機発動時期を早発させたり，遅延させたりする試みがなされている．これらの結果を総合すると，春機発動に対して扁桃体は抑制的，海馬は促進的役割を果た

していると考えられているが，詳細は解明されていない..

c. 性成熟の時期

春機発動時期は動物種および系統により遺伝的要因によって異なるが，それぞれの種においておおむね一定している．しかし，外部環境によっても春機発動時期は影響され，栄養，温度，光線などがその要因として考えられている．また，成熟雄マウスの存在が，雌マウスの春機発動時期を顕著に促進する現象（ヴァンデンバーグ効果）が知られている．これは雄からの嗅覚刺激による雌への影響と考えられている．

6.2.3 性周期および性行動

a. 性周期

哺乳動物の雌では，卵の成熟と排卵が周期的に起こり，それに伴い，子宮や腟などの副生殖器，さらには行動にも消長変動がみられる．この現象を性周期（sexual cycle, estrous cycle）と称する．実験動物では性周期を，発情を指標として知ることができるので発情周期（estrous cycle）と呼ぶ．排卵が起こっていても受精，着床の成立しない性周期は不完全あるいは不妊周期，これに対して受精，妊娠，分娩，泌乳，哺育を含む性周期は完全周期といわれている．性周期は年間一定の季節に限ってのみみられる動物（季節繁殖動物）と，一年にわたってみられる動物（周年繁殖動物）とがある．

（1）性周期の基本型

哺乳動物の性周期は，次の3つの基本型に大別される．

ⅰ）　**完全性周期**（complete estrous cycle）：卵巣では交尾刺激の有無に関係なく卵胞発育，排卵，黄体形成および退行が繰り返される．この型の特徴は性周期が卵胞期（follicular phase）と黄体期（luteal phase）からなることである．卵胞の発育に伴って顆粒層細胞からエストロゲンが分泌され，発情を誘起し，下垂体からLHが放出され排卵する．排卵後形成された黄体からプロゲステロンが持続的に分泌され，子宮，腟に変化をもたらす．この型には，ヒト，サル，小動物ではモルモットが含まれる．

ⅱ）　**不完全性周期**（incomplete estrous cycle）：　卵胞発育，排卵が交尾刺激とは無関係に

繰り返されるが，形成された黄体は持続的にプロゲステロンを分泌せず短時間で機能を消失する．マウス，ラット，ハムスターなどでは通常4～5日間隔で排卵が起こる．このように黄体期が欠如する動物でも，排卵期に交尾刺激あるいは子宮頸管への機械刺激が加えられると，形成された黄体は長期間にわたりプロゲステロンを分泌して黄体期が出現するが，受精した場合に着床，妊娠と移行する黄体期に比べて短い期間で機能を失う．この現象を偽妊娠（pseudopregnancy）と呼び，完全性周期に相当する．偽妊娠期間が終了すると再び不完全周期を反復するようになる．

ⅲ）　**交尾刺激**（post-coital ovulation）：　黄体期に加えて排卵も欠如し，卵胞期のみからなる不完全性周期である．上述した完全性周期および不完全性周期を示す動物は交尾の有無に関係なく周期的に排卵するものであり，**自然排卵動物**（spontaneous ovulator）と呼ばれる．これに対して，**交尾排卵動物**（copulatory ovulator）は卵巣には常に成熟卵胞が存在するが，自然には排卵しない．交尾刺激あるいは交尾刺激に類似した子宮頸管への刺激が加えられて初めて排卵するものである．

交尾排卵動物にはネコ型とウサギ型がある．前者は卵巣での卵胞発育に周期性がみられ，それに伴って周期的に発情する．後者は卵巣にはほぼ一定の成熟卵胞が常に存在し，持続性発情（persistent estrus）を示す．

（2）性周期の内分泌機構

照明時間（例：午前5時点灯，午後7時消灯）を調整して飼育しているラットは，通常は4～5日間隔で排卵する．成熟卵胞を排卵へ導くためのLHサージ（LH surge）は発情前期の午後5～7時に起こるが，LHサージに先行して発情前期の午後2～4時に中枢神経系の興奮が発生する．この興奮を受けて視床下部から神経分泌により下垂体門脈へ**性腺刺激ホルモン放出ホルモン**（gonadotrophic hormone releasing hormone：GnRH）が放出され，次いでLHサージが起こる．LHサージに伴ってFSHサージが認められる．

卵胞の発育に伴い，血中エストラジオール濃度は発情後期から上昇が始まり，発情前期のLHサージ直前に最高値を示す．LHサージにより排卵性変化を受けた卵胞の顆粒層細胞は，急速にエストラジオールの分泌を停止し，それに代わってプ

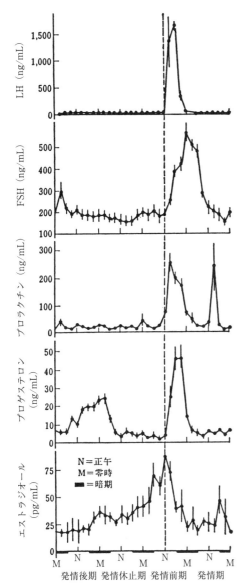

図 6.7 ラット性周期中の血中性腺刺激ホルモンおよびステロイドホルモン濃度の変化

ロゲステロンの一過性分泌が起こる．さらに，ラットでは排卵後の新生黄体に由来するプロゲステロンの分泌増加が，発情後期の夕方から発情休止期の早朝にかけて再び認められる（図6.7）．

（3）性周期に影響を与える要因

性周期の型，長さは，おのおのの種によって遺伝的特性と環境条件により決定されている．性周期に影響を与えている環境条件として以下の要因が重要である．

ⅰ）光： 研究上の都合により，人工的に照明時間帯を変える（明暗逆転）ことが行われているが，この場合，発情，LHサージ，排卵などの性周期に伴う現象が約2週間で新しい時間帯に同調するといわれている．また，ラットを連続照明下に移すと2～3週間で連続発情を示すようになり，周期的なLHサージが消失し，排卵が起こらないようになるが，この場合交尾あるいは子宮頸管への機械刺激により排卵を誘発させることが可能である．つまり，このようなラットの卵巣には黄体がなく，卵胞の発育，退行が繰り返されているのである．

ハムスターでは，14時間明，10時間暗の照明条件で飼育すると正確に4日周期を反復するが，明暗条件を10時間明，14時間暗に変えると約6週間で性周期は停止するようになる．卵巣および子宮重量は著しく低下し，卵巣には胞状卵胞は存在せず，卵巣間細胞の発育が顕著にみられる．

ⅱ）温度： 一般に，温度（temperature）による影響はマウス，ラットでは小さいが，ハムスターでは低温（4～8℃）により性周期が抑制されるといわれている．これは，ハムスターが実験動物として育成されてきた過程において冬眠動物としての特性がそのまま維持されていることに起因していると考えられる．

ⅲ）フェロモン： フェロモン（pheromone）は，「ある個体から放出され，同種の他個体に特有な反応を引き起こす化学物質」と定義される．嗅覚系を介した作用であるが，必ずしもニオイとして知覚される必要は無い．フェロモンの効果は，他個体に直接的な行動を引き起こすフェロモン（リリーサー・フェロモン）と，他個体の生理過程に影響して間接的に個体の発達や生殖機能などに効果を与えるフェロモン（プライマー・フェロモン）の2種類がある．マウスではフェロモンが性周期に影響する現象が知られている．雌を群飼育すると発情が同期する現象（寄宿舎効果：dormitory effect），雌の群飼育を続けると発情休止期が延長して偽妊娠状態が続く現象（リー–ブート効果：Lee-Boot effect），発情が遅延している雌群の中に雄マウスを入れると発情が再誘起されてかつ反復するようになる現象（ホイッテン効果：Whitten effect）などが代表的な例である．

b．性行動

性行動（sexual behavior）は，雌と雄のそれぞれの生殖器でつくられた卵子と精子が出会うため

に必要な生殖行動の1つである．

(1) 雄の性行動（**交尾行動**）

雄動物は発情している雌動物と一緒にすると，雄はしばらく雌を探索して雌の会陰部を嗅ぐ．それに逆らって雌は雄から離れる．雄は雌を追尾する．<u>追尾行動</u>が繰り返された後，雄は雌の腰部に後ろから乗りかかる．これが**乗駕**である．乗駕にはペニス（penis）の**挿入**を伴わない乗駕（mount），挿入を伴う乗駕（intromisson），**射精**を伴う乗駕（ejaculation）の3種類に区別することができる．射精後，雌の腟内に腟栓が形成される．交尾行動において，主に雄から雌に対して超音波が発信されており，ラットでは射精後に周波数22 kHzの発声が観察される（図6.8）．

雄の性行動の発現には精巣から分泌されるアンドロゲンが不可欠である．アンドロゲンは中枢神経系の制御機構における神経細胞に作用して性行動発現の準備を行う．雄の性行動の誘発は雌から発せられる発情の匂いや雌の<u>勧誘行動</u>（solicitation）による働きなどである．

(2) 雌の性行動

発情期の，特にげっ歯目は雄に乗駕されると反射的に頭部を上げ，臀部をもち上げ脊柱を湾曲させる行動，**ロードシス**（lordosis）が観察される（図6.12参照）．ロードシス行動の発現には卵巣から分泌されるエストロゲンが必須である．このことは，卵巣摘出によりロードシスが発現しなくなり，エストロゲンの投与により回復することから明らかである．雄が乗駕するときに，雄の前肢が接触する雌の皮膚の知覚神経の切断によってロードシスが発現しなくなる．これは乗駕による皮膚刺激が知覚神経を介して中枢神経系に投射された結果，ロードシスが引き起こされたことを示唆している．さらに，頭部と臀部をもち上げるにはその部分の筋肉の収縮を必要とし，運動神経の興奮も必要である．すなわち，ロードシス行動はホルモン情報と知覚神経情報が運動神経情報に置き換えられ発現するものである．

6.3 実験動物の生殖生理②
―受精，妊娠，分娩，哺育―

> **到達目標：**
> 実験動物の受精，着床，妊娠，分娩，哺育および離乳のメカニズムについて説明できる．
>
> 【キーワード】 受精，受精能獲得，雄性前核，雌性前核，胚，桑実胚，胚盤胞，着床，内部細胞塊，エストロゲン，プロゲステロン，脱落膜，オキシトシン，妊娠期間，分娩，プロスタグランジン，カテコールアミン，副腎皮質刺激ホルモン（ACTH），糖質コルチコイド，巣作り，リトリービング，リッキング，授乳行動，アイソレーションコーリング，フェロモン，鋤鼻器，泌乳，離乳

6.3.1 受精

精子が卵子のなかに侵入し，両者の核が卵細胞内で一連の変化をした後，染色体が合体して種特有の染色体数を有する接合体をつくるまでの現象を**受精**（fertilization）という．この過程で重要なことは，精子の侵入により卵子が活性化されることである．卵子は他の刺激によっても活性化されるが，哺乳動物では胚の発達までは進まない．

a. 受精前の卵子と精子

排卵後の卵子の受精能は24時間以内，平均10時間前後とみられている．高齢動物の卵子では異常受精（多精受精：polyspermy，多卵核受精：

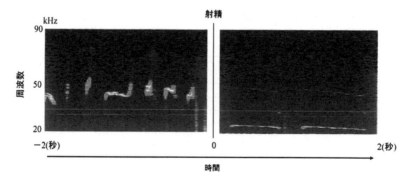

図6.8 ラットの射精前後の超音波発信

polygyny など）の増加や受精率，受精卵の発生率が低下する．一方，雌生殖器内での精子の受精保有時間は多くの動物で24～36時間くらいであるが，マウス，ラットでは比較的これより短い．射出された精子には受精能力は備わっていない．これを得るためには雌生殖器内（とくに卵管内）で，精子周囲に付着している精漿成分の除去を受けなければならない．このように精子の代謝活性や運動性を亢進させる変化を**受精能獲得**（capacitation）という．

b. 精子の卵子への接近

交尾により腟および子宮頸管に射出された精子は子宮角，卵管峡部を経て膨大部まで達し，ここで卵子と出会う．射出された精子のうち卵管膨大部に至るものは非常に少ない（表6.5）．膨大部までの精子の移動はそれ自身の運動によるところが大きいが，性的興奮に伴う子宮，卵管の顕著な収縮運動も関与している．一方，排卵された卵子は卵管采の壁に付着した後，卵管上皮の繊毛運動などにより卵管膨大部まで運ばれる．げっ歯目，ウサギなどでは卵管内に達した卵子を取り巻く卵丘細胞層はヒアルロン酸（hyaluronic acid）という粘液タンパク質からなるジェリー状の細胞間質で埋められている．一方，精子の先体にはヒアルロン酸を溶解するヒアルロニダーゼ（hyaluronidase）

が含まれており，精子との出会いにより卵丘細胞層は取り除かれ，卵子は露出して精子と接触する．精子の受精能獲得に要する時間，卵子の受精能保有時間は動物種によって多少異なっている（表6.6）

c. 卵子透明帯の通過

精子が透明帯に接近すると先体がとれて穿孔体が露出する．この穿孔体に透明帯を分解する酵素が含まれており，精子の透明帯への通過を容易にする．透明帯を通過した精子は卵黄囲卵腔（perivitelline space）に入り，精子頭部は卵黄膜の表面に接触する．

d. 雌雄前核の融合

精子の頭部が卵黄内に入ると頭部の核膜は崩壊し，核内容物は膨張して**雄性前核**（male pronucleus）となる．同時に，卵子では第2極体の放出が起こり，卵子内の染色体は**雌性前核**（female pronucleus）に変化する．雌雄の前核はさらに大きさを増して中心に移動し接触する．その後，両核は縮小し，核膜や仁が消失して前核は見えなくなる．次いで，そこに雌雄2つの染色体群が出現し互いに引き合い癒合して1つになり，受精は完了する．

表6.5 受精部位への精子の移動

動物種	射出精液量 (ml)	射出精子数 (×10⁶)	射精部位	卵管への精子の移動に要する時間	卵管膨大部へ達する精子数
マウス	<0.1	50	子宮角	15分	>17
ラット	0.1	58	子宮角	15～30分	5～100
ハムスター	>0.1	80	子宮角	2～60分	少数
モルモット	0.15	80	子宮体	15分（卵管中央部）	25～50
ウサギ	0.1	350	腟	3～6時間	250～500
ネ コ	0.1～0.3	56	腟・子宮頸	—	40～120
イ ヌ	10.0	125	子宮角	2分～数時間	5～100
ブ タ	250.0	40,000	子宮頸・子宮	15分（膨大部）	80～1,000
ヒ ト	3.5	125	腟	68分（膨大部）	少数

表6.6 雌性生殖道における卵子の受精能保有時間と精子の受精能獲得時間および受精能保有時間

動物種	卵子の受精能保有時間（時間）	精子の受精能獲得に要する時間（時間）	精子の最大受精能保有時間（時間）
マウス	6～15	1～2	6
ラット	12	2～3	14
ハムスター	6～9	2～3	—
モルモット	20	4～6	21～22
ウサギ	6～8	6～12	30～32
ブ タ	8～12	2～6	21～22

6.3.2 着床および妊娠

a. 着 床

受精卵は分割して胚（embryo）になる。**桑実胚**（morula）または**胚盤胞**（blastocyst）の早期まで発生が進むと，胚は子宮に侵入し，胚盤胞は子宮腔を浮遊している。その後，子宮上皮に胚盤胞の外膜が定着して胚の発育の準備を行うようになる。これを**着床**（implantation）と呼ぶ。各動物の交尾後の着床までの日数を表6.7に示した。

（1）胚の間隔（spacing）と定位（orientation）

胚が子宮に達すると子宮壁の収縮により胚は子宮腔内を移動する。単胎動物では着床の位置は排卵された側の子宮角の中位より多少下方の部分が多く，多胎動物では胚が子宮腔に大体等間隔に分布する。このとき子宮内で卵管に近く着床した胚は頸管に近いものより発育が早く，頸管に近く着床した胚は吸収されやすい。胚の着床部位は動物種により一定しており，多くのげっ歯目では反子宮間膜側（anti-mesometrium）の子宮腔に着床する。胎盤は子宮間膜側（meso-metrium）に形成される。

（2）胚の膨張（expansion）

胚盤胞の成長とともに胞胚腔も大きくなる。胚盤胞には，外側を包む栄養膜（栄養外胚葉）と内側の塊（内細胞）が形成される。栄養膜は着床後，胎膜や胎盤の形成にあたり，内部細胞塊は胎子になる。

（3）着床前の子宮変化

子宮は胚の着床に備えて子宮筋の運動が減じて胚が子宮内に留まりやすくなる。子宮内膜に血管の分布が密になり，血液の供給が増加してグリコーゲン，脂質などが蓄積し，タンパク質，核酸の

含有量も増加する。さらに，子宮上皮が肥厚し，子宮腺の発達がみられる。これら一連の変化は**エストロゲン**と**プロゲステロン**により支配されている。

（4）着床過程

着床過程は動物種により異なっており，げっ歯目，食虫目，霊長目では胚盤胞が子宮内膜に接触すると，その栄養膜の刺激によりその付近の子宮内膜の間質系の細胞が肥大増殖して**脱落膜**（decidua）を形成する。胚は脱落膜に囲まれて固有層中に埋没する。脱落膜組織は妊娠のある時期まで増殖肥大するが，後半期には次第に薄くなり退行変化し，分娩時には胎盤基底部に母胎盤として残る。

胚と着床とホルモンとの間には密接な関係があり，マウス，ラットでは着床前にみられるエストロゲンサージにより着床が惹起されると考えられている。一方，ハムスター，ウサギなどではプロゲステロンのみで着床することが知られている。

b. 妊 娠

卵管内で受精が完了すると，受精卵は卵分割を続けながら卵管を下降し，子宮内腔に移行する。母体は受精卵が子宮内腔に移行した後で妊娠（pregnancy）の認識が行われるようであるが，その時期は着床より早い時期である。母体が妊娠を確認する機構については明らかでないが，子宮内の受胎産物（conceptus）からの信号が引き金となっていることは確かであろう。妊娠した母体では，それまで回帰していた性周期は停止し，発情黄体は妊娠黄体になって妊娠を維持する。妊娠に伴うホルモンの変化（図6.9）について以下に述べる。

（1）妊娠維持

妊娠成立後，プロゲステロンはすべての動物において妊娠維持に重要な役割を担っている。この時期のプロゲステロンの役割は，子宮筋のエストロゲンや**オキシトシン**（oxytocin）に対する感受性を低下させて子宮運動を抑制し，子宮頸管を緊縮させて妊娠を維持させることである。また，エストロゲンもプロゲステロンに協力して妊娠維持作用を示す。すなわち，子宮内膜の発育増殖や分泌機能の促進に関与したり，胎子の成長に伴う子宮筋の増殖肥大に関係している。

妊娠中のプロゲステロンは，すべての動物で妊

表6.7 各種動物卵子の交尾後の子宮内侵入時期および着床時期

動物種	子宮内侵入時期（日）	着床時期（日）
マウス	3	4
ラット	3	5
モルモット	3.5	6
ウサギ	2.5～4	7～8
ネコ	4～8	13～14
ブタ	2～2.5	15
アカゲザル*	3	9～11
ヒト*	3	8～13

*排卵後の日数

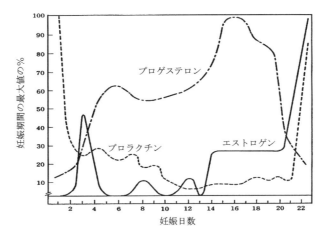

図6.9 ラットの妊娠期間における血清プロゲステロン，エストロゲンおよびプロラクチンの値（妊娠期間にみられる最大値の%）

表6.8 妊娠維持における卵巣，下垂体の必要期間と胎盤ホルモンとの関係

動物種	卵巣の必要期間	下垂体の必要期間	胎盤ホルモンの存否			
			GTH	gestagen	estrogen	relaxin
マウス	全期	1/2	(PRL)	…	+	−
ラット	全期	1/2	PRL	−	−	(−)
モルモット	1/3	2/3	(PRL)	−	+	+
ウサギ	全期	全期	…	−	+	+
ネコ	4/5	(1/2)	…	−	−	(+)
イヌ	(全期)	全期	…	−	−	(+)
ブタ	全期	(全期)	…	−	+	+
サル	1/7	1/5	hCG	+	+	…
ヒト	1/7〜1/4	(1/2)	hCG, PRL	+	+	(+)

GTH：gonadotrophic hormone, hCG：human chorionic gonadotrophin, PRL：prolactin
（ ）：推定

娠初期には黄体で産生されるが，中期あるいは末期になると動物種によっては胎盤，その他から産生されるようになる．このような動物では妊娠の必ずしも全期間を通じて卵巣の黄体を必要としない（表6.8）．妊娠期におけるプロゲステロン分泌について類別してみると次のようになる．

①卵巣黄体にすべて依存するもの： ウサギ，ヤギ，ブタなど

②妊娠のある時期において，胎盤の分泌する性腺刺激ホルモンが卵巣を刺激し，増強された黄体機能をもつようになるもの： 霊長目，ウマ，ラットなど

③妊娠後半期には胎盤が卵巣に代わってプロゲステロン分泌機能を営むもの： 霊長目，ウマなど

④胎盤以外の組織（副腎）がプロゲステロンを補強するもの： ヒツジ，ウマなど

（2）妊娠黄体の機能的維持 妊娠黄体の機能的存続は，黄体刺激因子の持続性作用による．これと同時に，胎膜や胎盤の存在が子宮内膜における黄体退行因子（luteolytic factor）の産生を抑制したり，または中和して黄体の退行を阻止している．

多くの動物種ではLHとプロラクチンが黄体刺激因子の主体をなしている．この場合，LHはステロイドの合成を促進し，プロラクチンはコレステロール（ステロイドホルモンの前駆体）の供給を促進すると同時にプロゲステロンの代謝を抑制している．

（3）妊娠期間 卵子が受精してから分娩するまでを妊娠期間（gestation period）と呼ぶが，受精の日を確認することは困難である．一般に，マウス，ラット，ハムスター，モルモットなどでは交配適期に交尾させた場合，その翌日の腟栓ならびに精子の確認をもって妊娠0.5日と算定することが多

い．妊娠期間は各種動物で一定範囲の値を示すが，母体の年齢，産次，栄養状態，胎子の数，性などによって影響を受けている．妊娠期間が動物種自体の平均日数より著しく延長した場合を長期在胎（pro-longed gestation）または分娩遅延（delayed birth），逆に妊娠期間に満たずに胎子が娩出された場合を早産（premature birth）という．ただし胎子が生活能力を備えず，あるいは死亡して娩出した場合を流産（abortion）という．

6.3.3 分　　娩

胎子がその付属物とともに母体外に排泄されることを分娩（parturition）という．

a.　分娩の経過

分娩は陣痛（labor pain）の開始に始まり，後産の排出で終了する．陣痛は胎子が産道を通過するための最大の推進力となり，オキシトシンの作用により周期的，不随意的な子宮の収縮で，子宮角の前端から頸管に向かって進行する．分娩の経過は大きく分けて，次の3期に区別される．

第1期（開口期）：子宮頸管の開口時期
第2期（産出期）：胎子の娩出時期
第3期（後産期）：後産の排出時期

b.　分娩開始の機序

分娩開始は，直接には子宮筋の興奮による収縮性の増大であるが，その原因に関しては母体血中のプロゲステロン濃度の低下，エストロゲン濃度の上昇，あるいは両者の比率の増加，子宮内容積の増大，オキシトシン，**プロスタグランジン**（prostaglandin：PG），**カテコールアミン**（catecholamine）などの放出増大などが考えられていた．しかし最近では，分娩開始に胎子が主導的な役割を演じているとする仮説が有力視されている．すなわち，胎子の下垂体から**副腎皮質刺激ホルモン**（ACTH）が分泌され，これに反応して胎子の副腎から大量の**糖質コルチコイド**（glucocorticoid）が分泌されることに始まる．この糖質コルチコイドが胎盤に作用してエストロゲンの分泌が増大し，逆にプロゲステロン分泌が抑制される．分泌増大したエストロゲンはプロスタグランジン F2α（PGF2α）の分泌を促進し，さらにリラキシン（relaxin）と協力して産道の弛緩に働く．また，このときに分泌される **PGF2α** の作用によって黄体退行が起こり，黄体からのプロゲステロン分泌は減少する．このようなホルモン環境下では子宮のオキシトシンに対する感受性が高められ，子宮収縮へと移行する．さらに，胎子の子宮，子宮頸管壁への機械的刺激に反応して母体の下垂体からオキシトシンが分泌される．

6.3.4　哺育および離乳

a.　哺　　育

出生した新生子が独立して生活できるまで，母親が保護，養育することを哺育（nursing）といい，泌乳および授乳をはじめとする哺育行動から成り立っている．

（1）哺育行動

哺育行動を構成する**巣作り**（nest-building），迷い出た子を自分の側に寄せ集める行動である**リトリービング**（retrieving），新生子の外部生殖器をなめて排尿・糞を促す**リッキング**（genital-licking），母乳を与える**授乳行動**（lactation position）は，出生直後の新生子の生死にかかわる重要な行動群である（図6.10）．これらの行動の開始は，妊娠後期から分娩後にかけて母体内で変動するホルモン（プロゲステロン，エストロゲン，プロラクチン）に起因しているといわれており，特にプロラクチンの関与が指摘されている．妊娠および授乳中のラットの血中プロラクチンと脳内プロラクチン受容体の遺伝子発現を調べてみると，哺育行動の発現と一致して，血中プロラクチンと脳内の長型（long form）プロラクチン受容体 mRNA 発現の上昇が認められている．また，新生子から母親への信号としては，音声や匂いが考えられている．新生子は母親から分離されると超音波を発するが，この超音波は**アイソレーションコーリング**（isolation calling）と呼ばれ，母親を呼び寄せ，巣に戻してもらい，母乳を与えてもらうことを誘導する．動物種により周波数や波形が異なっており，種特異性がうかがえる（図6.11）．嗅覚の受容器の一種である鋤鼻器（vomeronasal organ）を摘出すると，母ラットはリトリービングを示さなくなることから，新生子の匂いも哺育行動の発現に大きく関与している可能性が考えられる．

新生子から発せられるこれらの知覚的刺激は親の脳に存在する哺育行動の制御中枢に働き，その行動を起こさせているものと考えられている．以

図6.10 マウスの母性行動

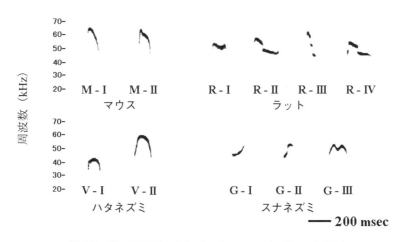

図6.11 げっ歯目動物のアイソレーションコーリングのソナグラム

前から調べられているのは視索前野（POA）であり，この部位を破壊してしまうと哺育行動が見られなくなるという報告がある．このように視索前野は哺育行動に必須の部位である．

（2）泌　乳

雌の哺乳動物が乳腺で多量の乳汁を合成，分泌し，体外に排出することを**泌乳**（lactation）といい，乳腺の発育，泌乳の開始および泌乳の維持の3つの段階が考えられる．

ⅰ）乳腺発育：　春機発動を迎えると乳腺は急速に発育を開始し，多くの動物において形態的完成および泌乳機能は妊娠によって完成される．乳腺の形態的完成は，一般に乳腺の腺管系は主としてエストロゲンの作用により発育し，腺胞系（乳腺小葉と終胞）の発育はエストロゲンとプロゲステロンの共同作用による．このほか，プロラクチン，副腎皮質刺激ホルモン（ACTH），成長ホルモンなども乳腺の発育に関与していると考えられている．

ⅱ）泌乳開始：　乳腺は妊娠期において著しく発育し妊娠末期には泌乳できる状態に達し，分娩時あるいは分娩直前に本格的な乳汁分泌が開始される．この乳汁分泌開始は内分泌系によって支配されている．妊娠末期になるとエストロゲンの増加とプロゲステロンの減少によるエストロゲン優勢の比率となり，下垂体から乳汁分泌開始ホルモン群（プロラクチン，ACTH，成長ホルモンなど）の分泌が促進される．これによって乳汁分泌が開始するとみられている．

ⅲ）泌乳の維持：　乳腺が泌乳機能を持ち続け

表 6.9 主要動物実験の繁殖に関する数値

動物種	性成熟期（生後）	性周期	偽妊娠期間	妊娠期間	産子数	哺乳期間
マウス	約6週	4～5日	10～12日	18～20日（19日）	6～13匹	18～21日
ラット	♂6週～					
	♀5～8週	4～5日	12～14日	21～22日（21日）	6～15匹	19～22日
（ゴールデンハムスター）	♂6～8週					
	♀約28日	4日		15～16日	1～15匹（8匹）	20～21日
モルモット	♂60～70日					
	♀40～50日	14～18日（16日）	—	59～72日	3～5匹	14～21日
ウサギ	150～210日	なし	15～20日	30～31日	6～8匹	42～55日
ネコ	♂7～10ヶ月					
	♀6～8ヶ月	約14日	30～40日（約36日）	58～69日（63日）	3～6匹（7匹）	35～42日
イヌ（ビーグル）	6ヶ月未満	7～8ヶ月（単発情）	約60日	58～66日（63日）	7～8匹	30～50日
ブタ	4～8ヶ月	19～30（21日）	—	112～118日（114日）		
サル（マカク属）	♂3～4年					
	♀1.5～2.5年	23～33日（28日）	—	150～180日	1	7～18ヶ月

るためには乳汁分泌維持ホルモン群と呼ばれるプロラクチン，成長ホルモンおよび ACTH が必要とされる．吸乳刺激は神経経路により脊髄を経て視床下部の<u>プロラクチン放出抑制因子</u>（prolactin inhibiting factor：<u>PIF</u>）の放出を抑制してプロラクチンの放出を促し，さらにオキシトシンの分泌も促すものと考えられる．プロラクチンは乳汁生成の過程に作用し，オキシトシンは乳腺胞外側の筋上皮細胞を収縮させ乳腺胞腔から乳汁の射出（milk ejection）を惹起する．

b. 離乳（weaning）

母親の泌乳と哺育行動により成長した新生子が母乳以外からの栄養摂取を開始すると，吸乳の頻度が減少し，これに伴って母親の泌乳機能も減衰し，ついに乳汁分泌が停止する．哺育行動は，マウス，ラットなどでは新生子の眼が開く生後15日前後に著しい変化がみられる．この時期には，新生子からのアイソレーションコーリングの発声は認められなくなり，母親から母性フェロモン（maternal pheromone）が放出されるようになると考えられている．母親が子を巣へ連れ戻さなくなったときには，この母性フェロモンを頼りに新生子が自ら巣へ戻ることが出来るとされている．プロラクチンの作用によって母親の腸内で多量のバクテリアを含むシーコトローフ（caecotrophe）と呼ばれるものがつくられ，これが母性フェロモンの元になるという考えられている．

6.4 実験動物の生産技術

到達目標：
実験動物の繁殖に用いられる技術について説明できる．

【キーワード】 人工授精，体外受精，腟垢，発情前期，発情期，発情後期，発情休止期，妊娠兆候，産子数，後分娩発情，追いかけ妊娠，初乳

実験動物は人工環境下で飼育される動物であり，その生産の規模は計画的に行われる．生産の規模は医学・生物学などにおけるその実験動物の有用性により制限される．

実験動物の生産（動物種，系統，年齢，妊娠，哺乳，動物数など）には，上述した繁殖に関する知識に基づいた技術が必要となる．

6.4.1 交 配

妊娠させることを目的として，雌の生殖道内に精子を送り込む操作を交配（mating）という．精子と卵細胞の合体は雌の卵管で起こるが，それには自然交配（交尾：copulation）とあらかじめ採取しておいた精液を人工的に雌の生殖道に注入する**人工授精**（artificial insemination）とがある．さらに最近では，体外での受精によって接合体を作出し，これを偽妊娠雌の子宮内に移植して新生子を得る**体外受精**（*in vitro* fertilization）も行われている．

a. 交配適期

自然交配あるいは人工授精を行う際，受精に適した時期に行わなければ交配の目的が達成されない．最も受精（受胎）しやすい交配時期を<u>交配適期</u>（optimum time of mating）という．交配適期は排卵の時期と卵子の受精能保有時間，精子の受精部位への到達に要する時間，精子の受精能獲得に要する時間，精子の受精能保有時間などによって決定される．これらのうち排卵時期が交配適期を考えるうえで重要な基準となる．排卵時期の予測は，試情あるいは発情徴候によって判定される（次項参照）．

(1) 発情期の判定

雌動物が雄を迎え，交尾に応じる雄許容の状態をいう．通常は排卵時期に同調している．発情はエストロゲンおよびプロゲステロンにより誘起されるものであるから，これらの支配下にある副生殖器には一定の変化（内部発情徴候）が惹起されると同時に，外部から認められる変化（外部発情徴候）が観察される．内部発情徴候の観察には，一般的に腟上皮細胞の検査が行われる（次項参照）．外部発情徴候としては，外陰部の充血，腫脹などがみられ，特にウサギなどの発情の判定に利用されている．最も顕著な外部発情徴候は試情（雄を近づけて雌の発情の程度を調べる）により，ラットの雌は雄を勧誘する行動（soliciting behavior, proceptive behavior），例えばピョンピョン跳ねながら逃げる行動（hopping），耳を震わせる行動（ear-wiggling），雄に突進して体勢を素早く180°転向する行動（darting）などが観察される．さらに，雄の乗駕によりラットやハムスターの雌は，脊柱を湾曲させ，後肢と前肢を伸展させ，臀部と頭部をもち上げる姿勢を示す．これがロードシス（図6.12）である．上記の行動は雄動物にかわって，人の手で雌の後躯に触れてみても同じように観察が可能である．

(2) 腟垢検査方法（vaginal smear method）

腟粘膜の剥離細胞，すなわち**腟垢**（vaginal smear）によって卵巣の機能的変化を追跡することができる．腟垢は主として腟壁の上皮細胞，白血球，粘液からなる．腟粘膜はエストロゲンとプロゲステロンの標的組織であるから，卵巣における一連の変化（卵巣発育-排卵-黄体形成-黄体退行）に伴うホルモンの変動に対応して腟粘膜も変化する．このことは，腟垢が性周期の観察や発情の判定に用いられる理由である．腟垢が性周期と強い相関性の認められる動物種にはマウス，ラット，ハムスター，モルモット，フェレット，イヌ，ネコなどが知られている．

性周期に伴う腟垢像の変化は動物種により多少の差異が認められる．ここでは典型的な腟垢像変化を示すラットについて記述する．

腟垢の採取はスポイト，綿棒などを用いて行う．スポイトの場合では，少量の水を含ませ腟内洗浄液を採取し，それをスライドグラス上で乾燥し，ギムザ染色液で染色してから鏡検する．図6.13に示す腟垢像が観察される．

ⅰ）発情前期：**発情前期**（proestrus）は卵胞の発育が急速に起こりエストロゲンの濃度が高まり，排卵のためのLHサージが惹起される時期である．この時期の腟垢は有核上皮細胞によって占められる．ラットの真の発情，すなわち雄許容時期は発情前期の夕方から発情期の早朝までであり，排卵は午前1〜4時頃に認められるため，発情前期の夕方から雄を同居させれば交配は成立する．

ⅱ）発情期：腟垢的発情期と呼称する方が適切である．その理由は上述したように，**発情期**（estrus）における真の発情を示す時間帯が非常に短いためである．発情前期に分泌されたエストロゲンにより腟上皮細胞が角化するため，この時期の腟垢像は角質細胞のみが特徴的に出現する．

ⅲ）発情後期：発情期にみられた角化上皮が減少し，これに代わって変性した有核上皮細胞および白血球が主体の腟垢像が観察される．この時期（**発情後期**：metestrus）の有核上皮細胞と発情前期の腟垢像にみられる細胞とは，原形質の明

図6.12 ラットのロードシス

90　　　　　　　　　　　　　　　　6. 実験動物の繁殖

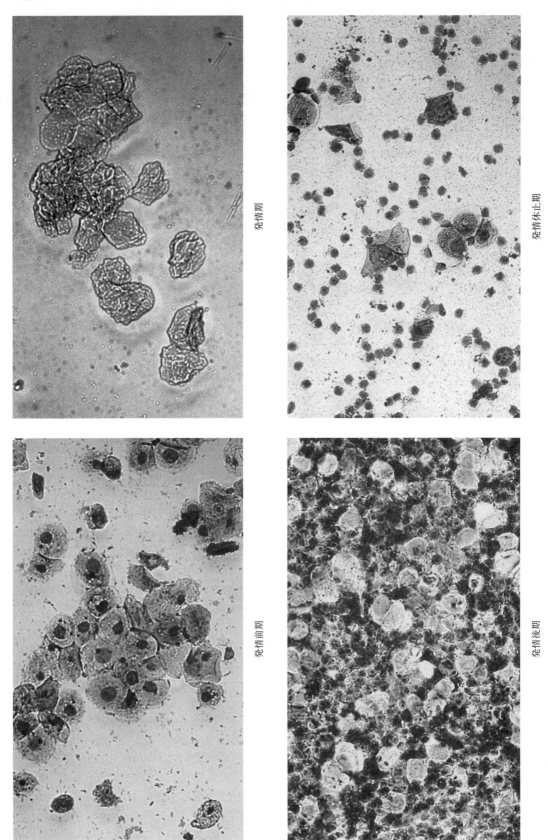

発情期　　　発情休止期　　　発情前期　　　発情後期　　　図 6.13　ラットの腟垢像の変化

るさの違いにより区別がつく.

iv）発情休止期： 不完全性周期であるラット，マウスでは機能黄体の形成がみられないため，**発情休止期**（diestrus）の期間は非常に短く 4 日（または 5 日）周期で発情を繰り返す．この時期の腟垢像には白血球と粘液が認められ，これに少量の有核上皮細胞や角化細胞が混在している.

以上，ラットを主体に腟垢像の変化について記述した．このような特徴ある像を観察するためにはラットの場合は午前に，マウスの場合は午後に腟垢採取を行うことが望ましい.

一方，ハムスターでは腟垢像の判定が非常に困難であるため，一般的に腟分泌物の観察が行われている．次に，シリアンハムスターの性周期と腟分泌物性状の関係について簡単に述べる.

発情前期：少量の粘稠透明な粘液

発情期：多量の粘稠性の高い黄白色の粘液

発情後期：発情期の分泌物の残滓

発情休止期：少量の不透明な水様性の粘液

（3）交配の確認

交配の成否を確認するためには，交配後腟洗浄液を採取し，その中の精子を検出すればよい．その採取の仕方は腟垢採取法に準じる．また，げっ歯目では凝固腺が存在するため交尾後，**腟栓**（vaginal plug）が形成されるので，一般的にマウスでは腟内，ラットでは床に落ちた腟栓をみつければ交配の確認ができる.

b． 妊娠診断

妊娠の成否は**妊娠兆候**（signs of pregnancy）を確認することにより診断（妊娠診断：diagnosis of pregnancy）される．妊娠徴候には胎子の存在により現れる確徴（胎子触知，胎子心音，胎動など）と，直接胎子から発すものではない疑徴（発情の停止，腹囲膨大，乳房発育，挙動変化など）とがある．妊娠の成立は妊娠後半期に確徴を得てはじめて確実となる．マウス，ラットでは妊娠 11 ～ 13 日ごろに胎盤徴候（placental sign）がみられ，妊娠の確証となる.

6.4.2 出　　産

一定の妊娠期間を経過し，胎子が成熟すると分娩が起こる．分娩予定日が近づくと妊娠動物は落ち着きがなくなり，ラットでは授乳の準備として乳首をなめる行動，またウサギでは胸の毛を抜き

巣造り行動が活発に行われる.

a． 分娩時間

マウス，ラットとも分娩は昼夜を問わず起こるが，一般に午前 0 ～ 4 時の間が多い．ハムスターでは夜半から早朝にかけて，ウサギでは早朝に分娩が起こるといわれている.

マウス，ラットの分娩時間をみると，1 匹から次の 1 匹までの間隔が数分～ 10 分くらいであり，分娩開始から終了まで 1 時間前後かかる．ウサギではほとんどの場合，30 分以内で終了するといわれている.

b． 産子数

1 回の分娩で出生する新生子の匹数を**一腹産子数**（litter size）という．産子数は系統，年齢，産次，飼育環境などによって異なっている．マウスでは一般に，近交系の産子数はクローズドコロニーのそれより少ない.

c． 後分娩発情

分娩後 24 時間以内に発現する発情を**後分娩発情**（postpartum estrus）といい，多くは排卵（後分娩排卵）を伴う．このときに交配すれば，引き続き妊娠させることが可能であるが，マウスやラットでは着床遅延を示す．後分娩発情はマウス，ラット以外にモルモット，コモンマーモセットなどにもみられる．このように，泌乳中に妊娠が成立し，泌乳と妊娠が同時に進行する現象を**追いかけ妊娠**（concurrent pregnancy）という.

d． 母性行動

胎子は羊膜をかぶり胎盤をつけたまま娩出されるが，母親がすぐ羊膜をはずし，臍帯を切り，胎盤を食べてしまう.

母性行動（maternal behavior）は分娩の前から現れる．多くの動物では妊娠後期から巣造り行動が開始され，分娩後，授乳行動およびリトリービング（迷い出た子を自分の側に寄せ集める行動），リッキング（genital-licking，子の性器をなめて排尿・糞を促す行動）などが観察される（図 6.10）.

6.4.3 育　　　成

a． 初乳の給与

分娩後より数日間分泌される乳汁は**初乳**（colostrum）と呼ばれ，特殊な成分を含んでいる．特に，高濃度の免疫グロブリン（Ig）を含み，新生子の受動免疫に重要である．マウス，ラットなど

ではIgG1と分泌型IgAが，ウサギでは分泌型IgAが主体である．また，初乳は濃厚なため，胎便（meconium）の排泄を促進する．このため，初乳は必ず飲ませる．

b. 哺乳子数の調整

多胎の動物において，同腹子の数が多ければ子の発育は不良となり，その数が少なければ個々の発育は良好となる．しかし，同腹子の数が極端に少ない場合，母親への吸乳刺激が弱くなり，泌乳量は減少または消失し，発育障害が起こる．一定の体型の動物を生産するには，産子数が多い場合は里子に出すか，淘汰する．一方，産子数が少ない場合は里子を受け，哺乳子数を一定にする必要がある．哺乳子数の調整は，マウス，ラットの場合は一般的に生後3日頃に行われている．

c. 哺乳期間の調整

子の発育に応じて離乳日を調整することが必要であるが，離乳の条件としては独力で飼料や飲水の摂取ができ，その後の正常な発育が期待できることである．実験動物の生産に関しては一定期間の哺乳後，強制離乳する．

離乳後の動物は，雌雄別々に育成される．特に，この時期の動物は成熟動物の影響を受けやすく，成熟雄は幼弱雌の，成熟雌は幼弱雄の性成熟をそれぞれ早期化することが認められている．

6.4.4 輸　　送

実験動物は研究施設間，生産施設と研究施設の間で輸送されることが多い．実験動物の輸送にあたっては，実験動物の健康および安全を確保するとともに，その実験動物として求められている特性が維持されるように注意しなければならない．さらに，実験動物による環境汚染（environmental pollution）などの事故を防止すべきである．

a. 輸送とストレス

輸送は，実験動物にとって大きなストレスとなっている．輸送の条件によっても若干異なるが，4〜6時間輸送した場合の体重減少は，マウスで1〜2g，ラットで5〜7g，モルモットで10〜15g，ウサギで200〜300gであり，受入施設で正常な体重増加を示すようになるまで2〜3日が必要であるといわれている．さらに，輸送されたマウスでは血中コルチコステロン濃度の増加とそれに関連したナチュラルキラー細胞活性の低下，ウサギでは血中コルチゾール濃度の増加，好中球の増加，リンパ球の減少などが認められている．このように，実験動物は輸送によって生理学的な影響を受けていることは確かであるが，その影響は一過性のものと考えられる．さらに，輸送は動物に対して行動学的な影響も与えていると思われる．

b. 輸送の形態

遠隔地への実験動物の移動は従来，鉄道輸送に委ねられていたが，今日では道路網が拡充，整備されたことにより，その輸送形態は自動車輸送に置き換えられた．それに伴って，実験動物輸送専用の空調車の使用が普及した．

近距離輸送，4〜6時間程度の輸送距離範囲では空調車で巡回配送されている．空調車はSPF動物，コンベンショナル動物別に限定し，混載を避ける．

長距離輸送，例えば東京から北海道，九州への輸送では航空便と空調車で輸送する方法が採用されている．

c. 関連法規

輸送に関連した下記の法規の内容について検討しておくことが必要である．

(1) 実験動物の飼養及び保管並びに苦痛の軽減に関する基準（平成18年4月28日環境省告示第88号）

　　第3共通基準　6輸送時の取扱い

(2) 動物取扱業者が遵守すべき動物の管理の方法等の細目（平成18年1月20日環境省告示第20号）

　　第5条　四

(3) 動物実験の適正な実施に向けたガイドライン（2006年6月1日日本学術会議）

　　第5供試動物の選択ならびに拝受3）輸送

(4) 実験動物の輸送に関する指針（平成6年3月29日社団法人日本実験動物協会改定平成18年12月5日）

(5) IATA（International Air Transport Association）Live Animal Regulations（Havana, Cuba, April 1945）

国際航空輸送協会の基準によって，動物の安全保護のため，動物種別の取扱い，収容場所，ケージ，健康管理，動物の行動様式に関する記述などについて詳細に定められている．

その他，動物の輸送に関連した法規を，参考までに列挙する．

(6) 産業動物の飼養及び保管に関する基準（昭和62年10月9日総理府告示第22号）
　　第4　導入・輸送に当たっての配慮
(7) 展示動物の飼養及び保管に関する基準（平成16年4月30日環境省告示第33号一部改正平成18年1月20日）
　　第3共通基準　6輸送時の取扱い
(8) 家庭動物等の飼養及び保管に関する基準（平成14年5月28日環境省告示第37号一部改正平成18年1月20日）
　　第3共通基準　5動物の輸送

〔斎藤　徹〕

演習問題
（解答 p.210）

6-1 実験動物の性分化の説明として，間違っているものはどれか．
(a) 鳥類ではZZ性染色体が雄性を決定している．
(b) 哺乳類ではY染色体上にある*Sry*の活性化が雄性の決定に必要である．
(c) 抗ミューラー管ホルモンはミューラー管を発達させて雄性の発達に関与する．
(d) 脳の相同部位で性差のある神経核を性的二型核と呼ぶ．
(e) 哺乳類の脳の性分化を誘導する仮説としてアロマターゼ説がある．

6-2 図6.14は雄ラットの生殖器である．凝固腺はどれか．
(a) A

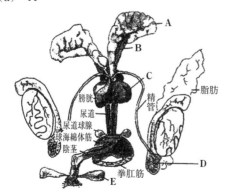
図6.14

(b) B
(c) C
(d) D
(e) E

6-3 ラットの性周期の内分泌機構について，正しい記述はどれか．
(a) LHサージは発情期の朝方に起こる．
(b) LHサージに伴ってGnRHの放出が起こる．
(c) FSHサージが起こり，次いでLHサージが認められる．
(d) エストラジオール濃度はLHサージ直前に最高値を示す．
(e) 連続照明下では周期的なLHサージが不規則に認められる．

6-4 ロードシス行動について正しい記述はどれか．
(a) 雌げっ歯目にみられる雄を勧誘する行動のことである．
(b) 雌げっ歯目にみられる雄の交尾を拒否する行動のことである．
(c) 雌げっ歯目にみられる雄の交尾に対して示す行動（脊柱彎曲）のことである．
(d) 雄げっ歯目にみられる雌を追尾する行動のことである．
(e) 雄げっ歯目にみられる乗駕行動のことである．

6-5 マウス，ラットにおける母子間コミュニケーションについて，正しい記述はどれか．
(a) 新生子を母親から分離すると可聴音を発する．この音波信号を，アイソレーションコーリングという．
(b) アイソレーションコーリングの発現頻度は，開眼に伴い低下する．
(c) アイソレーションコーリングの周波数は，マウス，ラットともに同じである．
(d) マターナルフェロモンは，分娩後ただちに放出される．
(e) マターナルフェロモンの受容体は，嗅上皮にある．

6-6 図 6.15 はラットの腟垢像である．雄と同居させて交尾を成立させるために最も適当な時期はどれか．

(a) A
(b) B
(c) C
(d) D
(e) この中に適当な時期は無い．

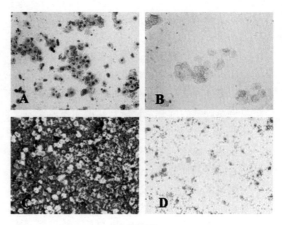

図 6.15

7章　実験動物の飼育管理

一般目標:
環境因子が実験動物の生体機能に影響を及ぼし，飼育環境の改善が動物実験成績の再現性や精度の向上に役立つことを理解する．

種々の実験処置に対する実験動物の反応性は，環境の影響を受けて変化することが知られている．本来，動物には高い環境適応能力が備わっているが，その適応範囲には限界があり，限界を越えた場合には正常な生体反応は期待できない．また，環境条件が適応範囲内であっても，それが臨界点近くである場合は環境適応能力に余裕はなく，各種の刺激に対する反応性が正常とは異なったものになる．このことから，信頼性・再現性・普遍性の高い動物実験結果を得るためには，各種環境因子の設定値および変動幅を基準範囲内に収めることが重要であり，国際的に容認される環境条件下で得られた結果でなければ他の報告と比較検討することはできない．

また，近年，動物実験の場において「動物福祉（animal welfare）」の概念は不可欠となっており，実験動物の飼育管理にあたり各動物種の生理機能および生態に基づく生活の質（quality of llfe：QOL）の向上が図られている．実験動物の生活の質を向上させるためには，飼育環境の改善（環境エンリッチメント：environmental enrichment）が必須となる．

7.1　気候・物理・化学的因子の影響

> **到達目標:**
> 飼育環境の気候的因子，物理・化学的因子，およびそれらの生体機能への影響について説明できる．
> **【キーワード】** 環境因子，動物福祉，一次環境，二次環境，環境エンリッチメント，ストレス，ストレッサー，基準値，温度，湿度，気流速度，換気回数，塵埃，落下細菌，臭気，騒音，振動，照度，照明時間

7.1.1　環境因子の生体への影響

生体機能に影響を及ぼす因子のうち遺伝に関連するもの以外を「**環境因子**」と総称する．環境因子は多岐にわたるが，これを大別すると生体を外界から取り巻く外部環境因子と，生体内の内部環境因子に分類される．本節および次節では，飼育管理の視点から，主に外部環境因子について解説する．各環境因子はそれぞれが独立して作用するわけではなく，通常複数の因子が協同して生体に影響を及ぼしている．なお，生物的因子のうち病原微生物による動物実験への影響については他章（9章，10章）で解説されるので，本章では取り上げない．実験動物を取り巻く外部環境のうち，建物全体あるいは飼育室レベルの環境を**二次環境**（secondary environment，マクロ環境），ケージ内環境など直接動物に作用する環境を**一次環境**（primary environment，ミクロ環境）と呼ぶ．

a.　環境エンリッチメント

動物実験にあたり，実験動物の生活の質を高めることは**動物福祉**上重要である．動物福祉理念の具体的な実践法の1つとして**環境エンリッチメント**がある．環境改善の基本は「動物の飼育環境を生理的に本来の生活に近いものにする」ことにある．この観点から実験動物の飼育環境を考えると，動物を収容する建物，飼育室，ケージ，飼料，給餌・給水装置，床敷等の物理的環境と，その環境中に存在するヒトを含む他の生物との関係からくる社会的環境が問題となる．環境エンリッチメントとしては，飼育管理方法に工夫を加え環境を豊かで充実したものにする試みが行われている．例えば，単純で単調になりがちな飼育環境を改善するために玩具や噛み砕くことのできる営巣材などを与えることは有効である．遊びを含む自由な行動が可能な広さおよび構造を持つケージの改良も重要である．また，本来集団生活する動物につい

ては個別飼育を避けることなども社会的環境の改善になる．単独飼育されている動物は社会性が乏しく攻撃的行動が多くみられる一方，群飼動物は性質が温順な傾向がある．なお，単飼動物でも生活環境に玩具を備え，日常の適切なハンドリングを施すことより攻撃性は低下する．飼育環境に問題がある場合には，食欲不振，体重減少，運動活性低下，繁殖障害，発育障害，異常行動などが観察される．環境エンリッチメントの効果は，血中のストレスに関連するホルモンの測定，発育や繁殖効率の観察，異常行動の頻度や1日の行動量などの行動観察等により，ある程度客観的に評価することができる．

b．ストレス反応

ストレスの原因（ストレッサー）は，その刺激の種類から物理的ストレッサー（温熱，寒冷，騒音など），化学的ストレッサー（酸素，薬物など），生物的ストレッサー（炎症，感染など），心理的ストレッサー（闘争，不安など）等に分類される．ストレッサーが作用すると，生体は刺激の種類に応じた特異的反応を示すとともに，刺激の種類とは無関係な下垂体-副腎軸を中心とした一連の非特異的反応を示し環境に順応する．近年，ストレスと視床下部，とりわけ神経内分泌系と自律神経系の高次統合中枢である室傍核（PVN）との関係が明らかになってきている．PVNからはバゾプレッシン（AVP），オキシトシン（OXT），および副腎皮質刺激ホルモン放出ホルモン（CRH）が産生されている．ストレス負荷によりCRHやAVPが正中隆起に投射した軸索終末から分泌され，下垂体前葉からのACTH分泌を惹き起こすことにより副腎皮質系が賦活される．さらに，種々のストレス負荷によりPVNにおける前初期遺伝子群（immediate early gene：IEGs）の発現変化がみられることが報告されている．実験動物に対し，各種環境刺激や実験処置等は明らかなストレッサーとなり，実験結果を変動させる．一方，動物側でも，種・系統，年齢，性，生後の発育環境などによってストレス感受性が異なるため，実験結果が不安定になる．さらに，これらのストレスの相互作用も無視することができない．生体にはストレスに対する適応能力があるが，これには限界があり，1つのストレッサーに対する適応能力を高めると，別のストレッサーに対する抵抗力

が低下してくる．このため複数のストレッサーに曝されると，生理機能や免疫機能等が低下し実験結果が不安定となる．環境刺激の中には生体に有益に作用するものもあるが，動物実験結果に悪影響を及ぼすような刺激は実験動物の飼育環境から極力除去しなければならない．

7.1.2　気候的因子

a．温　度

哺乳類および鳥類は恒温動物（homeothermic animal）であり，極端な高温または低温の場合を除き，生理的体温調節機能により恒常性を保ち環境温度に適応する．この環境温度への適応は主に視床下部に存在する体温調節中枢の働きによるもので，自律神経等を介し温度刺激に応じて熱放散あるいは熱産生の反応を惹起し，熱出納のバランスを調節して体温の恒常性を維持している．皮膚では自律神経の支配を受けて皮膚血管，汗腺および立毛筋が体温調節に関与するが，ヒトで発達している小汗腺（エクリン腺）は多くの哺乳動物でははほとんど発達していないため，発汗による体温調節はできないものが多い．その他の温度に対する適応現象として，形態的適応（換毛，褐色脂肪組織の存在，皮下脂肪蓄積等），および行動的適応（運動，集合・離散等）もみられる．このように環境温度への適応能力は，各動物種の解剖・生理的特性に基づき大きな種差が認められる．飼育室内の温度は飼育動物の密度や飼育室の換気回数によって大きく影響を受ける．単位時間あたりの発熱量を単位体重で比較すると，小型動物ほど代謝が旺盛で酸素消費量も多い．発熱量の多いマウスやラットなど小型動物は一般に集団飼育されることから，環境温度を制御するときは飼育室の温度だけでなくケージ内の温度についてもモニタリングする必要がある．なお，麻酔から覚醒していない動物，被毛を欠く動物，母獣から隔離された新生子等に対しては温度設定を高め，保温する必要がある．環境温度は血球数，血液生化学値，免疫反応等を変動させることが知られているほか，薬物の効果を著しく変動させるなど，動物実験成績に大きな影響を及ぼす重要な環境因子である．許容範囲の目安を表7.1に示した．

b．湿　度

一般に相対湿度のことを指しており，空気中の

表 7.1　わが国における環境条件の基準値[1]

		マウス, ラット, ハムスター, モルモット	ウサギ	サル, ネコ, イヌ
温　度		20〜26℃	18〜24℃	18〜28℃
湿　度		40〜60% (30%以下 70%以上になってはならない)		
清浄度	塵　埃	ISO クラス 7 (NASA クラス 10,000) (動物を飼育していないバリア区域)		
	落下細菌	3 個以下* (動物を飼育していないバリア区域)		
		30 個以下 (動物を飼育していない通常の区域)		
	臭　気	アンモニア濃度で 20 ppm を超えない		
気流速度		動物の居住域において 0.2 m/sec 以下		
気　圧		周辺廊下よりも静圧差で 20 Pa 高くする (SPF バリア区域)		
		周辺廊下よりも静圧差で 150 Pa 高くする (アイソレータ)		
換気回数		6〜15 回/h (吸排気の方式によって適正値を決定)		
照　度		150〜300 lx (床上 40〜85 cm)		
騒　音		60 db (A) を超えない		

*：9 cm 径シャーレ 30 分開放 (血液寒天 48 時間培養)

水蒸気量とその温度における飽和水蒸気との比をいう. このため, 湿度は温度変化に伴い変動する. 水蒸気には保温効果があるため, 湿度は飼育室内の温度制御に影響する. 動物飼育室では, 実験動物の呼吸, 糞尿, 飲水, 自動水洗式ラック等に由来する水分が常に蒸発しているため, 室内湿度は上昇する傾向がある. 湿度が上昇すると室内の微生物の増殖が起こりやすくなり, またアンモニア濃度が増加し臭気が強くなる. さらに, マウスの鼻腔内細菌数の増加やセンダイウイルス感染の発症率の上昇がみられるという. 一方, 乾燥空気は呼吸気道, 眼, その他の粘膜傷害や過敏症を惹起する. 空気中のアレルゲン量は湿度の低下に伴い増加するため, ヒトの実験動物アレルギー対策の面からも飼育室の湿度管理は重要である. 乾燥と脂肪欠乏でラットの尾部にリング状の壊死 (ring tail) が起こることが知られているが, 飼育管理の改善により最近ではほとんど認められない.

c.　気流, 換気

飼育室の換気量は, 温度, 湿度, 気流, 室内ガス, 浮遊粒子等の分布に大きな影響を及ぼす. また, 給気量と排気量のバランスを調整し気流を一定方向に定めることにより, 区域の清浄性を保つことができる. 動物飼育に際しては, 飼育室のみならず, 動物を直接とりまくケージ内環境 (一次環境) の適正な換気を維持しなければならない. 一次環境は使用するケージやラックの種類によって条件が著しく異なってくる. ケージ内の温度, 湿度, 臭気, 浮遊粒子などの分布を一定に保つうえで, 飼育ラックの各層を一方向気流で換気することなどは有効な方法である. また, マイクロア

イソレータのようなケージごとの換気方式もとられている. 換気回数が多ければそれだけ空気の清浄度は増すが, **気流速度**が大きくなりすぎると動物の体表面からの熱放散率が高まり, 体温調節に大きな影響を及ぼすことになる. このように, 換気に関しては室内清浄度を維持しつつ, 動物へのストレスを軽減させることが重要である. 飼育室の風速および**換気回数**の基準値を表 7.1 に示したが, これらの基準は動物飼育密度や飼育方式によって異なる.

7.1.3　物理・化学的因子

a.　浮遊粒子

空気中を浮遊する微粒子を総称してエアロゾル (aerosol) と呼ぶ. 動物飼育室内のエアロゾルには, 動物の毛, ふけ, 尿飛沫, 床敷や飼料の粉末, 水蒸気, 微生物などが含まれる. これらの浮遊物は床敷交換の直後や動物の活動期に増加する. エアロゾル中に呼吸器感染症の原因微生物が含まれる場合, 飼育動物間での感染症伝播の原因となる. また, エアロゾルはヒトにおける「実験動物アレルギー」の原因 (アレルゲン) となり, 呼吸器系, 皮膚等にアレルギー性炎症を惹起することがある. 浮遊粒子のうち, 粒径が 10 μm 以上のものは100%近く鼻, 咽頭などの上部気道で捕捉される. 気管や気管支で捕捉された微粒子は線毛により上部気道まで逆送され, 体外や消化器系に排出される. しかし, 体液に溶解する微粒子は直径が大きくても体内に吸収されて生体に影響を及ぼすことがある. 一方, 粒径が 4 μm 以下のものは肺にまで到達するが, そのほとんどは肺胞マクロ

ファージにより捕捉，分解される．呼吸器感染症により線毛の運動は抑制され，また各種のストレスが加わると肺胞マクロファージの食作用は抑制されるため，呼吸器における異物処理が困難となる．クリーンルームの清浄度は，米国航空宇宙局の基準でクラス100，10,000および100,000と分類されるが，これは1ft^3（30.48 cm^3）の空気中に含まれる0.5 μm以上の粒子の累積個数を示すもので，わが国の実験動物施設のガイドラインでは，バリア区域の基準値を動物を飼育していない状態でクラス10,000，動物を飼育しているときでも100,000以下としている．

b. 臭　気

動物飼育室で発生する悪臭の主な発生源は，糞尿が溜まったケージや自動水洗式ラックの金属表面に付着した汚物膜などである．また，動物自身の皮脂腺やアポクリン腺からの分泌物も特有の臭気を放つ．悪臭防止法では，アンモニア，メチルメルカプタン，硫化水素，硫化メチル，二硫化メチル，トリメチルアミン，アセトアルデヒドなどの合計22物質が指定され，濃度規制がなされている．臭気強度については6段階臭気強度表示法により分類され，認知閾値（臭いの種類が区別できる限界）は2，「容易に感知できる」は3，「強い臭い」は4である．トリメチルアミンの発生はラットやマウスで多く，メチルメルカプタンはサルに多い．アンモニア，アセトアルデヒド，酢酸は臭気とともに強力な粘膜刺激作用がある．一般の動物飼育施設内では，アンモニアによる悪臭が最も普遍的に存在し，かつ生体への影響が大きいので，アンモニア濃度のレベルを代表的な指標とする．アンモニアは，尿素分解細菌の作用により糞尿中の尿素が分解されて発生するものである．アンモニア濃度が20 ppm以上では眼や呼吸器粘膜に対する刺激性がかなり強くなる．マウス・ラットの肺内 Mycoplasma pulmonis はアンモニア濃度50 ppm以上で著明に増加し，これがアンモニアによる気管や肺の炎症と相乗的に作用して発病を促すという．また，高濃度のアンモニアは粘膜上皮細胞の線毛の変形や脱落，粘膜下の浮腫をもたらすために，気道の異物除去作用が著しく低下する．動物室の悪臭を抑えるためには，動物の収容密度を少なくするとともに，ケージ交換を2〜3日ごとに行いケージ内アンモニア濃度を20 ppm以下に抑え，換気回数を増加させることが必要である．ヒトの労働衛生上，アンモニア濃度は20 ppmを超えないレベルが許容範囲とされているが，認知閾値が1.5 ppmであることなどを考慮すると，動物室のアンモニア濃度は5 ppm以下に維持することが望ましい．環境保全上，動物飼育施設の排気系統には脱臭対策を施す必要がある．脱臭方法には湿式と乾式があり，悪臭成分を活性炭，シリカゲル，ゼオライト，活性白土等に吸着させる乾式の方が効率的で使いやすく便利である．なお，動物種により嗅覚の感受性は大きく異なり，イヌ，げっ歯類，ウサギなどは嗅覚が特に発達しているが，ネコは鈍く，ヒトはその中間であるという．

c. 騒音・振動

音は周波数Hzと音圧dBから構成される．一般に周波数の高い音，音圧の大きい音，および衝撃性の音など生活上不必要な音を騒音という．動物種によって可聴域と音に対する感受性域が異なるが，大多数の実験動物は音に対する感受性が高く，特に騒音に対しては敏感に反応する．一般の霊長類では可聴域が約50 Hz〜20 kHzであるが，イヌやネコでは50 kHz以上の高周波域にも反応する．ラットでは70 kHz付近の高周波域までが可聴域であり，30〜40 kHzに最も感受性の高い部分がある．マウスでは高い音圧の高周波数音で痙攣発作を起こすこともあるので注意が必要である．騒音は，血糖値，コルチコステロンおよび血圧の上昇，心拍数・呼吸数の増加，免疫機能の変化などを惹起し，動物実験成績に影響を及ぼす．動物飼育施設内の音源としては，機械室，洗浄室，ヒトおよび器材の移動，器材の落下，ドアの開閉，空調機器，換気音，動物の運動等があり，一般の動物飼育室内では，飼育下で昼夜を問わず50〜60 dBの音圧が生じている．騒音レベル制御の一応の目安としては，動物を飼育していない飼育室内で60 dB以下とされる．なお，ケージ交換作業に伴う騒音許容範囲の目安を表7.1に示した．ケージ内で測定される騒音レベルは作業者の位置で聴取した場合より大きく，ケージ交換作業に伴う騒音は作業者が感じている以上のレベルで動物に作用していることに留意しなければならない．振動も動物にとっては大きなストレス要因である．主に実験動物を輸送する際に振動が加わるが，通常の

飼育時においても動物に振動を与えないように注意することが必要である．突然に生じる振動は，動物の筋や腱の固有受容器，平衡感覚器に対する刺激を通してすくみ行動（freezing）や痙攣のような運動機能変化，頻脈や徐脈のような自律神経性の循環機能変化をもたらすことがある．

d. 照明（照度，波長，照明時間）

照明に関係する要素としては，照度，波長および照明時間がある．照明は生体リズムと深い関係があり，生体機能の周期的変動に影響するなど，動物実験における重要な環境因子として作用する．

（1）照　度

照度は照明された面の明るさを表す量で，その単位にはルクス（lx）が使われる．照度は性周期，発情，離乳率など，生殖機能に大きく影響する．高照度のもとで性周期の乱れ，離乳率の低下が起こり，逆に低照度により不発情の個体が増加する．また，網膜に色素を欠くアルビノ系のラットでは，20,000 lx の照明下では数時間で網膜障害が現れ，110 lx 下での 7～10 日間の連続照明でも光受容体細胞の障害がみられる．マウスやラットなどのげっ歯類は本来夜行性であり，明るい場所を好まない．特に幼若動物は暗所を好む傾向があるので，光源に近い場所に置かれたり，直接強い光線を受け続けることは大きなストレスになる．飼育室の照度設定に際しては，飼育室全体にほぼ均一な光が照射されるように配慮する必要があるが，飼育棚の上段と下段では照度差が生じることは避けられない．飼育棚の天板部は非常に照度が高くなるので，天板の上にケージは載せてはならない．最上段のケージ内は一般に照度が高いが，天板，飼料，給水ビンなどの陰になる部分は照度が低下するため，同一ケージ内でも最大照度と最少照度の間に大きな開きがみられる．また，ケージの透明度によっても照度は大きく変わる．以上のように，照度はあまり強すぎても弱すぎても好ましくない．わが国の動物施設の基準では，室内中央，床上 40～85 cm で 150～300 lx とされるが，室内照度と同時にケージ内照度のモニタリングも重要である．なお，ヒトが通常の作業を行うにあたって 200 lx は十分明るい照度である．

（2）波　長

ヒトの可視光線の波長は 380～760 nm の間にあり，波長の短い光線は紫色，長い光線は赤色であ

る．ヒトの目には見えない 380 nm 以下の短い波長の光を紫外線，反対に 760 nm 以上の長い波長の光を赤外線という．紫外線には化学的および生物的作用が，また赤外線には温熱作用がある．紫外線は長波長紫外線（320～380 nm），中波長紫外線（280～320 nm）および短波長紫外線（100～280 nm）に分類されるが，波長が短いほど細胞傷害性が強くなる．殺菌灯は 253.7 nm 前後の紫外線である．眼の網膜には明暗を感じる桿体細胞と，色を感じる錐体細胞がある．げっ歯類は桿体細胞が優勢で薄暗い場所にも順応するが，錐体細胞は少なく色の識別能力は劣る．鳥類では錐体細胞は多いが桿体細胞は少ないため，トリ目（夜盲）となる．マウスの自発運動は，青，緑の照明下では低く，赤色と暗黒で最大となる．青色照明群のラットの膣開口は赤色群よりも 3 日早く，成熟時の卵巣や子宮重量も大きいが，泌乳能力は赤色群の方が大きい．これらの現象は，げっ歯類には赤色の識別能力はなく，赤色照明は暗黒として認識していることに関連する．この現象を利用して，げっ歯類の夜間の行動観察などには赤色灯が用いられる．

（3）照明時間

雌ラットは 12 時間明 12 時間暗（12L：12D）で最も安定した 4 日性周期を示すが，明期を 16 時間以上にすると排卵間隔の延長や不規則化が起こるようになる．さらに連続照明条件下（LL）で飼育すると約 15 日で連続発情状態となり，自然排卵は停止し交尾刺激を加えないと排卵が起こらなくなる．ゴールデンハムスターでは日照時間が短縮すると精巣萎縮が起こることが知られている．正常な精子形成を維持するためには，1 日に 12.5 時間以上の照明が必要である．動物の自発運動量，体温，血圧，内分泌機能，自律神経活動などには明瞭な 24 時間周期の日周リズムが認められる．光は日周リズムを正確な 24 時間周期に同調させる最大の同調因子となる．なお，明暗周期をなくした恒暗あるいは恒明条件下に動物を置くと，リズムは同調因子の抑制から解放され，24 時間から少しずれた周期の自走リズム（free running rhythm）を示すようになる．このような約 24 時間周期の内因性リズムを概日リズム（circadian rhythm）と呼ぶ．日周リズムを安定させるためにも，動物飼育室の照明時間を一定にする必要があり，通常，

12L：12D または 14L：10D に設定されている．また，暗期の点灯は避けるべきで，やむを得ない場合には赤色灯を使用する．

7.2 栄養・生物学的・住居的因子の影響

> **到達目標：**
> 　実験動物の栄養因子，生物的因子および住居的因子について説明できる．
> 　**【キーワード】** 栄養素，タンパク質，炭水化物，脂質，無機物，ビタミン類，飼料，固形飼料，水，社会的順位，なわばり，ストレス，無菌動物，ノトバイオート，SPF 動物，通常動物（コンベンショナル動物），ケージ，床敷，給餌器，給水器，飼育棚，自動飼育装置，アイソラック，クリーンラック，マイクロアイソレーションシステム，クリーンベンチ，アイソレータ，安全キャビネット

7.2.1 栄養因子

a. 栄養素

タンパク質，**炭水化物**，**脂質**，**無機物**およびビタミン類は，生命維持上必須の栄養素である．タンパク質は細胞の主要構成成分となると同時に酵素の主要な源となり，細胞機能に関係する．炭水化物および脂質は主として熱源物質として働き，グルコース 1 g につき 4 kcal の熱量を，また脂肪 1 g につき 9 kcal の熱量を産生する．脂質は細胞膜の構成成分としても重要である．1 日の必要エネルギー量は，動物種，飼育環境，運動量，日齢，妊娠や授乳などの生理状態によっても大きく異なる．特にケージ飼育で運動量の少ない動物では，カロリーの過剰摂取になりやすい．実験動物に対して，飼料を自由摂取させた場合よりも，カロリーを控え制限給餌とした方が動物の寿命が延長することが知られている．ウサギやイヌなどでは飼料を自由摂取させると過食してしまうので，規定量を与えるようにする．無機質およびビタミンの 1 日必要量は微量だが，細胞機能の調節等の重要な役割があるので，欠乏しないように注意する必要がある．栄養素はそれぞれが独自の役割を果たしており，不足した栄養素を他のものが補うことはできないので，毎日必要量を摂取することが重要である．

b. 飼料

飼料は動物実験成績，繁殖効率，発育，寿命等に大きな影響を及ぼすことから，実験動物の飼料は安定性のあるものが強く要求される．飼料に求められる基本的条件は，使用目的に適した成分組成を持つこと，有害物質の汚染がないこと，保存性が良いこと，動物の嗜好性が高いことなどがあげられる．飼料の形態には，**固形飼料**，粉末飼料，練飼料，ヘイキューブ，果実などがある．一般の飼育には固形飼料が多く用いられる．固形飼料は必要な栄養素を含有し，取り扱いに便利で，衛生的でかつ食べこぼしを少なくするように加工されている．飼料内容の急激な変更は動物の消化機能に悪影響を及ぼすとともに実験結果に影響するので，避けなければならない．

c. 飼料および飲水の衛生

飼料は高温，高湿および直射日光に曝される場所等，不適切な場所に置かれると品質の劣化が早まる．保管状態が悪いと飼料中の細菌類，真菌類，昆虫卵等が発育増殖してくる．飼料は適正に保管すれば通常 3 ヶ月程度は成分の変化はみられない．実験上，同一ロットの飼料を長期間使用する場合は，冷蔵庫等の低温・低湿条件下で保存することが望ましい．飼料中の水分が 10% 以上になるとカビが発育してくる．動物に給与した固形飼料は吸収した空気中の水分や動物の唾液などによりカビの生えやすい状態になることから，数日以内で食べ切れる程度の餌を与えるようにする．飲水に用いる水質は，有害微生物や化学物質の汚染がないものを用いる．市水は殺菌のために塩素処理が施されている．未殺菌の地下水をそのまま飲水として使用する場合には，あらかじめ微生物検査を行い，飲水としての適性を確認しておく必要がある．塩素処理を行った水は比較的安全であるが，実験に際しては動物の消化管内微生物叢への影響も念頭に置く必要がある．給水ビンによる給水を行う場合は，水の補給に際して，消毒済みの別の給水ビンと交換することが望ましい．もし，やむを得ず同じ給水ビンを繰り返し使用する場合には，他のケージの給水ビンと混用しないようにする．給水ビンや自動給水器の先管部分には多数の微生物が付着している．SPF 動物，ノトバイオート，および無菌動物の飼育においては，飼料や飲水の滅菌が行われる．オートクレープによる滅菌（121

℃，90分）や 30～50 kGy（Gy：グレイ）のガンマ線処理による放射線滅菌飼料なども利用される．オートクレーブで飼料を滅菌した場合，熱による栄養素の損失を考慮する必要がある．また，飲料水をオートクレーブ滅菌すると塩素は完全に失われるので，給水中に微生物の増殖が起こりやすいことに留意する．

7.2.2 生物的因子
a. 社会的環境と行動様式
(1) 社会的順位となわばり

複数の動物が同居すると，そこに社会が構成され，個体間の優劣関係が形成されるようになる．**社会的順位**は直線型，デスポット型，不確定型，および無順位型に分類される．直線型はウサギ，イヌ，サルなどにみられるもので，第1位のものがボスになり第2位以下を支配し，第2位は第3位以下を支配する型である．デスポット型は第1位のボスが他のすべてを支配するが，それ以下の動物には明確な優劣関係がないもので，マウス，ラット，ネコなどみられる．社会的順位が高い個体は，給餌・給水，休息，繁殖などの場で常に優位に立つ．一方，社会的順位の低い個体は，常時攻撃を受けるなど**ストレス**を多く受ける結果，副腎が大きくなる．動物のストレスに関係する情動行動には，恐怖（fright），闘争（fight）および逃走（flight）があり，これらの反応には交感神経活動の亢進，血中コルチコステロンの分泌増加などの生理的変化が随伴して起こる．闘争行動には男性ホルモンが関与しており，精巣を摘出すると闘争は減少する．また，社会性の1つに順位制とは異なる「**なわばり制**」があり，自分のなわばりを守る行動もみられる．マウスやラットではそれぞれの実験目的に適した飼育密度をあらかじめ決めておき，実験期間中はなるべく同じ飼育密度で飼育することが必要である．

(2) 行動様式

動物が示す行動様式は，その個体の情動性を反映しているとみなされる．マウスやラットなど小型げっ歯類にみられる日常行動には，臭いかぎ，探索，洗顔様行動，毛づくろい，立ち上がり，掻き運動，すくみ，挙尾動作，排糞・排尿などがある．動物が新奇環境に置かれたとき，臭いかぎや探索行動とともに排糞・排尿行動が相前後して起こる．洗顔様行動や毛づくろいは，動物が緊張から解放されたときや，次の行動への移行前に現れる．また，突然の物音や振動刺激，頭上での物影などで，すくみ行動が生じる．このような行動様式の多様性は動物が本来備えている自然なふるまいであり，生体が健康であることを示す．しかし，常同行動，無目的で頻繁な跳躍や疾駆，四肢の振戦や麻痺，頻繁な食殺などは，異常行動ないし異常運動の範疇に含められるべきものであり，これらは何らかの身体障害が存在していることを意味する．

b. 微生物環境

微生物は外部環境因子として作用するだけでなく，鼻腔，口腔，気管，消化管等に常在細菌叢として存在し，内部環境を形成している．実験動物は微生物統御の程度によって，**無菌動物**（germfree animal），**ノトバイオート**（gnotobiotes），**SPF動物**（specific pathogen-free animal），および**通常動物**（コンベンショナル動物：conventional animal）に分類される．これらは，それぞれ生体内の微生物環境が異なるとともに，飼育施設の環境基準や用いる飼育器材などの種類，日常の飼育管理法に大きな相違がある（表7.2）．飼育室内の空中細菌数は室内清浄度の一応の目安となる．空

表7.2 微生物コントロールからみた実験動物の区分

群	定　義	備　考		
		微生物の状態	作出方法	維　持
無菌動物	封鎖方式・無菌処置を用いて得られた，検出しうるすべての微生物・寄生虫を持たない動物	検出可能な微生物はいない	帝王切開・子宮切断由来	アイソレータ
ノトバイオート	持っている微生物叢（動物・植物）のすべてが明確に知られている特殊に飼育された動物	もっている微生物が明らか	無菌動物に明確に同定された微生物を定着させる	アイソレータ
SPF動物	特に指定された微生物・寄生虫のいない動物（指定以外の微生物・寄生虫が必ずしもフリーではない）	もっていない微生物が明らか	無菌動物・ノトバイオートに微生物を自然定着	バリアシステム

中細菌数は粉塵と同じく，金網ケージよりも床敷ケージの方が多く，またラットやマウスでは夜間活動期に多くなる．菌数はケージ交換後3日目以降に増加する．室内の換気回数の増加で減少するが，温度，湿度が高い場合には増加する．バリア区域の落下細菌数の基準値は，動物を飼育していない状態で，床面積5～10 m^{2}に1枚置いた9 cmシャーレ30分開放（血液寒天，48時間培養）において3個以下とする．SPF動物が飼育されるバリア区域への進入に際しては，バリア区域内の病原微生物汚染を防ぐために，前室にて手指の洗浄消毒，滅菌衣類着用，およびエアーシャワーなどにより身体や衣服に付着している微生物を最大限に除去する必要がある．また，SPF区域への飼料，飼育器具器材，実験器具等の持込みは，両開きオートクレーブやパスボックスを通して行う．

c. 実験動物の順化

実験動物とヒトとは，日常の飼育管理作業や実験処置等を介して接触することになるので，あらかじめ動物をヒトや器材，実験器具に慣れさせる（順化）ことが大切である．このヒトと動物との触れ合いは実験動物の性質を左右する大きな要因となる．動物に触れる場合は優しく，かつ手際よく接することが重要である．動物の保定にあたっては，動物に苦痛や恐怖が及ばないように取り扱い手技に習熟しておく必要がある．また，飼育作業や実験観察は静かに行うことが大切で，騒音や振動で動物を興奮させることがないように注意する．攻撃的な動物や興奮した動物からはよい成績が得られない．良好なハンドリングで飼育された動物は，性質が温順で実験成績も安定する．

7.2.3 住居的因子

a. ケージ

動物を飼育するための容器をケージという．実験動物は管理のしやすさからケージ飼育されることが多いが，空間の余裕が十分取れないことからくる短所もある．特にイヌなどでは，動物福祉の観点からケージ飼育を禁止している国もある．飼育ケージが具備すべき基本的要素としては，①自由な動きと正常な姿勢がとれる十分なスペースがあること，②動物が逃走できない頑丈な構造であること，③実験目的に適した構造であること，④動物にとって安全な材質と構造であること，⑤排泄物の除去が容易で，ケージ内の衛生が保てる構造であること，⑥給餌，給水が容易であること，⑦ケージ交換が容易であること，⑧耐久性・耐熱性・耐薬性があること，⑨価格が手頃であること，などがあげられる．ケージには，床が金網式または格子式になっているものと板底式のものの2種類がある．前者の床はメッシュやスリットになっており，排泄物が落下しやすいように工夫されている．金網式または格子式床の場合には四隅に糞塊や毛塊が溜まりがちであり，また動物が足蹠部を損傷することがあるので注意が必要である．板底ケージは床が平板になっているので，通常は床敷を用いて排泄物の水分吸収を行う．板底型ケージには金属製や合成樹脂製などがある．合成樹脂製ケージは軽量かつ収納性に富んでいる．適正な実験データを得るには，実験目的に適合したケージを使用することが重要である．

b. 床 敷

板底ケージ内に敷き，居住性および清潔性を保持するために用いられる．一般に木屑や木毛が使われ，脱臭作用に優れた床敷や，環境エンリッチメントを考慮した床敷も開発されている．床敷交換の頻度は，動物の種類，ケージサイズと収容匹数の割合，床敷量，床敷の材質によって異なる．ケージ内のアンモニア濃度の上昇を抑え，動物が清潔で，乾燥した状態を保てるよう心がける．床敷が湿った状態になると，細菌や真菌，寄生虫，有害昆虫が増殖するようになるので，床敷が汚れてきたら早めに交換する．繁殖用ケージでは，交尾，妊娠，分娩，育子の一時期に，雌雄間や母子間のフェロモン物質を保存するためケージ交換を行えない場合もある．

c. 給餌・給水器

給餌器としては，一般的にマウス・ラットではバスケット型や蓋型（ケージの蓋にくぼみをつけ，給餌器としたもの），モルモット，ウサギ，サルなどでは箱型，イヌやネコでは皿型が用いられる．これらの給餌器の構造は，飼料の形状，各動物の摂餌行動を考慮し，食べやすく，床敷や糞が混ざりにくいよう工夫されている．給餌器はケージへの着脱が容易で，また動物の居住空間をなるべく制限しないような構造が望ましい．給水ビンは合成樹脂製のものが一般的で，その形状も種々のものがある．動物種や動物収容数に応じて適切な給

水ビンを使用する．先管に気泡が詰まっていると水が出ないことがあり，また，床敷などの異物が先管に入り込むと水漏れが起こるので注意が必要である．最近では自動給水装置が広く普及している．給水ビンに比べて，作業労力や作業時間の面で大きな省力化が可能であるが，反面，漏水事故が起こった場合は大事故になる危険性があるため，装置の保守および毎日の点検が必要である．給水ビンの場合も自動給水装置の場合も，先管部分は微生物が多数付着しているため，定期的に交換洗浄することが必要である．

d．飼育棚および自動飼育装置

飼育棚は飼育ケージを置くか吊り下げるための架台であり，最近では，自動給水器や自動糞尿洗浄機を取り付けた自動飼育装置，個別換気式ケージ用の架台なども普及している．いずれの架台も，地震等に備えた耐震対策を施しておくことが必要である．

e．特殊飼育装置

（1）アイソラック

アイソラック（クリーンラック）は一方向流システムを応用したもので，陽圧型と陰圧型とがある．陽圧型では棚の後部から高効率微粒子用エアフィルター（high efficiency particulate air filter：HEPA フィルター）を通過した清浄空気が各棚段に層流式に吹き出され，そのまま前面から排気される．陽圧型は飼育動物からの感染性微生物や，有害物質の発生がないことを前提にしている．一方，陰圧型は空気の流れと清浄化部位が前者とは逆で，前方から吸引した空気を棚の後方へと導いた後，ダクトに回収し，最終的に HEPA フィルターや活性炭を通して清浄な空気として排出する仕組みである．陰圧型には，飼育棚前面が常時開放されているもの，スリットや多孔板によって半密閉になっているもの，通常は密閉で作業時のみ開放できるもの，の３方式がある．陰圧型は飼育動物が感染性微生物や有害物質を保持している場合，あるいはその可能性がある場合に，それらが外部へ流出拡散することを防止することに重点を置いている．空気は最終的に清浄化されて排出されるので，飼育棚からの臭気，粉塵，微生物による周辺環境への汚染が小さい．

（2）マイクロベントシステム（マイクロアイソレーションシステム）

感染防御システムを確立する場合，建物全体あるいは飼育室レベルの二次囲い（環境）を対象とするよりも，動物飼育の最小単位であるケージ（一次囲い（環境）；ミクロ環境）を対象としてバリアーを構築する方がその有効性や利便性は高まる．この考えから，ケージ単位で強制換気を行い，動物を感染から防御する飼育装置がマイクロベントシステム（個別換気ケージシステム）である．ケージ内を陽圧に保つことにより，外気がケージ内に流入しないことがこのシステムの基本となる．このため，各ケージはケージカバー（トップ）で外気と遮断され，HEPA フィルターを通した無菌空気がブロアーにより個々のケージに強制的に供給され陽圧を維持する構造になっている．ケージ内の空気は排気ダクトにより HEPA フィルターを通し清浄化された後，排気される．マイクロベントシステムでは常にケージ内の強制換気が行われているため，ケージ内のアンモニア濃度を低値に抑えることができ，ケージ内環境を良好に保つことができる．また，動物性アレルゲン，臭気物質および粉塵などの室内放出が少ないため，飼育室環境を良好に維持できる等の利点もある．なお，マイクロベントシステムにより動物を感染事故から守るためには，作業用**クリーンベンチ（ワークベンチ）**を用意し，この中でケージ交換および実験処置等を行う必要がある．クリーンベンチを用いずケージ内部をそのまま飼育室環境に曝露してしまうと，マイクロベントシステム本来の機能は期待できない．

（3）アイソレータおよびバイオハザード安全キャビネット

無菌動物を飼育することが可能な装置を**アイソレータ**という．アイソレータにはスチールアイソレータとプラスチックアイソレータがあり，後者はさらに硬質プラスチックアイソレータとビニールアイソレータに分けられる．一般によく使用されるのはビニールアイソレータで，ケージ等を収納するビニールチャンバー，飼育・実験操作を行うネオプレンゴム手袋，器材の出し入れを行うステリルロックまたはジャーミサイダルトラップ，送風機，エアーフィルター，排気トラップから構成される．アイソレータ内部は常に無菌空気で陽

圧に保たれ，無菌状態が維持される．バイオハザード安全キャビネットは，感染性微生物や有害物質が外部に飛散することを防止するための飼育器で，基本的な構造はドラフトチャンバーを応用している．その防御レベルの高さによってクラスⅠ，Ⅱ（P2～P3レベル）およびⅢ（P4レベル）の段階がある．安全度はクラスⅢが最も高く，空気の出入りはすべて厳重なHEPAフィルターを介してなされる． 〔篠田元扶，大和田一雄〕

7.3 動物実験施設

> **到達目標：**
> 実験動物施設の構造とその管理運営の方法について説明できる．
> **【キーワード】** オープンシステム，バリアーシステム，アイソレータシステム，作業動線，動物飼育エリア，実験エリア，管理エリア，受入エリア，洗浄・滅菌エリア，機械エリア，貯蔵エリア，廃棄エリア，一般構造，材質，アニマルスイート，空気調和設備，人事管理，健康管理，オートクレーブ

実験動物施設は実験動物を飼育し，動物実験を行う場所である．動物実験施設とも呼ばれる．最近ではバイオリソースを維持管理するという観点から，生物資源センターなどと呼称されることもある．

7.3.1 実験動物施設の分類

実験動物施設は微生物統御の程度により大きく3つに分類される．

a. オープンシステム

コンベンショナル動物を飼育する．特別な微生物学的統御を行ってはいないが，全く衛生的配慮が払われていないわけではなく，通常下足や着衣の交換などが義務付けられており，ある程度の衛生状態は保持されている．

b. バリアーシステム

SPF動物を飼育する．病原微生物の侵入を防ぐため，飼育室を封鎖方式としたもの．すなわち，ヒトはシャワー浴後，滅菌済みの着衣に着替えてから入室し，器材はオートクレーブなどの滅菌消毒装置を経由してのみバリア内に持ち込む．空気

も高性能フィルターで除菌する．

c. アイソレータシステム

無菌動物やノトバイオートを飼育する．ビニールアイソレータが代表的なものであり，飼育空間は完全な無菌状態で，ヒトが直接動物に触れることはない．

実験動物施設では，動物の生産，研究，検定や試験などが行われ，これらの使用目的により分類される場合もある．最近ではこれらの使用目的を複合させた形の大型の施設が多い．この場合は作業動線を厳重に守ることが大事である．

また，実験動物施設では有害物質を用いた実験や感染実験，RI実験，組換えDNA実験などの特殊な実験が動物を用いて行われる．近年は遺伝子導入動物やノックアウト動物などの飼育が大幅に増えており，これらの実験に際しては，「遺伝子組換え生物等の使用等の規制による生物の多様性の確保に関する法律」（カルタヘナ法）等の関係法令や指針に準拠し，動物の逃亡防止等に留意して，ヒトの安全や周辺の環境保持に努めなければならない．

7.3.2 実験動物施設の構成と作業動線

実験動物施設の内部を機能別に分類すると以下のようになる．

- **動物飼育エリア**：各種動物飼育室
- **実験エリア**：実験室，処置室，手術室，X線室，剖検室，回復室など
- **管理エリア**：事務室，図書室，施設長室，技術員室，セミナー室など
- **受入エリア**：検収室，検疫室，検疫検査室など
- **洗浄・滅菌エリア**：洗浄室，洗濯室，滅菌室など
- **機械エリア**：空調機械室，電気室，監視室，ボイラー室など
- **貯蔵エリア**：飼料倉庫，床敷倉庫，器材倉庫など
- **廃棄エリア**：廃棄物倉庫，焼却炉，死体保管庫，汚水処理室など
- **その他のエリア**：玄関，ロビー，廊下，階段，エレベーター，シャワー，更衣室など

近代的な大型の実験動物施設では，上記の各エリアのうち，飼育エリアの占める率は30%以下であり，それ以外の付帯設備が大きな割合を占めて

いる．

通常，実験動物施設においては清浄側から汚染側へ空気が流れるように設計されており，また，飼育室内外の空気に圧力差をつけることによって微生物統御を行っている．この考え方は臭気や危険性のある化学物質の統御を行う場合にも適用される．したがって，ヒトや動物，飼育器材や実験器材を移動する際にはこの空気の流れや差圧に従った動線が確立されている必要がある．

前述のエリア区分を管理面から分けると，①準備エリア（動物受入検収室，検疫室，検疫検査室，物品搬入室，倉庫，事務室，一般廊下など），②飼育実験エリア（飼育室，実験室，清浄倉庫，清浄廊下など），③汚染エリア（洗浄室，消毒室，焼却室，汚染廊下，機械室など）に分けることができる．

ヒトも動物も器材も①→②→③の方向に移動することが原則であり，この逆の流れは許されない．したがって，実験動物施設の設計にあたっては，各エリアの部屋の配置と動線の関係を十分に考慮し，効率のよい作業動線を確立することが大事である．作業動線の策定に当たっては，標準作業手順を定め標準作業手順書に記載するとともに，管理者，使用者，並びに飼養者等の間で共有し，逸脱がない様に教育を行う．図7.1に実験動物施設の機能と動線の例を示す．

作業動線上重要になる循環廊下システムとして，単一廊下システム，清浄廊下と汚染廊下の2つの廊下を持つシステム，一方向性の単一廊下などがあるが，米国NIHは新しい施設を計画する際は二重廊下方式を採用しないとしている．

飼育室に関しては，米国では3～4室の小飼育室に対して1室の処置室がセットとなったスイートシステムが一般的である．また，大型動物の飼

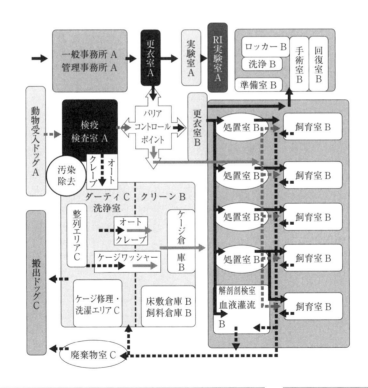

図7.1 動物施設の動線と各室配置[1]

育施設では，付帯設備として特殊な処置室や準備室を備えた外科手術室が必要となる．

動物の飼育室1室の面積は飼育技術者1人が管理できるケージ数を超えないことが原則とされており，わが国では一般に3m×6〜7mの飼育室が標準的な床面積といわれている．近年，大型の自動飼育装置や個別換気ケージシステムの急速な普及により，1人の技術者が管理できるケージの数や飼育室の面積が以前に比べて増加，拡大する傾向にある．

一方，動物福祉の観点から動物飼育における環境エンリッチメントの考え方が導入され，各種ガイドラインにもその精神が取り入れられている．

7.3.3 飼育室各部の一般構造と材質

a. 床

耐水性・耐磨耗性・耐薬品性に富む材料を用いて仕上げをする．また衝撃に強く塵埃の立ちにくいものが望ましい．目地に汚れがたまりやすい磁性タイルやビニールタイルは好ましくない．床仕上げ材により壁面に10〜15cmの立ち上げ部分を作り，入隅に3〜5cmのアールをつけると塵埃もたまりにくく掃除もしやすい．床洗浄のため水を多く使う飼育室（例えば，ウサギ，イヌ，サル，ブタなど）の床は完全防水とし，トラップつきの排水口を設ける．

b. 壁

耐水性・耐薬品性・耐衝撃性に富み，亀裂の生じにくい構造とする．壁と天井，および壁と壁の入隅には適当なアールをつけ，表面は滑らかで耐湿性のある材質で施工する．各種配管による貫通口は確実にシーリングする．

c. 天井

天井には空調の吹き出し口が設置されることが多いので，その周囲を確実に密閉する．空調の吹き出し口は取り外しの可能な構造とする．

d. 窓

飼育室の窓は空調効率の観点から無窓とすることが多い．有窓にする場合は開放できないようにし，清掃や殺菌をしやすくするためコーキングやシールを施す．

e. ドア

完全密閉式のものとする．差圧をとってある飼育室の場合，陽圧では内開きに，陰圧では外開きとするのが原則である．飼育室のドアはケージやラックおよび大きな搬送用装置の通過を容易にする寸法にしなければならない．

7.3.4 アニマルスイート

近年，米国における実験動物施設のレイアウトはアニマルスイートという概念が主流となっている．これは，飼育室3室に対して1処置室を1ユニット（アニマルスイート）とし，各飼育室と処置室を中廊下で接続したものである．アニマルスイート内では，研究者は飼育室と処置室を自由に行き来ができ効率よく実験ができる．標準的な飼育施設の全体像としては，「アニマルスイート」4〜10ユニット＋管理スペースから構成される．

また，画像診断用スイート（PET，CTなどの画像診断実験室＋飼育室），行動実験用スイート（行動測定，行動実験室＋飼育室），遺伝子操作実験用スイート（TG，KO：遺伝子改変操作室＋飼育室），バイオハザードレベル2〜3の実験スイートなど，特殊な機器や装置を必要とする実験のためのスイートも普及してきた．

アニマルスイートに共通する重要な利点は，以下の通りである．

①研究者がスイート内の処置室を簡便に自由にアクセスができ，効率よく実験ができる．
②近年急速に普及した個別換気ケージシステムの設置と組み合わせて二重，三重のバリアが構成され，動物が安全に保護される．
③1スイート＝1研究グループ（2,500〜4,000ケージ：マウス）単位で使用できる．

図7.2〜7.4に，アニマルスイートの1ユニッ

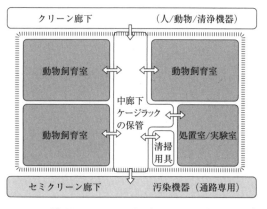

図7.2 アニマルスイートの1ユニット

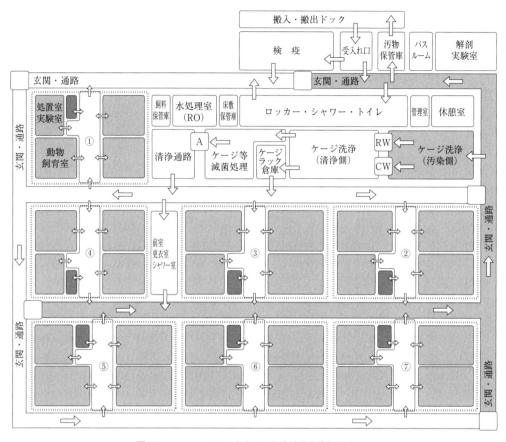

図 7.3 アニマルスイートを用いた実験動物施設の平面図

ト, アニマルスイートの概念を導入した実験動物施設, および遺伝子操作実験用スイートの例を示す.

わが国でも, すでにアニマルスイートの概念を導入した新たな実験動物施設が建設され始めているが, 遺伝子改変動物を用いた研究等, 実験動物を用いた多様かつ特殊な研究を効率よく進めていくために, 今後このような概念を導入した実験動物施設が普及していくことが予想される.

7.3.5 空気調和設備

環境要因を制御する必要性から, 空調設備を持たない実験動物施設はありえない. 実験動物施設の空調の特徴は, ①環境要因の基準値を必ず満たさなければならない, ②一般ビルなどと比べて換気回数が非常に多い, ③通常オールフレッシュの全空気方式がとられるので, エネルギーコストが高い, ④給気・排気とも除塵・除菌過程が必要である, ⑤24時間運転が必要であり, 故障や運転

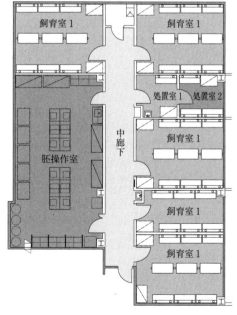

図 7.4 トランスジェニックスイートの一例

の中断が許されない，などがあげられる．

また，実験動物施設の空調においては，温度湿度の制御に加えて，汚染の制御，交叉汚染の防止，エネルギー消費および信頼性の高い運転の維持などが要件となる．

わが国における環境条件の基準値は前節表7.1に示した通りである．

a. 空調方式

空調方式には，全空気方式，水-空気方式，全水方式，個別方式，直接暖房方式，などの方式があるが，実験動物施設では一般に全空気方式が採用されている．この方式にはさらに単一ダクト方式と二重ダクト方式がある．二重ダクト方式は精度の高い温湿度制御はできるが，設備費が高くつくうえ，消費するエネルギー量も相当に大きくなり，省エネルギーの観点からは難点がある．表7.3に，これら空調方式の分類を示す．

単一ダクト方式は，取り入れた外気を空気調和機で一定の温・湿度に調整し，それをフィルターで濾過し，ダクトを通じて各室に送る方式である．各部屋には温・湿度を感知してその信号を空気調和機に送るためのサーモスタットやヒュミディスタットがあり，その信号により各室の温湿度をフィードバックさせ，空気調和機で作られる温・湿度の制御を行っている．

一般的には動物種や実験の機能別に数室から十数室単位で空調系統を分け，それぞれに空気を送る方式がとられる．各室あるいは2～3室まとめた形で二次空調を設置している場合もある．この場合には部屋ごとに温・湿度の調整が可能になり，

使用しない部屋の空調を止めることもできるうえ，空調全体を止めることなく部屋単位での消毒や燻蒸が可能となる．

ダクトからの空気は，通常飼育室天井の多孔板またはアネモ型の吹き出し口から室内に送風され，床面近くの排気口から排出される．この方式では飼育室内の空気が撹拌され，温度や湿度の分布はよくなるものの，臭気や粉塵，空中の微生物，アレルゲンなどはむしろ拡散されてしまう．

一方向気流方式は，飼育棚前面から後方に向けて一方向に空気が流れるように考案されたもので，作業空間のみならず飼育空間も清浄に保つことが報告されており，臭気や粉塵，落下細菌などもほとんど検出されない．したがって，この方式はバイオハザード対策やアレルギー対策，臭気の拡散防止などにはきわめて有効と考えられる．また，換気回数を減らしても清浄効果は変わらないので，省エネルギーの方策としても有効である．

通常，動物飼育室，特にバリア施設の動物室は，飼育室側が陽圧になるように設計されている．一方，感染動物飼育室，RIを使う動物室，有害な化学物質を取り扱う飼育室などでは，飼育室側が陰圧になるように設計されている．前者では病原微生物の侵入を防ぐためであり，後者では有害物や病原微生物を封じ込めるためである．

空調に際し，外気からの取り入れ空気は各種フィルターにより濾過されて，各飼育室に供給される．また，排気に際しては飼育室からの空気をフィルターで濾過した後，外部に排出する．

空気を濾過するためのフィルターは以下のように様々な種類と性能のものがあるので，それぞれの目的に応じて使い分ける．

・粗塵フィルター：5 μm より大きい粉塵であれば70～80％の捕集効率があり，外気の導入口や飼育室の排気において，プレフィルターとして使用できる．

・中性能フィルター：1 μm 以上の粉塵を90～95％捕集できる．空調機のフィルターとして使われる．

・高性能 HEPA フィルター：準高性能，高性能，超高性能に分けられる．それぞれ，95％，99.97％，99.997％以上の濾過効率があり，目的に応じてバリア施設やビニールアイソレーターなどに使われる．

表7.3 空調方式の分類[1]

熱源中央方式	全空気方式	単一ダクト方式
		再熱コイル方式
		可変風量方式
		二重ダクト方式
		マルチゾーン方式
	空気-水方式 水-空気方式	ファインコイルユニット方式（ダクト併用）
		インダクションユニット方式
		ゾーンユニット方式
		放射冷暖房方式（ダクト併用）
	水方式	ファンコイルユニット方式
		ユニットベンチレーター方式
熱源分散方式	ユニット方式	ルームエアコンディショナー方式
		マルチユニット型エアコンディショナー方式
		パッケージユニット方式
		閉回路水熱源ヒートポンプ方式

排気に際しては，粉塵や病原微生物の除去に加えて臭気の除去が重要であり，脱臭用の各種フィルターや装置が必要になる．脱臭方式としては水洗，酸，アルカリ，活性炭などによって処理する方法が一般的に採用されている．感染動物室やRI実験室などからの排気は特に厳重な処理が求められ，HEPAフィルターなどの使用は必須である．

b. ボイラーおよび冷凍機

空調の熱源や滅菌用の蒸気を作るためのボイラー設備や，冷房用の冷水を作る冷凍機は実験動物施設の空調設備には不可欠である．設備にあたっては空調負荷に対する十分な容量を持つこと，故障や不測の事態に備えて十分なバックアップ体制をハード・ソフトともに準備しておくことが大事である．

また，実験動物施設自身がボイラーや冷温水発生装置を持たずに，中央のパワーステーションからエネルギーの供給を受ける場合もあるが，この場合でも同様に負荷に対する十分な容量を確保し，事故などに備えた予備的設備が必要である．

7.3.6 実験動物施設の人事管理

a. 適正な人事配置

実験動物施設に必要な要員としては，飼育管理や衛生管理に携わる飼育技術者をはじめ，事務担当者，建物・設備・機械などの保守管理担当者など，多数の人材が必要である．

また，すでに欧米では動物福祉の観点から実験動物個々に対する獣医学的監視が義務付けられているが，わが国でも実験動物の疾病管理や動物福祉に立脚した適正な実験の監視と指導のために，実験動物医学専門医等の管理獣医師の配置が必要である．

飼育技術者1人あたりの標準的管理動物数は，飼育目的や飼育方式の違いなどによって変動するが，それぞれの実験動物施設にあった適正な数の要員を配置することが望ましい．これら飼育技術者には実験動物全般にわたる幅広い知識が求められるので，しかるべき資格認定を受けた実験動物技術者（例えば，公益社団法人日本実験動物協会が認定している1級および2級実験動物技術者など）を採用すべきである．またボイラー・冷凍機・空調機などの運転や保守管理・修理などのために，各部門に常時最低1人以上の空調保守専門

技術者の配置が必要である．さらに，検疫，衛生管理，事務などの担当者も適切に配置される必要がある．

以上の要員が適正に配置されることによって，はじめて実験動物施設の健全な運営が可能となる．

b. 職員の健康管理

一方，実験動物施設における作業には，人獣共通感染症の発生に代表されるように様々な作業上の危険性がある．このほかにも，圧力容器である**オートクレーブ**の使用，エチレンオキサイドガスなどの殺菌ガスや各種の消毒薬の使用など，また閉鎖環境下における塵埃の処理など，作業環境は決して好ましいものではない．また，生理的に実験動物アレルギーの症状を呈する場合もあり，適切な職員配置が求められる．

したがって，ヒト，動物ともに人畜共通感染症の発生防止に最大の注意を払うことはもとより，職員の健康管理には特別な注意が必要であり，実験動物施設という背景と実情を考慮した特別な健康診断が日頃から必要とされる．健康管理のマニュアルを策定しておくことも大事である．

7.3.7 施設への実験動物の導入

わが国の現状では，特殊な系統を除くマウス・ラット，およびモルモットとウサギの一部は，SPF化された動物が市販されているので，導入は容易である．これらのSPF動物を導入する場合は，所定の手順に従って輸送箱などを消毒のうえ飼育区域へ動物を移動し，飼育を開始する．

また，これらの動物を購入する際は，必ず生産業者に微生物学的検査結果を添付させ，内容を確認したうえ，入荷後は1〜2週間の検疫期間を経た後実験に使用する．必要ならばこの期間に独自の微生物モニタリングを行う．実験の用途によっては，コンベンショナル動物を導入する場合もあるので，その場合は十分な検疫期間をとり，厳重に動物の観察を行い，動物に異常がないことを確かめたうえで，飼育室に移動する．

外国から動物を輸入する場合は，「感染症の予防及び感染症の患者に対する医療に関する法律」（感染症法），「特定外来生物による生態系等に係る被害の防止に関する法律」（特定外来生物法），「遺伝子組換え生物等の使用等の規制による生物の多様性の確保に関する法律」（カルタヘナ法），等に準

拠して適正な手続きを経たうえで，導入しなければならない．

国内においても「動物の愛護及び管理に関する法律」（動物愛護管理法）ならびに「実験動物の飼養及び保管並びに苦痛の軽減に関する基準」等に準拠するとともに，各地方自治体の定める動物愛護条例等に指定のある動物については飼養施設や飼育動物を届け出る必要があるので，それぞれの法令等を適正に遵守しなければならない．

特に，イヌおよびサル類の導入にあたっては，合法的な流通経路によるものであることを確認すべきであり，非合法な手段で流通したものを導入してはならない．

動物導入の際に遵守すべき法令等の詳細は下記のサイトを参照のこと．

・「感染症の予防及び感染症の患者に対する医療に関する法律」（感染症法）
http://law.e-gov.go.jp/htmldata/H10/H10HO114.html
・「特定外来生物による生態系等に係る被害の防止に関する法律」（特定外来生物法）
http://law.e-gov.go.jp/htmldata/H16/H16HO078.html
・「遺伝子組換え生物等の使用等の規制による生物の多様性の確保に関する法律」（カルタヘナ法）
http://law.e-gov.go.jp/htmldata/H15/H15HO097.html
・「動物の愛護及び管理に関する法律」（動物愛護管理法）
http://law.e-gov.go.jp/htmldata/S48/S48HO105.html
・「実験動物の飼養及び保管並びに苦痛の軽減に関する基準」
http://www.env.go.jp/nature/dobutsu/aigo/2_data/nt_h180,428_88.html

〔大和田一雄〕

参 考 文 献

1) 日本建築学会編（2007）：最新版ガイドライン実験動物施設の建築および設備，アドスリー．

演 習 問 題
（解答 p.211）

7-1 実験動物施設で一般的に採用されている空調方式はどれか．
（a）全空気方式
（b）水-空気方式
（c）全水方式
（d）個別方式
（e）直接暖房方式

7-2 実験動物施設の空調の特徴として正しい記述はどれか．
（a）環境要因の基準値については必ずしもそれを満たす必要はない．
（b）安定した温・湿度制御をするために，一般ビルなどと比べて換気回数を少なくする．
（c）通常，オールフレッシュの全空気方式がとられるのでエネルギーコストが安い．
（d）給気には除塵，除菌過程が必要であるが，排気にはその処理は不要である．
（e）24時間運転が必要であり，故障や運転の中断が許されない．

7-3 アニマルスイートの利点は下記のうちどれか．
（a）研究者がスイート内の処置室を簡便に自由にアクセスができ，効率よく実験できる．
（b）個別換気式ケージシステムがあれば，飼育室と実験室，廊下等のバリア構成は不要である．
（c）1スイートで多数の研究グループが同居して実験をするのに向いている．
（d）スイート間では飼育室や実験室の室間差圧は考慮しなくてよい．
（e）遺伝子改変動物を用いた実験は必ずこの方式でなければならない．

7-4 「動物の飼育環境を生理的に本来の生活に近いものにする」という環境改善の基本概念を何というか．
（a）Animal welfare

(b)　Homeostasis

(c)　Social housing

(d)　Environmental enrichment

(e)　Animal well-being

7-5　飼育ケージが具備すべき基本的な要素として正しいのはどれか.

(a)　実験目的に適した構造であれば，動物の自由度やスペースは考慮しなくてよい.

(b)　動物が逃走できない頑丈な構造で，ケージ交換が容易であること.

(c)　研究者や飼育管理者の安全が最優先であり，動物にとっての安全性はある程度無視してよい.

(d)　給餌・給水，排泄物の除去が容易であれば，ケージ内は多少不衛生になってもかまわない.

(e)　耐久性・耐熱性・耐薬性が必須なので，価格は多少高くても仕方がない.

7-6　ケージ単位で強制換気を行い，動物を感染から防御する飼育装置はどれか.

(a)　バリアシステム

(b)　アイソレータシステム

(c)　マイクロベントシステム

(d)　アイソラックシステム

(e)　クリーンラックシステム

8章　比較実験動物学

一般目標：
器官の形態・機能にみられる動物種差について広く学ぶとともに，動物実験計画の立案や動物実験成績の解釈の基盤となる主要な実験動物の形態学的特徴，習性や生理学的特徴について理解する．

動物を使用する実験では，適切な動物種を選択し，さらに系統を選択する必要がある．動物種が異なれば，その解剖学的相違や機能生理学的相違が認められる．例として，ウイルスや細菌などの感染実験では，感染しない動物種を使うことはできない．また，ヒトのサリドマイド事件のように，ラットでは妊娠母体にサリドマイドを投与しても胎子に催奇形性は認められないが，ウサギでは催奇形性が観察される，といったことがあげられる．

次いで系統の選択も重要である．同じ種であっても系統によって特性が大きく異なるからである．つまり同じ種でも長寿の系統，老化が促進される系統，加齢に伴いがんが発症しやすい系統，がんになりにくい系統などが存在する．また，ラットやマウスを利用して同じ結果が得られるような実験では，イヌやネコを使用してはならない．イヌやネコを使用する場合は正当な理由，科学的根拠が必要である．主要な実験動物の系統情報や胚バンク，遺伝情報などについては，インターネットサイトから入手できる．ここではマウスとラットの例を以下に示す．

マウス
http://www.brc.riken.jp/lab/animal/index.shtml
http://www.informatics.jax.org/external/
　festing/mouse/STRAINS.shtml
ラット
http://www.anim.med.kyoto-u.ac.jp/nbr
http://www.informatics.jax.org/external/
　festing/rat/STRAINS.shtml

本章では，形態・機能にみられる動物種差について器官ごとに示したのち，動物実験計画の立案や動物実験成績の解釈の基盤となる，主要な実験動物の形態学的特徴，習性や生理学的特徴について述べる．

8.1　器官の形態・機能にみられる動物種差

> **到達目標：**
> 器官の形態・機能にみられる動物種差ついて比較説明できる．
> **【キーワード】** 骨格，歯式，脳，消化器，肺，心臓，血管，血液，尿，リンパ系，乳腺，生殖器

実験動物からヒトへの外挿は実験動物学の重要な目的であり，各種実験動物の比較医学的特性を把握することはその第一歩である．本節では実験動物の主要な器官ごとに，形態や関連する数値を取り上げるとともに，生理学的側面も含めて動物種間の特性の比較を進めることにする．

8.1.1　骨　　　格

各種動物の全身骨格を図 8.1 に，頭蓋骨を図 8.2 に示す．

頭蓋は，脳や感覚器を保護する頭蓋骨および消化器や気道の入り口部分を囲む顔面骨からなる．頭蓋骨は後頭骨，蝶形骨，頭頂骨，頭頂間骨，側頭骨，篩骨，前頭骨，翼状骨，および鋤骨からなる．顔面骨は鼻骨，涙骨，上顎骨，副鼻甲介骨，切歯骨，吻鼻骨，口蓋骨，頬骨，下顎骨および舌骨からなる．

骨格の中心として脊椎を形成する椎骨はその位置によって，頸椎，胸椎，腰椎，仙椎および尾椎の5種類に分けられ，それぞれに特徴的な形態を有している．表 8.1 に各種動物の脊椎の構成数を示す．外見上の頸の長さとは無関係に，哺乳類の頸骨数は7個と一定しているが，そのほかの椎骨の数には動物種差があり，特に尾椎の数には同種の動物でも系統ならびに個体差がみられる．

胸郭は胸椎，肋骨および肋軟骨からなり，胸腔

8.1 器官の形態・機能にみられる動物種差

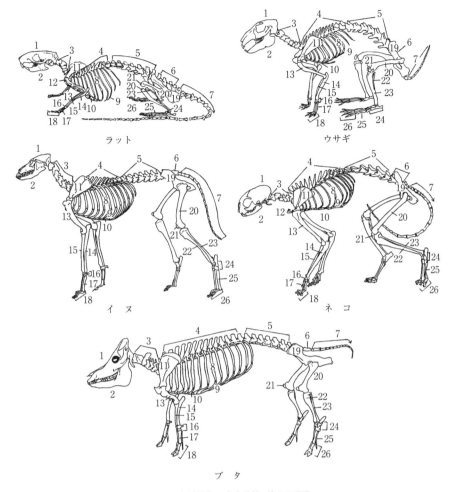

図 8.1 各種動物の全身骨格（福田原図）

1. 頭蓋骨，2. 下顎骨，3. 頸椎，4. 胸椎，5. 腰椎，6. 仙椎，7. 尾椎，8. 肋骨，9. 肋軟骨，10. 胸骨，11. 肩甲骨，12. 鎖骨，13. 上腕骨，14. 尺骨，15. 橈骨，16. 手根骨，17. 中手骨，18. 指骨，19. 寛骨，20. 大腿骨，21. 膝蓋骨，22. 脛骨，23. 腓骨，24. 足根骨，25. 中足骨，26. 趾骨．

表 8.1 各種動物の椎骨数

動物種	頸椎	胸椎	腰椎	仙椎	尾椎
ヒト	7	12	5	5	3～4
マカク属サル	7	12～14	5～7	2～3	2～26
イヌ	7	13	6～8	3	16～23
ネコ	7	13	7	3	21
ウサギ	7	12	7	4～5	15～18
モルモット	7	13	6	4	7
ゴールデンハムスター	7	13	6	4	13～14
ラット	7	13	6	4	27～32
マウス	7	13	5～6	4	27～30
スナネズミ	7	12～14	5～6	4	27～30
マストミス	7	13	6	4	27～32
ブタ	7	13～16	5～6	4	21～24
ヒツジ	7	13	6～7	4	9～14
ヤギ	7	13	6	4	9～13
ウシ	7	13	6	5	18～20
ウマ	7	18	5～6	5	15～19
ニワトリ	14	7	複合仙骨		7

表 8.2 肢骨の基本構成

前肢骨		
前肢帯		①肩甲骨
		②鎖　骨
自由前肢骨	上腕骨格	③上腕骨
	前腕骨格	④橈　骨
		⑤尺　骨
		⑥手根骨
		⑦中手骨
		⑧指　骨

後肢骨		
後肢帯		①腸　骨
		②恥　骨
		③坐　骨
自由後肢骨	大腿骨格	④大腿骨
		⑤膝蓋骨
	下腿骨格	⑥脛　骨
		⑦腓　骨
	足骨格	⑧足根骨
		⑨中足骨
		⑩趾　骨

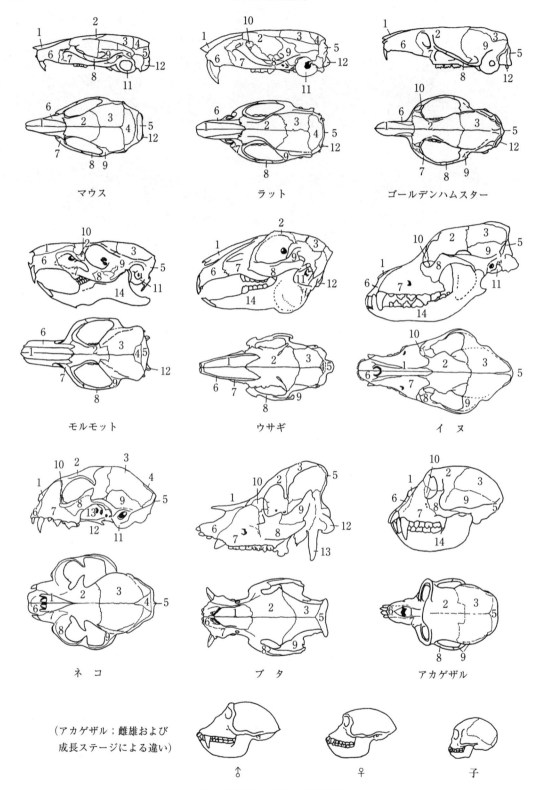

図 8.2 各種動物の頭蓋骨（福田原図）
1. 鼻骨, 2. 前頭骨, 3. 頭頂骨, 4. 頭頂間骨, 5. 後頭骨, 6. 切歯骨, 7. 上顎骨, 8. 頬骨, 9. 側頭骨, 10. 涙骨, 11. 鼓室, 12. 後頭顆, 13. 頸静脈突起, 14. 下顎骨.

を囲む胸部骨格を形作る.

肢骨の構成を表8.2に示す.肩甲骨と胸骨をつなぐ鎖骨はマウス,ラット,サル類およびヒトでみられるが,ウサギ,ネコでは著しく退化しており,イヌおよびブタでは存在しない.

8.1.2 歯　式

哺乳類の歯は一般に歯によって形や用途が異なる異歯型歯（heterodont）であり,切歯（incisors：I）,犬歯（canines：C）,前臼歯（premolars：P）および後臼歯（molars：M）の4型に分けられる.各歯型の配列とそれぞれの数を示したものを歯式と呼び,表8.3,図8.3に示すように各動物種についてかなりの違いがみられる.表示法としては下顎にあるものを分母,上顎にあるものを分子とする分数で示し,歯の生え方は左右対称なので,通常正中線より片側のみを記す.したがって,歯の総数は（分子＋分母）の合計をさらに2倍した数となる.

歯式は動物分類学上大きな意味を持つが,それぞれの動物の食性とも密接な関係を有している.すなわち,肉食動物と草食動物では著しい相違がみられ,また草食動物の中でも反芻類では上顎切歯を欠くのが特徴的である.草食類の臼歯の上面は扁平かわずかに凹んでいるが,食肉類では逆に凸湾して面積も小さい.これは両者の咀嚼方法の違いと関係がある.げっ歯類は犬歯と前臼歯がなく,歯の総数も他の動物種の約半数である.

換歯の回数には動物種差がみられ,マウス,ラット,ハムスター,モルモットなどでは一生の間に歯の生え換わりがみられない（不換性歯,一代

性歯）.これに対して,ウサギ,イヌ,ネコ,ブタ,サル,ヒトなどでは成長に伴って,乳歯から永久歯への生え換わりがみられ（一換性歯,二代性歯）,爬虫類は何度も生え換わる（多換性歯,多代性歯）のが特徴である.

乳歯が生え始める時期,乳歯から永久歯に生え換わる時期については,それぞれの動物ごとにほぼ定まっているので,歯の摩耗度とあわせて,その個体の年齢を推定する重要な根拠となる.イヌやネコでは,歯がない状態で生まれてくるが切歯は2週齢から萌出し,全歯列は8週齢で生えそろう.永久歯は3ヶ月齢で萌出し,7ヶ月齢にはすべてが生えそろう.

8.1.3 脳

脳は,終脳（大脳半球）および小脳,そして,内部の中軸部を占める脳幹と呼ばれる部分から構成される.脳幹は,間脳,中脳,橋,延髄に分かれ,延髄は脊髄につながる.脳の区分を示すと以下のようになる.

前脳 ｛終脳（大脳半球）

　　　 間脳（視床,視床下部）

中脳 （中脳蓋,被蓋,大脳脚）

菱脳 ｛後脳（橋,小脳）

　　　 髄脳（延髄）

脳の構造とその機能を図8.4にまとめた.脳と脊髄は灰白色に見える灰白質と白色の白質に分けられる.灰白質は神経細胞体が密集したところで,白質は神経線維が集まったところである.脳では

表8.3　各種動物の歯式

動物種	切歯（I）		犬歯（C）	前臼歯（P）	後臼歯（M）		計
ヒ　ト	2（	2/2	1/1	2/2	3/3	）	32
マカク属サル	2（	2/2	1/1	2〜3/2〜3	2〜3/2〜3	）	32〜36
イ　ヌ	2（	3/3	1/1	4/4	2/3	）	42
ネ　コ	2（	3/3	1/1	3/2	1/1	）	30
ウサギ	2（	2/1	0/0	3/2	3/3	）	28
モルモット	2（	1/1	0/0	1/1	3/3	）	20
ゴールデンハムスター	2（	1/1	0/0	0/0	3/3	）	16
ラット	2（	1/1	0/0	0/0	3/3	）	16
マウス	2（	1/1	0/0	0/0	3/3	）	16
ブ　タ	2（	3/3	1/1	4/4	3/3	）	44
ヒツジ	2（	0/4	0/0	3/3	3/3	）	32
ヤ　ギ	2（	0/4	0/0	3/3	3/3	）	32
ウ　シ	2（	0/4	0/0	3/3	3/3	）	32

116   8. 比較実験動物学

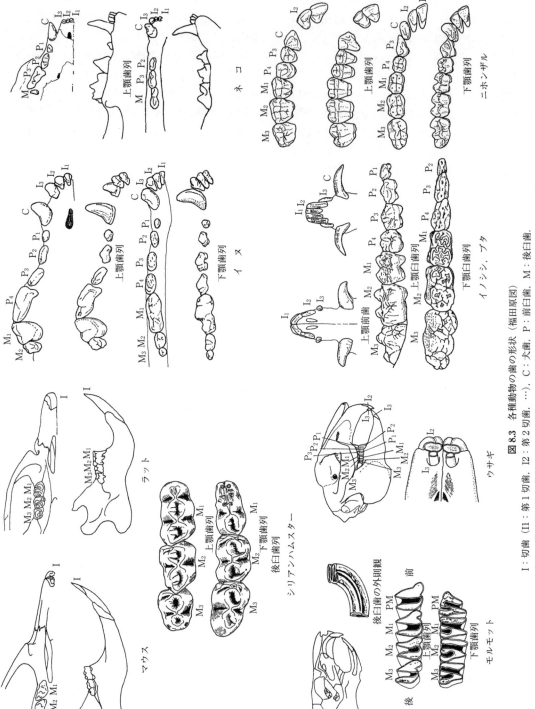

図 8.3 各種動物の歯の形状（福田原図）
I：切歯（I1：第1切歯, I2：第2切歯, ...）, C：犬歯, P：前臼歯, M：後臼歯.
なお, 獣医学用語の「前臼歯」「後臼歯」は, 医学用語の「小臼歯」「大臼歯」と同じものを指す.

灰白質が表面にあり，大脳皮質を作り，白質は髄質を作る．脊髄では逆になり，白質が灰白質を囲んで表層を占める．脳の重量を示すと下記のようになる：ヒト（1,300 g），ウマ（650 g），ウシ（450 g），ブタ（125 g），イヌ（150 g），ネコ（30 g），ラット（2 g），マウス（0.1～0.5 g）．

前脳は終脳と間脳に分かれる．終脳（大脳半球）は外套，大脳基底核，嗅球より構成される．大脳皮質（新皮質）は外套の主要な部分で，霊長類，特にヒトで最も発達している．大脳新皮質は学習的行動，記憶，経験的判断，意欲や感覚などの高次元な神経機能の中枢である．大脳基底核は大脳半球の深部に存在し，大脳皮質と視床，脳幹を結び付けている神経核群で，尾状核，被殻，淡蒼球などから構成される．嗅球は終脳の最前に位置する末端部分で実験動物ではよく発達し，嗅覚に関与する．家禽では大脳皮質および嗅球は発達が悪く，代わって，外套深部にある線条体（尾状核，被殻）がよく発達している．大脳辺縁系とは，辺縁葉（帯状回・海馬などを含む発生学的に古い皮質）と扁桃体・側坐核などの皮質下核の一部を包括した呼称である．大脳辺縁系は性行動や母性行動などの本能行動，情緒的行動などの中枢を担っている．

間脳は視床と視床下部からなる．視床は感覚神経と大脳を中継し，また，大脳，小脳，脊髄を中継する役割を果たしている．メラトニンを分泌する松果体もここに存在する．視床下部は自律神経系の中枢であり，体温や体液の浸透圧などの調節に関係している．中脳は眼球運動，瞳孔の調節，姿勢の保持などに関与する．

菱脳は橋，延髄，小脳より構成される．橋は中脳と延髄の橋渡しをする位置にあることからこの

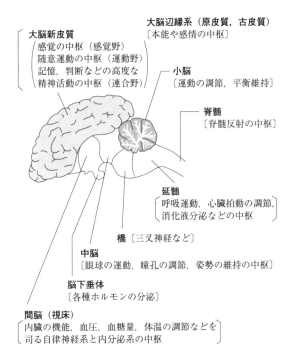

図8.4 脳の構造と働き（東條・奈良岡原図）

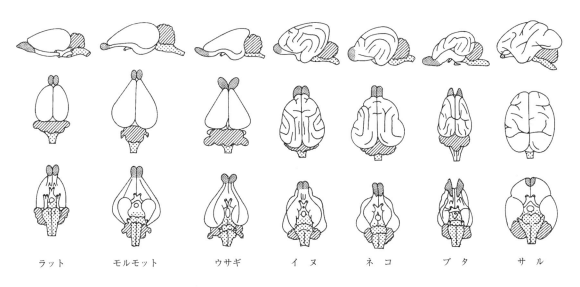

図8.5 各種動物の脳の形状（菅野原図）

名称を戴いている．橋には複数の脳神経核が存在し，これらの脳神経が出る部位となっている．また，大脳皮質からの運動情報を小脳へ伝える役割を持つ．延髄は脳の最後部位に位置する．呼吸運動，心臓拍動，血管運動，唾液の分泌，食物の嚥下，咳，くしゃみ（反射神経）などの生命の維持に必須の機能を果たしている．小脳は橋と延髄の背側に位置し，体の平衡を保つとともに全身の筋肉の緊張を調整する働きを担う．

図8.5は，各種動物の脳の外観を示す模式図である．高等動物になるほど，大脳の発達が著しく，脳全体に占める割合が大きくなる．大脳表面の皺（脳回と脳溝）もラットやウサギなどでははっきりしないが（平滑脳），イヌなどではその発達が明瞭に認められる．一方，大脳とは逆に，嗅球の脳全体に占める割合は下等動物ほど大きい．

8.1.4 胃　　腸

各種動物の胸部および腹部の臓器配列を図8.6に示す．

消化器系の主役である胃と腸の形態および機能は動物種により著しく異なっており，それぞれの

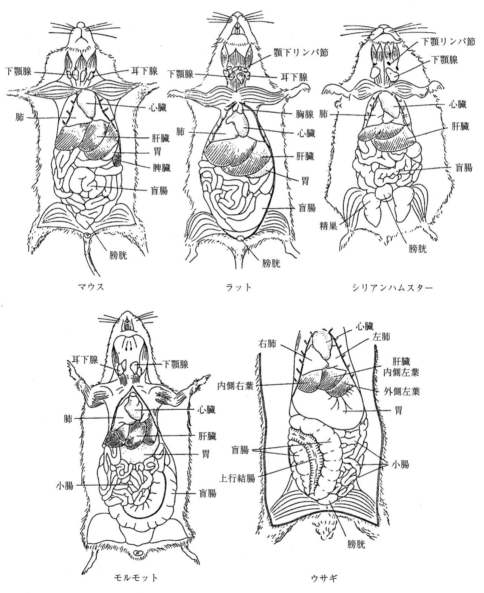

図8.6①　各種動物の胸郭および腹部の臓器（1）（田中原図）

8.1 器官の形態・機能にみられる動物種差

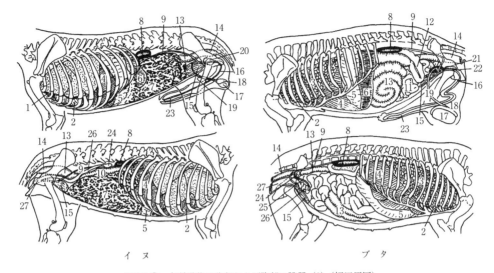

図 8.6 ②　各種動物の胸郭および腹部の臓器（2）（福田原図）
1. 胸腺, 2. 心臓, 3. 肺, 4. 肝臓, 5. 胃, 6. 脾臓, 7. 大網, 8. 腎臓, 9. 尿管, 10. 十二指腸, 11. 空回腸, 12. 盲腸, 13. 結腸, 14. 直腸, 15. 膀胱, 16. 尿道, 17. 精巣, 18. 精巣上体, 19. 精管, 20. 前立腺, 21. 精嚢腺, 22. 尿道球腺, 23. 陰茎, 24. 卵巣, 25. 卵管, 26. 子宮, 27. 腟.

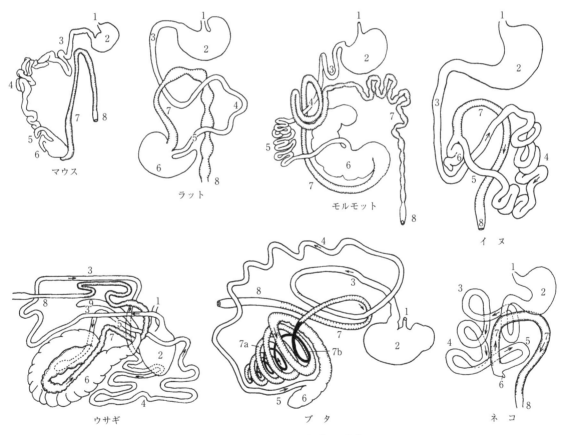

図 8.7　各種動物の消化管（福田原図）
1. 食道, 2. 胃, 3. 十二指腸, 4. 空腸, 5. 回腸, 6. 盲腸, 7. 結腸（7a. 結腸求心回, 7b. 結腸遠心回）, 8. 直腸, 9. 虫垂.

食性や生活環境と密接に関係している．各種動物の消化管の模式図を図8.7に示す．

図8.8は各種動物の胃の形状を模式的に表したものである．鳥類では腺胃で消化液を分泌し，その後ろの筋胃で食物を破砕する．イヌ・ネコの胃はヒトに似て単純に胃酸とペプシンを分泌する胃であるが，マウス，ラット，ブタ，ウマなどでは重層扁平上皮に覆われた無腺部（前胃）がある．反芻動物は3つに分かれた前胃を持つ．

腸管は機能上，草食動物で肉食動物よりも長く，十二指腸，空腸，回腸からなる小腸と盲腸，結腸，直腸からなる大腸に大別される．胃から送られてきた内容物は，小腸で分節運動，振り子運動および蠕動運動を繰り返し受けて，混合，輸送，消化そして吸収される．十二指腸で膵臓からの消化酵素と胆汁により消化が進められる．消化の大部分は空腸で行われ，残りは回腸で行われる．大腸では水分・塩類の吸収が行われ，残ったものが糞便として排泄される．腸管の長さ（体長比）を動物ごとに表すと，肉食動物（ネコ：4倍，イヌ：5倍），雑食動物（ヒト：5倍，マウス・ラット：9倍，ブタ：15倍），草食動物（ウシ：20倍，ヒツジ：25倍）となる．肉食動物＜雑食動物＜草食動物という腸管の長さにおける差異は盲腸と大腸の長さの違いに由来する．ウサギ，モルモット，ラット，ブタなどの盲腸，結腸には，多くの種類かつ膨大な数の細菌，原生動物が常在し，微生物発酵作用によるセルロースの分解が行われる．草食動物では盲腸が著しく発達して長く，大きいが，純肉食動物のフェレットでは盲腸を欠く．

ヒトの盲腸の先端にはリンパ組織の発達した虫垂があり，ウサギやサル類の一部でも認められる．また，ウサギの盲腸はらせん状で，内部にひだの発達した構造を有しているのが特徴である．

8.1.5 肝　　臓

肝臓は体軸よりやや右側によって位置し，体の中で最大の腺器官である．右葉，左葉，尾状葉など，切れ込み（葉間切痕）によっていくつかの葉に分かれるが，分葉の仕方は動物種によって異なり，げっ歯類の肝臓は最も複雑な構成をとる．中央の肝門から，門脈，肝動脈，リンパ管，神経，胆管が出入りする．図8.9は各動物種の肝臓の形状を模式的に示したものである．反芻動物は左葉，右葉の他に，肝門の腹側に方形葉，背側に尾状葉があり，計4葉で最も葉数が少ない．ブタやイヌは左葉と右葉がそれぞれ外側と内側に分かれ，計6葉となる．反芻動物とイヌでは尾状葉が発達しており，さらに尾状突起と乳頭突起が伴う．肝臓で生産された胆汁は総胆管を通って胆嚢に入り，貯蔵，濃縮される．食物が十二指腸に流入してきた刺激で胆嚢が収縮して，胆汁が十二指腸に排出される．ラット，ウマ，シカ，ラクダ，ゾウ，クジラなどには胆嚢がなく，胆汁は直接十二指腸へ排出される．鳥類ではハトやインコに胆嚢がない．したがって，胆嚢を持たないラットなどの実験動物は摂食とは無関係に常時，持続的な胆汁排出を行う特徴を有し，このことは薬物代謝実験におけ

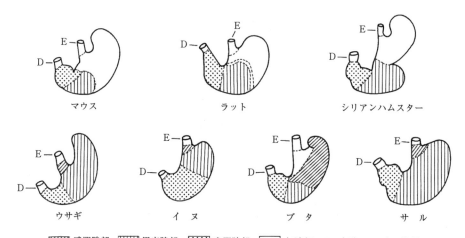

図8.8　各種動物の胃の形状（菅野原図）

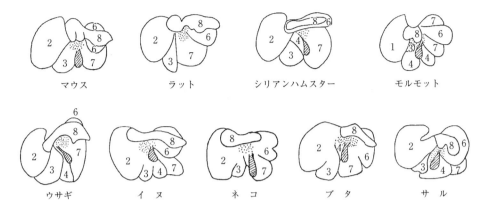

図 8.9 各種動物の肝臓の形状（臓側面）（菅野原図）

1：左葉，2：外側左葉，3：内側左葉（サルでは左中心葉ともいう），4：方形葉（サルでは右中心葉ともいう），5：右葉，6：外側右葉，7：内側右葉，8：尾状葉

る胆汁排泄の定量化に都合のよい特性である．

肝臓は多くの機能を持ち，複雑な働きをする臓器である．その機能をまとめると，以下のようになる；①グリコーゲンの合成と分解，②血漿タンパク質の産生とアミノ酸の処理，③脂肪代謝，④赤血球の分解，⑤胆汁の生成，⑥血液凝固因子の生成，⑦生体防御作用，および，⑧解毒作用．

8.1.6 肺

呼吸系には，肺でのガス交換である外呼吸，循環している血液と組織とのガス交換である内呼吸がある．肺は多数の肺胞からできており，この肺胞を網目状に毛細血管が取り巻き，空気と血液の間でガス交換をする器官である．肺胞には平滑筋がないので，胸郭と横隔膜の運動による胸郭容積の増減が肺胞の進展度を変える．横隔膜の運動を主体とした呼吸を腹式呼吸といい，外肋間筋の運動を主とした呼吸を胸式呼吸と呼ぶ．

鳥類の呼吸系は哺乳類と異なる点がある．鳥類は横隔膜をもたず，肺を囲む肺腔がない．そのため，肺への空気の出入りは全身に分布している気囊の拡張と収縮に依存する．血液のガス交換そのものは肺で行われるが，吸気時に吸い込まれた空気は肺を通過してガス交換が行われると同時に，気囊に移動して貯留される．呼気時には，気囊内のガスが押し出されて再び肺を通過して体外に排出され，この時にも肺でガス交換がなされる．すなわち，吸気・呼気の両方でガスが肺を通過して，効率よくガス交換が行われる．空高く飛翔する鳥類にとって，この効率のよいガス交換は大きな利点となる．

図8.10に，各種動物の肺の形状を模式的に示す．形態的には，いずれの動物においても大きく左右の2葉に分かれ，さらに肝臓と同様に切れ込みによっていくつかの小葉に区分される．この分葉の仕方にはかなりの動物種差が認められ，マウス，ラット，ハムスターなどのげっ歯類では左葉が分葉しないのが特徴である．この分葉の数と肺機能の関連ははっきりしていない．

1分あたりの呼吸数は，動物種によりかなりの差異が認められる．表8.4は各種動物の安静時呼

表 8.4 各種動物の安静時呼吸数（/分）

動物種	呼吸数
ヒト	15～20
マカク属サル	39～60
イヌ	15～25
ネコ	20～30
ウサギ	38～60
モルモット	110～150
ゴールデンハムスター	33～127
ラット	66～114
マウス	84～230
ブタ	8～20
ヒツジ	12～25
ヤギ	12～25
ウシ	12～30
ウマ	8～15
有袋類	12
ニワトリ	10

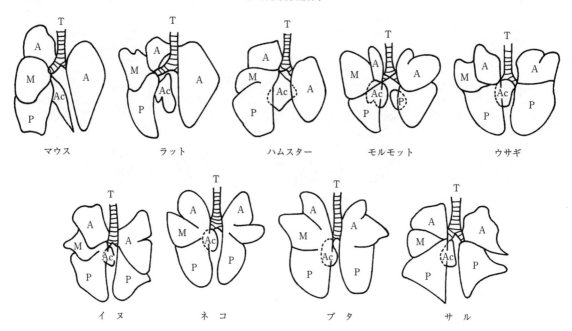

図 8.10 各種動物の肺の形状（腹側面）（菅野原図）
T：気管，A：前葉，P：後葉，M：中葉，Ac：副葉．

吸数をまとめたものである．心拍数と同様に，体の大きな動物ほど安静時呼吸数は少なく，逆に小さな動物ほど多いことが分かる．

8.1.7 心　　臓

哺乳類および鳥類の心臓は左右の心房と左右の心室の4部屋（2心房2心室）からなる．図8.11に各種動物の心臓の外形を示す．心房と心室の間には房室弁があり，左のものを左房室弁（二尖弁，僧帽弁），右のものを右房室弁（三尖弁）という．心室と動脈の間には半月弁があり，肺動脈口と大動脈口にある半月弁をそれぞれ肺動脈弁，大動脈弁という．心筋は横紋筋の一種であるが固有心筋と特殊心筋に分かれ，後者は刺激伝導系を構成する．刺激伝導系は洞房結節に始まり，ここで生じた収縮リズムを心房→房室結節→房室束（ヒス束）→右脚・左脚→プルキンエ線維→心室筋へと伝える仕組みにより心臓の拍動は維持されている．

心拍数とは1分間あたりにおける心臓の拍動数のことである．各種動物の心拍数を表8.5に示す．安静時心拍数は一般に体の大きい動物，すなわち心臓の大きい動物ほど少なく，逆に小さい動物ほど多い．心拍数は，運動，精神的な興奮，発熱の時に増加する．その増加の程度は安静時心拍数の少ない動物ほど大きく，多い動物ほど小さいこと

表 8.5 各種動物の安静時心拍数（／分）

動物種	心拍数
ヒ ト	50～100
マカク属サル	170～250
イ ヌ	90～120
ネ コ	110～140
ウサギ	140～160
モルモット	150～200
ゴールデンハムスター	300～600
ラット	260～450
マウス	450～700
ブ タ	60～90
ヒツジ	70～80
ヤ ギ	70～80
ウ シ	70～80
ウ マ	35～40
有袋類	120～240
ニワトリ	200～400

が知られている．

8.1.8 血　　管

血管系は心臓と並んで循環系の重要な器官であり，血液を心臓から末梢組織へ送り出す経路である動脈，末梢組織から心臓へ血液を送り返す経路である静脈および各末梢組織に入り両者の連絡をする毛細血管から構成される．図8.12に主要動脈系を示す．動脈と静脈の血管壁は内膜，中膜，外膜よりなる．大きな動脈系では血管壁が厚く，中

8.1 器官の形態・機能にみられる動物種差　　　123

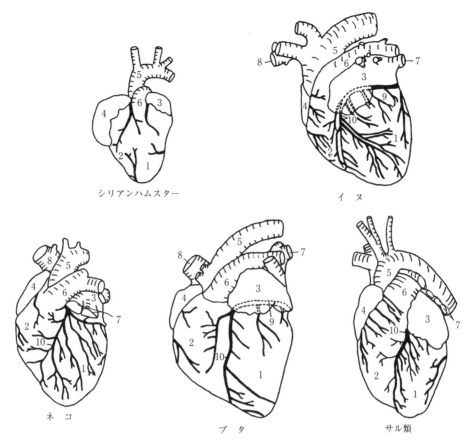

図 8.11 各種動物の心臓（腹側面）（福田原図）
1. 左心室, 2. 右心室, 3. 左心房, 4. 右心房, 5. 大動脈弓, 6. 肺動脈, 7. 肺静脈, 8. 前大動脈, 9. 左冠状動脈, 10. 旁円椎室間枝.

膜には輪状の平滑筋と弾性線維がある．小動脈は弾性線維が少なく，平滑筋線維が多く収縮性に富んでいる．小動脈はさらに分かれて毛細血管となるか，あるいはメタ小動脈を経て毛細血管床につながる．毛細血管壁は極めて薄い内皮細胞からなり，その間隙を経由して小さな分子を通過させることができる．毛細血管より細静脈に，そしてさらに集まって，静脈となる．静脈壁は動脈壁よりも薄く，一般に結合組織が多く，平滑筋，弾性線維に乏しいので収縮しにくいが，四肢の太い静脈には内膜に静脈弁があって，血流の逆流を防ぐ仕組みになっている．

血管内の血液が示す圧力が血圧であり，血圧には動脈血圧，静脈血圧および毛細血管圧があるが，通常は末梢動脈血圧を示すことが多い．表 8.6 に各種動物の安静時血圧値を示す．血圧は心室の収縮期に最大で収縮期圧または最高血圧といい，弛緩期に最小で弛緩期圧または最小血圧という．両

表 8.6 各種動物の安静時血圧（mmHg）

動物種	収縮期血圧	弛緩期血圧	脈圧
ヒト	120	80	40
イヌ	130	90	40
ネコ	125	75	50
ウサギ	110	65	45
ラット	120	80	40
マウス	110	70	40
ブタ	130	90	40
ヒツジ	135	90	45
ヤギ	130	85	45
ウシ	145	90	55
ウマ	140	90	50
ニワトリ	150	120	30

者の差が脈圧と呼ばれる．血圧の影響に及ぼす要因としては心拍出量，心拍数，循環血液量，血管内径，血管弾性，末梢血管抵抗および血液粘度等があげられる．血管系も自律神経系を中心とした外からの支配を受けているので，そのときの動物の状態により測定値が変動する．鳥類は哺乳類に

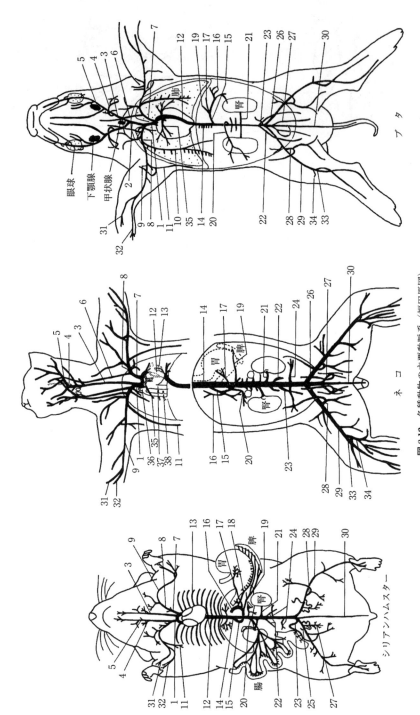

図 8.12 各種動物の主要動脈系（福田原図）

1. 腕頭動脈, 2. 両頸動脈, 3. 左総頸動脈, 4. 内頸動脈, 5. 外頸動脈, 6. 椎骨動脈, 7. 左鎖骨下動脈, 8. 腋窩動脈, 9. 上腕動脈, 10. 内胸動脈, 11. 外側胸動脈, 12. 胸大動脈, 13. 肋間動脈, 14. 腹大動脈, 15. 腹腔動脈, 16. 肝動脈, 17. 左胃動脈, 18. 胃十二指腸動脈, 19. 脾動脈, 20. 前腸間膜動脈, 21. 腎動脈, 22. 精巣（卵巣）動脈, 23. 後腸間膜動脈, 24. 腸腰動脈, 25. 総腸骨動脈, 26. 外腸骨動脈, 27. 内腸骨動脈, 28. 大腿深動脈, 29. 大腿動脈, 30. 正中尾動脈, 31. 橈骨動脈, 32. 尺骨動脈, 33. 肺動脈, 34. 伏在動脈, 35. 膝窩動脈, 36. 前大静脈, 37. 後大静脈, 38. 奇静脈.

比較して，一般に血圧が高く，成長期の七面鳥の血圧亢進はよく知られている．

8.1.9 血　　液

表8.7に各種動物の血液学的検査成績を示す．後述する血清生化学的検査とともに，得られる情報はきわめて価値あるものである．近年の臨床検査技術の発展および小動物臨床における診断学の向上により，これらの検査成績から動物の健康状態を的確に知ることができるようになった．動物種，系統，雌雄，年齢あるいは測定方法によって，これらの検査成績は左右されるので，それぞれ適切な文献値を参照すべきである．

血液は，血清とフィブリノーゲンからなる液体成分（血漿）および赤血球，白血球，血小板からなる細胞成分に大別される．血漿にはNa，Clなどの電解質，酸素や炭酸ガスなどの溶存ガス，各種栄養素，ホルモンなどの生理活性物質，アルブミン，グロブリン，凝固因子などの各種タンパク質，代謝産物などが含まれる．全血量は体重の1/13（7～8％）程で，全血量の1/3以上が急速に失われると生命の危険が生じる．血液の機能を列挙すると，ガス代謝，栄養の運搬，ホルモンの輸送，老廃物の運搬，水分などの調節，血液凝固，生体防御，体温調節等である．

哺乳類の正常赤血球は中央が両面とも凹んだ円盤状の形態をとり，核はない．体積が小さく表面積が大きく，さらに変形しやすいので，細い毛細血管でも通過し，ガス交換を効率よく行っている．一方，鳥類の赤血球はラグビーボール状で大きさも哺乳類よりも大きく，核を有する．

白血球には，好中球，好酸球，好塩基球，リンパ球，単球が含まれる．好中球，好酸球，好塩基球は多形核で細胞質に多くの顆粒を含む．ウサギでは偽好酸球（ヒトや他の動物の好中球に相当する）がみられる．リンパ球にはB細胞やT細胞等の免疫系に関与する細胞が含まれる．単球は病原体や死滅した好中球等を貪食処理する．血管外に出るとマクロファージに分化し，食作用を発揮する．白血球の大きな役割は，体内に侵入した病原体等の異物から生体を守る生体防御機能である．

血小板は巨核球がちぎれて生じた細胞片で核がない．血小板は出血が起きると初期止血栓を作る．血小板は血液の凝固や止血に必要な因子を多く含

むことから，フィブリンと血小板の局所的集積が止血栓をなし，次いで形成されたフィブリン塊は，血小板収縮タンパクの作用でさらに強く凝集する．鳥類の血小板（栓球）は大きく，核が見られるのが特徴である．

表8.8に各種動物の血清生化学的検査成績を示す．測定機器の進歩により，大量の検査材料を短時間で処理できるようになり，この分野の発展は目を見張るものがある．ただし，注意しなければならない点は，動物種によってヒトとは全く異なる値を呈し，臨床上の解釈も考慮が必要なことである．たとえば，血清中の酵素の中には，ヒトと比較してきわめて高い値を示すもの，逆に全く酵素活性がないものがある．したがって，臓器障害の程度を論じる場合，注意しなければならない．

8.1.10 尿

各種動物の尿量および尿成分を表8.9に示す．尿量は腎臓の濃縮力，電解質や尿素などの腎臓から排泄される溶質量および血中の抗利尿ホルモン値によって左右される．体重あたりにおける1日の動物の尿量（mL/kgBW/日）は一般にヒトよりも多い．尿の比重は尿の濃さによって変動し，腎臓の濃縮力の指標となる．各種動物の尿比重は，ヒトの正常値よりもやや高めである．ラットの正常値は他の動物に比べてもやや高い．尿のpHは草食動物で6～9，肉食動物で5～7の範囲にある．したがって，一般に草食動物では酸性薬物の排泄が速く，逆に肉食動物では塩基性薬物の排泄が速い．尿タンパク質は，健康な動物でもわずかながら認められる．尿タンパク質はヒトの尿に比べ，一般に動物の尿の方が高い値を示し，イヌやラットでその傾向が強くみられる．

8.1.11 リンパ系

リンパは血漿成分に似るが，フィブリノーゲンおよび細胞成分としてリンパ球を含む．流量はイヌ，ネコ，ウマ，ヒツジの胸管で体重1kg，1時間あたり2～3mL，ヤギやウシで4～5mLである．リンパ管を構成する平滑筋には収縮性があり，その運動によってリンパの流れを助けている．呼吸運動や体の移動などで生じるリンパの流れも重要である．リンパ管にも弁があり，リンパの逆流を防止する．

表8.7　各種動物の血液性状

動物種	RBC (×10⁶/mm³)	WBC (×10³/mm³)	PCV (%)	Hb (g/dL)	血小板 (×10⁵/mm³)	フィブリノーゲン (g/L)	MCV (μ³)	MCH (μμg)	MCHC (g/mL)	好中球	リンパ球	単球	好酸球	好塩基球
										\白血球百分率 (%)\				
ヒト	4.0~5.5	5.0~10.0	35~52	12~18	2~5	194~408	87~111	30~38	30~38	54~67	23~38	5~6	2~4	0~1
マカク属サル	5.4~6.1	7.2~14.4	41~47	13~15	3~5	211~608	73~81	23~27	31~33	14~44	49~77	1~5	2~8	0~1
イヌ	5.5~8.5	6.0~17.0	37~55	12~18	2~5	1.5~2.6	60~77	22~24	32~36	60~80	12~30	3~10	2~10	rare
ネコ	5.0~10.0	5.5~19.5	24~45	8~15	3~8	0.5~3.0	39~55	13~18	30~36	35~78	20~55	1~4	2~12	rare
ウサギ	5.4~6.6	6.5~12.9	38~44	12~14	2~4	1.4~3.9	65~72	20~22	30~33	32~58	32~58	2~8	0~3	0.7~5.3
モルモット	4.1~5.4	3.2~15.0	38~45	11~14	4~7	—	80~89	23~29	29~32	13~30	53~82	0~6	0~4	rare
ゴールデンハムスター	5.1~9.9	6.3~8.9	50~55	16~18	2~4	—	68~74	21~24	30~34	22~38	64~83	2~3	0~2	rare
ラット	7.4~8.8	6.4~12.5	45~50	14~17	7~11	1.4~3.0	55~64	17~21	30~33	13~25	69~84	0~5	0~6	0~0.3
マウス	7.9~9.3	4.4~6.8	40~45	13~15	8~12	1.2~3.2	46~53	14~17	331~34	10~21	74~88	0~5	0~2	0~0.3
ブタ	5.0~8.0	11.0~22.0	32~50	10~16	3~7	1.0~5.0	50~68	17~21	30~34	28~47	39~62	2~10	1~11	0~2
ヒツジ	8.0~16.0	4.0~12.0	24~50	8~16	3~8	1.0~5.0	23~48	8~12	31~38	10~50	40~75	0~6	0~10	0~3
ヤギ	8.0~18.0	4.0~13.0	19~38	8~14	3~6	1.0~4.0	15~30	5~8	35~42	30~48	50~70	0~4	1~8	0~1
ウシ	5.0~10.0	4.0~12.0	24~46	8~15	1~8	3.0~7.0	40~60	12~20	30~36	15~47	45~75	2~7	0~20	0~2
ウマ	6.5~12.5	5.5~12.5	32~52	11~19	1~4	1.0~4.0	34~58	16~18	31~37	30~67	25~70	1~7	0~11	0~3
ニワトリ	2.7~3.8	16.6~29.4	31~40	9~13	—	—	92~137	36~41	30~40	13~27	59~76	6~10	2~3	1.7~2.4

MCV：平均血球容積，MCH：平均血球血色素量，MCHC：平均血球血色素濃度．

表8.8　各種動物の血清生化学的性状

動物種	タンパク質総量 (g/dL)	アルブミン (g/dL)	グロブリン (g/dL)	グルコース (mg/dL)	総脂質 (mg/dL)	総コレステロール (mg/dL)	クレアチニン (mg/dL)	尿酸 (mg/dL)	ナトリウム (mEq/L)	カリウム (mEq/L)	カルシウム (mg/dL)	リン (mg/dL)	クロール (mEq/L)
ヒト	5.9~7.2	4.0~4.8	1.8~3.3	61~130	350~720	130~225	0.7~1.1	4.8~4.9	132~144	3.3~5.0	9.0~11.0	3.0~4.5	97~108
マカク属サル	6.6~7.8	3.2~3.8	3.3~4.1	148	480~540	120~190	1.2~1.6	0.8~1.4	144~153	5.0~5.2	9.2~11.6	4.0~6.8	102~112
イヌ	6.1~7.8	3.1~4.0	2.0~3.3	80~120	47~725	140~215	1.0~2.0	0~0.5	135~160	3.7~5.8	9.0~15.0	2.0~4.0	99~110
ネコ	5.2~6.6	1.7~2.9	2.4~4.8	80~120	376	75~151	0.8~1.9	1.1~2.0	151	4.3	9.0~12.0	5.2~6.9	116~
ウサギ	6.2~6.4	4.1~5.1	1.9~3.6	72~74	100~340	30~80	1.2~1.9	1.8~3.5	135~140	4.1~7.1	12.5~14.0	4.0~6.2	98~109
モルモット	5.0~5.6	2.8~3.9	1.7~2.6	82~107	100~380	30~80	1.0~1.8	3.1~3.9	130~140	3.8~6.3	8.0~10.8	6.9~9.8	98~110
ゴールデンハムスター	2.4~5.7	—	—	33~118	—	—	10.7~20.3	4.1~5.6	—	—	4.5~4.7	—	—
ラット	7.1~8.1	3.2~4.3	2.9~4.8	55~92	150~320	50~100	0.3~0.6	1.6~2.2	129~150	4.6~6.0	9.6~11.0	6.0~8.0	97~110
マウス	5.5~7.5	2.8~3.5	2.6~3.6	76~103	300~600	100~150	0.5~1.0	3.0~5.2	140~155	7.3~8.5	7.0~8.7	6.2~9.5	108~121
ブタ	7.9~10.3	2.1~4.6	3.9~5.6	80~120	200~360	60~110	1.0~2.0	0.05~2.0	134~140	4.2~5.0	9.5~10.6	6.0~8.5	97~104
ヒツジ	5.7	3.1	2.3	30~50	100~280	30~90	1.0~2.0	0.05~2.0	140~149	4.7~5.2	7.0~10.7	4.8~11.0	103~112
ヤギ	7.3	3.6~4.4	2.3~3.1	45~60	120~350	40~110	0.9~1.8	0.3~1.0	136~146	3.8~5.5	6.2~9.0	5.0~9.5	97~111
ウシ	5.7~8.3	2.3~3.7	3.0~5.1	40~60	350~630	120~240	1.0~2.1	0.05~2.4	129~135	4.3~6.3	9.3~10.6	4.0~7.0	96~105
ウマ	6.6~8.3	2.3~3.8	3.2~5.3	55~95	200~350	50~110	1.0~2.0	0.9~1.0	130~135	4.0~6.2	12.0~13.5	3.3~5.4	98~105
ニワトリ	3.6~6.1	1.7~3.5	1.8~2.9	130~260	550~800	70~260	—	—	147~160	5.0~9.0	10.5~13.5	5.0~6.5	104~130

表 8.9 各種動物の尿量および尿成分

	ヒト	サル	イヌ	ウサギ	ラット
尿量（mL/kgBW/日）	8.60〜28.6	70.0〜80.0	20.0〜167.0	20.0〜350.0	150.0〜350.0
比 重	1.002〜1.040	1.015〜1.065	1.015〜1.050	1.003〜1.036	1.040〜1.076
pH	4.80〜7.80	5.50〜7.40	6.00〜7.00	7.60〜8.80	7.30〜8.50
ビリルビン（mg/100 mL）	0.54〜0.94	0.21〜0.57	0.14〜0.34	0.28〜0.36	0.33〜0.37
クレアチニン（mg/100 mL）	0.90〜1.50	1.41〜1.59	1.00〜1.70	1.24〜1.96	0.33〜0.57
グルコース（mg/100 mL）	80〜120	73〜103	114〜146	120〜144	63〜93
BUN（mg/100 mL）	10.9〜17.1	8.7〜12.3	10.9〜19.1	14.9〜24.1	―
尿酸（mg/100 mL）	4.15〜6.65	0.88〜1.12	0.34〜0.70	1.76〜3.54	1.75〜2.25
総タンパク質（mg/100 mL）	6.40〜7.20	6.76〜7.64	6.90〜7.30	6.54〜7.26	7.11〜8.11
ナトリウム（mg/100 mL）	138.2〜143.8	154.4〜156.6	144.8〜149.2	144.8〜147.2	138.3〜143.7
カリウム（mg/100 mL）	3.72〜4.48	4.98〜5.22	4.39〜4.69	5.55〜5.95	5.69〜5.91
クロール（mg/100 mL）	103.1〜104.9	111.2〜112.8	112.8〜115.2	99.7〜102.3	101.2〜102.9

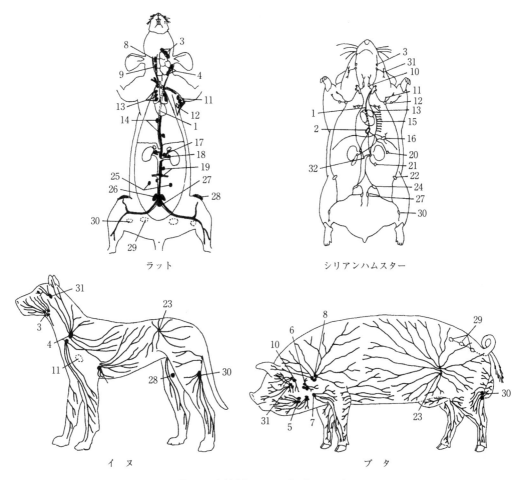

図 8.13　各種動物のリンパ節（福田原図）
1. 胸管，2. 乳び槽，3. 下顎リンパ節，4. 浅頸リンパ節，5. 中浅頸リンパ節，6. 背側浅頸リンパ節，7. 腹側浅頸リンパ節，8. 前深頸リンパ節，9. 後深頸リンパ節，10. 咽頭後リンパ節，11. 腋窩リンパ節，12. 副腋窩リンパ節，13. 縦隔リンパ節，14. 大動脈胸リンパ節，15. 肋間リンパ節，16. 腹腔リンパ節，17. 乳び槽リンパ節，18. 腎リンパ節，19. 大動脈腰リンパ節，20. 中結腸リンパ節，21. 左結腸リンパ節，22. 浅鼠径リンパ節，23. 腸骨下リンパ節，24. 腸骨リンパ節，25. 外側腸骨リンパ節，26. 内側腸骨リンパ節，27. 仙骨リンパ節，28. 大腿リンパ節，29. 座骨リンパ節，30. 膝窩リンパ節，31. 耳下腺リンパ節，32. 腰リンパ節．

図8.13に各種動物のリンパ節を示す．リンパ管はまずリンパ毛細管に始まり，集まってリンパ管となり，リンパ節に入る．リンパ節から出たリンパ管はさらに集まって太いリンパ管である胸管と右リンパ本管になり，左右の静脈角付近より静脈に入る．リンパ節の主な作用はリンパに運ばれた病原微生物などの異物を捕え，これらに対して抗体を産生する生体防御である．

8.1.12 乳　　腺

乳腺の構造は，乳頭，乳槽，乳管，乳腺胞からなり，乳腺胞が集まり乳腺小葉を形成する．図8.14に示すように，乳腺の位置や乳頭の数は動物種により異なる．マウス・ラットは乳頭管が1つしか開口していないが，ウサギ，ブタ，ウマなどでは乳頭先端に複数の乳頭管が開口する．

乳汁の成分は，水分が大半（70〜90%）を占めるが，タンパク質，脂肪，炭水化物の三大栄養素のほかに，灰分，ミネラル，ビタミン類を含む．表8.10は，各種動物の常乳の主要成分を示すが，動物種によりかなりの相違が認められる．ヒトの乳汁には約1.2%のタンパク質が含まれるが，ウシでは通常3〜4%である．脂肪についてはヒトやウシでは約4%であるが，ラットやウサギはその3倍も脂肪分を含む．

分娩後数日間に分泌される乳汁を初乳と呼ぶが，比重が高く，タンパク質，脂肪，灰分のほか，カルシウム，リン，マグネシウム，ビタミンA，B，D等を多量に含む．また，免疫グロブリンを大量に含んでいるのが特徴で，新生子にとって感染防御上重要な役割を果たしている．

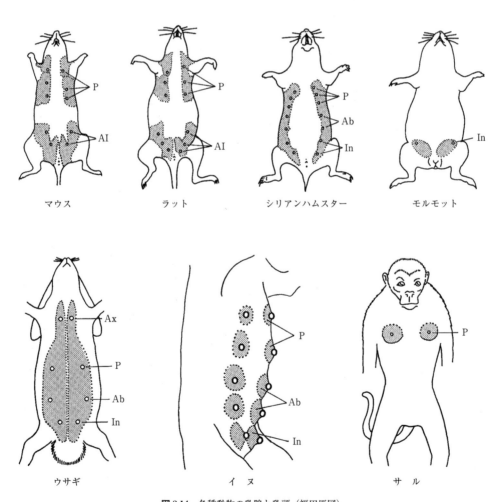

図8.14　各種動物の乳腺と乳頭（福田原図）
P：胸部乳腺，Ab：腹部乳腺，In：鼠径部乳腺，AI：腹鼠径部乳腺，Ax：腋窩乳腺．

表8.10 各種動物の乳汁成分 (g/100 g)

動物種	水 分	タンパク質	脂 肪	乳 糖	灰 分
ヒ ト	88 (83〜90)	1.2 (1.0〜6.0)	3.8 (0.5〜9.0)	7.0 (4.2〜9.2)	0.21 (0.1〜0.5)
マカク属サル	88.4	2.2	2.7	6.4	0.18
イ ヌ	76.3	9.3	9.5	3.0	1.20
ネ コ	81.6	10.1	6.3	4.4	0.75
ウサギ	71.3	12.3	13.1	1.9	2.30
モルモット	81.9	7.4	7.2	2.7	0.85
ラ ッ ト	72.5	9.2	12.6	3.3	1.40
ブ タ	82.8	7.1	5.1	3.7	1.10
ヒツジ	82.0	5.6	6.4	4.7	0.91
ヤ ギ	87 (81〜90)	3.3 (2.0〜5.0)	4.1 (1.2〜8.4)	4.7 (3.3〜6.4)	0.77 (0.4〜1.1)
ウ シ	87 (80〜92)	3.3 (2.0〜6.0)	3.7 (0.9〜9.8)	4.8 (2.1〜6.1)	0.72 (0.3〜1.2)
ウ マ	90.1	2.6	1.0	6.9	0.35

8.1.13 子　　宮

雌性生殖器は生殖巣（生殖腺），生殖道，副生殖腺および外部生殖器からなる．生殖巣は卵巣であり，生殖細胞が分化，発育，成熟する場である．生殖道は卵管，子宮，腟および腟前庭からなり，受精と胎子発育の場である．副生殖腺には子宮腺および前庭腺が属する．外部生殖器は陰核と陰唇からなり，交接器である．各種動物の雌性生殖器を図8.15に示す．

図8.16は子宮の形態を示したものであるが，単

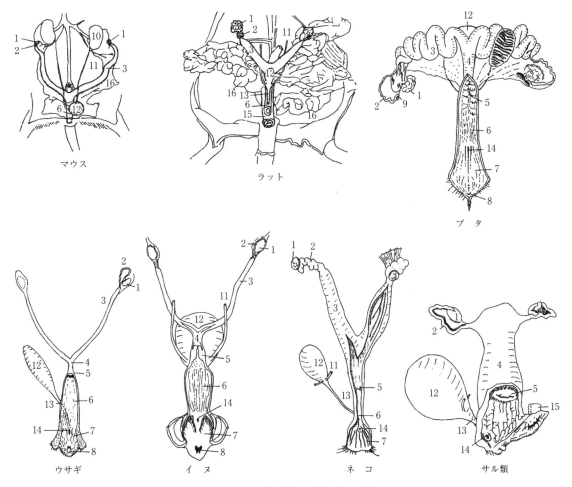

図8.15 各種動物の雌性生殖器（福田原図）

1. 卵巣，2. 卵管，3. 子宮角，4. 子宮体，5. 子宮頸，6. 腟，7. 腟前庭，8. 陰核，9. 卵管腹腔口，10. 腎臓，11. 尿管，12. 膀胱，13. 尿道，14. 外尿道口，15. 直腸，16. 脂肪．

胎多胎によってその形態が異なるばかりではなく，多胎動物でも動物種によって異なる．子宮は発生の過程で両側中腎傍管（ミューラー管）が結合して成立したものであり，結合の程度から4種（または3種）に分類される．

a. 重複子宮

結合の程度が最も軽微なものである．子宮は管状で，完全に左右に独立して1対からなり，それぞれ別個の外子宮口で腟腔と連絡する．げっ歯類およびウサギでみられる．

b. 双角子宮

子宮の後部はすでに1個の子宮体，子宮頸にまとまっているが，前方では結合せずに1対の子宮角を現し，それぞれの側の卵管に連絡する．ブタ，ウマ，ヤギ，ヒツジ，イヌ，ネコでみられる．

c. 両分子宮

左右の1対の分離した子宮角が子宮体に開口するが，子宮帆と呼ばれる中隔が子宮体と子宮頸部近くまで二分している．双角子宮の変形であり，区別する場合もある．ウシおよびモルモットでみられる．

d. 単子宮，単一子宮

子宮角の部分まで結合して単一な嚢状となる．子宮体は後方で狭い子宮頸となり腟に通じる．ヒトを含む霊長類だけでみられる．

8.1.14 雄性生殖器

各種動物の雄性生殖器を図8.17に示す．雄性生殖器は，精巣，精巣上体，精管，尿道，副生殖腺および陰茎からなる．精巣は雄性生殖腺で，精子および生殖に必要なホルモンであるテストステロンを産生する場である．精巣は陰嚢内に存在する1対の卵形の器官であり，体腔外に懸垂する．精巣上体，精管，尿道は精子の通り道であり，精巣の精細管で作られた精子は精巣上体に運ばれる過程で成熟する．副生殖腺には，精嚢腺，前立腺，尿道球腺，凝固腺（げっ歯類）があり，射精時に分泌液を放出する．精子の輸送を容易にし，かつ精子生理に影響を及ぼす種々の物質も含まれている．イヌ，ネコは精嚢腺を欠く．また，イヌは尿道球腺も欠く．陰茎は排泄器と交接器を兼ねている．

〔木村　透〕

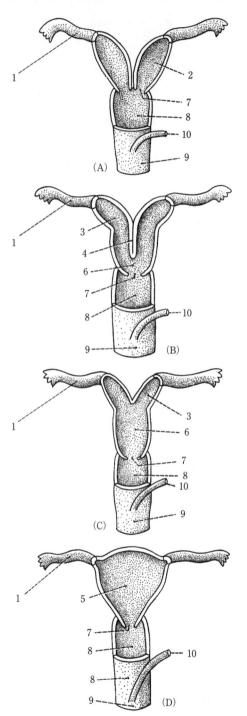

図8.16 子宮の各型（加藤・山内原図）
(A) 重複子宮，(B) 両分子宮，(C) 双角子宮，(D) 単一子宮．
1. 卵管，2. 重複子宮の右側，3. 子宮角，4. 子宮，5. 子宮帆，6. 子宮体，7. 子宮頸と外子宮口，8. 腟，9. 腟前庭，10. 尿道．

8.1 器官の形態・機能にみられる動物種差

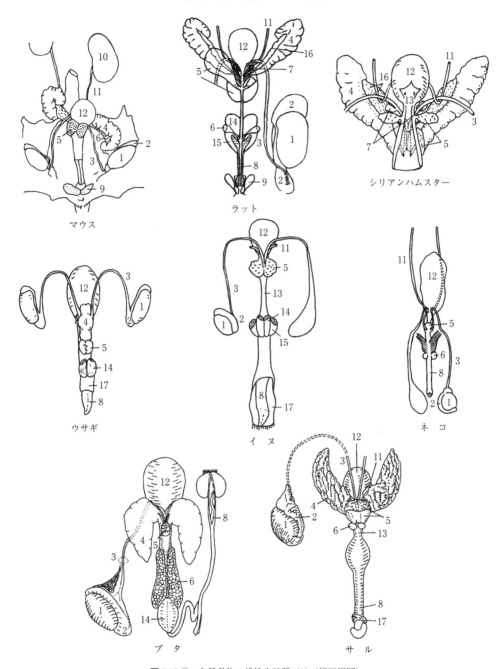

図8.17①　各種動物の雄性生殖器（1）（福田原図）
1. 精巣, 2. 精巣上体, 3. 精管, 4. 精嚢腺, 5. 前立腺, 6. 尿道球腺, 7. 膨大腺, 8. 陰茎, 9. 包皮腺, 10. 腎臓, 11. 尿管, 12. 膀胱, 13. 尿道, 14. 球海綿体筋, 15. 座骨海綿体筋, 16. 凝固腺, 17. 包皮.

132   8. 比較実験動物学

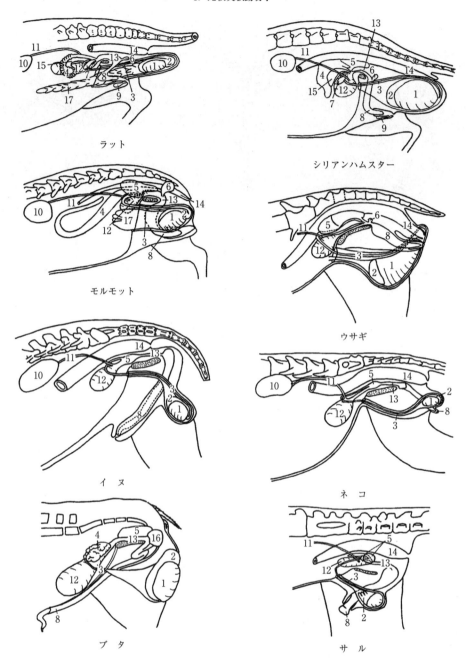

図 8.17 ② 各種動物の雄性生殖器 (2)（福田原図）
1. 精巣, 2. 精巣上体, 3. 精管, 4. 精嚢腺, 5. 前立腺, 6. 尿道球腺, 7. 膨大腺, 8. 陰茎, 9. 包皮腺, 10. 腎臓, 11. 尿管, 12. 膀胱, 13. 尿道, 14. 直腸, 15. 凝固腺, 16. 球海綿体筋, 17. 脂肪.

8.2 各種実験動物の特性
（実験動物の種と系統）

8.2.1 マウス

> **到達目標：**
> マウスの形態学的特徴，習性や生理学的特徴および実験動物としての特性ならびに代表的なマウス系統の特性について説明できる．
> 【キーワード】 ハツカネズミ，ムスクルス亜種，ドメスティカス亜種，A，AKR，BALB/c，CBA，C3H，ICR（CD-1），C57BL/6，DBA，129，MSM，JF-1

分　類：　動物界 Animalia，脊索動物門 Chordata，脊椎動物亜門 Vertebrata，哺乳綱 Mammalia，ネズミ目（げっ歯目）Rodentia，ネズミ科 Muridae，ハツカネズミ属 Mus，種はハツカネズミ *Mus musculus*（学名），和名は**ハツカネズミ**，英名は house mouse.

名前の由来は，妊娠期間が 20 日程度であることから「はつかねずみ」の名が付いたとされる．実験動物（哺乳類）として世界で最も数多く使用されている．

これまで多くの系統が確立されており，日本におけるマウスリソースはトランスジェニックマウス（Tg），ノックアウトマウス（KO），ES 細胞（embryonic stem cell），近交系，ミュータント系，野生由来などを含め，約 1 万系統に達すると推測される．さらに欧米では網羅的かつ大規模な遺伝子操作マウス系統の作出計画により ES 細胞も含めて数年内に 100 万系統のマウスが作製されようとしている．

マウスは，パキスタンやインド北部から中国の西部に棲息していたマウスの先祖が，約 100 万年前に東アジアに棲息する**ムスクルス亜種**群，東南アジアの**カスタネウス亜種**群，西ヨーロッパ，アフリカの**ドメスティカス亜種**群，日本の**モロシヌス亜種**群に分岐したことが，ミトコンドリア DNA の解析から明らかにされている．また，実験用マウスとして現在使用されているマウスは，愛玩用マウスに由来しており，江戸時代末期にヨーロッパに渡った日本産マウス（モロシヌス）と西ヨーロッパ産マウス（ドメスティカス）の交配集団が起源で，遺伝子の 9 割以上はヨーロッパの愛玩用マウスに由来するという．

特　性：　マウスは繁殖能力が高く，飼育管理も容易であり，がん，ウイルス，細菌，薬理，毒性，遺伝，免疫，内分泌など多方面の研究に使用されている．マウスが他の実験動物と比較して優れている点は，遺伝的特性が異なる多くの系統が作出されており，多種多様な研究に適した系統が選択できる．また，毒性試験，生物検定などに，一度に多数の個体を使用できることにある．

一方，他の実験動物と比較して劣る点としては，

表 8.11　マウスの主な特徴と一般的生理値

染色体数	40	産子数	6〜13 匹
成熟体重	♂ 18〜40 g ♀ 20〜40 g	出生時体重	1.0〜1.5 g
平均寿命	2〜3 年	分娩後初回発情	2〜8 時間内
心拍数	280〜650 回/分（650 回）	離　乳	18〜21 日
摂餌量	4.0〜6.0 g/日	乳頭数	10
摂水量	4.0〜7.0 mL/日	開　眼	11〜12 日
排尿量	1.0〜2.0 mL/日	開　耳	8 日
排糞量	1.0〜1.5 g/日	被毛発生	4 日
体　温	37.1℃	音に反応	14〜21 日
性成熟	♂ 6 週 ♀ 6 週	萌出（歯が生える時期）	10 日（10〜28 日）
繁殖寿命	♂ 9〜11 月 ♀ 9〜11 月（3〜4 産まで）	腟開口	25〜30 日
性周期	4〜5 日（不完全性周期）	哺乳期間	17〜21 日
排卵型	自然排卵	精巣下降	21〜25 日
発情型	多発情	産子数	6〜13 匹
交配適期	♂ 9〜10 週 ♀ 8 週	歯式上/下（切-犬-前臼-後臼）	1003/1003
妊娠期間	18〜20 日（19 日）	椎骨（頸/胸/腰/仙/尾）	7/13/5〜6/4/27〜30

体が小さいため諸臓器は小さく,血液など試料の連続採取ができない,また,外科的処置が必要な実験には不便であることなどがあげられる.

マウスは他の哺乳動物と比べ生殖工学の分野でも精巣,精子,卵巣,卵子,受精卵の凍結保存技術やトランスジェニック(Tg),ノックアウト(KO)などの胚操作技術が進んでおり,種々のTgマウス,KOマウスが作出され,遺伝子解析,疾患モデル作出など医学・獣医学・生物学分野などで利用されている.特に近交系マウスとしてはC57BL/6,BALB/cなど,クローズドコロニーとしてはCD-1(ICR),ddYなどの利用率が高い.以下に主なマウスの系統とその由来,特徴について述べる.

a. A

標識遺伝子 *abc*(アルビノ),乳がん,肺がんの高発症系統として知られ,がんや免疫の研究に利用されており,化学物質の発がん性試験にはかかせないモデルとなっている.5ヶ月齢を過ぎるころから筋ジストロフィーを発症し,4ヶ月齢くらいから聴覚障害(聴覚低下)がみられる.また,*Helicobacter hepaticus* の実験的感染で肝がんが誘発されること,副腎皮質ホルモン投与により高頻度に口蓋裂が誘発されることなどが知られている.このマウスはストロング(Strong)がリトル(C. C. Little)から継承したアルビノマウスとBALB/cとの交配により作出された(図8.18).

b. AKR

aBc(アルビノ),リンパ性白血病を高発症す

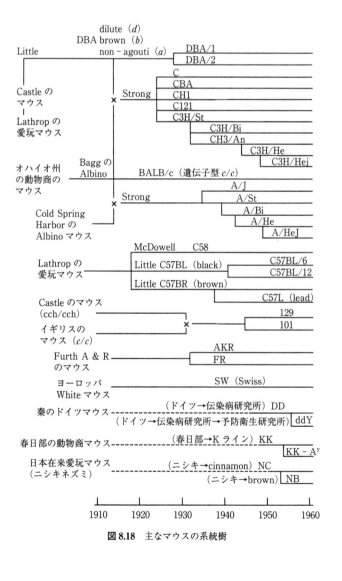

図8.18 主なマウスの系統樹

る．これはレトロウイルス感染に伴い遺伝子組換えされたことによる．そのほか心血管系の研究，飼料により肥満することから糖尿病，肥満の研究に利用されている．これらの特性を示すことから繁殖も困難な系統であり，非常に寿命が短い．寿命は雌で約 312 日，雄で約 350 日で短命の系統である．

AKR，RF 系は Furth が動物商から入手し，A および R と呼んでいたマウス群に由来する．AKR 系は白血病の高発症系統として，また低発症系統として RF 系が育種された．

c. BALB/c

Abc（アルビノ），モノクローナル抗体やハイブリドーマの作製など免疫学的研究に利用されている．血圧はマウスの系統のうちで最高のグループに属する．また，X 線照射に感受性がきわめて高いこと，老齢になると雌雄ともに動脈硬化が多発すること，心臓に石灰沈着が高率に発症することなどが知られている．このマウスは 1913 年に Bagg が入手したアルビノマウスで，遺伝子型が *c/c* であることから Bagg の Albino で BALB/c と命名された．

d. CBA

ABC（野ねずみ色），乳がん，肝がん，リンパ腫を高発症するので，がんの研究に利用されている．発症腫瘍は乳がん（経産雌 60〜65％），肝がん（雄 65％）である．B 細胞機能が低いこと，麻疹ウイルスに高い感受性を示すこと，血圧が比較的高いこと，ビタミン K 不足に感受性が高いこと，カゼインの連続注射により C3H よりもアミロイドーシスを起こしやすいこと，網膜変性しやすいことなどが知られている．このマウスは BALB/c と DBA との交配により確立された．

e. C3H

ABC（野ねずみ色），C3 とも呼ばれる．乳がんは経産雌で 85〜100％，未経産雌で 70〜100％と高発症する．しかし，現在では乳がんの原因は MMTV（mouse mammary tumor virus）によることが判明しており，帝王切開による微生物クリーニングの後（**C3H**/He）では乳がんの発症は極めて低くなっている．

その他の特性としては，加齢にともない心臓に石灰沈着がみられること，卵白アルブミン・アレルギーショックに感受性が低いこと，口蓋裂がみ

られること，加齢に伴い腎臓病を高発症し，脱毛もみられることなどがあげられる．

f. ICR（CD-1）

ABc（アルビノ），比較的大型で発育が良い．研究用として利用範囲が広く，永年にわたり全世界での使用実績（毒性，神経生物学，腫瘍学，感染症，薬理学，製品の安全性試験など）がある．丈夫で繁殖性も良好であり，おとなしく取扱いやすい．

ICR マウスは，フランスのパスツール研究所に由来し，ドイツ，スイスを経てアメリカへと渡り，ロックフェラー研究所へ移った時に Swiss マウスと命名された．次いでこのマウスは Institute of Cancer Research（アメリカ）に導入され，ここから世界の各研究施設へ送られたため ICR と呼ばれるようになった．また，**CD-1** の名称は，ICR マウスを帝王切開（Ceasarian delivery）による微生物クリーニングしたことに由来する．

g. C57BL/6

aBC（ブラック），B6 とも呼ばれる．長寿の系統である．ヒトゲノムに次いでマウス全ゲノム配列決定に使用された系統である（C57BL/6J）．また，トランスジェニックマウス（Tg）やノックアウトマウス（KO）を作製するときに良く使われてきた（C57BL/6N）．特徴としては，飼料によりアテローム性動脈硬化症を起こすので心臓の研究に利用されている．心臓への石灰沈着は起こりにくい．また，アルコールに対する嗜好がみられ，モルヒネ感受性も高い．飼料により肥満になりやすく，糖尿病や肥満の研究にも利用されている．腫瘍の発症は少なく，発がん物質による発がん性も低い．他に免疫寛容を誘導しやすいこと，脱毛が生じやすいこと，老化にともなう聴覚障害が誘発されることなどが知られている．新生子には小眼症，無眼症，白内障，後肢に多指症，水頭症，咬合不全などを発症することがある．

1921 年にリトルがラスロップ（Abbie Lathrop）から購入したマウスに由来している．雌の 57 番に起源をもつため C57 の記号がつけられた．また C57 のうち毛が黒色（black）に固定されたものが C57BL，チョコレート色（brown）に固定されたものが C57BR（BR とも呼ばれる）と命名されている．また，C57BL/10 は B10 とも呼ばれる．

C57BL/6 には，先に述べたようにジャクソン研

究所の C57BL/6J（J グループ）または NIH の C57BL/6N（N グループ）があることを知らなければならない．J と N の亜系統があることを知らずに購入，使用，また混用されたこともあり，ゲノム塩基配列中に一塩基変異（SNP：single nucleotide polymorphism）の多型がみられることが報告されている．結果的に現在，C57BL/6 には多くの亜系統が存在している．

h. C58

aBC（ブラック），白血病の発症が 65〜97％と高く，この系統は白血病の実験的研究には欠くことのできない貴重な実験動物となっている．その他，腎臓の形成不全が約 10％出現する．寿命は雌で平均 351 日，雄で平均 373 日と比較的短命の系統である．

C58 は C57 とほぼ同時期に，ラスロップから購入したマウスに由来し，雌の番号 58 に起源をもつ．

i. DBA

abCd（淡チョコレート色），世界で最も古い近交系である．DBA の起源は 1900 年までさかのぼる．学校教師ラスロップが Granby（アメリカ・マサチューセッツ州）にある彼女の農場で捕獲し，ペットとして飼育していた愛玩用マウス（グランビーマウス）にその端を発する．1902 年，キャッスル（William E. Castle, 哺乳動物遺伝学の父といわれる）は，彼女からマウスを買い入れ，毛色についてメンデルの遺伝法則が哺乳類へ適用できるかどうかを調べ始めた．彼の教え子にはリトル，スネル（George Snell）などがいる．キャッスルの影響を受けたリトルは，このマウスを使って毛色の遺伝実験を行った．1909 年よりこのマウスの近親交配が開始され，その毛色遺伝子型が dilute (*d*)，brown (*b*)，non-agouti (*a*) であったので DBA と命名された．キャッスルとリトルは，黄色遺伝子を 2 つもつマウスが母親の妊娠中に成長を停止することを示し，致死遺伝子の存在を証明した．また，リトルとティザー（E. E. Tyzzer）は系統間の組織移植は拒絶反応が起こることを発見し，この研究をもとにスネルは組織適合遺伝子を発見する．この発見によりスネルは 1980 年にノーベル賞を受賞している．リトルは同僚のストロング，マクダウェル（MacDowell）らとともに C57BL/6, C57BL/10, C3H, CBA, BALB/c を

含む有名なマウスの系統を作出した．

DBA に由来する系統としては，D1 とも呼ばれる DBA/1 や，D2 とも呼ばれる DBA/2 などがある．D1 は若齢で音響に対する反応が鋭敏であり，聴原性痙攣を起こしやすいこと，繁殖使用後の大部分の個体に心臓への石灰沈着がみられることなどが知られている．D2 は，音に敏感で，聴原性痙攣を起こしやすい．また，早期の聴覚障害，緑内障がみられ，心臓の石灰沈着を高発症することが知られている．産子数が少なく，哺育も不良なので，繁殖が困難である．DBA は *abCd* の毛色を利用した遺伝モニターに使用されている．

j. dd

ABc（アルビノ），クローズドコロニーとして維持されている非近交系マウスで，繁殖能力が高く，発育も良好である．日本では，ICR（CD-1）とともに，薬効，薬理，毒性など，様々な試験研究に広く用いられている．ddY は卵白アルブミンによるアレルギーショックに高い感受性を示す．また，乳がんを高発症する．

dd グループは，1910〜1920 年頃にドイツから伝染病研究所（現東京大学医科学研究所，略称：伝研）に導入された．その後，全国に普及，使用され，わが国の実験用マウスの約 60％を占めた時代があった．現在，系統名としての dd に維持研究機関名や地方名が付記されて表示されている．例えば ddY は国立予防衛生研究所（略称：予研）にて系統化されたものであり，ddY の頭文字は，それぞれドイツ，伝研，予研を示している．また，予研にて樹立した近交系は DDY とし，小文字で表記されている ddY のクローズドコロニーと区別している．

k. KK

aBc（アルビノ），頸肋骨をもつ個体が多い．産子数は平均 5〜6 匹と少ない．老齢になると肥満になりやすく，糖尿病を発症することが多い．また，心臓への石灰沈着が認められる．肥満となりやすいため，繁殖可能期間が短く，また，分娩時の営巣，哺育能力が低い．雄は闘争性が高く，4 週齢を過ぎてからは異なるケージで飼育された雄を同居させてはならない．

1940 年頃に埼玉県春日部地方で飼育されていた実験用マウスである．名前の由来は春日部のローマ字の頭文字 K とマウスの K ラインであることか

らKKマウスと命名されている.

l. NC

AbC（シナモン色），卵白アルブミンを用いたアナフラキシーショックによる死亡率が極めて高い. 同じ起源をもつNC/Ngaは，アトピー性皮膚炎モデルとして利用されているが，SPF環境下では皮膚炎を発症しないため，コンベンショナル環境下で飼育する必要があり，発症には約5ヶ月かかるという. 加齢とともに腎炎，貧血，皮膚の紅斑，脱毛などSLE（systemic lupus erythematosus：全身性エリテマトーデス，全身性紅斑性狼瘡）類似の疾患を発症し，死亡することが多い.

わが国の小鳥屋，夜店などの店頭でみられた美しい有色の愛玩用マウスで，実験用に近親交配された. ニシキネズミのローマ字の頭文字Nとシナモン色のCとで表示された.

m. NZB

aBC（黒色），ヒトの自己免疫疾患である紅斑性狼瘡に類似した症状を示す. 鼠径リンパ節は3ヶ月齢でほぼ米粒大に達する. リンパ性白血病は約7％発症する. 免疫グロブリン，特にIgM，IgG量が高い. また，肥満になる傾向があり，哺育能力も低いため，繁殖が極めて困難である.

NZBはNew Zealand black mouseのことである. 1930年，イギリスからニュージーランドに導入されたマウスコロニーに由来する. 当初はランダムに交配が進められ，毛色は野生色，黄褐色（tan），チョコレート色であった. 1948年にBielschowskyによってがん研究のために近親交配が開始された. NZBは野生色から選抜され，黒の毛色が出現したものである. その他，NZYは黄褐色（tan）から選抜された下垂体肥大を伴う乳がん高発症系統，腎嚢胞発症系統である（白斑チョコレート）. **NZC**はチョコレートから選抜，**NZO**はobese（肥満）で野生色から選抜，NZSはsandy colorからの選抜で腎嚢胞高発症系統，NZBRはNZBから生まれた茶色の突然変異などがある.

n. NZW

bcp（アルビノ），New Zealand white mouseのことで，NZBマウスのNZ系と起源は異なっている. 非近交系の白いマウスを近親交配したもので，NZW/N自身はSLE（全身性エリテマトーデス）様の病態を発症しないが，NZB/NとのF$_1$で重篤な自己免疫疾患症状を発症することが知られ

ている.

o. SM

A^wまたはa（野生色で腹部白または黒色），出生時及び離乳時は体が小さく，一般的にはスモールマウスと呼ばれ，小さいサイズのマウスとして作出された. しかし，成熟時にはこの傾向がなくなるという. 1年以上になると全個体にアミロイドーシスが発症する. 腫瘍の発症率は低い.

p. 129

A^wBC^{ch}（クリーム色），ダン（L. C. Dunn）によって確立された近交系の1つである. 主にジーンターゲティングなど遺伝子機能を解析するためのES細胞の作製に多用されており，ES細胞株群（embryonic stem cell lines）が充実している. 特徴としては，精巣の先天的奇形腫（テラトーマ）が約5％に発症するというが，亜系である129/Sv－＋/ter系のter/terの雄では，精巣のテラトーマ（奇形腫：筋肉，骨，歯，毛など内胚葉，中胚葉，外胚葉組織からなる）が94％，同＋/＋型では0.4％発症する. 妊娠率，哺育能力ともに低いので繁殖が困難な系統である.

129はイギリスの愛玩マウスに由来する有色系と，キャッスルが維持していたチンチラ（C^{ch}）とを交配したもので，近交系101と同じ起源である. 現在，129ファミリーは大きく3グループparental substrains（129P），steel substrains（129S），"teratoma" substrains（129T）に分けられる. 129はノックアウトマウスを作るためのES細胞のリソースであり，ジーンターゲティング，遺伝子機能の解析に多用されているが，遺伝的にコンタミネーションを受け，バリエーションが存在するという報告がなされ，使用に注意が必要である. 特に129/SvJは他の系統との交雑による遺伝的な汚染があり，他の129系統とは異なることが報告されている.

q. MSM/Ms

ABC（野ねずみ色），国立遺伝学研究所のある静岡県三島市で捕獲された野生マウスから樹立された. ウレタン誘発による肺がんに抵抗性，高脂肪食時の肥満・糖尿病等に対する抵抗性を示す. ヒトに対する警戒心が高く，臆病でヒトによく咬みつく. 野性マウスは実験用マウスに比較すると明らかに俊敏で自発運動量が高く，ヒトの手のひらに乗っている時間は優位に短い. このマウスと

一般的な実験用マウス（C57BL）とを交配したところ，生まれてきた F_1 の手のひらに乗っている時間が優位に延長したことから，マウスの行動量に関連する遺伝子について解析がすすめられている．

r. JF-1/Ms

aBCDs（白と黒の斑 *piebald* 劣性遺伝子，遺伝子記号 *s*），日本産ペットマウスに由来する．このマウスは江戸時代，愛玩用として二十日鼠の飼い方の本「珍玩鼠育草」（1787）に掲載されている"豆ぶち"であるという．この本には「鼠種取様秘伝」として種々の毛色を持つマウスを作り出すための交配方法が記載されている．出版は遺伝の法則を発見したメンデル（1865 年）以前になる．日本では，このマウスは戦前に絶えたが，デンマークで発見され，国立遺伝学研究所に導入，育成，系統化された．おとなしく飼いやすい．一般的に広く利用されているマウスの系統（C57BL や DBA）と異なるので，突然変異遺伝子のマッピングに有用である．また，エピジェネティクスの研究にも使用されている．

その他，自然発症の疾患モデルマウスや遺伝子改変マウスが多数存在し（11 章「モデル動物学」参照），ヒトや動物の病気，免疫，移植，がんの研究など，幅広い分野で利用されている．

8.2.2 ラット

> **到達目標:**
> ラットの形態学的特徴，習性や生理学的特徴および実験動物としての特性ならびに代表的なラット系統の特性について説明できる．
> **【キーワード】** ドブネズミ，Wistar，Sprague-Dawley（SD），F344，Long-Evans，Lewis，BN

分　類:　ネズミ目（げっ歯目）Rodentia，ネズミ科 Muridae，クマネズミ属 Rattus，種はドブネズミ *Rattus norvegicus*（学名），和名は**ドブネズミ**，英名は brown rat.

マウスの次に使用頭数が多い実験動物である．実験動物としてのラットの起源は中央アジアで，1700 年頃にヨーロッパへ渡った．実験用ラットは 1800 年頃，野生のドブネズミに見つかったアルビノを改良して作られた．またの名をノルウェーラット（Norway rat）またはブラウンラット（brown rat）ともいう．同族のクマネズミ（black rat，学名 *Rattus rattus*）とは種が違う．ドブネズミとクマネズミとが交配しても F_1 が産まれることはない．全ゲノムが解読されており，哺乳類では，マウスとヒトに次いで 3 番目となる．

ラットの系統はマウスに比べてはるかに少ない．これはマウスに比べ胚操作が難しく，トランスジェニックラットの作出が困難なことなどが関連している．しかしながら，近年ではマウスのそれには及ばないが，トランスジェニックラット（Tg）やノックアウトラット（KO）も作出されるようになった．日本において入手可能なラットリソースは，近交系，ミュータント系，野生由来，Tg，KO などを含め，約 1,000 系統に達するものと推測される．ラットは腫瘍，内分泌，薬理，代謝，生化学，栄養，生殖，泌乳などの研究に使用されている．使用頻度の高い主な系統名をあげると，Wistar，SD（Sprague Dawley），F344（Fischer 344），LE（Long-Evans）などである．

特　性:　ラットはマウスに比べて大きいので，臓器，組織の大きさも十分であり，外科手術にも使用できる．ただし，マウスと違って胆嚢はない．おとなしく人によく慣れるため，行動観察などの実験にも適応する．なお，ラットは食糞（coprophagy）行動によりビタミン B 群やビタミン K を補給しており，抗生物質を投与するとビタミン欠乏になることがある．薬物代謝はヒトと少し異なっており，例えばサリドマイドに感受性がほとんどない．また，幼弱のラットでは，乾燥した環境下においては尾が帯状に壊死するリングテールがみられる．成熟したラットでは，輸送ストレスや体調をくずした場合に赤涙（紅涙）が認められることがある．これはハーダー腺に含まれるヘマトポルフィリンが光に反応して赤色を呈するためで，血の涙を流しているようにみえる．また，眼と鼻とは鼻涙管でつながっているため，赤涙が認められると鼻端部からも出血しているようにみえる．以下に主なラットの系統とその特徴について述べる．

a. Wistar

c（アルビノ），性質温順，多産で発育も良く，環境に対する順応性が高く，生理値も安定している．ラットにおいて初めて系統化された．乳がんの発症も少なく，比較的長寿の系統である．そのため多方面の研究に使用されており，全世界にお

表 8.12 ラットの主な特徴と一般的生理値

染色体数	42	発情型	多発情
成熟体重	♂ 200~500 g ♀ 200~300 g	妊娠期間	21~22 日（21 日）
平均寿命	2~3 年	産子数	6~15 匹
心拍数	280~550 回/分（350 回）	出生時体重	4~5 g
摂餌量	15~20 g/日	分娩後初回発情	2~8 時間
摂水量	24~45 mL/日	離 乳	19~22 日
排尿量	11~15 mL/日	乳頭数	12
排糞量	9~15 g/日	開 眼	15~16 日
体 温	37.3℃	開 耳	2.5~3.5 日
性成熟	♂ 6 週~ ♀ 5~8 週	腟開口	40~50 日
交配適期	♂ 9~10 週 ♀ 8 週	哺乳期間	20~25 日
繁殖寿命	♂ 9~11 月 ♀ 9~11 月（3~4 産まで）	歯式上/下（切-犬-前臼- 後臼）	1003/1003
性周期	4~5 日（不完全性周期）	椎骨（頸/胸/腰/仙/尾）	7/13/6/4/27~32
排卵型	自然排卵		

いて長年にわたる使用実績がある．しかし，ブリーダーによって体重，体長などが若干異なることがあるので注意が必要である．わが国におけるWistar ラットは，米国ウィスター研究所標準系統ロット番号 1359 に由来している．同じ系統としてWistar-Imamichi（性周期が 4 日周期），Wistar Hannover/Rcc（性質が温順で，発育も良好であり，欧州では従来より薬物の安全性試験に用いられている），Wistar/SHR（高血圧を発症），Wistar-King-A，Wistar/Lewis，Wistar/Furth，Wistar/Kyoto（耐糖能異常），Wistar fatty（肥満）など多数存在する．

b. SD（Sprague-Dawley）

c（アルビノ），比較的大型であり，おとなしく扱いやすい．また，発育が良く，繁殖性も良好な系統である．研究用として利用範囲が広く，生物検定，栄養試験のほか，各種薬理，毒性，繁殖など，多方面の分野で使用されており，Wistar ラットと同様，長年にわたる全世界での使用実績がある．ブリーダーによって体重，体長などが若干異なることがある．この雄ラットの由来は不明であるが，最初のアルビノ雌は Wistar 由来のものとされている．Sprague-Dawley という名前の由来は，単に Dawley が彼の最初の妻の旧姓であるSprague をつけたことによる．

c. F344（Fischer 344）

aBc（アルビノ），小型である．ラットの中では兄妹交配（sister-brother mating）によって維持され，近交度の高い系統の 1 つで，遺伝的に均一

である．おとなしく取扱いやすく，繁殖能力も旺盛で，かつ多産で異常産子も少ない．寿命が長く（雄で 62 ヶ月，雌で 58 ヶ月，24 ヶ月齢での生存率は 87%），丈夫なので多目的に利用できるラットである．がん研究，毒性学，特に長期毒性の分野での利用が多い．また，悪性腫瘍の発症率は低いといわれているが，乳がんは雌で 41%，雄で23%，脳下垂体腫瘍は雌で 36%，雄で 24%，精巣幹細胞腫瘍は 85%という報告もあり，一定してない．その他，肝臓障害やビタミン欠乏症が出やすいこと，高血圧の発症に対し耐性を示すことなどが知られている．

F344 は，Fischer というラット業者から購入，近親交配し，交配番号 344 から得られた子から始まったことによる．

d. LE（Long-Evans）

aCh.（黒色頭巾斑），比較的大型のラットである．性質はおとなしい．LE ラットは，カルフォルニア大学のロング（Joseph Long）と，生体染色に用いる Evans blue 色素やビタミン E で有名なエヴァンス（Herbert Evans）とが，特に内分泌学と繁殖生理学研究のために作出したラットである．土手で捕獲した灰色の野生ネズミとウィスター研究所由来のラットとの交雑がその起源となっている．1922 年，ロングとエヴァンスがこのラットを用い，腟垢（腟スメア：vaginal smear）の観察により容易に性周期を確認する方法を確立した．LE からは LEC（Long Evans Cinnamon；銅代謝異常，肝炎，肝がんを発症，ヘルパー T 細

胞欠損症，ウィルソン病のモデル動物），LEA（Long Evans Agouti）などが作出されている．

e. LEW（Lewis, Wistar Lewis）

ach（アルビノ），一般に甲状腺ホルモン，成長ホルモン，インスリンなどの血清含有量が高く，肥満になりやすい．アジュバント関節炎，コラーゲン関節炎，臓器移植や自己免疫疾患（実験的自己免疫性脳脊髄炎，糸球体腎炎など）の実験モデルとして使用されている．主な発症腫瘍は下垂体腫瘍，副腎皮質腫瘍である．このほか雌では乳がん，子宮がん，甲状腺がんなどである．24ヶ月齢での生存率は26％である．ウィスター研究所のルイス（Margarett Lewis）がキング（King）の後を継いで作出したラットである．

f. BN（Brown Norwey）

abC（ブラウン），ラットゲノムプロジェクトの標準系統としても有名で，老齢になっても活動性が高い．IgE産生能が高く，遺伝的にアレルギー素因をもつ．また，腎疾患モデルとしての薬物評価に利用されている．老齢個体では膀胱がん，膵臓がん，下垂体腫瘍，リンパ腫，甲状腺がんなどがみられる．

キングがフィラデルフィア郊外で有色の野生ネズミを捕獲し，順化して近交系としたラットである．

g. Donryu

c（アルビノ），繁殖性も良好で，比較的大型のラットである．性質はおとなしく，発育もよい．吉田肉腫に感受性高く，その移植率は90〜100％であることから実験腫瘍学の分野で広く使用されてきた．発症腫瘍は120週齢の雄では74％，雌では89％に認められる．主な腫瘍は，雄では下垂体腺腫，褐色細胞腫，インスリノーマ（インスリンを分泌する膵島細胞腺腫）などで，雌では子宮がん，乳腺がん，下垂体腺腫などである．わが国で生産されたラットから作出された系統で，1950年，佐藤隆一（がん免疫研究の草分け）によって群馬県の動物商から購入した雌，雄1対のラットから近親交配が開始された系統である．

吉田肉腫とは，吉田が肝臓の発がん実験中に発見した腹水肉腫のことである．この研究から薬物や色素ががん細胞に障害を与えること見いだし，化学療法の研究が始まったといえる．それ以前は外科手術と放射線治療しかなかった．このように

して日本最初のがん化学療法剤ナイトロミンが開発されるにいたった．

8.2.3　ハムスター

> **到達目標：**
> ハムスター，スナネズミ，モルモット，スンクスおよびウサギの分類，形態学的特徴，習性や生理学的特徴および実験動物としての特性について説明できる．
> **【キーワード】** ゴールデンハムスター（シリアンハムスター），スナネズミ，モルモット，ハートレイ，アナウサギ，ノウサギ，日本白色種，ニュージーランドホワイト種，Watanabe heritable hyperlipidemic（WHHL）ウサギ，食糞，眼粘膜刺激性試験（ドレイズテスト），発熱試験，アイランドスキン，スンクス（ジャコウネズミ），嘔吐

分　類：　ネズミ目（げっ歯目）Rodentia，キヌゲネズミ科 Cricetidae.

ハムスターは亜属を含め7属に分類され，ヨーロッパ，中近東，アジア大陸の各地に分布している．よく知られているものには，ゴールデンハムスター，ジャンカリアンハムスター，チャイニーズハムスター，クロハラハムスター（ヨーロッパハムスター），キャンベルハムスター，ロボロフスキーハムスターなどがあるが，ここではゴールデンハムスターについて述べる．

ゴールデンハムスター（golden hamster）は，ゴールデンハムスター属 Mesocricetus，種は *Mesocricetus auratus*（学名）で，**シリアンハムスター**（Syrian hamster）とも呼ばれている．1930年 Aharoni がシリアで捕獲した雄1，雌2に由来しており，近交系，ミュータント系，クローズドコロニーが育成されている．大きな頬袋をもち，そこに食べ物を詰め込んでいる姿がしばしばみられる．

特　性：

・不定期であるが5℃以下になると冬眠するが最長でも6〜7日で目を覚まし，これを繰り返す．

・頬袋部分は移植片を拒絶しないため，ヒト用インターフェロンの生産や，がんの移植実験に利用されている．

・未受精卵は，他の哺乳動物の精子を受け入れるため，精子侵入試験に利用される．この精子侵

表 8.13 ハムスター各種の特徴

	ゴールデンハムスター（シリアンハムスター）	ジャンカリアンハムスター	チャイニーズハムスター	クロハラハムスター（ヨーロッパハムスター）	キャンベルハムスター	ロボロフスキーハムスター
分布	シリア, レバノン, イスラエル	ロシアのカザフ地方, シベリア南西部	中国北西部, 内モンゴル自治区	ヨーロッパ中部からシベリア西部	ロシア, モンゴル, 中国内蒙古・黒竜江省	ロシアのトゥーワ地方
体長	16〜18.5 cm	7〜10 cm	8〜12 cm	20〜34 cm	8〜11 cm	5〜7 cm
体重	80〜150 g	35〜45 g	20〜40 g	700〜900 g	35〜45 g	15〜30 g
妊娠期間	15〜16 日	18〜21 日	約20 日	約18〜21 日	18〜21 日	18〜21 日
産子数	平均8匹（1〜15匹）	平均5匹（1〜9匹）	平均6匹	平均5匹（4〜12匹）	平均5匹（1〜9匹）	平均5匹（1〜9匹）
離乳	18〜21 日	18〜21 日	18〜21 日	18〜21 日	18〜21 日	18〜20 日
染色体数	$2n=44$	$2n=28$	$2n=22$	$2n=22$	$2n=28$	$2n=28$
寿命	2〜3 年	2〜3 年	2〜3 年	7〜9 年	2〜3 年	2〜3 年
性格	全体的に雌のほうが気が強い. 特に繁殖中には注意する	非常に扱いやすく, 人にも慣れる	臆病だが, 人間に慣れる. 特徴：睾丸が大きい	野生に近い. 臆病で慣れにくい	性格のきついものが多い	臆病で慣れにくい. 動きは素早い

表 8.14 ゴールデンハムスター（シリアンハムスター）の主な特徴と一般的生理値

適 温	21〜24℃	繁殖寿命	♀1年
適 湿	40〜60%	排卵数	7〜17
摂餌量	10〜15 g/日	出生時体重	1.5〜2.5 g
摂水量	8〜12 mL/日	分娩後初回発情	1〜8 時間
排尿量	7 mL/日	離 乳	18〜21 日
排糞量	2〜2.5 g/日	離乳時体重	25〜30 g
体 温	37.8℃	開 眼	14〜16 日
性成熟	♂6〜8 週 ♀28 日	被毛発生	4 日
性周期	4 日（不完全性周期）	萌出（歯が生える時期）	6 日で摂餌
排卵型	自然排卵	哺乳期間	21 日
発情型	多発情	歯式上/下（切-犬-前臼-後臼）	1003/1003
交配適期	♂9〜10 週 ♀8 週	椎骨（頸/胸/腰/仙/尾）	7/13/6/4/13〜14
交配方法	♂1：♀1		

入率は男性不妊と高い相関を示すことから, 男性不妊診断にも利用されている.

・狂犬病, 日本脳炎, ジステンパーなどのウイルスに鋭敏に反応する.

・妊娠期間は短く, 他の実験動物に比べて成長が著しく早い.

・モルヒネ, ペントバルビタールナトリウムなどに対して感受性が低い.

・ペニシリン, テトラサイクリン, エリスロマイシン（グラム陰性菌用抗生物質）に対して感受性が高く, 腸内ではグラム陽性菌やクロストリジウムの増殖につながる.

8.2.4 スナネズミ
分 類： ネズミ目（げっ歯目）Rodentia, ネ

ズミ科 Muridae, アレチネズミ亜科 Gerbillinae, スナネズミ属 Meriones, 種は *Meriones unguiculatus*（学名）, 和名はスナネズミ, 英名は Mongolian gerbil.

自然棲息地は中国, モンゴル, インド亜大陸の砂漠地帯である. 1935 年に大連衛生研究所の春日によって捕獲され, 北里研究所を経て実験動物中央研究所へと渡り, 実験動物化された. わが国で初めて野生動物から実験動物化された動物である.

特 性：

・後交通動脈が先天的に欠損している. そのため総頸動脈結紮により脳の虚血による脳梗塞を容易に誘発できる. また, ほうり上げたり, 尾をもって軽く振ったりするだけで, てんかん, 痙攣を起こす.

表 8.15 スナネズミの主な特徴と一般的生理値

染色体数	44	産子数	3～5 匹
成熟体重	60～90 g	出生時体重	1 g
平均寿命	3～7 年	分娩後初回発情	3 日以内
心拍数	260～600 回/分	離 乳	20 日前後
体 温	38.1～38.4℃	離乳時体重	10～15 g
性成熟	10～12 週	開 耳	3～7 日
精巣下降	28～45 日	被毛発生	5 日
腟開口	40～76 日	萌出（歯が生える時期）	15 日頃より摂餌
性周期	4～7 日（不完全性周期）	哺乳期間	21 日前後
排卵型	自然排卵	乳頭数	8
発情型	多発情	歯式上/下（切-犬-前臼-後臼）	1003/1003
妊娠期間	24～26 日	椎骨（頸/胸/腰/仙/尾）	7/12～14/5～6/4/27～30

- 砂漠の動物であることから 1 日の水分摂取量は少なく，ごく少量の尿と乾いた糞を排泄する．体重 10 g あたり 1 日，0.2 mL の飲水でも生存可能であるという．糞や尿が濃縮されるため，鉛中毒の研究に用いられている．
- 高コレステロール飼料で高脂血症，肥満性の高インスリン血症，高血糖になりやすい．副腎はよく発達して大きく，糖質コルチコイドの分泌亢進がある．
- 雌に前立腺が認められるものもある．
- 腹部正中線上に皮脂腺があり，フェロモンを含む分泌物を分泌し，テリトリーのマーキングに利用している．
- 放射線に対する抵抗性がある．
- ストレプトマイシンに感受性が高い．
- レプトスピラやピロリ菌に感受性がある．

8.2.5 マストミス

分 類： ネズミ目（げっ歯目）Rodentia，ネズミ科 Muridae，マストミス属 Mastomys，種は *Mastomys natalensis*（学名）．

西アフリカ一帯に棲息する．多乳房（multimammate）ネズミの仲間である．和名は毛並みが柔らかく絹のような手触りがあることからヤワゲネズミという．マストミスは成熟時の体重が 80～100 g，マウスとラットの中間の大きさの動物で雄は雌よりやや大きい．マストミスはラッサ熱（ウイルス性の出血熱）を媒介することで有名であり，自然宿主であるマストミスは発症しない．ラットと同様に胆嚢を欠く．また，雌にも前立腺が認められる．2003 年からマストミスの日本への輸入は禁止されている．

8.2.6 モルモット

分 類： ネズミ目（げっ歯目）Rodentia，テンジクネズミ科 Caviidae，テンジクネズミ属 Cavia，種は *Cavia porcellus*（学名），和名はテンジクネズミ（天竺鼠）またはモルモット，英名は guinea pig．現在は DNA 塩基配列を基にした分子進化論的知見からモルモットはげっ歯目に分類するのではなく，独立のテンジクネズミ目をつくるべきといった報告もある．

英名の guinea pig の由来は，イギリスの旧通貨（guinea），1 ギニーで販売されていたため，イギリスの奴隷船が行き来をしていた頃，その船が西アフリカのギニアを経由しイギリスに到着したため（この動物はギニアには分布しない），頭が大きくずんぐりとし，授乳中の子豚に似ていたため，といった説，また，モルモットの原産地である南米アンデス（主にペルー，ボリビア，エクアドル）のギアナ（Guyana）が転訛したものという説もある．モルモットはその後，育種選抜されペットとして 100 系統ほどが存在する．また，モルモットはエリザベス女王 1 世やルーズベルト大統領，ケネディー大統領のペットとして愛玩されたことでも有名である．

一方，モルモットという名の由来は，ヨーロッパ人によって発見された当初，ヨーロッパに棲息するリス科の動物，アルプスマーモット（*Marmota marmota*）と誤認されたことによるとされる．日本では実験対象になる人のことをモルモットという呼び方をしていたが，これはかつて第二次世界大戦中にドイツのアウシュビッツ収容所において，人体実験をする囚人（実験対象者）のことをモルモットと呼んだことによるという．

実験動物としてのモルモットはいくつかのノー

8.2 各種実験動物の特性（実験動物の種と系統）　　143

表 8.16 モルモットの主な特徴と一般的生理値

染色体数	64	産子数	3〜5 匹	
成熟体重	♂ 900〜1500 g ♀ 700〜1300 g	出生時体重	85〜100 g	
平均寿命	5〜8 年	分娩回数	3 回／年	
心拍数	150〜300 回/分	分娩後初回発情	2〜3 時間で排卵	
摂餌量	20〜30 g/日	離 乳	14〜21 日	
摂水量	80〜150 mL/日	離乳時体重	170〜180 g	
排尿量	20〜80 mL/日	開 眼	出生前 14	
排糞量	10〜15 g/日	開 耳	出生時	
体 温	38.3℃	音に驚く	出生時	
性成熟	♂ 8 週	被毛発生	出生時	
性成熟	♀ 28〜35（早いと 20 日）	萌出（歯が生える時期）	出生時に永久歯	
交配開始	9〜10 週	哺乳期間	20 日で離乳 ♂♀分離	
性周期	14〜18 日（16 日）（完全性周期）	指	前：4 後：3	
排卵型	自然排卵	乳頭数	1 対	
発情型	多発情	歯式上/下（切-犬-前臼-後臼）	1013/1013	
交配方法	♂ 1：♀ 3〜10（Harems）	椎骨（頸/胸/腰/仙*/尾）	7/13/6/4*/7	
妊娠期間	59〜72 日			

＊モルモットの仙椎の数は 2〜4 と教科書によって異なる．本書では仙椎孔の数を根拠に仙椎数
は 4 を支持する．

ベル賞に関与している．ジフテリアの病原体や，その抗血清の研究，ストレプトマイシンの発見，内耳蝸牛における刺激の物理的機構の発見，抗体の化学構造に関する発見，また，結核やチフスの研究にも利用されてきた．さらに宇宙開発当初ロケットにも乗せられている．

　モルモットは温度の急激な変化に対してきわめて敏感で，高温に弱く，30℃が継続すると，流産や死産に至る場合が多くなる．モルモットの性周期は哺乳動物の中で最も基本的な型で，発情のピークで排卵が起こり，排卵後の黄体は機能的である．モルモットでも，マウスと同様に後分娩発情が認められ，このとき雄を同居しておくと交尾し，妊娠率も高いので，実際の繁殖に応用されている．

　品種としてはイングリッシュ（直毛短毛種，最も一般的な品種，アルビノや黒茶白の三毛色），アビシニアン（中毛種，全身にロゼットと呼ばれるつむじをもつ），ペルビアン（直毛長毛種，頭部と背の毛が長くなる）の 3 種がある．実験動物として利用されているのはイングリッシュ，アビシニアンであるが，イングリッシュ由来で，ダンキン（Dunkin）とハートレイ（Hartley）が作出した非近交系のハートレイ系が有名である．ほかに近交系，ミュータント系がいる．近交系では結核菌に対して抵抗性を示す No.2（Strain 2）や結核菌に対して抵抗性の低い No.13（Strain 13）がい

る．

特　性：
・ヒトやサルと同様でビタミン C（アスコルビン酸）を体内合成できない．欠乏させると壊血病の症状を示して 2〜3 週間で死亡する．これは体内でブドウ糖からビタミン C を合成する際に必要な L-グロノラクトンオキシターゼがモルモットの肝臓に存在しないためである．この特性を利用しビタミン C 欠乏症（壊血病），ビタミン C 代謝実験に使用されてきた．

・ペニシリン，アンピシリン，テトラサイクリン，エリスロマイシン，リンコマイシンなどの抗生物質に対して感受性が高く，特にペニシリンにはマウスの 100〜1,000 倍の感受性を示す．ときには致命的な腸炎を起こし，死亡する．ただし，無菌モルモットではこのような現象はみられない．これらの抗生物質の使用は *Clostridium defficile* が増殖し，その毒素により出血性盲腸炎の原因となるのでクロラムフェニコール，サルファ剤などが使用される．

・アレルギーを発症しやすいので皮膚刺激性試験に使用されている．接触性皮膚炎（遅延型アレルギー）の研究に利用されている．また，補体価が高く，個体差も少ないので血清反応用補体の採取動物として古くから利用されている．

・ヒスタミン感受性が高く，アナフィラキシーシ

ョックを起こしやすい.

・体表に太い血管がない. <u>胸腺</u>は胸腔内ではなく, <u>頸部皮下</u>にある.

・精嚢腺はコイル状によく発達し, 赤脾髄には莢動脈を欠く.

・盲腸は大きく, 左側腹腔のほぼ1/3を占め, よく発達した3本の<u>腸紐</u>(tenia)がある.

・副腎皮質ホルモン(コルチコステロイド)の作用が弱い動物で, このホルモンを投与しても胸腺の生理や末梢のリンパ球数には大きな変化はみられない.

・結核菌に感受性が高く, また, ブルセラ, ジフテリヤ, Q熱, 脳炎などの病原微生物の感染実験に使用される.

・棲息地が高地であり酸素欠乏はマウスの4倍, ラットの2倍抵抗性を示す.

・鼓室が大きく(聴覚が発達), 音に鋭敏な反応を示すことから聴覚の研究にも利用されている.

・耳介後部から中耳にかけて大きな血管や筋肉がないことから外科的アプローチが容易である. また, 他の動物と異なり鼓室が側頭骨に埋め込まれておらず, 蝸牛が中耳腔に埋没しているため薬剤投与もしやすい.

・ウサギと同様に食糞(coprophagy)する. また, 糞の形は, 雄(バナナ型)と雌(俵型)とで微妙に異なる. 飼料中の脂質によって血清が濁りやすい.

・性別判定は外陰部の形態でわかるが, 慣れていない場合は, ウサギで行われるように膀胱付近を軽く圧迫すると陰茎を確認しやすい.

・腟は通常, <u>腟閉鎖膜</u>で閉じられている. 発情期および妊娠中期に腟閉塞膜は消失し腟は開口する.

8.2.7 ウ サ ギ

分 類: ウサギ目(重歯目)Lagomorpha, ウサギ科 Leporidae, アナウサギ属 Oryctolagus, 種は *Oryctolagus cuniculus*(学名), 和名は**アナウサギ**(カイウサギ). ウサギ科の中にはアカウサギ属, アナウサギ属, アマミノクロウサギ属, アラゲウサギ属, ウガンダクサウサギ属, スマトラウサギ属などがおり, わが国ではマウス, ラットについで使用数の多い実験動物である.

家畜やペットとしてのウサギ domestic rabbit

(アナウサギ)は, 地中海沿岸のイベリア地方(スペイン, ポルトガル)のヨーロッパアナウサギ(英:rabbit)が起源である. アナウサギは, 名前のとおり野生状態では地下に巣穴を掘り, 巣穴で出産・育子を行う. 新生子は目が開かず, 毛も生えておらず, 自力で歩行ができない. 一方, 日本に棲息しているウサギは**ノウサギ属**(学名:*Lepus brachyurus*, 英名:hare, Japanese hare)で, アナウサギとは別種である. ノウサギは巣穴を掘らずに生活し, 新生子の眼は開いており歩行もできる. 毛も生えている. また, ナキウサギはナキウサギ科, ナキウサギ属に属している.

ウサギの切歯は, 外見では一本にしかみえないため, また, 切歯が伸びることから, かつてはネズミ目(げっ歯目)の動物として扱われた. しかし, 上顎切歯の2本が重なっているため重歯目に分類されている.

ウサギは毛皮や食肉が目的として家畜化され, 多くの品種が作出されたもので, 実験動物として開発されたものではない(表8.17, 8.18). ウサギの耳の表面積は, 体表総面積の12%程度と大きく, 耳の中央には動脈, 周辺には静脈が分布している. この動脈と静脈は毛細血管以外にも比較的太い血管で吻合しているため, 体温が上昇した場合, 耳に運ばれた血液は, 耳で直ちに冷却され, 静脈を経て体内へ戻ることにより体温調節に役立つという. また, 脊髄の終末は第2仙椎で終わるものが79%, 第1仙椎が19%, 第3仙椎が2%とバラツキがみられるという.

表8.17 ウサギの品種(用途別分類)

毛皮, 食肉兼用	日本白色種(Japanese white), ニュージーランドホワイト(New Zealand white)
毛皮用	チンチラ(Chinchilla), アンゴラ(Angora), レッキス(Rex)
食肉用	フレミッシュジャイアント(Flemish giant), ベルジアンヘアー(Belgian hare), カリフォルニア(California)
愛玩用	ヒマラヤン(Himalayan), イングリッシュ(English), ダッチ(Dutch), ポリッシュ(Polish)

表8.18 ウサギの品種(サイズ別分類)

大型種	フレミッシュジャイアント, カリフォルニア, ニュージーランドホワイト
中型種	アンゴラ, チンチラ, レッキス, ベルジアンヘアー, 日本白色種
小型種	ヒマラヤン, イングリッシュ, ダッチ, ポーリッシュ

実験動物としてのウサギの使用は 19 世紀中頃からで，パスツールの炭疽菌の研究，コッホの結核菌の研究，北里柴三郎の破傷風，ジフテリアの抗体研究などがある．ウサギを近交化すると，繁殖力の低下や先天的奇形の頻度が高くなる（近交退化する）ことから，近交系は少ない．ミュータント系としては，神戸大学，渡辺が育成した遺伝性高脂血症で重篤な動脈硬化を発症する **WHHL ウサギ**（**Watanabe heritable hyperlipidemic rabbit**）が有名で，このウサギはゴールドシュタイン（Goldstein）とブラウン（Brown）らに分与され，このウサギを使って行ったコレステロール代謝の研究により彼らはノーベル賞を受賞している．起源は日本白色種である．

実験用に利用されているウサギは以下の 5 品種である．

日本白色種（Japanease white：JW）： 由来はいくつかの外来種を交雑して作出された日本在来種に，ニュージーランドホワイト種とフレミッシュジャイアント種を交配して毛質と肉質を改良したものである．わが国で実験用として一番多く使われている．日本白色種をもとにした近交系として JWNIBS（体型が小さく，早熟で，自然発生の奇形が少ない）や JWCSK（耳が大きく，早熟で，繁殖成績が良好）などがある．

ニュージーランドホワイト種（New Zealand white：NZW）： ニュージーランド種にフレミッシュジャイアント種やアンゴラ種を交配させたもので，もともとは毛皮と肉の兼用種である．海外では最も多く使用されている．わが国でも日本白色種についで多く使われている．

ダッチ種（Dutch）： オランダ原産で愛玩用に育種された．小型なので飼育管理がしやすい．実験には少数だが使用されている．

アンゴラ種（Angora）： 中型で毛皮用に育種された．**アイランドスキン**ができにくいので，**皮膚刺激性試験**などに利用されている．

フレミッシュジャイアント種（Flemish giant）： 食肉用に育種された．大型であり，耳も大きいので抗血清作製に利用されている．

特　性：
・げっ歯類では催奇形性を示さなかったサリドマイドに対して催奇形性を示す．医薬品の生殖毒性試験法ガイドラインでは，通常 2 種の動物，1 種はげっ歯類，ラットが望ましく，1 種は非げっ歯類，ウサギが望ましいと記載されている．

・**食糞**をする．昼間の糞とは異なり，夜間の糞はタンパク質，ビタミン B 群，ビタミン K を豊富に含む．そのためエリザベスカラーを装着し，食糞行動を抑制すると成長が遅延する．

・偽好酸球をもつ．これは発生学的には好中球であるがエオジンなどに染まる好酸性顆粒もっている．偽好酸球は，好酸球より小さい．

・個体によって異なるがアトロピンエステラーゼをもっているためアトロピン，スコポラミンなどのアルカロイド成分を含むベラドンナ（植物）を食べても，中毒を起こさない．

・涙をあまり流さず，虹彩が着色していないので

表 8.19　ウサギの主な特徴と一般的生理値

染色体数	44	排卵数	8
成熟体重	♂ 1,500〜5,000 g ♀ 1,500〜6,000 g	妊娠期間	30〜31 日
		産子数	6〜8 匹
平均寿命	4〜6（最長 12 年）	出生時体重	30〜70 g
心拍数	180〜350 回/分	分娩後初回発情	35 時間
体　温	38.5℃	離　乳	42〜55 日
摂餌量	30〜300 g/日	離乳時体重	170〜180 g
摂水量	200〜500 mL/日	交配適期	♂ 7〜8 月齢 ♀ 5〜6 月齢
排尿量	20〜200 mL/日	被毛発生	4〜5 日
排糞量	30〜45 g/日	開　耳	7 日
性成熟体重	2,500〜3,000 g	開　眼	10〜13 日
性成熟	150〜210 日	哺乳期間	31 日
排卵型	交尾排卵	指	前：5 後：4
発情型	多発情	歯式上/下（切-犬-前臼-後臼）	2033/1023
交配方法	♂ 1：♀ 9 （♀を♂に導入）	椎骨（頸/胸/腰/仙/尾）	7/12/7/4〜5/15〜18

眼粘膜に分布する血管の変化を観察しやすい. そのため**眼粘膜刺激性試験（ドレイズテスト）**, 化粧品などの開発に使用された.

・耳静脈が太くてよく発達しているので注射や採血が容易, 抗体産生も良好なので免疫血清の作製に使用されている.

・繁殖については明瞭な性周期はなく, 1〜2週間の連続発情が続き, その後1〜2日程度の発情休止期がある. 連続発情期間に雄と強制的に交尾させることで妊娠が成立する. 分娩直後にも発情し, 交配可能である. なお, 交尾後受精しなかった場合, その後の黄体は機能的となり維持され, いわゆる偽妊娠（pseudopregnancy）状態が約15日間続く.

・発熱物質に高感受性を示すので, **発熱試験**として薬物中の発熱物質の検索に使用されている.

・**アイランドスキン**になる. これは生理的な皮膚の現象として, 同じ個体でヘアサイクルがあり, 休止期（スムーススキン）, 部分成長期（アイランドスキン）, 成長期（ラフスキン）を繰り返す. 皮膚刺激性試験などでは障害になるため, 休止期を利用する.

・下顎と肛門周囲に皮脂腺があり, フェロモンを含む分泌物を分泌し, テリトリーのマーキングに利用している.

・抗生物質（リンコマイシン, クリンダマイシンなどのペニシリン系, マクロライド系）は腸内細菌叢に変化をきたし, 下痢などを起こすことがある.

・盲腸末端にはリンパ組織の発達した細長い虫垂が存在する.

・胚着床後の胎盤形成では, 初期には上皮絨毛胎盤であるが, 後に血絨毛胎盤となる.

8.2.8 スンクス

分 類： 真無盲腸目 Eulipotyphla, トガリネズミ科 Soricidae, ジャコウネズミ属 Suncus, 種は *Suncus murinus*（学名）, 英名は Asian house shrew. 和名は**ジャコウネズミ**または**トガリネズミ**と呼ばれているが, げっ歯目とは異なる. 東アフリカ, インド, インドネシア, フィリピン, 台湾の森林, 低木林や人家に棲息している. 日本では沖縄から九州にかけて分布し, 日本が北限となっている.

食性は肉食性の強い雑食性で昆虫類, 節足動物などを食べるが植物を摂取することもある. 子育てのとき, 母子のケージに強い振動を与えると生まれた子が順次に尾根部をくわえて親と数珠繋ぎになり, キャラバン行動（5〜22日齢頃まで）をしながら移動する.

系統は野生色とクリーム色の2種があり, いずれもクローズドコロニーとして維持されている. また, 自然発症の糖尿病スンクスが発見されており, 系統数は今後も増えると推測される.

特 性：

・乳汁には, 海獣類と同様に乳糖が含まれていない.

・泌尿器と生殖器と肛門は共通に開口しており雌雄ともに共通のヒダで覆われる. この部分の外形からの雌雄の判別は困難である. 雌では鼠径部に3対の乳頭がみられ, 胎生期, すでに明瞭であるため胎子や新生子における雌雄の鑑別に用いられている.

・雌雄ともに腹部の左右に1対の臭腺をもち, 特有の臭気のある物質を分泌する.

・胃粘膜の形態は, ヒトやイヌの胃に類似しており, 腸管は短く, 盲腸を欠く.

・嘔吐をする小動物である点から各種の乗り物酔いなど嘔吐抑制薬の開発に利用されている. また, アルコールで肝障害を起こしやすい.

・体脂肪はほどんどない.

・ラットやマウスと異なり, 成体になっても骨髄以外に脾臓でも活発な造血が行われ, 胸腺の脂肪組織化はほとんど起きず, リンパ球の分裂, 増殖が続き, 血管網を介して, 循環系に送られる.

・眼は極めて小さく, 視神経の発達が悪い.

・精巣は腹腔内にある.

表8.20 スンクスの主な特徴と一般的生理値

染色体数	40	繁殖期間	♂20月
成熟体重	♂50〜55 g		♀18〜20月
	♀30〜35 g	乳頭数	6
平均寿命	2〜3年	離 乳	21日前後
排卵数	3〜7	性周期	なし
性周期	持続発情	排卵型	交尾排卵
発情型	持続発情	開 眼	7〜9日
妊娠期間	29〜31日	被毛発生	8日
産子数	3〜7匹	切歯発生	13〜14日
出生時体重	2〜3 g	歯式上／下 (切-犬-前臼-後臼)	3123/1113

・性周期は認められないが，周年繁殖で交尾刺激によって排卵が起こる．分娩直後にも発情し，さらに授乳期間中のどの時期でも交尾して受胎する．

・他の実験動物の主な腸内細菌は嫌気性菌であるが，スンクスのそれは好気性菌である．赤痢菌の実験感染で出血性腸炎を起こすが，センダイウイルスやロタウイルスには全く感受性を示さない．

8.2.9 サ ル

> **到達目標：**
> サル類の分類，形態学的特徴，習性や生理学的特徴および実験動物としての特性について説明できる．
> 【キーワード】 特定外来生物，アカゲザル，カニクイザル，リスザル，マーモセット

分 類： 霊長目 Primate. 以下の科，属，種については52属，209種があげられている（図8.19）．

学問的には「サル類」または「ヒト以外の霊長類」と呼ぶのが正しい．英語では，monkey や ape，または，subhuman primate，もしくは non-human primate という．また，monkey は広くサルを意味するが，狭義の意味では尾を有するサル（有尾類）のことをいう．一方，ape はチンパンジー，ボノボ，ゴリラなどといった尾のないサル（無尾類）のことをいう．医学，生物学研究に用いられるサル類は，約30種ぐらいにすぎない．

わが国ではサルについては，ヒトに共通の感染症を媒介する可能性が高いことから，2006年より OIE（国際獣疫事務局）基準に準拠し，試験研究機関および動物園で使用されるサルを除いて，すべて輸入禁止となった．あわせて**特定外来生物**の飼養が許可制となり，国内飼育・繁殖されている実験用のサルにはマイクロチップなどの個体識別が義務付けられた．つまり人に害を加える恐れのある動物種（実験動物としては，マカク属である

ニホンザル，アカゲザル，カニクイザル）を飼養・保管する場合は，氏名，所在地，動物の種類と数，飼養・保管目的，施設の所在地，施設の構造と規模，飼養・保管方法をあらかじめ都道府県知事に届け出，それに対する許可が必要である．また，サルの取り扱いにあたっては検疫を十分行い，専用作業着，帽子，マスク，手袋，ゴーグルを着用する．

サル類の実験動物としての有意性は，進化論的にみてヒトに最も近い関係にあり，形態学的，生理学的，心理学的にみても，ほかの実験動物とは比較にならないほどヒトに似ている点や，サル以外の実験動物では感染が成立しないヒトの病気である赤痢，ポリオなどに感染する点があげられる．そのためサル類はポリオ，麻疹ワクチンの製造・検定にはなくてはならない存在である．ヒト用の新薬の開発では，慢性毒性や催奇形性についての試験にサル類を使用することが多い．

このほか，行動学，心理学の研究にとっても重要な実験動物である．しかし，研究用にサルを利用することは年々厳しくなっている．ここでは実験動物として良く利用されているアカゲザル，カニクイザル，コモンリスザル，コモンマーモセットについて述べる．

a. アカゲザル

学 名 は *Macaca mulatta*，英 名 は rhesus monkey. サル類の中では実験動物として最も広く用いられている．インド北部，ビルマ，ラオス，ベトナムから中国南部にわたるアジア地域に広く分布し，やや乾燥した大陸部に多く棲息する．複数の雄，雌を含む20〜30匹程度の群で生活し，植物食を主とするが，昆虫類も捕食する．気質はやや粗暴で，マカク属のサルの中では神経質なほうに入る．

特 性：

・心拍数，呼吸数，体温，血圧，基礎代謝値，尿量などは測定操作によるストレスの影響が大きい．

・季節繁殖性を示す．雌では，初潮年齢を迎えた

```
サル目  →  原猿類（prosimian）
        →  真猿類（simian）   →  広鼻下目（新世界ザル）
                              →  狭鼻下目（旧世界ザル）  →  有尾類（monkey）
                                                        →  無尾類（ape）
```

図 8.19 サルの分類概要

表 8.21 サルの分類

サル目サル目（霊長目）	
原猿類 prosimian＝下等霊長類 lower primate	真猿類 simian＝高等霊長類 higher primate
アイアイ科：アイアイ属 　　　　　（マダガスカル島）	広鼻下目（新世界ザル new world monkey：中南米）
キツネザル科：キツネザル属 　　　　　（マダガスカル島）	マーモセット科：マーモセット属， 　　　　　　　　　タマリン属
インドリ科：インドリ属 　　　　　（マダガスカル島）	オマキザル科：ホエザル属， 　　　　　　　　クモザル属， 　　　　　　　　ヨザル属， 　　　　　　　　オマキザル属， 　　　　　　　　リスザル属
ロリス科：スローロリス属 　　（インドからベトナム，スマトラ， 　　ボルネオ，フィリピン）	狭鼻下目（旧世界ザル old world monkey：アジア，アフリカ，南太平洋諸島）
ガラゴ科：ガラゴ属，ポットー属 　　　　　（アフリカ）	有尾類（monkey）
メガネザル科：メガネザル属 　　（インドネシア，ボルネオ，フィリピン）	オナガザル科：オナガザル属 　　　　　　　　（ミドリザル） 　　　　　　　　（アフリカのサバンナ） 　　　　　　　マカク属（ニホンザル，カニクイザル， 　　　　　　　　　　　　アカゲザル） 　　　　　　　　（日本，東南アジア） 　　　　　　　　ヒヒ属（マントヒヒ） 　　　　　　　　（エチオピア，サウジアラビア， 　　　　　　　　　イエメン）
	無尾類（ape）
ツバイは，かつては霊長目であったが，現在は霊長目に分類されていない．	テナガザル科：テナガザル属 　　　　　（ギボン）（インド，インドシナ，ジャワなど）
ヒヨケザルは，皮翼目（ヒヨケザル目），ヒヨケザル科，ヒヨケザル属：ヒヨケザルはサルと名がついているが，霊長目ではない．	ヒト科：パン属（チンパンジー，ボノボ） 　　　　　（中央アフリカ） 　　　　　オランウータン属 　　　　　（オランウータン） 　　　　　（ボルネオやスマトラ） 　　　　　ゴリラ属（マウンテンゴリラ，東ローランドゴリラ） 　　　　　（中央アフリカ） 　　　　　アウストラロピテクス属 　　　　　（化石人類）

表 8.22 よく実験動物として使用されるサル

		成体重	体高	尾長
アカゲザル	インド原産	4〜12 kg	45〜65 cm	15〜35 cm
カニクイザル	インドシナ原産	2.5〜8.5 kg	35〜65 cm	40〜66 cm
ニホンザル	日本産	10〜20 kg	60 cm	2〜3 cm
コモンリスザル	南アメリカ産	0.38〜1.2 kg	30 cm	40 cm
コモンマーモセット	南アメリカ産	230〜453 g	18〜30 cm	17.3〜40.5 cm

若いサルの外部性器付近の皮膚（性皮：sexskin と呼ばれる）が，排卵期前に著明に潮紅，腫大する．また月経時に，出血を認める．

・寿命は飼育下では約 25〜30 年．

・ポリオワクチンの製造に用いられている．

・B ウイルスはヒトには高い致死率をもたらすが，マカク属のサルでは口唇粘膜に小水胞を作る程度であり，感受性の差が大きい．

・ヒトに AIDS（acquired immunodeficiency syndrome を起こすヒト後天的免疫不全ウイルス（human immunodeficiency virus：HIV）は，アカゲザルなどのマカク属のサルには感染が成立しない．

b. カニクイザル

学名は *Macaca fascicularis*，英名は crab-eating monkey．アカゲザルに次いで実験研究に広く用いられている種である．マカク属，ヒヒ属の間では繁殖力のある雑種ができる．タイ，カンボジア

などインドシナ半島南部，マレー半島，インドネシア，フィリピンなどの東南アジアの低地林に棲息し，大陸部に分布するアカゲザルと住み分けている．群構成や食性はアカゲザルに類似し，地上，樹上ともに利用する．アカゲザルよりも慣れやすい種である．和名のカニクイザル（英名を直訳したもの）と呼ばれているが，発見されたとき，たまたま海浜にいたために，こう呼ばれたと言われている．本来，カニが主食ではない．

特　性：
- 心拍数，呼吸数，体温，尿量は，アカゲザルの項で述べたように，測定条件によって大幅に変動するので，注意が必要である．
- 季節繁殖性をもたず，通年繁殖する．月経血がある．
- 寿命はアカゲザルと同じ 25～30 年である．
- マカク属の中でも体格が小さく，扱いやすい利点がある．
- アカゲザルと並んでポリオワクチンの製造に用いられている．

c. コモンリスザル
　学名は *Saimiri sciureus*，英名は common squirrel monkey，和名では**リスザル**，またはコモンリスザルという．南アメリカ北部（ブラジル，コロンビア，ベネズエラ）の森林に棲息する．

特　性：
- 昼行性で，樹上生活を営む．雑食性で，果実，穀物，卵，昆虫などを食べる．
- 野生のリスザルは季節繁殖性を示し，南米では 7～9 月が交尾期，12～2 月が出産期である．人工環境下においた場合，徐々に繁殖季節の移動やその長さの延長傾向がみられる．
- 多頭飼育ができ，ヒトによく慣れ，小型で実験動物としての条件を備えている．
- コモンマーモセットと同様，ビタミン D が欠乏しやすい．

d. コモンマーモセット
　学名は *Callithrix jacchus*，英名は common marmoset．南米のペルー，ブラジル，コロンビアなどに棲息している．**マーモセット**は古いフランス語で「小さい子供」という意味で，マーモセット類の総称である．マーモセット属の主な種にはコモンマーモセット，シルバーマーモセット，クロミミマーモセット，ピグミーマーモセットな

どがある．
　コモンマーモセットはわが国で繁殖コロニーが形成されつつある．これが定着すれば，サルを輸入に依存する必要はなくなり，B ウイルスや赤痢アメーバ感染の心配もなくなる．
　2009 年には遺伝子改変技術を用いることで，様々な疾患にアプローチできる可能性のあるトランスジェニックマーモセット（Tg）が作出され，続いてノックアウトマーモセット（KO）も作出されている．
　霊長類として薬物代謝，病原体感受性，遺伝子の相同性もヒトに類似するので，アルツハイマー病モデルやパーキンソン病モデルでは ES 細胞，iPS 細胞を用いた移植療法，遺伝子治療，新薬の開発，また，筋萎縮性側索硬化症（ALS）モデルでは治療薬候補の検証に役立つと期待されている．

特　性：
- ヨーロッパで実験動物化された動物で，ヨーロッパでは新薬の申請においてサルでの結果としてマーモセットのデータが認められている．
- マカク属のサルの中には乱暴な個体もいて，取り扱いに技術がいるが，マーモセットはヒトに慣れ，おとなしく，片手でもてるので取り扱いが楽である．
- 成熟すると 200～400 g で，ちょうどラットくらいの体重である．
- 真猿類＝高等霊長類に属するので生理機能などがヒトに良く似ている．
- 雑食性で，加工食品なども食べることから実験室飼育が容易である．
- 昼行性で，樹上生活を行い，4 足歩行である．
- 妊娠期間は 5 ヶ月，産子数は 2～3 匹である．
- マーモセットは多卵性の多胎を示すが，この場合，胎盤が互いに癒合し胎子間で血液，細胞の交流が起こるため，出生後の子の間で組織移植などの拒絶反応が起こらない．なお，新生子は間性（free-martin）にはならない．
- ビタミン D 要求量が非常に高く，ビタミン D 欠乏症が発症する．

e. その他
　その他，実験動物学的に重要となるサルは，人獣共通伝染病を媒介する<u>ミドリザル</u>である．学名は *Cercopithecus aethiops* で，<u>マールブルグ病</u>を媒介したことで有名である．またの名を<u>サバンナ</u>

モンキー，ベルベットモンキーともいう．ミドリザルはポリオワクチン製造のための材料用腎臓の提供動物として盛んに使われてきた．

8.2.10 哺乳類以外の実験動物

到達目標：
哺乳類以外の主な実験動物の分類，形態学的特徴，習性や生理学的特徴および実験動物としての特性について説明できる．
【キーワード】 ニワトリ，ウズラ，ファブリキウス嚢，リンパ節，イモリ，テトロドトキシン，アフリカツメガエル，発生学，コイ，ゼブラフィッシュ，メダカ，近交系，魚毒試験，ショウジョウバエ，線虫，モデル生物

a．鳥　類

〔ニワトリ〕
分　類： 脊椎動物亜門 Vertebrata，鳥綱 Aves，キジ目 Galliformes，キジ科 Phasianidae，ニワトリ属 Gallus，種は *Gallus gallus domesticus*（学名），和名はニワトリ，英名は chicken．家禽としては fowl という．また，メンドリを hen，オンドリを cock，rooster ともいう．

ニワトリは，インド，ビルマ，マレー地方に棲息していた野鳥（セキショクヤケイ）が，BC1700 年頃に家禽化されたといわれている．

これまでに家畜として多くの品種が確立されている．一方，動物実験用の目的で遺伝的統御がなされているが，ニワトリの場合，近交退化が著しいため，便宜的に近交係数が50％，血縁係数が80％以上の閉鎖集団を近交系としている．

特　性：
・ニワトリの胚は，種々のウイルスに対して感受性を示すことから，ウイルス学の研究，ウイルスに対するワクチンの製造，毒性学や毒性の検定にも用いられている．化学物質に対する催奇形性は低い．
・遺伝的背景がある程度明確な SPF ニワトリや有精卵が，比較的容易に，しかも充分な数の入手が可能である．
・成熟ニワトリの体温は40～41℃である．
・食物は素嚢（食道の拡張部）に一時貯え膨潤させてから，腺胃に送られ消化される．未消化のものはさらに筋胃で食塊を細かくされ消化される．

・尿細管が短く，尿成分は尿酸が主体（80～90％）で，尿素は3～8％と少ない．
・ファブリキウス嚢（ここで分化したリンパ球をBリンパ球という）と，頸部の両側に胸腺があるが，加齢とともに次第に退縮する．哺乳類でいうリンパ節はない．
・内分泌器官である鰓後小体（ultimobranchial body）が存在し，カルシトニンを産生，分泌している．
・雄の生殖器は肺の後方で，腎臓の前端部にある精巣，精巣上体と精管，ならびに総排泄腔の脈管豊富体とリンパひだおよび退化した交尾器からなる．精巣下降は起こらず，腹腔内に存在する．
・雌の生殖器は，体腔内の左側に位置する卵巣と卵管からなっているが，右側は退化している．
・人工ふ化に要する日数は21日で，ふ化後4～5ヶ月で性成熟に達する．
・肺は小型でほとんど伸縮せず，横隔膜もない．気管支末端の一部は肺胞に終らず，肺胞管をへて肺を抜け，袋状の気嚢となり，体内の各部，含気骨として骨にも入り込んでいる．
・下垂体後葉では，輸卵管における卵の移動と放卵などを調節しているアルギニンバソトシンが産生，分泌される．アルギニンバソトシンは絶水や塩分の取り過ぎにより，血液中の浸透圧が上昇すると，脳内の浸透圧受容体が感知し分泌される．
・ビテロジェニンの血中濃度を測定したり，男性ホルモンの標的器官であるクロアカ腺のサイズを測定することで環境ホルモンのスクリーニングに利用される．ビテロジェニンは卵黄の原成分である．卵巣を除去した雌鶏にエストラジオールを注射すると肝臓でこれが合成され血中に放出される．この卵黄原成分の合成は鳥類のみでなく，卵生の魚類，両生類，爬虫類に共通している．

〔ウズラ〕
分　類： キジ科 Phasianidae，ウズラ属 Coturnix，種は *Coturnix japonica*（学名），和名は日本ウズラ，英名は Japanese quail．

ウズラは東日本と中国東北部，沿海州で繁殖し，西日本と中国南部で越冬する渡り鳥である．江戸

時代に渡り鳥の野生ウズラをわが国で順化させ愛玩用の鳴きウズラとして飼育し，その後，家畜として改良された．

特性：

・成熟時の体長は約 20 cm，体重 100〜160 g．頭が小さくて体が丸く，尾が短い．からだは褐色の地に黒や白の細かいまだら模様がある．雌は顔が白色をおび，雄では赤みが強い．羽色は雌雄ともほとんど同じである．小型で，飼育にあまりスペースを必要としない．

・生理機能はニワトリと大差はない．

・人工ふ化に要する日数は 15〜17 日で，性成熟は孵化後 6〜7 週と早く世代交代にも好都合である．また，簡単に受精卵が得られるので胚を扱う研究には好都合である．

・性質も温順で扱いやすく，無菌ウズラの作出はニワトリよりも容易である．

・ニワトリより精巣や卵巣機能が光周期に影響されやすいため，光周性の研究などに用いられている．

・ニワトリに比べ近交退化が著しい．

・種々の自然発症疾患モデル（アテローム性動脈硬化症，II 型糖原病，閉塞性隅角緑内障など）も発見されている．

・ニワトリの細菌性，ウイルス性病原体にウズラも感受性を示す．

・ウズラの卵には褐色の斑模様があるが，卵殻の生成過程で炭酸カルシウムを分泌するとき，個体ごとに決まった模様がつく．そのため 1 羽の雌が産む卵はほとんど同じ模様をしている．白卵を生む系統も作出されている．

b. 両生類

〔イモリ〕

分類： 脊椎動物亜門 Vertebrata，両生綱 Amphibia，有尾目 Urodela，イモリ科 Salamandridae，トウヨウイモリ属 Cynops，種は *Cynops pyrrhogaster*（学名；日本産），和名はアカハライモリ．

イモリ科の両生類は北アメリカ大陸（アメリカ合衆国，カナダ，メキシコ），アフリカ大陸の地中海沿岸，ユーラシア大陸（東アジア，ヨーロッパ），日本に棲息し，全部で 18 属いる．日本でイモリというとアカハライモリをさしている．

特性：

・卵は大型で，実験処置が施しやすい．さらに，体外で卵割が進行するため，古くから実験発生学の研究に用いられてきた．

・アフリカツメガエルとともに幼生が変態して成体になることから，変態の内分泌調節機構の研究には欠かせない．また，四肢，水晶体はよく再生することから，組織の退化や新生に関する細胞生物学的研究には不可欠となっている．前肢の前腕部を切断しても水温 20℃，約 60 日で前肢が再生する．一方，トカゲも尾を自切し，再生することで知られているが，尾骨までは再生しない．

・強く触れられると皮膚の表面からフグ毒と同じ**テトロドトキシン**を分泌するので，飼育にあたっては，触った後はよく手を洗う必要がある（イモリの仲間には毒をもつ種が多い）．

〔アフリカツメガエル〕

分類： 両生綱 Amphibia，無尾目（カエル目）Anura，ピパ科 Pipidae，種は *Xenopus laevi*（学名），和名はアフリカツメガエル，英名は Aflican clawed frog．

アフリカツメガエルは，南アフリカ原産で，5 本ある後肢の指のうち内側の 3 本（人間なら親指〜中指）に爪が生えている．Xenopus は「風変わりな足」を意味する．

特性：

・染色体数は $2n=36$ で雌が ZW のヘテロ型，雄が ZZ のホモ型である．

・寿命は 15 年以上で，体長は 10 cm 以上，体重は 100 g 以上になる．雄は雌に比べて小さい．

・両生類は一般に野生のものを採取して実験に使用されるが，アフリカツメガエルのみが，実験室内での繁殖方法が確立されており，近交系も作出されている．

・発生，生育は水温などに大きく影響されるが，通常 3〜4 年で成体となる．性成熟は早く，人工的に産卵させる場合は 18 ヶ月前後から用いられる．

・後肢の第 1，2，3 肢先端に幼生後期から目立つ黒色の爪があり，個体識別に利用される．

・皮膚表面は角質化しておらず，水，気体に透過性が高く，皮膚呼吸も行う．

・歯は上顎のみにあり舌はない．

・心臓は 2 心房 1 心室で，赤血球は大型で有核で

ある.
・振動には非常に敏感である.
・総排泄腔として生殖腔も開口しており，性別を見る場合は総排泄腔の背側にある皮膚突起が雌で大きく，雄では小さいので，雌雄の鑑別は容易である.
・一般のカエルは半陸生であるのに対し，成体も水中で生活するため，息継ぎに水面に出る以外には水中から出ない．水質さえ維持できれば高密度で飼育できる．また，人工飼料が利用でき，動く生き餌を必要としないので飼育が容易である.
・ホルモン処理で通年数回産卵させることができる.
・飼育には23℃程度の淡水を用いる．受精卵は4日程度で孵化し幼生になる.
・幼生は性ホルモン処理によって性転換が可能で，性分化機構の研究に用いられる．これを利用し，水棲生物として環境ホルモンなどのスクリーニングに用いられ，変態状態，性転換の有無などが指標にされている．また，幼生は変態し，成体になることから，変態の内分泌調節機構の研究には欠かせない動物となっている.
・カエルの卵は他の脊椎動物卵と比べて大きく（直径1〜2mm），実験処理が容易でかつ卵や幼生の頭部が透明（幼生後期まで）なため，卵の発生や内部器官の発達を外部から観察できる．また，受精卵はタンパク質合成活性が高く，微量注入が容易なためmRNAを注入して特異的なタンパク質を合成することができ，初期胚発生，体軸形成，四肢形成，変態などの発生学的研究，分子生物学的研究にも用いられる.
・背景の濃淡に応じて体色が速やかに変化するので，体色応答や黒色素細胞刺激ホルモン（melanophore-stimulating hormone，メラニン細胞刺激ホルモン）活性の研究に使用されている.
・研究用として流通している個体から高確率でカエルツボカビが検出（約98％）されているため，飼育水は消毒処理を経た上で排水する必要がある．アフリカツメガエル自体はカエルツボカビに感染しても発症はしない.

c. 魚　類
〔コイ〕

分　類：　脊椎動物亜門 Vertebrata，硬骨魚綱 Osteichthyes，コイ目 Cypriniformes，コイ科 Cyprinidae，種は *Cyprinus carpio*（学名），和名はコイ，英名は common carp または koi（ただし koi はニシキゴイのこと）．野生種のほか多くの養殖種が存在する.

特　性：
・体長は2年で15〜25cm，3年で25〜35cmに達する．染色体数は $2n=100$ である．産卵期は4〜6月で，雌で4年魚以上，雄で2年魚以上のものを繁殖に使用する．雌雄の判別は産卵期をのがすと難しい.
・他の魚類と同様，心臓は1心房1心室で，赤血球は有核で血色素はヘモグロビンである.
・コイはキンギョ，メダカとともに胃のない無胃魚で，食道の後端に腸の膨大部が存在する．しかし，この部分に胃腺はない.
・コイでは肝臓内に膵組織が侵入しており，肝膵臓と呼ばれる．膵臓の内分泌部である膵島が外分泌部と独立し，数個のブロックマン小体として存在する.
・腎臓は前腎（ネフロンはなく造血組織で，副腎組織が分布している）と後腎（多数のネフロンが分布し，排泄器官である）に区分される.
・コイはメダカとともに魚類に対する農薬の毒性試験（**魚毒試験**）の標準供試魚となっている.

〔ゼブラフィッシュ〕

分　類：　コイ目 Cypriniformes，コイ科 Cyprinidae，ダニオ亜科 Danioninae，種は *Danio rerio*（学名），和名はシマヒメハヤ，英名は zebrafish.

ゼブラフィッシュは脊椎動物のモデル実験動物として比較的最近登場した動物であるが，近年，その利用匹数は著しく増加してる．体長5cm程度の小型熱帯魚で，原産地はインドでコイやキンギョに近い魚である．成体の体表には紺色の縦縞があるので，シマウマにみたてて「ゼブラダニオ」という名前で熱帯魚として古くから親しまれている.

特　性：
・飼育が容易，多産（1週間に1回200個程度）である．世代交代期間が短い（2〜3ヶ月）.
・卵の発生は早く，発生期間を通して胚が透明なので実験発生学に適している.

- 胚は，RNA や DNA の微量注入や胚操作が容易で，適当なプロモーターと組み合わせた DNA コンストラクトを注入したトランスジェニック魚を簡単に作出できる．
- ゼブラフィッシュ胚ではキメラ個体作製も極めて簡単である．初期卵割期の胚の割球はすべて卵黄細胞とつながっているために，卵黄細胞に適当なトレーサー色素（蛍光色素など）を注入すればすべての割球が同時に標識される．この胚をドナーとし，標識されていない胚をレシピエントにして移植すると，宿主胚におけるドナー細胞の挙動を生きたまま蛍光顕微鏡下で観察することができる．
- 日本で広く使われているメダカも基本的にはゼブラフィッシュと同じ特徴をもっている．
- 突然変異体が多数作出されており，胚発生のあらゆる過程（原腸形成，体節形成，中軸中胚葉，神経管など）で異常を示す突然変異体が発見されている．変異体の中にはヒトの先天的心臓疾患や，単眼症に相当するものがある．突然変異体において，異常を引き起こす原因遺伝子が特定できれば，ヒト疾患の原因治療につながるものと考えられている．つまり，動物の発生の基本的な機構は，形態形成遺伝子であるヘッジホッグ遺伝子（後述：ショウジョウバエの項参照）が動物種を越え，高い相同性を示していることからも理解できる．

〔メダカ〕

分 類： カダヤシ目 Cyprinodontiformes，Adrianichtyoidae（アドリアニクチス科），メダカ属 Oryzias，種は *Oryzias latipes*（学名），和名はメダカ，英名は Japanese killifish，Japanese rice fish，Japanese medaka．

メダカは日本，台湾，朝鮮半島，中国，ベトナム，スリランカなどに分布している 10 数種が含まれる．日本産はメダカ 1 種である．日本では，北海道を除く各地に棲息している．**近交系**メダカが作出され，保存，提供されている．日本に棲息する最も小さな淡水魚である．ニホンメダカは，海外でも "medaka" という語が使われる．その他のメダカ（キリーフィッシュ）は，南北アメリカ，アフリカ，マダガスカルの淡水・汽水域に棲息している．

特 性：

- 小型の淡水魚であり染色体数は $2n = 48$ で，雌が XX のホモ型，雄が XY のヘテロ型である．
- 棲息温度域，塩類濃度域が広く，1〜37℃の水温で海水中でも飼育できる．
- 長期飼育には 20〜25℃が適温である．寿命はほぼ 3〜4 年である．3 年にわたって産卵する．通常，3〜6ヶ月で成魚になり，継代飼育が可能で比較的容易に近交系が作製でき，すでにいくつもの近交系が作出，維持されている．
- 自然状態での産卵期は夏期であるが，産卵が人為的にコントロールでき，水温 25〜28℃，明条件を 12 時間 30 分以上に保つと，24 時間周期で卵の成熟が継続し，年中産卵する．
- 未受精卵の採取が容易で，等張塩類溶液中で賦活化されず長期間受精能を保つことが知られている．
- 内分泌器官としては脳下垂体，尾部下垂体，松果体，甲状腺，副腎を有しており，尾部下垂体は魚類の特徴的な器官で，浸透圧調節に関係するホルモンなどを分泌している．
- 稚魚に性ホルモンを含んだ餌を与えることによって，性染色体の型にかかわらず機能的な雌雄を作製できる．
- コイとともに魚毒試験にも使用されている．
- 卵膜が透明で外部から卵割や発生過程が観察でき，催奇形性の実験などでその発生段階を決めるのに適する．
- 体色，ひれの形状，行動異常など 70 種以上の突然変異が知られており，その系統が保存されているので遺伝的な研究に使用されている．

d. 無脊椎動物

無脊椎動物（invertebrate）の中には，節足動物（arthropoda）の各種昆虫とエビ，軟体動物（mollusca）のイカ，棘皮動物（echinodermata）のウニ，扁形動物（platyhelminthes）のプラナリア，原生動物（protozoa）のゾウリムシなどが種々の実験に用いられている．

昆虫

〔ショウジョウバエ〕

分 類： 節足動物門 Arthropoda，昆虫綱 Insecta，ハエ目（双翅目）Diptera，ショウジョウバエ科 Drosophilidae，種は *Drosophila melanogaster*（学名）．和名はショウジョウバエ，英名は vinegar fly．ショウジョウバエの和名は，

赤い目をもつことや酒に好んで集まることから，顔の赤い酒飲みの妖怪「猩々」にちなんで名付けられた．大半の種は糞便や腐敗動物質といったタイプの汚物には接触しないため，病原菌の媒体になることはない．現在，ショウジョウバエ科には3,000を超える種が記載されている．実験動物の分野ではキイロショウジョウバエのことをさす．

特　性：
・体長約3mmで熟した果物類や樹液およびそこに生育する天然の酵母を食料とする．
・実験室ではコーンミール，ビール酵母，グルコースを寒天で固めた培地で飼育繁殖が可能である．
・狭いスペースで大量飼育が可能であり，世代交代も早いので，遺伝子関連の研究によく利用されている．多細胞生物としては線虫に次いで全ゲノムが解読（ゲノムプロジェクト）されている．
・ショウジョウバエを用いた研究から生物の形態形成に関わるホメオボックス遺伝子群が発見された．この遺伝子は，植物および菌類の発生の調節に関連する相同性の高いDNA塩基配列（おおよそ180塩基対）で，ショウジョウバエだけでなく，線虫，ゼブラフィッシュ，マウス，ヒトなど真核生物に広く存在している．例えばヘッジホッグ（hedgehog：hh）遺伝子は，初期発生の段階で発現する遺伝子で，この遺伝子の作るタンパクは体軸の決定，脊索による神経管の誘導，体節，脊髄のパターン形成，目，歯，毛の形成，四肢のパターン形成などに関わっている．ラットのhh遺伝子群をショウジョウバエ（hh），ゼブラフィッシュ（vhh），ニワトリ（shh），マウス（shh）のそれと塩基配列レベルで比較すると，47%，71%，84%，96%と進化が進むにしたがって塩基配列の類似性が増してゆく．現在，変異体を体系的に揃えた「変異体バンク」が構築され，4,200遺伝子に対応し，変異体約10,000系統が体系的な「RNAi変異体バンク」として公開されている．

〔線虫〕

分　類：　線形動物門Nematoda，双線綱Secernentea，カンセンチュウ目（桿線虫目）Rhabditidae，カンセンチュウ科（桿線虫科）Caenorhabditis，属（和名なし）Caenorhabditis，

種はCaenorhabditis elegans（学名）．和名はエレガンス線虫，英名はnematodeまたはC.elegans．

線虫は，多細胞生物として最初に全ゲノム配列が解読された種でもある．体長は約1mmで，約1,000個の細胞より形成されており，腸，筋肉，神経などを備えている．これらの細胞は，生きたまま顕微鏡下で観察，同定できるので，受精から成虫に至るまでの細胞系譜が解明されている．

特　性：
・実験室では寒天培地上に培養した大腸菌を餌として飼育され，2.5日で成虫になる．
・神経細胞は雌雄同体の成虫で302個存在し，これだけの細胞で物理刺激に対する回避運動や，化学物質や温度と餌を関連付けた学習などを行っている．また，この神経細胞はどの神経細胞とシナプスを形成しているかが電子顕微鏡の連続切片像から完全に再構築されていることや，レーザーを照射して特定の神経細胞を破壊する実験などから，どの神経細胞がどのような行動に関わるかもある程度解明されている．

〔猪股智夫〕

演 習 問 題
（解答 p.211）

8-1　各種実験動物の消化管の特徴として誤っている記述はどれか．
　（a）　マウスやラットの胃は前胃と腺胃に区別される．
　（b）　前胃の粘膜面は単層円柱上皮によって被われている．
　（c）　フェレットは盲腸を欠く．
　（d）　マウス・ラットの腸管の長さは体長のおよそ9倍である．
　（e）　ウサギはらせん状の巨大な盲腸を持つ．

8-2　各種実験動物の乳腺および生殖器に関する記述として誤っているものはどれか．
　（a）　モルモットの乳腺は下腹部に1対ある．
　（b）　マウス・ラットの第1乳腺は腋窩部から頸部に広がっている．
　（c）　げっ歯類およびウサギは重複子宮である．
　（d）　精子は精巣上体に運ばれる過程で成熟する．

(e) マウス・ラットは精嚢腺を欠く.

8-3 マウスの実験動物としての特徴に関して誤っているのはどれか.
(a) 性周期は4～5日である.
(b) 寿命は2～3年で,雑食性の動物である.
(c) 出生時は1g前後の体重で,成熟すると20～40g程度になる.
(d) 世界で最も利用されている実験用哺乳動物である.
(e) 妊娠期間は19～20日,離乳は生後30日前後である.

8-4 マウスの実験動物としての特徴に関して誤っているのはどれか.
(a) 心拍数は毎分300～650回程度(平常時から興奮時)である.
(b) 体温は平均37.5℃である.
(c) 出生時に腟は開口していないし,目(眼瞼)も開いていない.
(d) 呼吸数は毎分80～230回程度(平常時から興奮時)である.
(e) 切歯1本,前臼歯1本,後臼歯3本が左右上下にあり,計20本の歯を持つ.

8-5 実験動物として世界中で使用頻度の高いラットの系統はどれか.
(a) Baffallo
(b) Wistar
(c) Donryu
(d) Long Evans
(e) Fischer 344

8-6 ラットの実験動物としての特徴に関して誤っているのはどれか.
(a) 性周期は4～5日である.
(b) 寿命は2～3年で,雑食性の動物である.
(c) 出生時は5g前後の体重で,成熟すると80～100g程度になる.
(d) 幼弱期に湿度が低い環境で飼育するとリングテールになることがある.
(e) 妊娠期間は約21日,離乳は生後21日前後である.

8-7 モルモットの実験動物としての特徴に関し

て誤っているのはどれか.
(a) ビタミンCを体内合成できない.
(b) ペニシリン,テトラサイクリン,エリスロマイシンなどの抗生物質に対して感受性が高い.特にペニシリンに対してはマウスの100～1000倍の感受性を示す.
(c) アレルギーを発症しやすいため,皮膚刺激性試験に用いられている.
(d) 胸腺は頸部に存在する.
(e) マウス,ラット,ハムスターと同じく,不完全性周期である.

8-8 ウサギの実験動物としての特徴に関して誤っているのはどれか.
(a) 食糞行動をとる.夜間の糞は1日の全排糞量の1/3～1/4で粘液に富み,タンパク質,ビタミンB,ビタミンKを豊富に含む.
(b) 個体によって異なるがアトロピンエステラーゼを持っているため,アトロピンに耐性を示す.
(c) アイランドスキンが認められる.
(d) 眼粘膜刺激性試験(ドレイズテスト)には欠かせない動物として,各国の化粧品メーカーに多用されている.
(e) 発熱物質に感受性が高いため,発熱試験に用いられる.

8-9 イヌに関して誤っている記述はどれか.
(a) 足の裏を除いて,体表に汗腺を欠く.
(b) 雄で精嚢腺,凝固腺および尿道球腺を欠く.
(c) 体温は呼吸によって調節される.
(d) 食道はすべて平滑筋で構成される.
(e) タマネギ中毒やチョコレート中毒を起こしやすい.

8-10 ヤギに関して誤っている記述はどれか.
(a) 品種としてはシバヤギ,ザーネン,ピグミーゴート,アンゴラなどがいる.
(b) シバヤギは日本原産である.
(c) すべてのヤギには間性(inter sex)が発生する.
(d) タンパク抗原に対する抗体産生が良いの

で，抗血清製造に適している.
（e）わが国では反芻類のモデル動物として位置づけられる.

8-11 英語でサルのことを monkey や ape，または，subhuman primate もしくは non-human primate という．以下のうち "ape" に属するサルはどれか.
（a）アカゲザル
（b）チンパンジー
（c）マーモセット
（d）カニクイザル
（e）リスザル

8-12 サルに関する記載で<u>誤っている</u>のはどれか.
（a）アカゲザルやカニクイザルはポリオ（小児麻痺）ワクチンや麻疹ワクチンの製造，ならびにこれらの力価検定に用いられる.
（b）特定外来生物である.
（c）2006 年より国際獣疫事務局（OIE）基準に準拠し，試験研究機関および動物園で使用される場合を除き，サルの日本国内への輸入は禁止された.
（d）サルの飼養，保管には，その目的，施設の所在地，施設の構造や規模などについて申請書類を作成し，都道府県知事の許可を得ることが必要である.
（e）ミドリザル（ベルベットモンキーまたはサバンナモンキー）はラッサ熱を媒介したことで有名である.

8-13 各種実験動物に関する記載で<u>誤っている</u>のはどれか.
（a）ヒトの発生における形態形成遺伝子はショウジョウバエにも存在する.
（b）ニワトリには，ファブリキウス嚢と，頸部の両側に胸腺がある．しかし，哺乳類でいうリンパ節はない.
（c）ニワトリやウズラの無菌動物化は困難である.
（d）ニワトリ雌の生殖器は，体腔内の左側に位置する卵巣と卵管からなっている.
（e）アフリカツメガエルにも近交系が確立されている.

8-14 各種実験動物に関する記載で<u>誤っている</u>のはどれか.
（a）ウズラやニワトリでは近交系の作出が容易なため，クローズドコロニーよりも近交系を用いることが一般的である.
（b）コイ，メダカは農薬など，魚毒に関する毒性試験の供試魚となっている.
（c）ニワトリはビテロジェニンの血中濃度を測定することで，環境ホルモンのスクリーニングに用いられている.
（d）アカハライモリは，強く触られると皮膚の表面からフグ毒と同じテトロドトキシンを分泌する.
（e）アフリカツメガエルは背景の濃淡に応じて体色が速やかに変化するので，体色応答やメラニン細胞刺激ホルモン活性の研究に用いられている.

9章　実験動物の微生物コントロール

一般目標:
実験動物の微生物コントロールの意義を理解するとともに，感染症コントロールの原理と対策について理解する.

9.1　微生物コントロールの意義

> **到達目標:**
> 実験動物の微生物コントロールの意義について説明できる.
> 【キーワード】　致死的感染，生産への影響，実験成績への影響，ヒトの健康被害

　動物実験の目的は，実験処置（刺激）に対して動物が示す反応（応答）を通して，その処置と反応の間に介在する機序を解明し，さらにはその処置がヒトや他の動物にどのような影響（効果）をもたらすかを類推すること（外挿：extrapolation）にある. 再現性に富み，解析精度に優れた動物実験を行うためには，化学実験において試薬の純度と反応条件を吟味するように，実験に用いる動物の品質と実験環境を厳正に管理（コントロール）する必要がある.

　動物の品質を左右し，実験成績を変動させる要因，すなわち動物実験においてコントロールが必要となる要因には，大別して遺伝要因と環境要因とがあり，さらに環境要因は栄養，温度，湿度，光，音，粉塵などの非生物学的因子と，同居動物，常在微生物叢，病原性微生物，寄生虫などの生物学的因子がある（第7章参照）. これら生物学的環境要因のうちウイルス，細菌，原虫および寄生虫は種類も多く，宿主動物との関わりも複雑・多様で，そのコントロールには多くの知識と技術が必要である. この章では実験動物の品質に影響する微生物関連因子，実験動物の感染症による被害，動物実験におけるバイオハザードについて概説する.

9.1.1　遺伝子，染色体，形質
a.　常在微生物菌叢

　動物の皮膚，消化管，口腔などにはきわめて多数，多種の微生物が生息し，いわゆる菌叢（フローラ：flora）を形成している. なかでも腸内常在菌叢については，1960年代に多くの偏性嫌気性菌の培養技術や選択培地が開発されるにつれて，それまでの概念が一変し，内なる環境として大きくクローズアップされてきた. 以前は主要菌種と思われてきた大腸菌などの腸内細菌科はむしろ少数派で，腸内の常在微生物叢の主体は *Bacteroidacae*, *Bididobacterium*, *Eubacterium*, *Clostridium*, *Peptococcaceae* などの偏性嫌気性菌であること，それら細菌は動物の種類によって，すなわちヒト，サル，ウシ，ウマ，イヌ，ネコ，ウサギ，ラット，マウスのほかニワトリなどによって，それぞれ特徴的な一定の構成パターン（腸内常在細菌叢）を形成することが明らかになった. 例外的に，盲腸を持たないスンクスでは嫌気性菌の増殖が悪く好気性細菌が主体で，腸内細菌の構成比率が激しく変化する.

　腸内常在菌の構成パターンが一定している多くの動物では，腸内常在菌叢が動物の反応に様々な影響を与えることが知られている. 例えば，これらの偏性嫌気性菌が抗生物質の投与などによって除去されると，少数派だった大腸菌などの腸内細菌が増殖して菌叢の主体となり，これによる組織や血流中への侵入，すなわち内因性感染（endogenous infection）が起こる. さらに，これらの腸内細菌は大量の代謝産物や菌体成分を放出し続けており，それらに含まれる様々な生理活性物質や有害物質が宿主動物に直接的あるいは間接的に働いて，成長や免疫応答に関与しあるいはがんや代謝病など病気の誘発に関わる可能性が指摘されている. なお，細菌の 16S rRNA 遺伝子の塩基配列の

違いを検出する検査法が確立されつつあり，それによれば嫌気培養でも検出できない菌種が腸内細菌叢にはまだ相当数あることが判明している．将来それらの培養不能菌種の一部が，腸内常在菌叢の主な構成菌種に加わる可能性もあろう．

一方，無菌動物（germ-free animals）には常在微生物菌叢が存在しない．無菌動物の研究の歴史は，1945 年のレイニアー（J. A. Reyniers）らの無菌ラットの飼育と繁殖の成功に始まる．その後様々な無菌動物が開発され，その特性が明らかになると，通常動物（conventional animals）と無菌動物の間にはいろいろな違いがあることが明らかになった．これらの違いのすべてが常在菌叢の有無に起因するとは限らないが，常在菌叢が宿主の形態，生理，栄養，代謝，免疫応答，発がん，放射線障害などに密接に関与することが分かってきている．例えば栄養吸収において，無菌マウスおよび無菌ラットでは通常動物よりも D-キシロースの吸収が高いという．またげっ歯類とウサギの盲腸の形態は，受乳中は無菌動物と通常動物に差はみられないが，無菌動物では成長すると内容物を入れた盲腸の大きさが通常動物の 5〜10 倍にもなる．この理由は明らかでないが，内容物を除いた両者の盲腸重量に差はなく，無菌動物を通常動物化（conventionalizaiton）したり，無菌動物に *Clostridium*，*Bacteroides*，*Streptococcus* などを単一汚染させると盲腸は小さくなり，通常動物の大きさに戻ることが知られている．さらに，無菌動物では通常動物のように腸内微生物による感作がないので，脾臓やリンパ系組織の発達が悪いと考えられる．ただ，無菌動物のリンパ系組織の重量が通常動物よりも小さいとする報告も確かにある一方で，厳密な環境統御下においた通常動物，例えば SPF（specific pathogen free）動物などとの比較では，各部位のリンパ節重量にほとんど差はなかったという報告もみられる．おそらく，リンパ系組織の形態学的・機能的発達には微生物の感作だけでなく，他の要因も関与するのだろう．

b. レトロウイルスと内在性ウイルス

レトロウイルスはウイルスゲノムである一本鎖RNA を鋳型に二本鎖 DNA を合成する．そして，二本鎖 DNA はウイルスの逆転写酵素によって宿主細胞の染色体中に組み込まれる（プロウイルス）．レトロウイルス感染が生殖細胞に起これば，プロウイルスは宿主細胞の DNA と一緒にメンデルの法則に従って脈々と子孫に受け継がれることになる．内在性レトロウイルスの研究はマウスで最もよく進んでいる．レトロウイルスは，現在 α レトロウイルス，β レトロウイルス，γ レトロウイルス，δ レトロウイルス，ε レトロウイルスとレンチウイルス，スプマウイルスに分類されている．歴史的にはウイルス粒子の形態による分類や宿主感受性による分類がある（同種指向性：ecotropic，異種指向性：xenotropic，多種指向性：polytropic）．マウスではこのような内在性レトロウイルス遺伝子がすべての系統の生殖細胞染色体上に複数個存在する．AKR や HRS マウスなどの白血病好発系統では，感染性の ecotropic ウイルスと内在性 xeno- および poly-tropic ウイルスとの間で遺伝子の組換えが起こり，さらに組換えウイルスどうしの組換えを経て，やがて短い潜伏期間で白血病を起こす MCF（mink cell focus-forming）ウイルスが出現する．一方，マウスやニワトリなどの実験室株は多くが単一ウイルスではなく，ウイルス増殖に必要なコアタンパク遺伝子（*gag*），逆転写酵素などの酵素タンパク遺伝子（*pol*），外皮タンパク遺伝子（*env*）などのいくつかを欠く欠損型ウイルスと，全遺伝子を持つヘルパーウイルスの混合である．欠損ウイルスは 1 つのがん遺伝子（*myc*，*ras*，*src* など）をコードしていて白血病やがんの誘発に関わり，ヘルパーウイルスが産生した構造タンパク質を借用して感染性ウイルス粒子を形成する．なかにはウイルスの増殖に必要な全構造遺伝子とがん遺伝子の両方を持つものもあり，この場合は単一ウイルスの感染で発病する．

レトロウイルスは実験動物の特性にも影響している．内在性のレトロウイルス遺伝子産物の一部は分化抗原あるいは急性期タンパク質のような血清成分として存在し，これらに対しては少なくとも T 細胞レベルでの免疫寛容（トレランス）が成立している．そこに外来性のレトロウイルスが感染すると，これらと共通するエピトープに対しては免疫応答が起こらず，結果として宿主の感染抵抗性にも影響を及ぼすことになる．これとは逆に内在性白血病ウイルスの構造タンパクがマウスやヒトの自己免疫（多発性硬化症：multiple sclerosis など）の標的抗原になり，あるいは移植片対宿

主（graft versus host reaction：GVHR）反応の標的抗原となることも知られている．おそらく内在性白血病ウイルスの免疫寛容の状態は，マウスの系統によってあるいはウイルス遺伝子産物やその発現の状態によって一様ではないだろうと考えられる．

いったん RNA として転写された遺伝情報が，逆転写酵素の働きで相補的な DNA に転換され，それがさらにゲノム中に挿入されたものをレトロトランスポゾン（retrotransposon）またはレトロポゾンと総称する．その意味ではゲノム中の内在性レトロウイルスもレトロポゾンの一種といえなくはないが，これらの起原がレトロポゾンの主体である LINE や SINE と呼ばれる配列と同じかどうかはわからない．ともかく，レトロポゾンはマウスやヒトでは全ゲノムの約 40%，植物ではさらに多くの割合を占める膨大な配列であり，ゲノムプロジェクトによってこのことが明らかにされて以来，これが真核生物のゲノム構築や進化そのものに関与し，また現在も様々な遺伝子の不活化や活性化に関わっていることが次々と明らかにされている．いうまでもなく，このようなレトロポゾンあるいは内在性レトロウイルス遺伝子はゲノムそのものであり，子宮切断術によって作出された多数の無菌のマウス・ラット系統にもレトロウイルスが確認される．

9.1.2 実験動物の感染症による被害

ウイルス，細菌，真菌，原虫，蠕虫（吸虫類，条虫，線虫）などの寄生性生物は，実験動物に対して，①動物からヒト（飼育者，実験者）に感染し発病させる（人獣共通感染症），②予定外の感染は本来健康であるべき実験動物に不必要なストレスを与えることになり，refinement（苦痛軽減）の原則に反する，③動物実験を遂行不能にする，あるいは動物実験の成績を修飾し誤認させる，実験動物生産施設では，④生産効率を低下させると同時に生産施設の社会的信用を失墜させる，などの重大な影響を与える．今日では微生物コントロールのための様々な技術や設備・器具が開発され，それらが普及したことにより実験動物の微生物学的状況は 40 年前と比較すると格段に改善されている．しかしながら，マウスノロウイルスのように最近になって新たに発見されたウイルスなどもあ

り，今後も微生物コントロールに対する弛まぬ努力が必要である．

a. ヒトへの影響（人獣共通感染症）

サル類は動物実験のなかでもヒトに近縁で，これに感染する病原体の多くはヒトも感受性を持つ．ウシ，ウマ，ブタ，イヌ，ネコなどの感染症のなかにもヒトと共通するものがかなりある．これら人獣共通感染症のなかには，B ウイルス病のように動物では不顕性あるいは軽症であるにもかかわらず，ヒトに感染すると重篤な病気を起こすものがあるので注意を要する．実験動物として最も使用数の多いマウス，ラットにはそれほど多種類の人獣共通感染症はなく，またマウス，ラットのほとんどは微生物コントロールが厳格に行われているバリア施設で生産されているため，人獣共通感染症のキャリアーである可能性は一般的には低いが，注意は必要である．実際，最近フランスから国内のある研究機関にリンパ球性脈絡髄膜炎（LCM）ウイルスに汚染したマウスが輸入された事件があった．一方，人獣共通感染症については，飼育者や実験者などのヒトが病原体を動物施設に持ち込み，実験動物に伝播したと判断されるケースもみられる．感染防御対策の策定に際してはそれらへの配慮も必要である．

b. 動物実験への影響

動物実験の途中で感染事故にみまわれて実験を中断するケース，実験に用いた動物に潜在していた病原体が実験処置によって顕性化し実験を継続できなくなるケース，動物の健康状態に問題はなくても実験成績が変わってしまうケースなどがある．中央集約化された動物実験施設の場合，人や物品の出入りが多く，病原体が侵入する確率は生産施設に比べて高い．感染症には症状がはっきり表れるもの（顕性感染）から，全く臨床症状がみられないもの（不顕性感染）まで様々なものがある．なかには不顕性感染でも実験成績を修飾するケースもみられる．このような場合には，全く感染に気付かないので，実験処置と感染症による複合の反応を純粋な実験結果として誤認してしまう可能性が高い．一方，病原体が潜在感染している動物では，実験処置によって抵抗性が弱まり，感染が顕性化する可能性がある．動物の抵抗性を減弱させる要因として，温度や機械的刺激あるいは外科手術などのストレス，副腎皮質ホルモンや抗

がん剤などの投与，X線照射および感染実験など
があげられる．いうまでもなく，抗原交叉反応性
（共通抗原を持つ）を示す病原体の汚染は，症状の
有無にかかわらず感染実験を不可能にするし，交
叉反応性はないが自然免疫（innate immunity）
の活性化をもたらす場合でも，感染実験成績や免
疫応答性を大きく変えてしまう例は少なくない．

c. 動物生産施設での感染事故

マウスやラットなどの実験小動物は大規模なバ
リア施設で生産されている．これらのSPF動物は
病原微生物に対して免疫がなく，感染症に対して
感受性の高い幼弱動物が大多数を占める特異な集
団である．また，これらの生産施設では多数の動
物が非常に高密度で収容されているため，いった
ん病原体が侵入すると爆発的な大流行となる危険
性がある．感染によってマウスコロニーの生産効
率は劇的に低下する．しかし多くの場合，時間の
経過に伴って感染耐過動物が増え，やがて流行は
おさまって生産は再び回復する．ただ，いったん
病原体が侵入すると大規模繁殖コロニーから完全
に排除されることはまずなく，そのコロニーで小
さな流行を繰り返す．病原体によっては最初から
生産効率の低下もそれほど顕著でないこともある．
しかし，ここで問題となるのでは生産効率の低下
ではない．感染動物を淘汰し，施設・飼育器材等
の消毒・滅菌するなどの感染事故対策の費用と時
間は軽視できない．それにも増して重要なのは，
実験動物生産施設としての信用の失墜である．そ
れは企業の経営を左右するほどのきわめて重大な
損害と考えるべきである．

9.1.3 動物実験におけるバイオハザード

バイオハザード（biohazard）は "biological
hazard" に由来した用語であり，生物因子に起因
する主として**ヒトの健康障害**の総称である．ウイ
ルス，細菌，真菌，原虫や寄生虫などの病原微生
物による感染事故を指すことが多いが，広義には
細菌毒素やワクチンの副作用など微生物構成成分
による二次的なものも含まれる．

病原微生物感染によるバイオハザードには，研
究の過程で研究者らが感染する実験室内感染，病
原体に感染した患者に接する医療従事者や患者材
料を取り扱う検査室勤務の者が感染する院内感染，
および実験動物，伴侶動物，野生動物から感染す

る人獣共通感染症などがある．実験動物に関連し
たバイオハザードでは，感染実験に伴って関係者
が誤って感染する場合がある．また，野生動物を
動物実験に用いる場合，その動物が以前から感染
していた病原体に研究者らが感染する危険性もあ
る．げっ歯類を自然宿主とするリンパ球性脈絡髄
膜炎（LCM）やハンタウイルス感染症（腎症候性
出血熱，HFRS），サル類を感染源とするBウイル
ス感染症，マールブルグ病，エボラ出血熱などに
注意する必要がある．なお，危害を被る対象はヒ
トに限らない．施設内の他の実験動物や環境中の
生物にバイオハザードが及ぶことも考えられるの
で留意したい．

バイオハザードを防ぐ対策の第一歩はリスク評
価である．病原性や伝播性は微生物によって異な
り，したがってそのリスクも異なる．また，同じ
病原微生物でも使用の様態によりリスクは異なる．
例えば，試験管内の実験と動物個体を用いた感染
実験では，リスクは同一ではない．

元来バイオハザードは病原微生物の感染により
発生する．また，感染は不活化されていない
（「生きた」）微生物と宿主の接触により始まる．し
たがって，バイオハザードのリスクを回避するに
は「生きた」病原微生物を実験者あるいは環境か
ら物理的に隔離することが有効である．科学技術
の発達により，微生物の物理的隔離を実現するた
めの施設の設計や設備・機器が開発されている．
それらを整備し，かつ適切に運用することにより，
バイオハザードを防ぐことが可能となる．施設・
設備あるいは機器などのハードウェアの整備とそ
れらを適切に運用するための標準操作手順などの
ソフトウェアを規定したものがバイオセーフティ
ーレベル（BSL）であり，その内容によりBSL1～
BSL4の4つの規格に分類されている．また，動
物を用いた実験に関してはABSL1～ABSL4の4
つの分類が提唱されている．両方とも，数字が大
きくなるほど厳密な物理的隔離が可能となる．そ
れぞれの病原微生物の使用に適した対応をとるこ
とが肝要である．一般的に病原微生物（ヒトや動
物に重篤な疾患を引き起こすものを除く）は
BSL2で取り扱われている．詳細は『実験室バイ
オセーフティ指針』（WHO第3版，2004）などの
専門書に譲る．

バイオハザードの防止は施設・設備や機器を整

備するだけで自動的になし得るものではない．定期的な保守点検を実施し，それらが正常に機能するように維持管理することも重要である．また，それらを適切に取り扱うための研究者らの技術が不可欠であり，それを担保する教育・訓練を軽視してはいけない．大学等の各機関は関連する法令等に従い，合理的なバイオハザード対策を策定し，研究者らに周知徹底し，ヒトはもとより周辺環境に危害が及ばないよう努力する必要がある（第1章参照）．

9.2 微生物コントロールの原理と方法

> **到達目標：**
> 感染症コントロールの原理およびその具体的方法について説明できる．
> **【キーワード】** 病原体，感受性宿主（動物），感染経路，疫学，臨床症状，病理，診断，予防，微生物モニタリング，エライザ法，PCR（RT-PCR）法，培養法，顕微鏡観察，滅菌，消毒，淘汰，隔離，SPF，帝王切開，体外受精

9.2.1 実験動物の感染症コントロール

感染症の成立には**病原体**，**感受性宿主**，**感染経路**の3つの要素が必須で，どの1つが欠けても感染は維持されない（図9.1）．したがって，感染症を防ぐにはこれらの要素のどれかを取り除いてサイクルを中断すればよい．マウスやラットの実験動物施設における感染症コントロールは，検疫や微生物モニタリング（表9.1）による感染動物の発見と**淘汰**（あるいは**隔離**）が主で，ワクチンを使った**予防**や薬による治療はあまり行われない．これに対して，サルやイヌなどの動物ではワクチン接種や投薬による治療も感染病コントロールの一選択肢として利用されている．

a. 病原体の増幅と伝播

感染に対する動物の感受性は遺伝，年齢，性，飼育環境などの様々な因子によって影響を受ける．また，病原体によっては1個で感染が成立するものもある一方で，最小感染量（minimum infectious dose）が10^8個あるいはそれ以上で，ごく少量の侵入では実験動物に定着できずに排除されてしまう場合もある．

感染が成立する宿主と病原体の組合せであっても，症状の発現と病原体の増幅が時間的に一致するとは限らない．マウス肝炎ウイルスの強毒株MHV-A59株の実験感染では，ウイルスの増殖と肝細胞壊死がほぼ対応し，接種から4～5日後にはウイルス増殖がピークに達し，これとほぼ並行して肝細胞が壊死を示しマウスは死亡する．これに対して，センダイウイルス強毒株の実験感染ではウイルスの増殖のピークと臨床症状の発現時期に乖離がみられる．一方，弱毒のセンダイウイルスに曝露された成熟マウスは通常不顕性感染である．不顕性感染の場合でもマウス個体内ではウイルスはかなり増殖し，他のマウスにウイルスを伝播することができる．感染症のコントロールにあたっては，感染初期の無症状マウスや不顕性感染マウスもウイルスを拡散する主役であることに留意しなければならない．

いずれかの条件を取り除くことにより，感染症を防ぐことができる．

感染症の対策には病原体の特性，感受性動物，および感染経路を理解することが重要．

図9.1 感染症成立の3つの条件

表9.1 検疫と微生物モニタリング

検　疫

動物搬入時に，実験動物が微生物に汚染されていないか検査すること
・新規に搬入された動物を1～2週間隔離飼育し，臨床症状を観察する．あるいは実際に検査を行う
・マウス・ラットでは健康証明書（微生物モニタリングの結果等）で代替することが多い

微生物モニタリング

動物室内の実験動物がどのような微生物を持っているか，定期的に検査を行うこと
・年数回行う
・リタイア動物やモニタリングのためのおとり動物を用いて実施する
・動物施設の目的により，検査項目は異なる

排泄されたウイルスはエアロゾルとなって空気中を飛散し，あるいは人や器具に付着して伝播する．空気感染では，感染動物を収容するケージの周辺のケージが最も多量のエアロゾルを被りやすく，したがって感染の可能性も高い．これに比べて，人や器具を介した接触感染では一度にきわめて大量の病原体が運ばれることが多く，空気感染よりもはるかに感染が成立する可能性が高い．免疫のないマウスコロニーにセンダイウイルスが侵入すると，飼育棚を用いた普通環境では流行は爆発的となる．一方，個別換気ケージシステムでは空気伝播はほとんど起こらない．また，ラミナーフローラックやフィルターキャップなどの専用の感染抑止設備や機材を用いることによっても，かなりの抑止効果がある．病原体の種類や実験動物の飼育システムによって，伝播様式が異なることを理解しておく必要がある．

b．病原体の存続様式

実験動物の小規模コロニーでは感染が全体に行きわたると免疫が成立し感受性個体がなくなるため，流行が完全に終息することがある．しかし，何らかのかたちで病原体がコロニーの中に存続する可能性はかなり大きい．センダイウイルス感染を耐過した雌マウスから生まれた幼子マウスは受動免疫のために感染に対して抵抗性であるが，成長につれて移行抗体は消失し感受性に変化する．大規模生産コロニーではこのようにして感受性個体が供給され続けるため，感染が終息せず，小規模な流行を繰り返す．また，ウイルスのおもな増殖部位がマウスの気管上皮細胞であることから容易に想像されるように，感染耐過マウスの血流中へのウイルスの侵入は抑止できたとしても，気管上皮へのウイルス侵入や上皮に限局した増殖を免疫によって完全に抑止することは難しい．感染耐過したマウスに大量のウイルスを接種すれば再感染は皆無ではないし，移行抗体を保有するマウスにセンダイウイルスを実験感染させてウイルスの増殖を確認したという報告もある．

ヒトの単純ヘルペスウイルス感染症は急性感染の後，症状も治まり，ウイルスは排除されたようにみえるが，ほとんどの場合三叉神経節などにウイルスゲノムは潜んでいる．何らかのストレスにより宿主の抵抗性が減弱したときに再びウイルスは活性化し，発症する．これを潜伏感染と呼び，

ヘルペスウイルスではよくみられる病原体の存続様式である．

LCMウイルスは，いったん新生子マウスや胎子に感染すると，免疫寛容となりウイルスは個体から排除されない（持続感染）．結果として，長期間大量のウイルスを排泄し続ける．また，マウスやラットの気道粘膜表面で菌が増殖するマイコプラズマ症やウサギのパスツレラ症などでは，たとえ免疫が成立しても病原体が完全に排除されることはまれで，局部での菌の増殖は非常に長期間続くようである．このように，個体における病原体の存続様式は病原体によって異なり，また宿主にも依存することをよく理解しておく必要がある．

c．感染除去（クリーニング）

実験動物が病原体に汚染されたことが判明したら，関連するすべての動物を**淘汰**し，施設を**消毒**する方法が一般的であり，最も確実である．生産施設では，感染事故に備えて常時無菌種動物を維持していることが多い．この方法を採れない場合には，子宮切断術（**帝王切開**）で無菌的に摘出した胎子をSPFの里親に保育させる浄化法，精子と卵子を体外で受精（**体外受精**）し，受精卵をSPF動物に移植して育てる浄化法などが実施される．このような感染除去を便宜的にクリーニングと称している．しかし妊娠マウスの子宮は完璧な無菌状態とはいえないので，いかに厳格な無菌操作を行ったとしても，ある頻度での失敗は覚悟しなければならない．特に，対象とする病原体の種類によってはクリーニングが困難な場合があることを理解しておく必要がある．

9.2.2　感染症の検査・同定

感染症を正しく**診断**することは非常に重要である．診断が遅れると感染が拡大し，淘汰の対象となる動物が増えてしまうし，誤診による誤った対応も被害を甚大化させる．病原体による汚染はいつ起こるか分からないし，汚染があってもはっきりした症状が現れるとは限らない．定期的に行われる**微生物モニタリング**によって，感染事故が発見されることも多い．

まず，実験動物の種ごとに感染する微生物は異なるので，検査対象となる微生物は動物種ごとに異なる．また，実験動物施設の用途・目的により微生物モニタリングの対象微生物は変わる．

ICLAS モニタリングセンターや日本実験動物協会では通常動物の微生物モニタリングの対象微生物として適切と考えられる複数の微生物を選び，それらを検査するメニューを「通常動物コアセット」と呼んでいる．一方，ヌードマウスなどの免疫不全動物では通常動物では病原性を示さない微生物であっても感染・発症することがあり，それらの日和見病原体を加えたメニューを「免疫不全動物コアセット」と呼んでいる．また，国立大学法人動物実験施設協議会は「実験用マウス及びラットの授受における検査対象微生物等について」という資料を発表している．これらを参考に検査対象の微生物を決めるとよいだろう．

検査に用いる検体数は微生物モニタリングの結果に影響する重要な要因である．一般的に検体数が多ければ検査の精度は上がるが，労力や費用がかかる．逆に検体数が少なければ，労力や費用は少なくてすむが検査の精度は下がる．また，微生物によって感染が拡がりやすいものと拡がりにくいものがある．センダイウイルスなどは容易に伝播すると言われている．また，飼育ラックなどの飼養保管方法も感染症の伝播の程度に大きく影響する．例えば，個別換気ケージシステムではケージ間の感染症の伝播はほとんど起こらないと考えられている．これらを勘案して検体数を決めることになるが，動物室1部屋あたり2検体程度が目安となるだろう．

微生物モニタリングの具体的方法について簡単に説明する．麻酔下の動物から採血し，安楽死処分する．分離した血清をエライザ法などの血清診断に供する．気管を切開し，気管粘膜スワブを用いて菌培養を行う．腹腔を開き，盲腸内容物を用いて菌培養あるいはPCR法により病原体検出を行う．次いで，十二指腸・大腸内容物および肛門周囲の肉眼観察・鏡検により寄生虫・原虫等の有無を確認する．最後に外部寄生虫の有無を鏡検等により確認する．

新しく動物を搬入するときには感染因子が持ち込まれるリスクがあるので検査を行い，病原体の侵入を防がねばならない（検疫）．マウスやラットでは多くの動物実験施設で微生物モニタリングが行われているので，あらかじめ入手先の施設の動物のモニタリング成績で確認できる．微生物モニタリングが行われていない施設の動物を入手する

表 9.2 微生物検査法—マウス肝炎ウイルスを例として

検査法	検査材料	検査対象
ウイルス分離	組織，糞便，生物材料など	感染性ウイルス粒子
免疫組織化学	組織など	ウイルスタンパク質
RT-PCR	組織，糞便，生物材料など	ウイルス RNA
エライザ法（ELISA）	血清など	抗ウイルス抗体
蛍光抗体法	血清など	抗ウイルス抗体
病理組織学的検索	組織	病理組織学的変化
MAP テスト	生物材料など	感染性ウイルス粒子

ときは，搬入時のスポット検査が重要となる．感染の有無を明らかにする方法としては，①病原体の分離，②抗原の検出，③微生物遺伝子の検出，④抗体の検出，⑤その他，などがある．表9.2にマウス肝炎ウイルスを例として，各検査法の検査材料および検査対象を示した．

a. 病原体の分離

感染病の有無を知る最も確かな方法である．動物から感染因子を分離・培養することができれば，様々な角度からその性状を調べることも可能であり，きわめて高い精度で病原体を同定することができる．細菌の場合は寒天培地などで培養する（**培養法**）が，培養が難しい菌や現在の技術では培養できないものもある．ウイルスはウイルス単独では複製できないので，動物細胞などを用いて分離する．また，寄生虫や原虫は細菌よりもサイズが格段に大きいので，肉眼あるいは**顕微鏡観察**により同定することが可能である．

病原体の分離が成功した場合には，それを動物に接種して分離した病原体と病気との因果関係を確認することができる．このような長所はあるものの，病原体の分離はかなりの技術と経験が必要である．病原体を物理的に封じ込めるための施設・設備で行ったとしても病原生物を増やすことにほかならず，病原体によってはヒトが感染・発症する危険性や検査室から病原体が漏れ出す可能性があることを忘れてはならない．特に，第1章で取り上げた感染症や家畜伝染病予防法で規制の対象となっている病原体等が分離された場合は，適切に対応しなければならないので十分留意する必要がある．

b. 抗原の検出

感染発症した動物由来のスタンプ標本や薄切組

織標本を作成し，特異抗体によって標本中の抗原を検査する方法である．生組織の凍結あるいは固定など，組織標本の作成方法によって検査の信頼性や抗原の検出精度が大きく影響されるので，それぞれの病原体に応じて最も適した方法を選ぶ必要がある．様々な抗体が使われるが，たいていは目的の抗原に特異的に反応する一次抗体と，蛍光色素あるいは酵素を標識した二次抗体が使われる．病原体を増やすことなく診断できるので安全性にすぐれ，長期間保存した標本も検査できる長所がある．しかし，この方法は抗原が一定量以上存在しないと検出できないのが難点である．

c. 病原体遺伝子の検出

病原微生物の遺伝子を検出することによって病原体の存在を確認する方法で，現在 **PCR**（polymerase chain reaction）**法**が広く用いられている．この方法は，目的の DNA 配列の両端に相補的な 2 つのプライマーと耐熱性の DNA ポリメラーゼを使って，DNA 断片を約 10^9 倍に増幅させるため，きわめて高い検出感度が得られる．既にたくさんの病原体に対して，特異配列を検出できる PCR 用プライマーが報告されている．様々な変法（RNA を出発材料とした **RT**（reverse transcription）**-PCR 法**，一次 PCR 産物の内側のプライマーセットを用いて再度増幅させる nested PCR 法，酵素発色反応を利用してマイクロタイター上で PCR 産物を定量的に検出する PCR ELISA 法，あるいは 60〜65℃の一定温度で反応させ，目視で結果を判定できる LAMP 法も普及しているので，目的に合わせて選ぶことができる．PCR 法は，原理上ほとんどすべての病原体の診断に利用できるほか，ヒトに感染する危険な病原体や培養不可能な病原体の診断にも応用できる．ただ，この方法は高感度である反面，非特異的な反応も多いので，対象の DNA 配列が正確に合成されたことを制限酵素断片長多型（RFLP）解析やシークエンス解析によって確かめておくことが望ましい．

d. 抗体の検出

血清 IgG 抗体は急性感染症の場合，感染後 1 週間目あたりから検出可能になり，病気回復後も比較的長期間にわたって存在し，またごく少量の感染に対しても抗体は十分産生されることが多いので，感染症の病歴を明らかにするにはきわめて有効な手段である．ヒトや家畜の診断においては病

気の発病期と回復期の 2 つの血清をペアにして検査し，有意の抗体上昇をもって確定診断とすることが勧められている．実験動物においては，定期検査が行われていれば回復期の血清の抗体陽性だけでも確定診断が可能である．方法としては**エライザ**（ELISA）**法**，蛍光抗体法，凝集反応，赤血球凝集阻止反応，補体結合反応などがある．また，一度に多項目の抗体検査が可能な multiplex fluorescence immunoassay（MFI）法が最近開発されている．発病初期には抗体を検出しづらい，ヌードマウスや SCID マウスなどの免疫不全動物では抗体が産生されず，この方法は使えないなどの難点はあるが，それを除けば，サンプルの採取が容易で多数の試料を同時に検査できるうえ，検出感度も非常に高く，最も汎用される検査法である．

e. その他

感染症によっては臨床経過や**疫学**的情報により，原因病原体を特定できる場合もある．また，感染発病個体の肉眼所見や病変部位の**病理**組織学的変化によって診断できるものもある．例えば，マウスポックスでは亜急性期に皮膚に発疹が出現し，四肢や尾の壊死，脱落（エクトロメリア）が起こる．また，肝臓や膵臓の実質細胞や皮膚の細胞に好酸性封入体が出現する．また，生物材料の検査にはマウス抗体産生（MAP）テストと呼ばれる方法が用いられることがある．この方法はマウスに生物材料を接種し，一定期間ビニールアイソレータ内で隔離飼育し，病原体特異的な抗体産生を調べて検査する方法である．

9.2.3　滅菌消毒法

高品質の実験動物を生産し，安全で精度の高い動物実験を行う上で，**滅菌・消毒**操作は欠くことができない．特に SPF 動物を飼育するバリア施設は微生物学的に外界から**隔離**する必要があり，気体（吸気），液体（飲水），固体（器具，機材，飼料，衣料）など，飼育と実験に関わるすべてのものについて滅菌・消毒の必要が生じる．また，感染動物実験施設では感染実験に用いた病原体を施設外に漏らさないように滅菌・消毒を徹底しなければならない．滅菌・消毒法には物理的方法（熱，放射線）と化学的方法（過酢酸など）がある．各滅菌方法の長所短所を理解し，滅菌対象により適切な方法を選択しなければならない．

ケージ，飲水，床敷，耐熱性実験器具・器材は高圧蒸気滅菌する．無菌動物飼育用のアイソレータや耐酸性のプラスチックケージなどは2%過酢酸液を噴霧する．飼料の滅菌は放射線（γ線50kGy）かオートクレーブを用いる．薬品，液体試料などは濾過滅菌する場合もある．加熱滅菌ができない飼育機材は消毒液（エチルアルコール，逆性石けん，次亜塩素酸ソーダ，ヨードホール，アルデヒド類）を使用する．紫外線照射も用いられるが，用法によっては毒性や効果に問題があるので注意を要する．オゾンガスを用いた消毒法も検討されている．空気は HEPA フィルターなどによって清浄化するのが一般的である．

以前は，動物の飼育室の滅菌消毒法としてホルマリン燻蒸が行われていたが，環境に対する悪影響や従事者に対する労働安全衛生上の問題から最近は使われなくなった．

9.3 人獣共通感染症

> **到達目標：**
> 実験動物を介した人獣共通感染症のリスクとその対策について説明できる．
> 【キーワード】 人獣共通感染症（zoonosis），エボラ出血熱，マールブルグ病，細菌性赤痢，結核，ペスト，重症急性呼吸器症候群（SARS），ウエストナイル熱，エキノコックス症，H5N1 インフルエンザ，リンパ球性脈絡髄膜炎，腎症候性出血熱，B ウイルス病，バイオセーフティーレベル（BSL）

人獣共通感染症（zoonosis） はヒトと動物に共通して感染する感染症の総称であり，ズーノーシスとも呼ばれる．一般に動物に感染している病原体がヒトに伝播して起きる疾患を指すが，逆にヒトから動物に伝播する場合（サルの赤痢，結核）もある．実験動物を感染源とする人獣共通感染症の発生は，人の労働衛生上の問題であると同時に実験動物を用いた研究遂行にも障害を及ぼす．動物実験に関連するバイオハザードとして，発生防止に常に努めなければならない．第1章で既に述べたが，感染症法によって定められている感染症に罹患した動物を診断した獣医師は，最寄りの保健所に届け出なければならない．実験動物に関連する代表的な人獣共通感染症名を表9.3に示した．以下に重要なものについて解説する．

9.3.1 リンパ球性脈絡髄膜炎

アレナウイルス科アレナウイルス属に属するリンパ球性脈絡髄膜炎(lymphocytic choriomenigitis：LCM) ウイルスを原因とする．ヒトでまれに無菌性髄膜炎や脳脊髄炎を起こす．本ウイルスは世界中，特にヨーロッパと南北アメリカでハツカネズミ（*Mus musculus*）に常在し，ヒトの感染源となる．それら野生マウスから実験動物へのウイルスの侵入が問題になる．わが国の野生ネズミにも感染の報告があるが，詳細は不明である．2004年にフランスから輸入したマウスが，本ウイルスに感染していたことが翌年判明し問題となった．

実験動物としては，マウス，ラット，シリアンハムスター，モルモット，イヌ，ブタ，サルが感受性を有するが，マウスとハムスターが持続感染してウイルスキャリアーとなるため感染源として重要である．感染動物の糞尿中に排泄されたウイルスが経気道的，経皮的に水平伝播する．成熟動物では不顕性である．しかし，マウスやハムスターが新生子期または子宮内で垂直感染した場合，免疫寛容が成立し持続感染する．

持続感染している動物ではウイルスに対する免疫反応が低く，終生ウイルス血症を呈し唾液や糞尿中にウイルスを排泄し続ける．しかし，加齢に伴い糸球体腎炎を併発し死亡することが多い．コロニー内では，親から子へ持続感染が引き継がれウイルスが維持される．本ウイルスに感染したマウスやハムスターで継代された腫瘍細胞やその他の生物材料も本ウイルスに汚染されているため，それらを介した感染の伝播・拡大が問題になる．ヒトでは通常，無症候であるが，発症した場合にも発熱，頭痛，筋肉痛，倦怠感を伴うインフルエンザ様の症状がほとんどであり，まれに無菌性髄膜炎や脳脊髄炎を起こす．

感染動物の診断には，ELISA 法や蛍光抗体法による血清学的診断が一般的である．しかし，持続感染例では抗体検出が難しい場合もある．脾臓や腎臓などの組織中のウイルスを RT-PCR 法や蛍光抗体法で検出する方法が確実である．発生が確認された場合はコロニーの廃棄と継代腫瘍細胞や生物材料の追跡調査が必要である．

表 9.3 実験動物が関係する主な人獣共通感染症

病原体名		宿主動物	動物の症状	ヒトの症状
ウイルス	**エボラウイルス**（Ebola viruses）	サル類	不顕性，ウイルス株により死亡	頭痛，嘔吐，全身の倦怠感，下痢，出血傾向，内臓の壊死，死亡率は高い
	マールブルグウイルス（Marburg virus）	サル類	肺・肝臓・膵臓の出血，死亡	発熱，頭痛，筋肉痛，発疹，下痢，死亡率は高い
	ハンタウイルス（Hanta viruses）	ラット	不顕性	発熱，乏尿，多尿，蛋白尿，嘔吐，下痢，腹痛，出血斑
	リンパ球性脈絡髄膜炎ウイルス（Lymphocytic chriomeningitis virus）	げっ歯類，サル類	不顕性，まれに痙攣，慢性糸球体腎炎	発熱，頭痛，筋肉痛，悪心，嘔吐，反射障害
	狂犬病ウイルス（Rabies virus）	イヌ，ネコ，サル類	興奮，過敏，流涎，強直	不安，興奮，錯乱状態
	Bウイルス（Macacine herpesvirus 1）	マカク属サル類	口腔粘膜・舌の水疱・潰瘍	リンパ節腫脹，発熱，嘔吐，運動失調，麻痺
	ニューカッスル病ウイルス（Newcastle disease virus）	ニワトリ	発熱，濃緑色下痢，異常呼吸	結膜炎，頭痛
細菌	サルモネラ（Salmonella）	種々の脊椎動物	発熱，下痢，粘液便，敗血症	発熱，嘔吐，下痢，腹痛（食中毒）
	仮性結核菌（Yersinia pseudotuberculosis）	げっ歯類，イヌ，ネコ，トリ類，サル類	下痢，敗血症，脾・肝壊死巣	腸間膜リンパ節炎，虫垂炎，結節性紅斑，関節炎
	パスツレラ（Pastullela）	イヌ，ネコ，ニワトリ	気管炎，肺炎	咬傷部の激痛，発赤，腫脹，呼吸器症状
	イヌブルセラ（Brucella canis）	イヌ	流産，不妊，精巣上体炎，前立腺炎，リンパ節腫脹	発熱，リンパ節腫脹
	結核菌（Mycobacterium tuberculosis）	イヌ，ネコ，サル類	肺・腸・リンパ節の結核結節	発熱，衰弱，肺・腸・リンパ節の結核結節
	赤痢菌（Shigella）	サル類	水様粘血便	発熱，腹痛，下痢（水様性～膿粘血性）
	レプトスピラ（Leptospira）	ラット，イヌ	出血性黄疸，嘔吐，下痢，口内潰瘍	発熱，黄疸，出血，筋肉痛，胃腸障害，脳膜炎症状
真菌	皮膚糸状菌（Trichophyton および Microsporrum）	げっ歯類，ウサギ，イヌ，ネコ，サル類	頭・頸部・四肢の円形～不整形脱毛	手指などに汗疱状・小水疱性白癬，小型輪状皮疹多発
原虫	トキソプラズマ（Toxoplasma gondii）	イヌ，ネコ	呼吸困難，下痢	流産，脈絡網膜炎，脳水腫，貧血，黄疸，リンパ節炎
	赤痢アメーバ（Entamoeba histolytica）	イヌ，ネコ，サル類	潰瘍性大腸炎	粘血便，嘔吐，発熱，腹痛，大腸潰瘍，肝膿瘍
寄生虫	小型条虫（Hymenolepis nana）	げっ歯類，ネコ，サル類	腸粘膜炎症，腸閉塞，栄養障害	腹痛，下痢，嘔吐，貧血，栄養障害
	多包虫（Echinococcus）	イヌ，ネコ	肝臓に包虫	肝腫，発熱，全身倦怠感，腹水，浮腫，黄疸
	イヌ糸状虫（Dirofilaria immitis）	イヌ，ネコ	循環障害，貧血，痙攣性咳，呼吸困難	咳，胸痛，皮下腫瘤

9.3.2 腎症候性出血熱（hemorrhagic fever with renal syndrome：HFRS）

ブニヤウイルス科のハンタウイルスを原因とする．韓国型出血熱，流行性出血熱と同義語である．本ウイルスはげっ歯類に持続感染し，糞尿中に排泄されたウイルスによって呼吸器感染を引き起こす．ヒトの症状は，発熱と頭痛，重症例では腎機能障害（タンパク尿）と皮下や全身諸臓器からの出血などである．重症例の死亡率は10％程度だが，対症療法が適切であれば1％程度になる．野生げっ歯類を自然宿主とする田園型（極東アジア

ではセスジネズミ，北欧ではヤチネズミ），ドブネズミによる都市型（中国，韓国，日本など，感染ドブネズミは世界に分布）および実験用ラットを感染源とする実験室型に分けられる．

わが国では1960年代大阪で都市型の小流行があったあと，1970～84年にかけて実験室型流行があり，国内22研究機関で126例発生した（1例死亡）．1985年以降患者発生は報告されていない．しかし，主要港湾地域で抗体陽性ドブネズミが捕獲されていることから，潜在的な感染源として注意する必要がある．実験室型流行では，抗体陽性

ラットコロニーは全処分されるため動物実験への影響が大きい．

感染ラットは不顕性に持続感染し全く症状を示さないため，知らずにハンタウイルス感染ラットで継代された可移植性腫瘍や生物材料を授受し感染が拡大することもある．親ラットから子へ垂直感染はしないが，移行抗体の消失後水平伝播する．診断は血清検査（蛍光抗作法，ELISA 法）が一般的である．RT-PCR 法も利用されている．

1993 年以降，アメリカで発生した，患者の 50％が死亡する急性呼吸器疾患，ハンタウイルス肺症候群（hantavirus pulmonary syndrome：HPS）も近縁のウイルスによって起こる．しかし，実験動物の感染の報告はない．

9.3.3 B ウイルス病（B virus infection）

ヒトの単純ヘルペスウイルスに近縁のヘルペスウイルス科の B ウイルス（Macacine herpesvirus 1）を原因とする．自然宿主はアジア産のマカク属サル（カニクイザル，アカゲザル，ニホンザル）である．サルの症状はヒトの単純ヘルペス感染症と類似し，ウイルスは通常三叉神経節に潜伏感染し，寒冷やストレスによって活性化し，口腔粘膜に水疱，潰瘍を形成する．ほとんどの場合，サルはそのまま耐過するが，病変組織中にあるウイルスが，唾液などとともに咬傷や飛沫感染によってヒトに感染する．

ヒトでは感染 2～3 日後に局所に膿疱が形成され，局所リンパ節の腫脹もみられる．その 1～2 週間後，全身性の神経症状を伴った脳炎が急速に進行し，死亡する．抗ウイルス剤であるアシクロビルあるいはガンシクロビルの感染初期からの投与によって死亡率は低下するが，適切な治療がない場合死亡率は 70％に達する．わが国へ輸入されるマカク属サルやニホンザルにも抗体陽性例が確認されている．抗体陽性例についてはウイルスの活性化を促すような免疫抑制処置を伴う実験には使用しないなどの配慮が必要である．

抗体検査は一般社団法人予防衛生協会に依頼できる．予防としては咬傷などの事故を起こさないよう適切な設備・器具と技術のもとで管理・実験を行う．万一，発症サルからの感染が疑われる場合は予防衛生協会策定マニュアルに従い処置する．

9.3.4 結核（tuberculosis）

結核菌群（*Mycobacterium tuberculosis* complex）による感染症．ただし，*Mycobacterium bovis* BCG を除く．人と接触する機会の多い飼育環境で人から感染する．感染サルは動物実験施設内の他のサルあるいはヒトへの感染源となる．

感染症法では，結核は二類感染症に分類され，感染したサルを診断した獣医師には届出の義務がある．届出の基準が定められているので以下に概要を記す．

サルにおける臨床的特徴として，サルは感染が進行した状態で発症し，食欲や元気の消沈，発咳，呼吸困難，下痢などの様々な臨床症状を呈する．しばしば，突然死を起こすことがある．マカク属サルなどの旧世界ザルは新世界ザルや猿人類に比べて感受性が高い．

剖検例ではリンパ組織，肺，脾臓等にチーズ様変性を伴う結核結節がみられる場合がある．獣医師の届出は，咽頭・喉頭ぬぐい液，胃洗浄液，気管洗浄液，糞便，病変部組織からの菌分離や塗抹検査による病原体検出，核酸増幅法による遺伝子の検出の結果をもとに行う．

海外からの研究用サルの輸入に際しては，感染症法に基づく 30 日間の係留観察（隔離）のほか，ツベルクリン検査が一般に実施されており，陽性個体は通常安楽死させる．

9.3.5 サルの細菌性赤痢（Shigellosis）

S. dysenteriae（A 群赤痢菌），*S. flexneri*（B 群赤痢菌），*S. boydii*（C 群赤痢菌），*S. sonnei*（D 群赤痢菌）の経口感染による．血液を混じた下痢を典型的な症状とする急性感染性大腸炎．野生サルは感染しておらず，人の飼育下のサルが人由来の赤痢菌で汚染された飼料，水，器具を介して経口感染する．ヒトからサルへ伝播する人獣共通感染症である．しかし，感染したサルは動物実験施設内の他のサルへの感染源となるほか，ヒトへも伝播する．チンパンジーや旧世界ザル（カニクイザル，アカゲザル等）に発生が多く，新世界ザル（タマリン，リスザル等）では少ない．ペットや動物園のサルからヒトが感染した例もある．

感染症法では，細菌性赤痢は三類感染症に分類され，感染したサルを診断した獣医師に届出の義務がある．届出の基準が定められているので以下

に概要を記す.

サルでの臨床症状は，ヒトのそれに類似し，水様性，粘液性，粘血性または膿粘血性の下痢および元気・食欲の消失を呈する．ときに嘔吐する場合もある．発症した個体は，数日から2週間で死亡することが多い．病巣は大腸に限局しており，粘膜の肥厚，浮腫，充血，出血およびフィブリン様物質の付着またはびらんが認められる．また無症状で赤痢菌を保有するサルも存在する．

診断は，サルまたはその死体から採取した糞便または直腸スワブから菌分離を行うことにより行い，確定後，獣医師は規定に従い最寄りの保健所に届け出る.

サルの治療は抗生物質（リファンピシン，クロラムフェニコール，アンピシリン）投与，補液による維持療法による.

ヒトや他のサルへの感染防止のため，発症・感染個体を隔離し治療する．飼育に用いた衣類，器具，器材，排泄物の消毒を行う．消毒には次亜塩素酸ナトリウム，塩化ベンザルコニウム，エタノールなどが有効である．サル取扱者等は手袋やマスク着用など感染防御対策を徹底する．また，感染者の有無を調査し，適切な診察・治療を行う．感染者を診断した医師は最寄りの保健所に届け出る必要がある． 〔久和 茂〕

演 習 問 題
(解答 p.212)

9-1 実験動物の微生物学的品質を確認するために施設で定期的に行われる検査を何というか.
 (a) 検疫
 (b) 微生物モニタリング
 (c) インスペクション
 (d) エライザ法
 (e) PCR法

9-2 動物実験施設で感染事故が発生したときの対応として適当でないものはどれか.
 (a) 感染事故の範囲を特定する.

 (b) 感染事故の原因となった病原体を特定する.
 (c) 感染動物を淘汰あるいは隔離する.
 (d) 感染事故の発生を関係者に連絡する.
 (e) 感染事故の発生を伏せて，実験結果を公表する.

9-3 血清学的検査の特徴として正しくないのはどれか.
 (a) 感染症の診断法としてよく用いられる.
 (b) 一度に多くの検体を検査できる.
 (c) 不顕性感染の動物でも適用できる.
 (d) 感染直後の動物でも適用できる.
 (e) 病原体に対する特異的な抗体を検査する方法もある.

9-4 ウイルス感染症の診断法として適当でないのはどれか.
 (a) ウイルスの分離
 (b) ウイルス抗原の検出
 (c) ウイルス遺伝子の検出
 (d) 抗ウイルス抗体の検出
 (e) 体温の測定

9-5 人獣共通感染症とその宿主となる実験動物の組合せとして正しいものはどれか.
 (a) マウス肝炎―マウス
 (b) 腎症候性出血熱―マウス
 (c) リンパ球性脈絡髄膜炎―マウス
 (d) 唾液腺涙腺炎―ラット
 (e) センダイウイルス感染症―ラット

9-6 げっ歯類が媒介する人獣共通感染症はどれか.
 (a) 細菌性赤痢
 (b) Bウイルス
 (c) エボラ出血熱
 (d) マールブルグ病
 (e) ラッサ熱

10章 実験動物の感染症

一般目標：

実験動物の各感染症の病因，感受性動物，疫学，感染経路，臨床症状，病理，診断，予防，感染による実験成績への影響および人獣共通感染症のリスクについて理解する．

10.1 実験動物のウイルス感染症

> **到達目標：**
>
> 実験動物のウイルス感染症をあげ，病因，感受性動物，疫学，感染経路，臨床症状，病理，診断，予防，感染による実験成績への影響および人獣共通感染症のリスクについて説明できる．
>
> 【キーワード】 センダイウイルス病，マウス肝炎，マウス肺炎，マウス脳脊髄炎，乳酸脱水素酵素ウイルス病，エクトロメリア，マウスロタウイルス病，リンパ球性脈絡髄膜炎，マウス白血病，マウス乳癌，唾液腺涙腺炎，ハンタウイルス感染症，サイトメガロウイルス病，ウサギロタウイルス病，ウサギ粘液腫，ショープ乳頭腫，Bウイルス病，エボラ出血熱，マールブルグ病，サル痘（モンキーポックス）

実験動物の主なウイルス感染症を表10.1にまとめた．以下に，感染による実験成績への影響が大きい疾患について解説する．

10.1.1 センダイウイルス病（sendai virus infection）

パラミクソウイルス科に属するRNAウイルス，センダイウイルス（別名パラインフルエンザウイルスI型，hemaggultinating virus of Japan：HVJ）感染によるマウスとラットの呼吸器感染症．ハムスター，モルモット，ウサギも感染することがある．

幼若マウスに死亡率の高い感染を引き起こすが，成熟例では感染後，症状を示さないまま回復する．ラットも同様に感染・発症するが，マウスに比べ軽症である．臨床症状は，呼吸時の雑音，立毛，体重減少などで，繁殖群では妊娠率の低下，妊娠期間の延長や産まれたマウスを親マウスが食殺する場合がある．ほかの呼吸器疾患の病原体との混合感染によって重症化する．肉眼的病変は肺の充血で，通常は一肺葉あるいはその一部に限局する．肝臓に類似した赤色の病変から，肝変化と呼ぶことがある．組織学的には肺の浮腫，出血および気管支炎である．

伝播は，ウイルスを含む鼻腔分泌液や唾液による直接接触感染もしくは飛沫による呼吸器感染による．その他，汚染ケージや汚染床敷を介する場合もある．感染後1週間前後に呼吸器中でウイルスの増殖がピークに達する．その後，血中に中和抗体が誘導されウイルスは完全に排除される．再感染はしないため少数の飼育コロニーでは全個体が感染耐過後，ウイルスは消失する．しかし，大規模な繁殖コロニーでは，移行抗体の低下してきた離乳マウスに不顕性感染が多く認められる．これらのマウスが感染源となって，新たに持ち込まれた非感染個体に感染伝播し，他所での発生の原因となる．

診断は臨床的もしくは抗ウイルス抗体測定による血清診断で行う．モニタリング用ELISA法（酵素抗体法）キットの使用が最も用いられている．発生時の対応は関連動物コロニーの全処分，施設の消毒，および非感染動物の導入である．耐過後ウイルスが消失した群を再度繁殖コロニーにすることも可能だが，特殊な場合以外は行わない．子宮切断法や受精卵移植による清浄化が効果的である．本症の伝播は急速であり実験結果への影響が大きいので，導入に際しての検疫や定期的な血清検査が重要である．不活化ウイルスによってワクチン可能だが，血清検査時の感染例とワクチン接種群との区別が困難になるため，特殊な実験以外には使用しない．

表 10.1 実験動物が関係する主なウイルス感染症 (*は人獣共通感染症)

主要感受性動物	病名 (別名)	病因ウイルスの名称 (分類)	感染経路	症状および病理	診断・予防
マウス, ラット, ハムスター, モルモット	センダイウイルス病	センダイウイルス, パラインフルエンザウイルス I 型, HVJ (パラミクソウイルス)	汚染鼻腔分泌液等や汚染床敷きなどによる接触感染, 呼吸器感染	幼若マウスで気管支肺炎, 立毛, 体重減少, 高い死亡率. 肺の充血 (肝片化), 浮腫. 妊娠率の低下, 食殺. 成熟マウスでは不顕性	血清診断による検疫とモニタリング. 汚染コロニーの全処分. 実験成績への影響が大きい
マウス	マウス肝炎 (MHV)	マウス肝炎ウイルス (コロナウイルス)	糞便や汚染床敷きによる経口, 呼吸器感染	成熟マウスは不顕性. 幼若マウスは肝炎や腸炎	血清診断による検疫とモニタリング. 汚染コロニーの全処分. 実験成績への影響が大きい
	エクトロメリア (マウス痘瘡, マウスポックス)	エクトロメリアウイルス (ポックスウイルス)	糞便・発疹分泌物の経皮感染	発痘・痂皮形成, 四肢の壊死・脱落, 結膜炎	臨床症状により診断／組織中封入体の検出／ワクチニアウイルスを抗原とする血清診断／PCR も可能. 汚染コロニーの全処分. 十分な消毒. 検疫とモニタリング. 実験成績への影響が大きい
	マウスロタウイルス病 (乳仔下痢 (EDIM))	マウスロタウイルス (ロタウイルス)	糞便の経口感染	哺乳マウスでは下痢発症. 死亡例はまれ. 成熟マウスでは不顕性	血清診断
	マウス脳脊髄炎 (マウスポリオ, タイラー病)	マウス脳脊髄炎ウイルス (タイロウイルス)	糞便の経口感染, 垂直感染	幼若マウスでは神経症状, 後肢の萎縮・麻痺. 成熟マウスでは不顕性	血清診断
	マウス肺炎	マウス肺炎ウイルス (ニューモウイルス)	呼吸器排泄物の接触感染, 呼吸器感染	不顕性. ヌードマウス, SCID マウスでは肺炎, 消耗性疾患. ラット, ハムスターにも抗体陽性例あり	血清診断
	マウス白血病 (マウスレトロウイルス病)	マウス白血病ウイルス (レトロウイルス)	内在性ウイルス, 垂直感染, 水平感染	脾臓・胸腺腫大	ウイルス分離／抗原検出／逆転写酵素活性検出. 内在性ウイルスのため予防法なし. 子宮切断法によっても清浄化できない
	乳酸脱水素酵素ウイルス病 (lactate dehydrogenase elevating virus：LDV 病)	乳酸脱水素酵素ウイルス (アルテリウイルス)	糞尿・唾液・乳汁の経口・経皮感染	不顕性. 血中乳酸脱水素酵素レベル上昇	血中 LDH 値の測定／PCR 法によるウイルスゲノム検出
	リンパ球性脈絡髄膜炎* (lymphocytic choriomeningitis：LCM)	LCM ウイルス (アレナウイルス)	糞尿の呼吸器感染, 唾液による経皮感染	成熟マウスでは不顕性. 新生仔マウスや体内で垂直感染した場合, 免疫学的寛容を起こし抗体産生が認められないが持続感染する. ヒトでまれに無菌性髄膜炎や脳脊髄炎	ハムスターも持続感染を起こす. ラット, モルモット, イヌ, ブタ, サルも感受性. ウイルス分離／可能な場合は血清診断. 汚染継代腫瘍細胞も感染源となる. 実験成績への影響が大きい
	マウス乳がん	マウス乳がんウイルス (レトロウイルス)	乳汁	マウスに乳がんを起こす. 腫瘍を誘導する RNA ウイルスとして研究に用いられる	特になし
	サイトメガロウイルス病	サイトメガロウイルス (ヘルペスウイルス)	唾液, 涙, 尿中に排泄されるウイルスによる飛沫感染	成熟マウスでは不顕性. 幼若マウスや免疫不全 (SCID など) マウスでは全身感染を起こす	血清診断, 唾液腺の病理組織学的検査
ラット	唾液腺涙腺炎	唾液腺涙腺炎ウイルス (コロナウイルス)	鼻汁・唾液の呼吸器感染・接触感染	顎下腺・頸部腫大, 眼・鼻周辺に血様分泌液	蛍光抗体法や ELISA による血清診断. 実験成績への影響が大きい
	腎症候性出血熱* (HFRS, ハンタウイルス感染症)	腎症候性出血熱ウイルス (ハンタウイルス)	糞尿の呼吸器感染, 唾液による経皮感染 (人とラット)	不顕性感染. 持続感染 (ラット). 発熱, 出血 (皮下・臓器), 腎臓障害 (タンパク尿) (ヒト)	血清診断 (ELISA) によるモニタリング. 汚染コロニーの全処分. 四類感染症につき患者の届出. 実験成績への影響が大きい

10.1 実験動物のウイルス感染症　　*171*

表 10.1（続き）

主要感受性動物	病名（別名）	病因ウイルスの名称（分類）	感染経路	症状および病理	診断・予防
ウサギ	ウサギロタウイルス病	ウサギロタウイルス（ロタウイルス）	糞便の経口感染	下痢	臨床診断／血清診断
	兎ウイルス性出血病	兎ウイルス性出血病（カリシウイルス）	鼻汁・唾液・血液の接触感染	神経症状，呼吸器症状，壊死性出血性肺炎，肝炎，脳炎．成獣で高い死亡率	臨床診断／血清診断／PCR．感染コロニーの処分．届出伝染病
	ショープ乳頭腫	乳頭腫ウイルス（パピローマウイルス）	ノミなどの昆虫が媒介	乳頭腫（首，肩，腹部など）．扁平上皮がん	病理組織学的検査と蛍光抗体法によるウイルス抗原の証明
	兎粘液腫	兎粘液腫ウイルス（ポックスウイルス）	眼けんの腫脹，目・鼻・口殻の分泌粘液を介した接触感染，発熱，呼吸困難，鼻出血，神経症状，諸臓器出血，肝臓壊死	発熱，呼吸困難，鼻出血，神経症状，諸臓器出血，肝臓壊死．高い死亡率	臨床診断．感染コロニーの処分．届出伝染病
サル	B ウイルス病*	B ウイルス病ウイルス（ヘルペスウイルス）	アカゲザル・カニクイザル・ニホンザル等のマカカ属サルが持続感染宿主．唾液による咬傷，体液による接触感染	不顕性．免疫抑制処置等によってウイルスが再活性化し，口腔粘膜に水疱形成．ヒトに感染すると発熱，水疱形成，神経症状．死亡する場合がある	血清診断／PCR．ヒトでは抗ヘルペスウイルス薬であるアシクロビルが有効．四類感染症につき患者の届出
	サル痘（モンキーポックス）*	サル痘ウイルス（ポックスウイルス）	アフリカに生息する齧歯類が自然宿主．発痘中のウイルスによる接触感染	アフリカのサルは不顕性，アジアのサルは発痘．ヒトに天然痘に類似した発痘	ウイルス分離／PCR．四類感染症につき患者の届出
サル類，コウモリ	エボラ出血熱*	エボラ出血熱ウイルス（フィロウイルス）	自然宿主がコウモリであることが最近明らかにされたが，伝播経路は不明．ヒトでは血液や体液による接触感染	コウモリは不顕性感染．ヒトでは重篤な出血熱（発熱，頭痛，出血，多臓器不全）．死亡率 50〜80％	血清診断／ウイルス分離／PCR．一類感染症につき患者の届出，診断後のウイルスの取扱いは BSL4 レベルの高度安全実験施設内で行う．類似ウイルス（レストン型）が感染しているサルがフィリピンから輸入されたことがある
	マールブルグ病*	マールブルグ病ウイルス（フィロウイルス）	自然宿主がコウモリであることが最近明らかにされたが，伝播経路は不明．ヒトでは血液や体液による接触感染	コウモリは不顕性感染．ヒトでは重篤な出血熱（発熱，頭痛，出血，多臓器不全）．死亡率 10〜30％	血清診断／ウイルス分離／PCR．一類感染症につき患者の届出，診断後のウイルスの取扱いは BSL4 レベルの高度安全実験施設内で行う

10.1.2　マウス肝炎（mouse hepatitis virus infection）

コロナウイルス科に属する RNA ウイルス，マウス肝炎ウイルス（mouse hepatitis virus：MHV）を原因とする．ラットやハムスターへの自然感染はない．

成熟マウスでは不顕性感染であるが，免疫抑制マウスでは肝炎を発症する．肝炎発症例では肝臓に複数の壊死病巣が小さな壊死斑として認められる．ヌードマウスでは消耗病（wasting disease）を呈し慢性経過の後死亡する．幼若マウスでは肝炎および腸炎を発症する．10 日齢以下のマウスが感染すると下痢，発育不良，チアノーゼを呈し，発症後 1〜10 日以内に 50〜100％が死亡する．10

日齢以上では一般に一過性の下痢の発症のみで耐過する．肉眼病変は腸管内のガスと黄色水様物の充満で，組織学的には腸粘膜絨毛の萎縮減少と上皮細胞の空砲形成が認められる．

ウイルスは糞便中に排泄され，経口，経気道的に伝播する．汚染床敷なども伝播の原因となる．感染耐過後，強い獲得免疫が誘導され体内からウイルスが消失する．このため，小さい飼育コロニーからはウイルスが自然消失するが，大規模繁殖コロニーでは新規導入動物や離乳マウスが新たな感受性個体となって長くウイルスが維持される．ウイルスの株やマウスの系統によって病原性の強弱が異なる．BALB/c や C57BL/6 は感受性が高く死亡率も高いが，C3H は比較的耐性である．肝

炎の場合はティザー病との鑑別が，また腸炎では
マウスロタウイルス病との鑑別が必要である．

　本ウイルス感染では臨床症状が個体により大き
く相違するため抗体検出によって確定診断される．
血清診断には ELISA キットが一般的である．抗
体上昇の低い例もあることから，ペア血清もしく
は十分の数のグループ血清について抗体検出を行
って診断する．発生時の対応は感染動物コロニー
の全処分，施設の消毒および非感染動物の導入で
ある．子宮切断法や胚移植による清浄化も有効だ
が，実験的には垂直感染する場合もあるので，導
入前に抗体検査することが望ましい．

　本症は，免疫学および肝臓の代謝に関する実験
への影響が大きいため，導入に際しての検疫や定
期的血清モニタリングが重要である．感染マウス
から得られた材料（腫瘍，腹水，脳，脾臓，肝
臓，骨髄細胞など）も感染源となる．実験に伴っ
て持ち込まれる場合があるので注意が必要である．

10.1.3　エクトロメリア（ectromeria）

　ポックスウイルス科に属する DNA ウイルスで
ある．エクトロメリアウイルスを原因とし，マウ
スで壊疽性の四肢の欠損を特徴とする感染性の高
い疾患である．自然感染はマウスのみで，アメリ
カやヨーロッパで発生の報告があるが，現在，日
本での発生報告はない．別名，マウス痘瘡，マウ
スポックス．

　急性例では結膜炎症状を伴い，一般状態の悪化
によって感染後数日から死亡し始め，最終的な死
亡率は 50～90％ に達する．亜急性ないし慢性経過
例では感染 10 日頃から皮膚表面に発疹（ポック）
が出現し，その後壊死病変，四肢や尾の脱落が起
こる．また，不顕性感染例もあり，感染源として
重要である．

　ウイルスは発疹病変部や糞便からも排泄され，
それらが経皮的に侵入する．感染経路はポックス
ウイルスに共通してまず感染局所および近傍のリ
ンパ節で増殖したあと，ウイルスの拡散（一次ウ
イルス血症）後，肝臓，脾臓で感染増殖する．そ
の後，感染が全身に拡大し，皮膚表面に広範な病
巣（発疹，壊死，潰瘍，痂皮）を形成する．

　組織学的には肝臓，リンパ組織の壊死，出血が
顕著である．粘膜や消化管の病変部上皮細胞質中
にエオジン好性（好酸性）の A 型封入体が，ま
た，すべての病変の細胞質中には，ウイルス粒子
生成の場である好塩基性の B 型封入体が認められ
ることが特徴である．

　診断は典型例では臨床所見により可能だが，確
定診断のためには組織中の封入体の検出が必要で
ある．抗体検出には ELISA 法が用いられる．ウ
イルス分離は病変部組織乳剤を発育鶏卵尿漿膜腔
へ接種して行う．ウイルスが増殖すると漿尿膜上
に斑点状の病変（ポック）が出現する．または，
組織培養細胞（鶏胚やマウス初代培養細胞，KB，
Vero，HeLa，L929，B56 などの株化細胞）によ
っても可能である．

　ウイルスは乾燥や熱に対する抵抗性が強く，56
℃，30 分間の加熱でも完全には失活しないことが
ある．伝染性も強く，実験成績への影響も大きい
ことから，発生時には全処分と完全な消毒が必要
である．ウイルス汚染腫瘍細胞を介して伝播する
ことがある．容易に垂直感染するために子宮切断
による清浄化はできない．

10.1.4　唾液腺涙腺炎（sialodacryoadenitis）

　コロナウイルス科に属する RNA ウイルスであ
る．唾液腺涙腺炎ウイルス（sialodacryoadenitis
virus：SDAV）によるラットの顎下腺と涙腺を侵
す疾患である．ラットの肺炎の原因ウイルスであ
るラットコロナウイルス（rat coronavirus：
RCV）と近縁のウイルスである．マウス肝炎ウイ
ルス（MHV）と共通抗原をもつ．

　本ウイルスは熱によって不活化されやすく，56
℃では 5 分以内，37℃では 3 時間以内に不活化さ
れる．また，脂溶剤によって速やかに不活化され
る．自然感染例はラットのみである．実験的には
マウスも感染し，一過性の間質性肺炎を起こす．
発症は感染例の一部であり，移行抗体の低下した
離乳例で発症することが多い．耐過例の再感染も
ありうる．

　伝播は呼吸器を介して飛沫感染もしくは感染例
との直接接触感染による．鼻腔喉頭粘膜上皮で増
殖したウイルスが唾液腺（顎下腺），涙腺上皮細胞
に感染し，強い炎症と腫脹を引き起こす．このた
め，外観上，顎下腺腫脹による頸部の腫大，さら
に 1～2 日遅れて涙腺病変が現れる．特に，涙腺
の Harder 腺の病変によるポルフィリンの分泌亢
進によって眼や鼻の周辺が赤くなり，"red tears"，

"red nose" と形容される．幼若ラットでは唾液腺の腫脹はほとんど認められず眼症状が強い．通常，死亡することなくすみやかに回復する．剖検すると顎下腺周囲にゼラチン様滲出物の集積が観察される．

本ウイルスは感染後約1週間以内に上記各臓器ならびに呼吸器から分離される．臓器乳剤からラット腎初代培養細胞を用いて分離する．血清診断は抗原性の交差するマウス肝炎ウイルスを代替として，感染細胞を抗原とする蛍光抗体法やELISA法によって実施する．

本症が動物実験に及ぼす影響としては，呼吸器の炎症に伴う麻酔による事故，頸部の疼痛による食欲不振，呼吸器系の日和見感染の増加とそれに伴う吸入毒性研究への障害がある．

10.1.5　リンパ球性脈絡髄膜炎（lymphocytic choriomeningitis）

アレナウイルス科に属するRNAウイルスである，リンパ球性脈絡髄膜炎ウイルス（lymphocytic choriomeningitis virus：LCMV）を原因とする．ヒトでまれに無菌性髄膜炎や脳脊髄炎を起こす．本ウイルスは世界中，特にヨーロッパと南北アメリカでハツカネズミに常在し，ヒトの感染源となる．それら野生マウスから実験動物へのウイルスの侵入が問題になる．わが国の野生ネズミにも感染の報告があるが，詳細は不明である．

実験動物としては，マウス，ラット，シリアンハムスター，モルモット，イヌ，ブタ，サルが感受性を有するが，マウスとハムスターが持続感染してウイルスキャリアーとなるため感染源として重要である．感染動物の糞尿中に排泄されたウイルスが経気道的または経皮的に水平伝播する．成熟動物では不顕性である．しかし，マウスやハムスターが新生子期または体内で垂直感染した場合，免疫学的寛容が成立し，持続感染する．この場合は，ウイルスに対する抗体産生などの免疫反応がほとんどないが，終生ウイルス血症を呈し唾液や糞尿中にウイルスを排泄し続ける．持続感染例では加齢に伴い糸球体腎炎を併発して死亡することが多いが，親から子へ持続感染が引き継がれコロニー内で維持される．感染マウス，ハムスターで継代された腫瘍細胞やその他の生物材料も本ウイルスに汚染されているために，それらを介した感

染の伝播・拡大が問題になる．ヒトでは通常，無症候であるが，発症した場合にも発熱，頭痛，筋肉痛，倦怠感を伴うインフルエンザ様症候がほとんどで，まれに無菌性髄膜炎や脳脊髄炎を起こす．

感染動物の診断には，非感染マウスへの接種によるウイルスの分離が行われるが，培養細胞を用いたウイルス分離や蛍光抗体法による血清学的診断も有効である．しかし，免疫学的寛容が成立している持続感染例では抗体産生が認められず，通常の抗体スクリーニングで発見されないため，微生物モニタリングの問題点となっている．発生が確認された場合はコロニーの処分とそれで継代された腫瘍細胞や生物材料の追跡調査が必要である．

10.1.6　ハンタウイルス感染症（hantavirus infection）

ブニヤウイルス科に属するRNAウイルスであるハンタウイルスを原因とする．人に，発熱，皮膚や全身諸臓器からの出血および腎臓の機能障害を特徴とする腎症候性出血熱（hemorrhagic fever with renal syndrome：HFRS）および，発熱，肺水腫およびショック症状を特徴とするハンタウイルス肺症候群（hantavirus pulmonary syndrome：HPS）を引き起こす．両疾患を合わせてハンタウイルス感染症と総称する．

本ウイルスは種々のげっ歯類を自然宿主とするげっ歯類媒介性人獣共通感染症である．げっ歯類は不顕性に持続感染し，糞尿中や唾液中に排泄されたウイルスによってげっ歯類間，またヒトへも呼吸器感染もしくは咬傷によって伝播する．感染症法では動物由来感染症として四類感染症に分類され，患者を診断した医師には即時届出の義務がある．

HFRSはユーラシア大陸全域で，HPSは南北アメリカ大陸で流行が報告されている．わが国でのHFRSの流行は，1960年代の大阪での都市型小流行，1970～80年代までは実験用ラットを感染源し，ソウル型ハンタウイルスによる実験室型流行が発生した．1985年以降患者発生は報告されていないが，主要港湾地区のほとんどで抗体陽性ドブネズミが捕獲されていることから，潜在的な感染源として注意する必要がある．感染ラットは不顕性に持続感染するため，感染ラットで継代された可移植性腫瘍や生物材料の授受によって感染が拡

大することがある．垂直感染は起こらないが，移行抗体消失後，水平伝播する．マウス，シリアンハムスター，スナネズミも実験感染した場合高い感受性を示すが，実験室型流行はラットでのみ報告されている．哺乳マウスや免疫欠損マウス（ヌードマウスや SCID マウス）に実験的に接種すると全身感染後死亡する．蛍光抗体法や ELISA キットでの定期的な血清検査が必要である．陽性例が発見された場合はコロニー全処分を行う．

HPS の原因ウイルスは南北アメリカ大陸でのみ生息するげっ歯類が自然宿主となるため，わが国での発生や実験動物感染の報告はない．近年，トガリネズミ目（旧分類では食虫類）に分類される動物から多種類のハンタウイルスが検出されているが，人の疾患との関連は不明である．

〔有川二郎〕

10.2　実験動物の細菌感染症

> **到達目標：**
> 実験動物の細菌感染症をあげ，病因，感受性動物，疫学，感染経路，臨床症状，病理，診断，予防，感染による実験成績への影響および人獣共通感染症のリスクについて説明できる．
>
> 【キーワード】　ティザー病，ネズミコリネ菌病，溶血レンサ球菌病，肺炎球菌病，ブドウ球菌病，緑膿菌病，マウス腸粘膜肥厚症，ウサギ大腸菌病，サルモネラ病，カーバチルス病，気管支敗血症菌病，パスツレラ症，ヘリコバクター病，細菌性赤痢，結核，赤肢病，マイコプラズマ病

10.2.1　ティザー病（Tyzzer's disease）

ファーミキューテス門（グラム陽性菌，low GC％）のクロストリジウム科に属する *Clostridium piliforme* が病因である．ただし，16S rRNA の塩基配列の分析では，属としての分類は不確定である[1]．本菌はグラム陽性には染色されず周毛性鞭毛を有する細長い桿菌で，芽胞を形成する偏性細胞内寄生菌である．人工培地での増殖は不能である．宿主域は広くマウス，ラット，ハムスター，スナネズミ，モルモット，ウサギ，イヌ，ネコ，ウシ，アカゲザル，ワタボウシタマリンなどに感染がみられる．マウスでは，系統間で本菌感受性に差があることが知られている．

本菌は芽胞を含む糞便や糞便で汚染された飼料の摂取による経口感染によって伝播すると考えられている．感染した動物の多くは無症状であるが，過密飼育などのストレスや免疫抑制によって発症し，下痢，体重減少，削痩の症状を呈して死亡することもある．免疫不全動物においても感染が顕性化する．急性例では症状を示すことなく死亡する場合がある．感染は腸管上皮に始まり，次いで，血中に入り肝臓に達する．まれに，菌が心臓にも達する．そして，それらの部位に壊死性の病変を形成する．肉眼的には，肝臓では白色あるいは黄色の壊死巣の散在，腸では粘膜の軽度の浮腫，出血，ときに肥厚，心臓では白色あるいは黄色の壊死巣がみられる．組織学的には，壊死巣と壊死巣周辺部における好中球の浸潤および生存細胞の細胞質内に菌体が認められる．

診断は，本菌の培養が困難なため，病理組織学的方法，血清学的診断法あるいは PCR 法によって行われる．病理組織学的方法としては，病変部のスタンプ標本のギムザ染色による菌体の確認あるいは同部位の組織切片標本の鍍銀染色や PAS 染色による菌体の確認を行う方法がある．血清学的診断法として，間接蛍光抗体法および ELISA 法を用いることができる．PCR 法は肝臓，心臓，盲腸，糞便を用いて行う．予防法としては，感染動物を持ち込まないために，バリアシステムによる隔離予防と本病のモニタリングシステムの確立が重要である．有効なワクチンはない．

ヒトにおける感染は非常にまれであり，HIV-1 に感染した患者における本菌感染例 1 例が報告されている．

10.2.2　ネズミコリネ菌病（murine corynebacteriosis）

アクチノバクテリア門のコリネバクテリウム科に属する *Corynebacterium kutscheri* が病因である．本菌は通性嫌気性のグラム陽性桿菌で，自然宿主は主にマウスとラットであるが，シリアンハムスター，モルモット，ハタネズミからも本菌が分離されている．マウスでは本菌に対する感受性に系統間で差がみられる．また，雌雄間の感受性について雄で高いことが報告されている[2]．

本菌の伝播は主として経口（糞便〜経口）感染と推定される．感染は通常不顕性感染であり，菌

は主に口腔，食道（ラット），盲腸，気管および結腸・直腸に生息する．ストレスや免疫抑制により感染が顕性化し，元気消失，削痩，立毛等の症状を呈して死亡する場合がある．菌は血行性に肺，肝臓，腎臓などの内部臓器へ移行し，そこで灰白色の結節（化膿性壊死性病巣）を形成する．

診断は血液寒天培地を用いた病巣部からの菌分離・同定による．不顕性感染動物では，口腔拭き取り材料と盲腸内容物あるいは糞便を用いて，選択培地である FNC 寒天培地で培養する．血清学的診断法として，凝集反応を用いることができる．蛍光抗体法，ゲル内沈降反応および ELISA 法による抗体検出が報告されている．予防法としては，感染フリーコロニーを作出し，本病のモニタリングを実施する．有効なワクチンはない．

本病は特に免疫不全動物において動物実験の障害となる．顕性化したラットの肺に多様な作用を示す免疫活性物質の上昇が報告され，動物実験上注意が必要である．

ヒトにおける感染は非常にまれであり，幼児のラット咬傷病変より本菌分離の1例が報告されている．

10.2.3　溶血レンサ球菌病（hemolytic streptococcosis）

ファーミキューテス門のレンサ球菌科に属する *Streptococcus equi* subsp. *zooepidemicus* が病因である．本菌はレンサ球菌属の6つのクラスターの1つである化膿レンサ球菌グループに属し，Lancefield 血清型 C に分類される．β 溶血を示す通性嫌気性のグラム陽性球菌で莢膜を有する．主要な宿主はモルモットである．

菌の伝播は空気感染，結膜感染，膣感染によって起こる．感染した動物の示す一般的な症状は，頸部のリンパ節の化膿と膿瘍形成による腫脹である．斜頸，鼻汁や目やにの排出などの症状を呈する場合もある．菌は粘膜を通過してリンパ管に入り，頸部の所属リンパ節に達し，増殖して病変を形成する．したがって，最も一般的な肉眼的病理所見はリンパ節の膿瘍である．組織学的には，明瞭な3層を形成する．すなわち，中心部に壊死層があり，その周りに好中球を主とする滲出層がみられ，それを肉芽組織や類上皮性皮膜がとりまいている．このほかに認められる病変としては肺炎，

胸膜炎，結膜炎，全身性のリンパ節炎，腎炎，乳腺炎，子宮炎などがある．急性の経過では，軽度の鼻炎，副鼻腔炎，結膜炎，表在リンパ節の腫脹の症状を示して，敗血症により死亡する．若齢の動物で超急性の敗血症が起こる場合がある．

診断は，臨床症状の観察（頸部リンパ節の腫脹）および触診，剖検所見，菌分離・同定によって行う．菌分離では，リンパ節，結膜および鼻粘膜を用いて，ウマ血液寒天培地で培養する．急性例では，採取材料として心血も培養する．生前診断としては，目やにや鼻腔粘液を用いて菌の分離を行うことができる．特に，目やにからの菌分離率は高い．予防のための有効なワクチンは開発されていない．本病フリーのコロニーを作出した後，通常の衛生的飼育管理によって予防が可能である．

10.2.4　肺炎球菌病（pneumococcosis）

ファーミキューテス門のレンサ球菌科に属する *Streptococcus pneumoniae* が病因である．本菌はレンサ球菌属の6つのクラスターの1つであるミティス群に属し，Lancefield 抗原は保有しない．α 溶血性を示す通性嫌気性のグラム陽性球菌で厚い多糖体の莢膜を有し，その抗原性から多くの血清型に型別される．ゲノムサイズは220万塩基対で約2,100個の遺伝子を持っている．ラット，ハムスター，モルモット，サル類などに感染し，特にラットとモルモットにおいて感受性が高い．ラットおよびモルモットの病気に関係する菌株の血清型としては，それぞれ2，3，8，16，19型および4，19型が多い．ただしラットにおける感染は最近ではほとんどみられない．

モルモットにおける菌の伝播は空気感染，直接接触感染，出産時の産道感染によって起こる．感染の多くは不顕性であり，菌は上部気道に生息している．ストレスや栄養不良により発病する．急性例では高い死亡率を示す．亜急性例では，元気消失，目やに，鼻汁漏出，くしゃみ・咳，斜頸，死・流産などの臨床症状が認められる．菌は莢膜を病原因子として上気道に定着し，補体の第2経路が活性化されることにより，病変形成が始まる．病変としては，化膿性炎を主体とする．それらには，フィブリン化膿性胸膜炎，心膜炎，化膿性肺炎，中耳炎，子宮内膜炎などがある．

診断は病変部から，不顕性動物では鼻腔および

気管粘膜から血液寒天培地を用いて菌の分離・同定を行う。α溶血を示す菌につき，オプトヒン感受性などの生化学的性状を調べるとともに，多価抗体あるいは型血清を用いた膨化反応によって同定する。血清学的診断として，ELISA 法が報告されている。本病の予防には本菌フリーのコロニーを作出する。ヒトが感染源となるので，ヒトからの感染を防止する。

10.2.5　ブドウ球菌病（staphylococcosis）

ファーミキューテス門のブドウ球菌科に属するブドウ球菌属の菌が病因である。この属のなかで実験動物に病原性を有するのは *Staphylococcus aureus*（黄色ブドウ球菌）である。正確には *Staphylococcus aureus* subsp. *arureus*[3] によって起こる。本菌は通性嫌気性のグラム陽性球菌でコアグラーゼを産生し，ノボビオシン感受性を示す。本菌のゲノムサイズはほぼ 280 万塩基対で，約 2,600 個の遺伝子を有する。マウス，ラット，モルモット，ウサギなど多くの実験動物の皮膚と粘膜面に生息する。マウスでは，幼若マウスあるいは C57BL/6，C3H，BALB/c などの系統において本菌に対する感受性が高いと考えられている。

マウスにおける本菌の伝播は飼育環境（ケージ，床敷きなど）から間接接触感染によって起こると考えられている。また，接触感染によって動物から動物へ伝播する。本菌が感染しても動物はほとんど症状を示すことがない。免疫不全動物では，しばしば膿瘍やフレグモーネが引き起こされる。闘争や自傷による創傷後の二次感染によって皮膚炎が引き起こされる。雄の生殖器の粘膜に感染した場合，包皮線の膿瘍がみられることがある。肉眼的所見としては，頭，首，肩や前肢などにみられる化膿性あるいは潰瘍性皮膚炎である。まれに，表在性あるいは深在性膿瘍が結膜や雄の外部生殖器に認められる。組織学的には，急性期では好中球浸潤を伴う真皮と皮下織における潰瘍形成であり，慢性期にはリンパ球，マクロファージ，線維素の浸潤が認められる。病気としては，マウスの化膿性皮膚炎やモルモットの四肢の慢性潰瘍性皮膚炎などが知られている。

診断は菌の分離・同定による。病変部や盲腸内容物などを検査材料とし，マンニット食塩寒天培地やエッグヨーク食塩寒天培地を用いて菌分離を行う。コアグラーゼ産生能などの生化学的性状より同定する。市販の同定キットも用いることができる。予防法としては，飼育環境の徹底的な消毒と闘争や自傷を少なくする環境の整備が大切である。

ヒトの菌型がマウスから分離されるが，人獣共通感染症としての意義は不明である。

10.2.6　緑膿菌病（pseudomoniasis）

ガンマプロテオバクテリア綱のシュードモナス科の *Pseudomonas aeruginosa* が病因である。本菌は偏性好気性のグラム陰性桿菌で 1 本（まれに 2～3 本）の鞭毛を有し，緑色色素ピオシアニンを産生する。ゲノムサイズは約 630 万塩基対で，約 5,600 個の遺伝子を持っている。土壌や河川などの自然界に広く分布し，また，湿潤な環境中に見いだされる。マウス，ラット，モルモット，チンチラ，ウサギ，鳥類など多くの動物から本菌が分離される。

環境中の菌がヒトの手指，各種器材等を介して飼育室に侵入し，動物の飲水中で増殖して動物に感染する。菌は咽喉頭および消化管に主として定着後，直接接触感染により動物に伝播する。SPF 動物では，腸内フローラが単純化しているために菌が消化管に定着しやすく，汚染率はコンベンショナル動物よりも高い。また，動物に感染した本菌は飼育環境（飼育棚，床，洗浄室など）を汚染し，さらに，昆虫類，飼育管理者や実験者などの人にまで汚染は拡大する。本菌に感染した動物はほとんど症状を示すことはない。しかし，放射線照射や免疫抑制剤の投与により敗血症が誘発される。また，ウイルスの感染により本菌の感染が増強される場合がある。免疫不全動物に本菌が感染した場合，菌血症により死亡することがある。みられる症状は鼻汁漏出，結膜炎，体重減少，頭部の浮腫などである。病変としては，菌血症に続発する肝臓，脾臓などの臓器における壊死と膿瘍形成である。

診断は菌の分離・同定による。菌分離には病変部，盲腸内容物，糞便，口腔，飲水材料を用い，NAC 寒天培地にて培養する。菌の生物・生化学的性状にて同定する。本病を予防するには，動物，飼育室および施設についての対策を講じる必要がある。動物については，本菌の腸管定着を阻止す

る腸内フローラの付与が有効である．飼育室については，衛生管理の強化および塩酸添加飲水（pH2.5〜3.0）の給与が有効である．施設では，洗浄室の徹底的な消毒，ヒトを含めた衛生管理の徹底，ゴキブリなどの昆虫類の駆除などが重要である．

免疫不全動物では，本菌の感染が顕性化して動物実験の障害となる．人の健常者では，本菌が病気の原因となることはほとんどない．

10.2.7　マウス腸粘膜肥厚症（megaenteron of mice）

病因はガンマプロテオバクテリア綱の腸内細菌科に属する *Citrobacter rodenntium* である．本菌は通性嫌気性のグラム陰性桿菌で，周毛性鞭毛を有する．運動性を示さない株もある．*eae*A 遺伝子を保有する株が本症を引き起こす．自然宿主はげっ歯類である．マウスでは，生後 2〜3 週齢の発症率が最も高い．系統間で本菌感受性に差が認められている．

菌は感染動物の糞便，糞便で汚染された飼料・床敷きからの経口感染によって伝播すると考えられている．下痢，立毛，被毛の汚れ，体重減少，直腸脱，死亡などの臨床症状を呈する．成熟マウスの多くは不顕性感染である．経口から入った菌は結腸の粘膜に付着して微絨毛を消失させ定着する．その結果，腸管の著しい肥厚を引き起こす．病理組織学的には，粘膜上皮細胞の過形成による粘膜の著しい肥厚を認める．粘膜下織にはほとんど変化はみられず，細胞浸潤も認めない．

診断は臨床症状の観察，病理学的所見および菌の分離・同定によって行う．菌の分離は病変部あるいは糞便材料を用いてマッコンキーあるいはDHL 寒天培地に培養する．同定には市販の腸内細菌同定キットを用いることができる．また，*eae*A 遺伝子の有無により本菌の同定が可能である．本症の予防には感染フリーコロニーを作出し，本菌のモニタリングを実施する．

顕性感染では，大腸の粘膜における化学的発がん物質の感受性が高くなる．また，発がん物質投与から限局性の異型細胞増殖までの潜伏期が短くなるので動物実験を行う上で注意が必要である．

10.2.8　ウサギ大腸菌病（colibacillosis in rabbits）

ガンマプロテオバクテリア綱の腸内細菌科に属する *Escherichia coli* が病因である．本菌は通性嫌気性のグラム陰性桿菌で，通常は周毛性鞭毛を有する．*E. coli* のなかで特定の血清型（O109：H2O15：H- など）や *eae* 遺伝子保有の菌株が本病に関与する．幼若ウサギで本菌感受性が高い．

本菌は経口（糞便〜経口）感染によって伝播する．感染した動物には 3 つの病態（症候群）が認められる．1 つは高い死亡率を示す新生子下痢で，激しい黄色下痢がみられる．2 つ目は高い死亡率を示す離乳期下痢で，水溶性下痢とともに脱水症状，貧血，体重減少などの症状がみられる．3 つ目は低い死亡率の離乳期下痢で，軽い下痢の症状がみられる．病変としては回腸，盲腸および結腸の腸管壁の肥厚，粘膜の潰瘍などがみられる．新生仔では，腸管全体に病変が認められる．組織学的には回・盲・結腸の絨毛の萎縮と消失，粘膜上皮の巣状壊死などが認められる．

診断は菌の分離・同定による．糞便を用いて通常の腸内細菌科の選択培地にて培養する．確定診断には菌体および鞭毛抗原を用いて腸管病原性大腸菌の血清型を確認する．適切な飼育・衛生管理が予防に重要である．

動物の死亡は動物実験の障害となる．人獣共通感染症としての意義は不明である．

10.2.9　サルモネラ病（salmonellosis）

ガンマプロテオバクテリア綱の腸内細菌科に属する *Salmonella enterica* subsp. *enterica* が病因である．本菌は通性嫌気性の周毛性鞭毛を持つグラム陰性桿菌で，少なくとも 1,443 の血清型を有する．これらのなかで実験動物のげっ歯類において主として問題となる血清型は，Enteritidis および Typhimurium である．宿主域は広く，マウス，ラット，ウサギなどの各種哺乳類，鳥類，爬虫類や両生類などの動物に感染する．マウスでは感受性に系統差が認められる．ただ，最近のわが国の動物実験施設における本菌の感染はほとんどない．

菌は感染動物の糞便，糞便により汚染された飼料・床敷きなどからの経口感染によって伝播する．

感染した動物は急性，亜急性あるいは慢性の経過をとり，様々な症状を呈する．急性例では，症状を示すことなく敗血症により死亡することが多い．亜急性例では，肝の腫大，脾腫に起因して腹部の膨大がみられる．慢性例では元気消失，立毛，食欲不振，体重減少，軟便，下痢などの症状を示す．経口感染した菌は腸の粘膜に侵入した後，腸管壁リンパ装置，腸間膜リンパ節に達し増殖する．その後，血流に入って全身に広がり，他のリンパ節，肝臓，脾臓で感染が持続する．急性例では，肉眼的病変を示すことなく死亡することがある．亜急性および慢性例では肝臓，脾臓の腫大と灰白色の壊死巣がみられる．組織学的には，急性例では腸間膜リンパ節，肝臓，脾臓の壊死病巣，慢性例では肉芽腫性病変が特徴的である．

診断は臨床症状および病変の観察と菌の分離同定による．検査材料としては，病変部，盲腸内容物，糞便を用い，血液寒天培地と DHL 寒天培地で培養する．増菌が必要な場合には，ハーナ，セレナイト培地などを用いる．分離した菌については，血清型別を行う．適当な飼育管理および衛生管理によって予防が可能である．イヌ・ネコ，サル類，野生げっ歯類などの感染源との接触を防止する．

人獣共通感染症として，特にマウスから人への感染には注意が必要である．

10.2.10 カーバチルス病（cilia-associated respiratory bacillus infection）

病因はグラム陰性のフィラメント状の桿菌で，気管支粘膜上皮細胞の繊毛間で繊毛類似の形態を示すことから，カーバチルス（cilia-associated respiratory bacillus：CAR bacillus）と呼ばれていた．従来，本菌を人工培地で増殖することができず，分類学的位置も不明であった．しかし，近年日本の研究者らにより本菌が新しい科（フィロバクテリウム科）に属する細菌であることが明らかにされ，フィロバクテリウム・ローデンティウム（Filobacterium rodentium）と命名された．マウスやラットなどのげっ歯類，モルモット，ウサギ，ネコ，ブタやウシなどの偶蹄類に感染が認められているが，実験動物で問題となるのはラットである．

本菌は鼻腔〜口腔を介した直接接触感染によっ

てラット間に伝播する．感染したラットでは乾・湿性の異常呼吸音を発する．病変として肉眼的には，無気肺病巣，気管・気管支腔内の粘液増加などを認める．組織学的には，呼吸器粘膜上皮における本菌の付着とそれに伴う小円形細胞浸潤による気道炎，肺の気管支周囲炎・気管支肺炎を特徴とする．

診断は ELISA 法や蛍光抗体法などの血清学的診断法により動物のコロニーのスクリーニングを行った後，Warthin-Starry 銀染色を用いた病理組織学的診断法や PCR 法によって確定診断を行う．また，気管洗浄液及び鼻腔粘液（生体）を用いた PCR 法による菌の検出も報告されている．有効なワクチンはない．

動物実験における影響は不明である．

10.2.11 気管支敗血症菌病（bordetellosis）

ベータプロテオバクテリア綱のアルカリゲネス科に属する Bordetella bronchiseptica が病因である．本菌は偏性好気性のグラム陰性，糖非分解の短桿菌で周毛性鞭毛を有し，ラット，モルモット，ウサギ，フェレット，ネコ，イヌ，ブタ，サル類など多くの動物に感染する．モルモットとブタで特に感受性が高く重要である．ブタでは，萎縮性鼻炎の病因の1つである．

菌は呼吸器に生息し，空気感染，間接接触感染，感染動物との接触による経膣感染等によって伝播する．異種動物間で相互に伝播が起きる．感染したモルモットでは通常無症状である．しかし，高い死亡率を示す呼吸器疾患の流行例も認められている．また，散発例での死亡もみられる．認められる臨床症状は立毛，食欲不振，削痩，鼻汁漏出，呼吸困難などである．菌は呼吸器粘膜の線毛上皮に強く付着・増殖して宿主の線毛運動や呑食作用を阻害することにより，生体防御反応を抑制し，病原性を発現する．その結果，鼻腔や気管腔内に粘液が増量する．肺では，線維素性あるいは線維素性化膿性気管支肺炎の病巣を形成する．

モルモットでの確定診断は菌の分離・同定によって行う．検査材料としては，鼻腔，副鼻腔および気管の粘液を用いる．生前診断として鼻腔粘液を用いることができる．培養には，ヒツジ血液寒天，DHL あるいはマッコンキー培地を用いる．鼻腔と副鼻腔では雑菌が多いので，選択性のある

DHL やマッコンキー培地が適している．血清学的診断法として，凝集反応，蛍光抗体法および ELISA 法を用いることができる．予防としては，本菌感染フリーのコロニーを作出し，本菌のモニタリングを実施する．ワクチンによる本病の予防も試みられているが，広く実施されているわけではない．

ヒトの気管気管支炎や肺炎の患者からの本菌分離例が報告されている[4]．

10.2.12　パスツレラ症（pasteurellosis）

a.　げっ歯類のパスツレラ症（pasteurellosis in rodents）

病因はガンマプロテオバクテリア綱のパスツレラ科に属する *Pasteurella pneumotropica* である．しかし，本菌は遺伝的に多様性を有し，分類には不確定な部分が多く残されており，16S rRNA の塩基配列の解析からパスツレラ属には属さず，げっ歯類クラスターに分類されている．本菌は通性嫌気性のグラム陰性の短桿菌で，線毛の観察[5,6]が報告されている．マウス，ラットなどのげっ歯類が自然宿主である．

菌は感染動物の分泌物や汚染物との接触による経鼻，経口，経腟感染によって伝播する．感染した動物が免疫学的に正常ならば，ほとんどが不顕性感染である．しかし，気管支敗血症菌，マイコプラズマ，センダイウイルスなどとの混合感染や免疫力の低下によって，肺炎，皮下膿瘍などが起こる．最近になって，遺伝子組換えによって免疫不全となった動物において，死亡を伴う重篤な肺炎や眼周囲の膿瘍が発生することが報告されている．病理学的には，化膿性炎（皮膚炎，結膜炎，涙腺炎，乳腺炎など）である．

診断は菌の分離・同定による．検査材料は咽喉頭あるいは気管粘液で，用いる培地は血液寒天培地である．同定法としては，通常の生物・生化学的性状検査以外に，市販同定キットである ID test HN-20 を用いてもよい．血清学的診断法として，全菌体抗原やリポオリゴ糖抗原を用いる ELISA 法が報告されているが，わが国ではほとんど検討がなされていない．予防方法としては，バリアシステムによる隔離予防とモニタリングが重要である．本菌は日和見病原体であるので，免疫不全動物飼育施設では特に注意が必要である．

ヒトにおける感染は非常にまれで，透析チューブの破損に起因すると考えられる幼児の腹膜炎が 1 例報告されている．

b.　ウサギのパスツレラ症（pasteurellosis in rabbits）

ガンマプロテオバクテリア綱のパスツレラ科に属する *Pasteurella multocida* が病因である．新鮮分離株の多くは莢膜を有する．莢膜および菌体抗原の組合せから多くの血清型に分類され，ウサギ由来株では A:12 型が多い．トリ由来株のゲノムは約 230 万塩基対よりなり，2,014 のコード領域を有している．宿主域は広く，ウサギ，イヌ，ネコ，ブタ，ウシ，鳥類などに感染する．

菌の伝播は主として感染ウサギとの直接接触感染による．空気感染あるいは汚染給水管などを介した間接接触感染も起こる．感染したウサギの一般的な病態は鼻炎（スナッフル）で漿液性から膿性の鼻汁排出の症状を呈する．これ以外にも結膜炎（膿性目やに），皮下膿瘍，中・内耳炎（斜頸），肺炎（食欲不振，呼吸困難），子宮膿腫（腟分泌物），敗血症（死亡）などの多彩な病態を示す．無症状の場合もある．これらの病態は，鼻炎の病変を基盤として発現されると考えられている．すなわち，鼻腔で増殖した菌がある条件下で各臓器へと到達し，そこで病変を形成する．これら病変に共通の病理組織像は急性あるいは慢性の化膿性炎である．飼育室の温度変化やアンモニア濃度の上昇，ストレスなどにより本病の増強がみられる．

診断は臨床症状の観察と菌の分離・同定による．検査材料は鼻粘液，培地は血液寒天培地を用いる．選択培地として，クリンダマイシン加培地あるいは改良 K-B 培地を使用できる．検査材料の輸送には Cary-Blair 培地が適している．しかし，鼻腔内の菌数が少ないときや鼻腔以外の咽頭などに菌が存在する場合には，診断が困難である．その場合には，ゲル内沈降反応，ELISA 法，dot-immunobinding assay などの血清学的診断法により診断する．予防法としては，本菌フリーのコロニーを作出して本菌のモニタリングを実施する．ワクチンとして不活化ワクチン，弱毒変異株を用いた生ワクチンなどがあるが，また，コレラ毒素を添加して免疫増強をはかる方法などが報告されているが，いずれも有効ではない．

パスツレラ科の菌の中でヒトへの病原性が本菌で最も強く，咬創傷による化膿性疾患など様々な症例が報告されている．

10.2.13　ヘリコバクター病（helicobacteriosis）

イプシロンプロテオバクテリア綱のヘリコバクター属には少なくとも23菌種が含まれ，*Helicobacter hepaticus*（マウスの腸および肝疾患），*H. mustelae*（フェレットの潰瘍），*H. felis*（イヌの胃炎），*H. pylori*（霊長類の胃炎）などが実験動物で問題になるが，*H. hepaticus* が最も強い病原性を示し重要である．本菌は微好気性〜嫌気性のグラム陰性らせん菌で鞭毛を有する．ゲノムサイズは約180万塩基対で約1,900個のタンパク質の情報を持っている．自然宿主はマウスである．感受性に性差がみられ，雌より雄で病変発現率が高い．また，系統差も認められている．

本菌は経口（糞便〜経口）感染によってマウス間を伝播する．感染は免疫学的に正常な動物では通常は不顕性感染である．感染後数週間で肝臓に小さな壊死斑（白斑）が認められる．組織学的には，門脈域を中心とした好中球，リンパ球などの炎症性細胞浸潤を伴う巣状壊死がみられる．一方免疫不全動物では，下痢や直腸脱の臨床症状が認められ，肝炎に加えて大腸炎を引き起こし，大腸の腸管壁の肥厚がみられる．組織学的には，粘膜上皮の過形成，粘膜固有層における炎症性細胞浸潤が盲腸と結腸を中心に認められる．

診断は，本菌の分離が技術的な困難を伴うので，16S rRNA の塩基配列を使った PCR 法による遺伝子検出が推奨されている．検査材料としては，盲腸内容物あるいは病変の認められた肝乳剤を用いる．また，病理組織学的方法として，病変部の組織切片標本の Warthin-Starry 染色によるらせん菌を検出する方法が用いられている．ELISA 法や間接蛍光抗体法が血清学的診断法として確立されているが，菌種を特定することはできない．本病の予防法としては，検査によって汚染のないことが確認された動物を施設に導入する．

10.2.14　サルの細菌性赤痢（shigellosis in monkeys）

本病はプロテオバクテリア綱の腸内細菌科に属する赤痢菌属（*Shigella*）の菌によって起こる．生化学的および血清学的性状の違いから4種（亜群）に分類される．すなわち，*S. dysenteriae*（A 亜群），*S. flexneri*（B 亜群），*S. boydii*（C 亜群），*S. sonnei*（D 亜群）である．これらはそれぞれ，さらに多数の血清型に分けられる．これらのなかで，サル類から分離される頻度が最も高いのは *S. flexneri* である．次いで *S. sonnei* と *S. boydii* の分離率が高い．自然宿主はサル類とヒトである．感染するサルのほとんどが類人猿と旧世界ザルであり，新世界ザルの感染は少ない．原猿類の感染はまれである．

感染は経口（糞便〜経口）ルートによってサル間に伝播する．感染の多くは不顕性感染であり，輸送などのストレスによって発病する．一般的な症状は亜急性から慢性の軟便や水様性下痢である．下痢は間歇的あるいは一時的である．ときには粘液を含んだ糞便上に線状の鮮血をみる．これらの症状は自然に消失するが，このようなサルは感染源となる．急性の場合には，典型的な赤痢の症状，すなわち，血液を混じた下痢の症状を呈する．これらの症状のサルでは，軽度から重篤な脱水症状を示し，輸液の処置が必要となる．病変は大腸に限局し，主として盲腸と結腸に認められ，粘膜肥厚，浮腫，充血，出血，ときに糜爛や線維素の付着がみられる．

診断は本菌属の糞便からの分離・同定によって行う．培養には，SS 寒天培地，マッコンキー寒天培地，DHL 寒天培地などを用いる．無症状保菌ザルからの菌分離では，分離は3日間以上の間隔で3回以上の検査が必要である．有効なワクチンは存在せず，対策としては感染個体の摘発・隔離と治療による．

サル類とヒトとの人獣共通感染症である．サルは捕獲後あるいは飼育中にヒトから感染すると考えられている．感染したサルからヒト（飼育者，実験者）への感染が起こるので注意が必要である．

10.2.15　サルの結核（tuberculosis in monkeys）

本病はアクチノバクテリア門に属するマイコバクテリウム属の *Mycobacterium tuberculosis*（ヒト型結核菌）と *M. bovis*（ウシ型結核菌）によって起こる．本菌は好気性の細長いグラム陽性桿菌で多様な形態を示す抗酸菌である．*M. tuberculosis* は，イヌ，ネコ，ブタ，ウシ，サル

類，ヒトなどに感染し，サル類の中では旧世界ザルの感受性が最も高く，以下類人猿，新世界ザルの順である．*M. bovis* の宿主域は広く，野ウサギ，イヌ，ネコ，ブタ，反芻獣，サル類，ヒトなどに感染が認められる．

本菌は空気感染，直接接触感染，汚染した注射針や入れ墨器を介しての間接接触感染によってサル間に伝播する．感染ザルでは，病状が悪化するまで臨床症状を示さないことが多く，病気の進行に伴い，慢性疲労，食欲不振・体重減少，持続する咳，運動時呼吸困難などの症状を呈する．その他，発熱，下痢，下肢の両側性麻痺，皮下膿瘍，皮膚潰瘍，末梢リンパ節腫脹，肝や脾の腫大などの症状がみられることがある．感染したサルの肉眼的病変としては，肺門リンパ節と肺の乾酪性小結節，肺における大きな空洞形成と融合病変および胸膜の結節がみられる．進行性病変では，二次的に菌が脾，腎，肝，リンパ節に拡散し，多病巣性粟粒性疾患となるか，乾酪化したより大きな小結節状病変を示す．組織学的には，中心に壊死巣を持つ種々の大きさの被包肉芽腫の病変を呈する．

診断はツベルクリンの皮内反応によって行う．確定診断は菌の分離・同定による．この方法は菌数が少ない場合には困難なので，その際には，PCR を迅速診断法として用いることができるかもしれない．予防法としては，定期的にツベルクリン反応を実施し，感染サルを摘発・排除することにより行う．また，ヒトからの感染を防止する．

本病はサル類とヒトの人獣共通感染症なので，サル類からヒトへの感染防止は重要である．

10.2.16　赤肢病（redleg）

本病罹患の両生類から高頻度に分離されるのは *Aeromonas hydrophila* である．本菌はガンマプロテオバクテリア綱のエロモナス科に属する通性嫌気性のグラム陰性桿菌で鞭毛および線毛を有する．淡水中に生息し，その環境および淡水魚，両生類，爬虫類などから分離される．実験動物では，カエルにおける本病が重要である．

感染は水槽の水を介してカエル間に伝播する．ストレスや免疫抑制によって本病の感受性が高まる．菌はカエルの皮膚および内部臓器で増殖する．急性の経過では，しばしば敗血症を呈し，特に後肢と腹部の皮膚に点状出血と潰瘍の症状がみられ

る．慢性の経過では，腹水症と神経症状を呈する．病理的には，肝細胞の壊死，脾臓の充血，敗血症性血栓の病変が観察される．

診断は菌の分離・同定による．培地は血液寒天培地を用いる．本病の予防法としては，導入個体の検疫，水槽内の衛生管理および十分な栄養補給が大切である．

ヒトでは食中毒，創傷，菌血症などの原因となる．

10.2.17　マイコプラズマ病（mycoplasmosis）

ファーミキューテス門のマイコプラズマ属には約 100 種の菌が含まれ，*Mycoplasma pulmonis*（マウス・ラットの肺炎），*M. arthriditis*（ラットの関節炎），*M. neurolyticum*（マウスの回転病），*M. hyopneumoniae*（ブタの肺炎）などが実験動物で問題となるが，その中で *M. pulmonis* はマウス・ラットに慢性肺炎を起こし，重要な菌種と考えられている．本菌は大きさが 0.1～2 μm と小さく，多形性で細胞壁を欠いている．マウス，ラット，ハムスター，モルモットおよびウサギに感染が認められている．

本菌は空気感染によって伝播する．感染した動物の多くは不顕性感染である．症状を呈する動物では，初期には特徴的な呼吸音（クックッ，カッカッ）を呈し，経過が進むと，鼻汁漏出，呼吸困難，体重減少，不活発，立毛などの症状がみられる．慢性経過をとり，発病した動物が回復することはないが，死亡することも少ない．

経鼻感染した菌は呼吸器の上皮線毛細胞に付着・増殖するので，代謝産物取り込みの競合や過酸化物のような毒素産生を介して宿主細胞を障害すると考えられている．その結果，感染初期にみられる肉眼的病変は肺の肝変化病変，無気肺などであり，感染後期には，気管支走行に沿って灰白色の結節性病巣を形成する．病巣内には膿性あるいはチーズ様の滲出液が認められる．

診断は臨床症状の観察，微生物学的，血清学的および分子生物学的方法を相補的に活用して行う．微生物学的方法では，鼻腔および気管の拭き取り材料を用いて Chanock の PPLO 培地に培養し，発育阻止試験などで同定する．血清学的方法としては，補体結合反応，ELISA 法などがあるが，前者は感度が低く，後者は感度が高いが，非特異的

陽性反応が出現する．その場合には，間接抗体蛍光法などによる確認試験が必要である．最近では，迅速で感度と精度が高い PCR 法を用いることができる．予防法としては，バリアシステムによる隔離予防と本病とモニタリングシステムが重要である．ワクチンは開発されていない．　〔川本英一〕

参 考 文 献

1) Rainey, F. A. *et al.* (2009)：Clostridium. In *Bergey's Manual of Systemic Bacteriology, 2nd ed., Vol. 3* (De Vos, P. *et al.* eds), p.738-823, Springer.

2) Komukai, Y. *et al.* (1999)：Sex differences in susceptibility of ICR mice to oral infection with *Corynebacterium kutscheri. Exp. Amim.*, **48**：37-42.

3) Schleifer, K. -H. and Bell, J. A. (2009)：Staphylococcaceae. In *Bergey's Manual of Systemic Bacteriology, 2nd ed., Vol. 3* (De Vos, P. *et al.* eds), p.392-433, Springer.

4) Woolfrey, B. F. and Moody, J. A. (1991)：Human infections associated with *Bordetella bronchiseptica. Clin. Microbiol. Rev.*, **4**：243-255.

5) Boot, R. *et al.* (1993)：Hemagglutination by Pasteurellace isolated from rodents. *Zentralbl. Bacteriol.*, **279**：259-273.

6) Kawamoto, E. *et al.* (2006)：Ultrasutactual characteristics of the externalsurfaces of Pasteurella pneumotropica from mice and Pasteurella multocica from rabbits. *Lab. Anim.*, **41**：285-291.

10.3　実験動物の真菌・原虫・寄生虫感染症

> **到達目標：**
> 　実験動物の真菌感染症，原虫感染症および寄生虫感染症をあげ，病因，感受性動物，疫学，感染経路，臨床症状，病理，診断，予防，感染による実験成績への影響および人獣共通感染症のリスクについて説明できる．
> **【キーワード】** 皮膚糸状菌症，ニューモシスティス症，ウサギコクシジウム症，エンセファリトゾーン症，腸トリコモナス症，ジアルジア症，アメーバ赤痢，小形条虫症，蟯虫症，サル腸結節虫症，サル糞線虫症，ウサギの耳疥癬

10.3.1　真菌症

a.　皮膚糸状菌症 (dermatophytosis)

小胞子菌属 (*Microsporum*)，白癬菌属 (*Trichophyton*) および表皮菌属 (*Epidermophyton*) に分類される真菌の皮膚への寄生による．寄生組織との接触により感染する．これら真菌は鳥類および哺乳類に分類される実験動物に広く感受性があり，人獣共通感染症でもある．

症状は皮膚角質層，毛，爪などの角化部への寄生により，紅斑，鱗屑，円形斑脱毛がみられる．診断は病巣部の被毛や鱗屑からの 10% KOH を用いた胞子や菌糸の検出，サブロー寒天培地やポテトデキストロース寒天培地による菌分離，WOOD 灯検査による診断がある．感染動物には抗真菌剤 (グリセオフルビン，ナフチオメート) の投与も可能であるが，確実な対策は発病動物の淘汰および施設の完全滅菌である．

b.　ニューモシスティス症 (*Pneumocystis carinii* infection)

当初原虫と考えられ，現在では真菌に分類されている *Pneumocystis carinii* の感染が原因となる．本菌は 1 個の核を持つアメーバ状の栄養型と，球状の囊子 (シスト) の 2 形態をとる．栄養型がシストになり，内部で新たな 8 個の栄養型を生じる生活環を持つ．経気道伝播すると考えられる．かつては *P. carinii* が広い宿主域を持ち，いろいろな動物に寄生すると考えられていたが，現在では動物種ごとに異なるニューモシスティスが寄生するとの考えが一般的である．すなわち，マウスに

寄生するのは *P. murina*，ラットに寄生するのは *P. carinii* および *P. wakefieldiae*，ウサギに寄生するのは *P. oryctolagi*，ヒトに寄生するのは *P. jirovecii* と命名されている．かつては人獣共通感染症でもあると考えられていたが，現在はその意義は不明である．

症状としては，通常は不顕性であるが，免疫抑制状態や先天的免疫不全動物では重篤な肺炎を発症し，ヌードマウスでは削痩，異常呼吸を呈し死亡する．肺胞内に栄養型および囊子が充満し，肺栓塞，間質性肺炎，肝変化病変がみられる．診断は肺組織および塗沫標本，集シスト法によって得られた標本を染色し形態学的に観察する．特異抗体による蛍光抗体法や酵素抗体法による診断もできる．トリメトプリムとスルファメトキサゾールの合剤投与による治療例があるが，隔離飼育が原則である．

10.3.2 原虫症

a. ウサギコクシジウム症（rabbit coccidiosis）

コクシジウムと総称される原虫のうち，*Eimeria stiedai* が肝コクシジウム症の原因となり，本種以外のウサギ寄生 *Eimeria* 属原虫が腸コクシジウム症の病原体である．無性生殖・有性生殖を経て，糞便中に排出されるオーシスト経口接種により感染する．ウサギにのみ寄生する．

成獣は不顕性感染で無症状のことが多く，幼若個体ほど致命的になりやすい．肝コクシジウム症では，体重減少，食欲不振，黄疸がみられ死亡することもある．腸コクシジウム症では下痢や粘血便がみられる．診断は糞便中のオーシストを直接塗抹法または浮游集卵法により検出する．サルファ剤が有効だが，陽性個体の摘発淘汰と飼育環境の加熱消毒が重要である．

b. エンセファリトゾーン症（encepahlitozoonis）

原虫 *Encephalitozoon cuniculi* の胞子を経口摂取することにより感染する．ウサギで多くみられるが，マウスやヒトにも感染する．症状は通常不顕性だが，脳炎により運動失調，麻痺，斜頸，痙攣などの異常や，腎炎による腹水貯留がみられる．診断は尿沈査のグラム染色による胞子検出や，間接蛍光抗体法による．

c. 腸トリコモナス症（trichomoniasis）

病因はトリコモナス科原虫に属する *Tritrichomonas muris*，*Tetratrichomonas microti*，*Pentatrichomonas hominis*，*Trichomitus wenyoni* などによる．虫体は特徴的な波動膜や鞭毛があり運動性を有する．栄養型の経口摂取により感染する．マウス，ラット，ハムスター，スナネズミなどのげっ歯類にみられ，ウサギには認められない．主に盲腸および結腸に寄生がみられるが，通常病原性はない．診断は腸内容物の直接鏡検や培養法による．

d. ジアルジア症（giardiasis）

Giardia muris の感染による．栄養型と囊子型があり，栄養型は左右類似の特徴的な洋梨形で，腹面の吸盤，一対の目玉様の核，鞭毛があり，運動性を有する．囊子は楕円形で 2〜4 個の核を持つ．栄養型または囊子型の経口摂取により感染する．宿主動物はマウス，ラット，ハムスター，スナネズミである．主に十二指腸部に寄生し，急性では下痢・食欲不振・体重減少，ときに死亡する．慢性では不顕性で，幼若個体や免疫不全動物で高い感染率を示す．診断は糞便または腸内容物の直接鏡検，または塗抹染色標本による原虫の検出による．

e. アメーバ赤痢（amoebic dysentery）

Entamoeba histolytica の感染による．栄養型と囊子型があり，栄養型の核は 1 つで，偽足による運動性を有する．囊子型では核が 1〜4 個あり，囊子型の経口摂取により感染する．サルが主要な宿主であり，げっ歯類やウサギにも感染する．人獣共通感染症でもある．症状は大腸粘膜の潰瘍，重度感染では出血性下痢を呈する．診断は新鮮糞便からの栄養型の検出による．感染動物にはメトロニダゾール投与が有効である．感染個体の摘発淘汰と感染源対策が重要で，栄養型は消毒薬で，囊子は熱湯・蒸気で死滅する．

10.3.3 寄生虫症

a. 小形条虫症（hymenolepis infection）

条虫の一種である小形条虫（*Hymenolepis nana*）の中間宿主（ノミなど）を経口摂取して幼虫が感染することで起こる．腸管内に排出された虫卵からの自家感染も起こす．マウス，ラット，ハムスターでみられ，ヒトにも感染する．成虫は

小腸に寄生し，少数の場合はほとんど無症状だが，多数寄生すると発育障害，体重減少，腸閉塞，腸粘膜の充血などがみられる．診断は糞便検査による虫卵検出による．

b. 蟯虫症（pinworm infection）

病因はいずれも線虫で，宿主特異性が高く，マウスにはネズミ盲腸蟯虫（*Syphacia obvelata*）およびネズミ大腸蟯虫（*Aspiculuris tetraptera*），ラットには *S. muris*，ハムスターには *S. mesocriceti* が寄生し，いずれも虫卵の経口摂取により感染する．主として盲腸に寄生し，肛門周囲に左右非対称で柿の種状の虫卵を産む．一般に感染していても無症状だが，飼育環境の病原体汚染状況の指標となる．診断はセロハンテープ法による肛門周囲からの虫卵検出による．駆虫剤が有効だが，再汚染しやすく，飼育環境の殺虫卵処理の徹底が必要である．

c. サル腸結節虫症（simian oesophagostomiasis）

Oesophogostomum 属線虫による．糞便に排出された虫卵が発育して形成された感染幼虫を経口摂取して感染する．アメリカ，アジア，アフリカのマカク属，ヒヒ属のサル，チンパンジー，オランウータンにまで広く分布する．主に結腸に寄生し，漿膜内，粘膜下組織で結節を形成する．重度感染では癒着による腸管内閉塞，腹水貯留がみられる．診断は糞便検査による虫卵検出による．治療薬としてフェノサイアジン，サイアベンダゾールなどの駆虫薬が有効である．

d. サル糞線虫症（simian strongyloidiasis）

糞線虫（*Strongyloides* 属線虫）の第3期フィラリア型幼虫の経口または経皮感染による．ほとんどすべての種類のサルに寄生する．感染経過により，経皮感染による皮膚炎，体内移行による呼吸器症状，小腸寄生時の腸炎がみられ，漿膜内，粘膜下組織で結節を形成する．重度感染では肺出血，気管支肺炎を起こし，まれに死亡する．診断は糞便検査による虫卵または幼虫の検出による．治療薬としてサイアベンダゾールなどの駆虫薬が有効である．

e. ウサギの耳疥癬（ear mange）

ダニ類であるウサギキュウセンヒゼンダニ（ウサギ耳疥癬ダニ：*Psoroptes cuniculi*）の寄生により感染個体から接触伝播する．耳翼内壁上皮表面に寄生し，掻痒感が強く，頭を振り耳を掻くため，充血や痂皮形成，悪臭を伴う分泌物がみられる．診断は病変部の鏡検による虫体検出による．患部の清浄および殺ダニ剤の塗布による治療のほか，隔離飼育で対応する．　　　　　〔佐藤雪太〕

演 習 問 題
（解答 p.212）

10-1　次のうち，マウスのウイルス感染症はどれか（1つとは限らない）．
(a) センダイウイルス病
(b) 唾液腺涙腺炎
(c) エクトロメリア
(d) Bウイルス病

10-2　次のなかで正しい記述はどれか（1つとは限らない）．
(a) マウス肝炎ウイルスはコロナウイルスに分類される．
(b) エクトロメリアウイルスはマウスに通常，不顕性感染する．
(c) EDIM とはマウスロタウイルス病の別名である．
(d) 兎ウイルス性出血病は別名タイラー病と呼ばれる．
(e) マウス白血病の清浄化には子宮切断法が一般に用いられる．

10-3　細菌感染症の病因に関して誤っている説明はどれか．
(a) *Clostridium piliforme* は人工培地にて増殖する．
(b) *Staphylococcus aureus* はコアグラーゼを産生する．
(c) *Citrobacter rodentium* は腸内細菌科に属する．
(d) *Bordetella bronchiseptica* は偏性好気性のグラム陰性桿菌である．
(e) *Pasteurella multocida* は莢膜および菌体抗原の組合せから多くの血清型に分類される．

10-4　細菌感染症の疫学に関して誤っている説明はどれか．

（a）　*Corynebacterium kutscheri* のマウス感染において，系統間で感受性に差がある．

（b）　*Pseudomonus aeruginosa* は土壌や河川などの自然界に広く分布している．

（c）　免疫不全動物における *Pasteurella pneumotropica* 感染は，普通は不顕性である．

（d）　*Helicobacter hepaticus* の自然宿主はマウスである．

（e）　*Mycobacterium bovis* の宿主域は広い．

10-5　次のうち，正しい記述の組合せはどれか．
① 皮膚糸状菌の診断には糞便検査が重要である．
② ニューモシスティス症では，重篤な神経症状がみられる．
③ 腸トリコモナス症は接触感染で伝播する．
④ アメーバ赤痢は人獣共通感染症である．
⑤ 小型条虫には中間宿主が存在する．
（a）　①と②，　（b）　①と③，　（c）　②と③，
（d）　③と④，　（e）　④と⑤

10-6　実験動物の原虫・寄生虫感染症のうち，<u>消化器症状を呈するもの</u>の組合せはどれか．
① ウサギコクシジウム症
② エンセファリトゾーン症
③ ジアルジア症
④ 蟯虫症
⑤ 耳疥癬
（a）　①と②，　（b）　①と③，　（c）　②と③，
（d）　③と④，　（e）　④と⑤

11章 モデル動物学

一般目標:
疾患モデル動物の概念とその作出法，主な疾患モデル動物の特徴および応用について理解する．

11.1 モデル動物学とは

到達目標:
モデル動物作出の目的，方法，分類について説明できる．
【キーワード】 比較生物学，比較医学，外挿，疾患モデル動物，生物学的モデル，実験発症モデル動物，自然発症モデル，遺伝子改変モデル動物，人為的突然変異モデル

11.1.1 生物学的モデルと疾患モデル動物

様々な種の正常動物や異常形質を示す動物を用い，それらの生物学的特性を解析することによって，**比較生物学・比較医学**的視点から生物界全体の普遍的な生命現象を明らかにする目的に使用される実験動物を，**生物学的モデル**という．

一方，医学・薬学などのメディカルサイエンスの領域では，主にヒトへの**外挿**を念頭において動物実験が行われ，ヒトの健康の維持や向上，または様々な疾患の病因の解明，治療法の開発に多大な貢献をしてきた．そのなかで疾患の発症メカニズムの解明，予防・治療法の開発などの目的に使われる異常形質を持つ動物は，**疾患モデル動物**と呼ばれる．

近年，次世代シークエンサーやバイオインフォマティクスの急速な普及によって，各種生物のゲノム情報を利用することが容易になった．ゲノム科学におけるモデル動物とは，普遍的な生命現象の解明を目的に，発生学，解剖学，生化学，遺伝学，突然変異コレクション，ゲノム配列解析など多くの分野において，網羅的・体系的に研究およびデータベース化されている動物を示し，現在のところ，マウス，ラット，ゼブラフィッシュなどが該当する．

11.1.2 疾患モデル動物の分類

疾患モデル動物はその作出方法から，正常動物を用いて研究目的にあった病態あるいは症状を人為的に作製する「**実験発症モデル動物**」，遺伝的に継代される形質として病的異常状態を自然発症する「**自然発症モデル動物**」，および，近年急速に増加した遺伝子工学や発生工学の技術を用いた「**人為的突然変異モデル**」や「**遺伝子改変モデル動物**」に分類される．

a. 実験発症モデル動物

様々な処置を動物に加えることによってヒト疾患と類似の疾患を誘発させた動物．本モデルの作製方法としては，大きく分けて次の5種類に大別される．

① 細菌やウイルスなどの病原体の感染による発症．
② 薬物や化合物を投与することによる発症．
③ 切除，結紮などの外科的処置を加えることによる発症．
④ 異種タンパクや自己抗原を投与するなどの免疫学的手法による発症．
⑤ 上記の2つ以上の組合せ．

実験的発症モデルの利点は，その誘発方法が確立されていれば再現性が高く，その誘発率も高いことである．また，発がん実験などを除けば短期間で発症可能なものが多い．もちろんこれらのモデルを使用する場合には，処置に対する感受性の種差，系統差，さらに処置技術の良否，その処置からのストレスなど，実験データに影響を与える要因を十分に考慮に入れなければならない．

b. 自然発症モデル動物

特定の疾患を自然に発症する動物を選択交配することによって系統化された動物を，自然発症モデル動物という．疾患を発症するようになった原因はゲノムの塩基置換，欠失が自然に起こったことであり，X線，放射線，変異原物質などによっ

て人為的に作出された突然変異体とは区別される．数多くの自然発症モデル動物が実験動物や家畜のなかから発見され系統化されており，現在も新たな自然発症モデルが次々と発見されている．マウスはその実験動物としての利点から膨大な数の系統が樹立され，ゲノム情報の充実により，多くの系統で原因遺伝子の同定と発症に至る分子機構が解明された．近年，先進国の医学研究の中心は，感染症研究からがん，高血圧，糖尿病，高脂血症，脳卒中，動脈硬化，心筋梗塞，双極性障害といった疾患や生活習慣病にシフトしてきている．これらの疾患は遺伝的背景に加え生活習慣が大きく影響を与えるために，類似した病態や悪性化の過程を再現する実験的発症モデルを作り出すことは今後の課題である．ヒト疾患と同様な遺伝的背景を持ち類似した症状を自然に発症するモデルを開発し利用することは，きわめて有用である．

c. 人為的突然変異モデル動物

　人為的突然変異，すなわちミュータジェネシス（mutagenesis）とは，放射線や化学物質を使ってランダムに遺伝子に突然変異を誘発する手法である．かつては放射線が利用されていたが，2000年前後から変異原物質としてニトロソウレア（N-ethyl-N-nitrosourea：ENU）が用いられていた．通常，マウスやラットの雄動物の腹腔にENUを投与することで，精原細胞ゲノムに自然突然変異の約1,000倍もの高率で塩基置換を誘発し（AからTまたはGへの置換が多い），この雄動物を交配に用いることによって，その子孫から興味ある表現系を持つ変異体を得る．作製の簡便さから，世界各国でENUミュータジェネシスプロジェクトが競って行われた．糖尿病などの特定疾患モデルの作出を目的とするプロジェクトと，形態，病理学，血液・尿成分，行動，感覚器，循環器，生殖器など様々な表現型について網羅的に変異動物を作出するプロジェクトとに大別される．本手法の欠点はゲノムの中から特定の点突然変異を検出するのが困難であり，また機能欠失（null）アレルを単離するためには多くのアレルをスクリーニングする必要がある．さらに原因遺伝子を同定するためには，動物家系を用いたポジショナルクローニングを行う必要がある．出生する動物数の割には思いどおりの変異を導入できないという難点があったため，多くのプロジェクトが終了している．

d. 遺伝子改変により作製されたモデル動物

　遺伝子改変とは，動物の体内に人間や他の動物の遺伝子を組み込むこと，または遺伝子を取り除く操作と定義され，作出された動物はカルタヘナ法に基づく遺伝子組換え動物として分類される．人為的に作製した遺伝子を導入したトランスジェニックマウスや特定の遺伝子を欠失させたノックアウトマウス，逆に特定の遺伝子に付加置換したノックインマウスなどが含まれる（12章参照）．研究者の意図する特定の変異遺伝子型を持つ動物の作出が可能であり，ヒト疾患の既知の変異と同じ変異を持つモデル動物を作ることができる．かつて使われていたジーントラップ法は，ENU法と同様に網羅的なミュータジェネシス法であるが，外来遺伝子をゲノムに導入する点で法律的には遺伝子組換えに分類される．

　変異モデル動物から遺伝学的解析により原因遺伝子と予想される候補遺伝子を決定し，次に表現型との関連を検討することになる．一方，候補遺伝子に個体の表現型への関与や遺伝子産物の生化学的な知見が乏しい場合，機能喪失変異では，*in vitro*または*in vivo*での正常遺伝子を導入したときに機能の欠失が補われて正常表現型が回復されるか否かを検討する方法（正常復帰）が用いられる．表現型がその遺伝子産物の機能を増強する，または新たな機能を獲得した変異（機能獲得変異）の場合にも，*in vitro*または*in vivo*に変異遺伝子を導入することによる確認が行われるのが一般的である．現在，CRISPR/Cas法（12章参照）の普及により，塩基の挿入，欠損，置換や遺伝子断片の挿入などのゲノム編集が容易になり，様々な可能性が大きく広がっている．

11.2　主な疾患モデル動物

> **到達目標：**
> 　主な疾患モデル動物の特徴（対象疾患名・動物系統名など）について説明できる.
> **【キーワード】** アロキサン, ストレプトゾトシン, DIO モデル, NOD マウス, KK マウス, *ob/ob* マウス, *db/db* マウス, Zucker ラット, WHHL ウサギ, *Apoe* 欠損マウス, SHR ラット, ヌードマウス, 重度複合型免疫不全（SCID）マウス, ヒト肝細胞キメラマウス, アルツハイマー型認知症モデル, パーキンソン病モデル, プリオン病モデル, 馬杉腎炎, ピューロマイシン腎症, アドリアマイシン腎症

　本節ではヒトにおいて頻度の高い疾患のモデル動物や有用なモデル動物について具体的な例をあげる.

11.2.1　糖尿病のモデル動物
a.　薬剤誘導糖尿病
　1 型糖尿病は, 膵臓のランゲルハンス島でインスリンを分泌する β 細胞が機能低下または死滅する病気である. **アロキサン**（alloxian）および**ストレプトゾトシン**（streptozotocin）は, マウスやラットにおいてランゲルハンス島を選択的に破壊しインスリン分泌を阻止することによって, 1 型糖尿病を発症させることができる. 投与量や投与回数によって軽症型から重症型まで調節できる.

b.　自然発症モデル
　NOD マウス（non-obese diabetic）は, わが国で開発された 1 型糖尿病モデルである. 多尿, 尿糖, 削痩を示す個体が発見され, この個体から選抜交配によって近交系として確立された. 病理学的には膵臓のランゲルハンス島のリンパ球浸潤によって β 細胞が破壊されることにより, インスリン依存性の糖尿病を発症する. メスの発症率が高くポリジェニック疾患である.

　2 型糖尿病は, 主な病態が抹消組織のインスリン抵抗性と β 細胞のインスリン分泌低下の 2 つであり, 遺伝的素因と生活習慣の組合せによって発症すると考えられている.

　正常動物に高脂肪食を給餌することによって肥満・インスリン抵抗性を誘導する食餌誘導肥満（diet-induced obesity：**DIO**）モデル, gold thioglucose（GTG）の腹腔内投与によって視床下部（満腹中枢）を破壊することで, 肥満・インスリン抵抗性を呈する視床下部性肥満マウスが知られている.

　肥満・過食・高インスリン血症など顕著な糖尿病症状を自然発症する突然変異系として **KK マウス**, *leptin* 遺伝子を欠損する *ob/ob* **マウス**, *leptin* レセプター遺伝子（*Lepr*）を欠損する *db/db* **マウス**, *Lepr* を欠損する **Zucker fatty** ラットなどがある. 西欧人の糖尿病患者の多くは, インスリン分泌能力が高い肥満・インスリン抵抗性型であり, 一方, 日本人を含む東アジア人の多くは, インスリン抵抗性が弱い非肥満・インスリン分泌低下型である. 上記のように大部分のモデルは, 肥満型であり, 東アジア人型の非肥満・インスリン分泌低下型モデルや, 神経障害, 網膜症, 腎症, 糖尿病性壊疽等の糖尿病合弁症に類似したモデルが求められている.

11.2.2　高脂血症・動脈硬化のモデル動物
　高脂血症とは, LDL（low density lipoprotein）コレステロール値が上昇し, HDL（high density lipoprotein）コレステロール値が低下する状態である. このことから LDL を悪玉コレステロール, HDL を善玉コレステロールということもある. 近年, 動脈硬化を促進する LDL と動脈硬化を防ぐ働きを持つ HDL の比（LH 比）が発症や重篤度の指標となることが明らかとなった. 動脈硬化性疾患, 特に心筋梗塞を中心とした心血管系疾患と, 脳梗塞・脳卒中を中心とした脳血管障害による死亡は, 日本人の死因統計上, がんと並んで死因の 30 ％に及ぶ.

　WHHL ウサギは, LDL 受容体遺伝子の N 末端の一部に欠失があり, LDL 受容体の減少のために LDL 過剰となり高コレステロール食によりアテローム形成, 動脈硬化, 心筋梗塞を誘導できる. コレステロール代謝や脂質低下療法に関する研究に貢献した古典的モデルである. アポリポプロテイン E（ApoE）は, 脂質と複合体を形成したリポタンパク質として存在し, 細胞表面の LDL 受容体などの受容体に結合し細胞外の脂質を細胞内へ運び込む際のリガンドとして機能している. マウ

スは動脈硬化には比較的抵抗性であるため適当な
モデルが存在しなかったが，**Apoe 遺伝子ノック
アウトマウス**は通常食でアテローム病変を形成す
るため，治療薬の評価系として用いられている．

11.2.3　高血圧のモデル動物

　高血圧は虚血性心疾患，脳卒中，腎不全などの
発症リスクとなる生活習慣病であり，原因が明ら
かでない本態性高血圧症と腎臓疾患や内分泌疾患
などによって生じる二次性高血圧に分類される．
SHR ラット（spontaneously hypertensive rat）
は，ヒトの高血圧の9割を占める本態性高血圧モ
デルとして世界中で頻用されるラットである．京
都大学で繁殖されていた Wistar Kyoto（WKY）
ラットのなかで高血圧を自然発症する個体が発見
され，この個体から選抜兄弟交配を続け，近交系
として確立された．成熟 WKY ラットの血圧は
130〜150 mmHg であるが，SHR ラットは若齢よ
り高血圧を発症し，4〜5ヶ月齢で最高値に達し，
200 mmHg 前後を示す．高血圧発症期頃から心臓
は次第に肥大し，脳卒中，心筋梗塞，腎硬化症を
発生する．SHR ラットでは末梢の抵抗血管の中膜
の肥厚がみられ，末梢抵抗の増大した高血圧と考
えられる．食塩摂取によりさらに血圧が上昇し，
降圧薬として ARB・ACE 阻害薬が有効である．
ポリジェニック疾患であり原因遺伝子は未だ同定
されていない．SHR ラットから亜系統として
SHRSP ラット（stroke-prone spontaneously hy-
pertensive rats：脳卒中易発症性 SHR ラット）
という脳出血，脳梗塞の発生率が高く，血圧も
SHR ラットより高値を示す系統が分離されてい
る．

11.2.4　腎疾患のモデル動物

　腎臓の糸球体で低分子物質を選り分けて限外濾
過する機構は，血管内皮細胞，糸球体基底膜，糸
球体上皮細胞で構成されているが，このうち，基
底膜は血液を濾過する分子篩（ふるい）の働きをしている．
これに加えて，上皮細胞である足細胞（ポドサイ
ト）の足突起が網目状に配置しスリット膜を構成
し，基底膜を濾過されてきた血液をさらに濾過す
る．足突起の間に張ったスリット膜は，血液濾過
の最終バリアーとして働き，糸球体濾過障壁の最
も重要な構成要素である．慢性腎疾患（chronic

kidney disease：CKD）患者数は世界的に増加し
ており，血液透析患者数の増大が問題となってい
る．CKD の多くは，原疾患悪化の過程でポドサイ
トが障害を受け，漏出する血清成分による尿細管
間質障害によって腎機能が低下する．後述する多
くのモデルでも，ポドサイトの基底膜からの剥離
や足突起の規則的な噛み合いを失う現象が見られ，
分子篩の破綻が見られる．

馬杉（Masugi）腎炎

　馬杉によって1933年に報告された実験的発症モ
デルで，それ以降に数多く発表されたモデルの基
礎となっている古典的なモデルである．ラットの
腎臓エマルジョンをウサギに免疫することによっ
て得られた抗血清をラットに投与すると，投与し
た抗体は糸球体基底膜に沈着し，その後新たに被
投与ラット内で産生された抗ウサギグロブリン抗
体が先に沈着した抗体と反応する．これにより糸
球体の透過性が変化し，タンパク尿を生ずるよう
になる．ヒトの腎炎は免疫的機序を介して発症す
るものが多く，この考えは，馬杉腎炎など，様々
な免疫学的手法を用いた実験モデルに負うところ
が大きい．その他に，ラット腹腔内にラットの腎
臓エマルジョンをアジュバントと共に数回投与す
ることによって腎炎を惹起する Heymann 腎炎ラ
ット，Puromycin をラットに投与することによ
り，糸球体硬化症を誘発する**ピューロマイシン腎
症**，Adriamycin をマウスおよびラットに投与す
ることにより，糸球体硬化症を誘発する**アドリア
マイシン腎症**，LPS をマウスに投与することによ
って腎炎を誘発する LPS 腎炎，CKD を自然発症
する ICGN マウス等が知られている．

11.2.5　臓器・組織移植に関するモデル動物
a.　ヌードマウス

　nu（forkhead box N1，*Foxn1*）遺伝子の欠損
により胸腺依存の免疫不全（T 細胞機能欠損）と
無毛を主な特徴としている．胸腺は萎縮し
（athymic），リンパ節，脾臓，パイエル板の T 細
胞依存領域のリンパ球は脱落している．T 細胞は
その機能がほぼ完全に欠損しており，皮膚の異種
移植やヒトやマウスの皮下や腹腔内への腫瘍移植
の実験に頻用される．同一遺伝子を欠損するヌー
ドラット（*Foxn1^{rnu}*）も存在する．

b. 重度複合型免疫不全マウス (severe combined immune deficiency mouse : SCID mouse)

リンパ球が分化し機能を獲得する際には，T 細胞受容体あるいは免疫グロブリン遺伝子の V (D) J 組換えが必須な過程である．SCID マウスは，DNA 修復に関与する DNA 依存的プロテインキナーゼ遺伝子 (*Prkdc*) の欠損により，V (D) J 配列が再結合できないために免疫不全となる．胸腺腫が高率に起こること，老化に伴い成熟 T リンパ球および B リンパ球が出現 (leakiness) することから，すべての異種細胞，組織が生着するわけではなく，その効率は様々である．ヒト胎児胸腺を腎臓皮下に移植することによってヒトリンパ球を分化・増殖させることが可能であり，ヒト血球系や免疫系を SCID マウス体内で再構築する様々な試みがなされている．

ヌードマウス，SCID マウスともに，長期にわたって異種細胞の移植を継続することは不可能である．前述の 1 型糖尿病モデルである NOD マウスの補体活性やマクロファージ，NK 細胞の活性が低値である性質に着目し，NOD マウスと SCID マウスを交配することによって作出された NOD-SCID マウスは，多種の動物のリンパ球の移植が可能である．さらに，NOD マウス，SCID マウス，さらに IL-2 レセプター γ 鎖 (*Il2rg*) ノックアウトマウスを交配することによって作出された NOG マウスは，T 細胞，B 細胞，NK 細胞，マクロファージ，サイトカインシグナルを欠損し，樹状細胞の機能不全，補体活性もきわめて低値である．そのため，ヒト腫瘍に加え種々のヒト正常細胞の移植が可能である．ヒト幹細胞の移植によって多様な細胞の分化と増殖が認められる．ヒト臍帯血の造血幹細胞を移植すると，様々なヒト造血細胞が分化・増殖し，長期にわたってリンパ球が維持できるため，HIV ウイルス，HTLV-1 ウイルス，EB ウイルス，インフルエンザウイルスなどを感染させたモデルが実用化され，病態解析や治療薬の開発が進められている．NOG マウス（実験動物中央研究所が作製）に加え，同変異を持つ NSG マウス（ジャクソン研究所が作製）が市販されている．

c. ヒト肝細胞キメラマウス

薬物の薬効試験，安全性試験，薬物代謝試験などの動物実験の第 1 段階として，飼育の容易さ，近交系の存在，低コストのなどの優位性からげっ歯類が用いられることが多い．しかし，げっ歯類とヒトの化学物質に対する代謝・解毒作用の違い，とりわけチトクローム P-450 の活性の違いが，正確な薬効評価にとって大きな妨げとなっている．肝臓特異的にウロキナーゼプラスミノーゲンアクチベーター (uPA) 遺伝子 (*Plau*) を発現するトランスジェニックマウスは，しだいに肝細胞が壊死し，最終的には肝不全で死亡する．この uPA トランスジェニックマウスと SCID マウスを交配することによって作出したマウスの脾臓にヒト肝細胞を移植すると，肝細胞は脾静脈を介して肝臓に定着し，ほとんどのマウス肝細胞がヒト肝細胞へと置換される．このキメラマウスは薬物代謝酵素の発現量や薬物動態もヒトに近似するため，薬効試験，安全性試験，薬物代謝試験に有用である．また B 型肝炎ウイルス (HBV) および C 型肝炎ウイルス (HCV) は *in vitro* での肝細胞への感染がほとんど起らないことが研究の障壁であったが，このキメラマウスは HBV および HCV の感染が容易に成立し，ウイルスの感染・増殖メカニズムや抗ウイルス薬の薬効を *in vivo* で調べることが可能となった．

11.2.6 神経変性疾患のモデル動物

a. アルツハイマー (Alzheimer) 型認知症病モデル

認知症は，一度獲得した知能が，後天的に脳や身体疾患を原因として慢性的に低下をきたした状態である．認知症の原因の半数を占めるアルツハイマー型認知症病では，神経細胞外に沈着する老人斑と神経細胞内に沈着する神経原線維がみられる．多くのアルツハイマー病家系において，老人斑として沈着するアミロイド β タンパク質 (Aβ) をコードする amyloid β protein precursor 遺伝子 (*APP*) ならびに，そのプロセッシングを行う presenilin 1 および 2 遺伝子 (*PSEN1*, *PSEN2*) の優性変異が見いだされたため，Aβ の凝集を原因とするアミロイド凝集説が確固たるものとなった．認知症が発症するまでには，(1) Aβ 蓄積による老人斑形成，(2) τ (タウ) タンパク質の蓄積（神経原繊維変化），(3) 神経細胞の機能不全，神経細胞死という経過をたどり，これらの病理像を

モデル動物にて再現することが試みられてきた．様々な変異型 APP 過剰発現トランスジェニックマウスや，ヒト型変異導入ノックインマウスが作出され治療薬評価のモデルとして用いられている．

b. パーキンソン（Parkinson）病モデル

パーキンソン病は，進行性神経変性疾患のなかでアルツハイマー病に次いで多い疾患である．中枢黒質緻密部のドーパミン産生ニューロンが減少することで引き起こされる脳内ドーパミン量の減少により，運動緩徐，静止時の手足の震え，筋肉の硬直が起こる．病理学的には，ドーパミン産生ニューロンの細胞質に好酸性細胞内封入体 Lewy 小体がみられる．この Lewy 小体にはユビキチン-プロテアソーム系タンパク質が含まれることから，ドーパミン産生ニューロンの死は，不要なタンパク質を分解できないことによる小胞体ストレスの亢進が一因と考えられている．パーキンソン病の実験的誘発モデルとしては，1-methyl-4-phenyl-1,2,3,6-tetrahydropyridine（MPTP）が用いられる．MPTP はドーパミントランスポーターによりドーパミン産生ニューロンに取り込まれ細胞死を誘発し，サルやマウスにおいてパーキンソン病モデルを作出することができる．京都大学では，サル MPTP モデルを用い，iPS 細胞由来ドーパミン神経前駆細胞移植治療に成功しており，ヒト患者への応用段階にある．

c. プリオン病のモデル動物

プリオン（prion）病はヒトのクロイツフェルト・ヤコブ病やヒツジのスクレイピー，ウシの海綿状脳症など，プリオンタンパク質がその病因に関与する神経変性疾患である．感染動物のプリオンを実験動物に注射あるいは摂食させることによって，その病態を再現することが可能である．プリオン病の本態がプリオンタンパク質の正常型（PrP^C）から異常型（PrP^{Sc}）への立体構造の変換であることは数々の生化学的知見や *Prnp* 欠損マウスがプリオン病抵抗性であることからも明らかである．個体レベルでの影響を調べるために，ヒト変異プリオン（*PRNP*）遺伝子を発現するトランスジェニックマウスが作製されているが，これらのマウスではプリオンタンパク質の脳内沈着や神経変性の発生が認められる．プリオン病の診断，すなわち PrP^{Sc} の存在はウエスタンブロット法によって検出されるが，この方法では感染性については判定できない．そこで，プリオンの感染性の判定に有用なバイオアッセイ系が必要である．しかし，他種動物からマウスへの感染にはプリオンタンパク質のアミノ酸多型に起因する種の壁が存在し，接種から発症まで 1〜2 年の非常に長期の潜伏期間を要することが問題であった．プリオン供与動物のプリオン遺伝子を導入したトランスジェニックマウスや供与動物のプリオン遺伝子をマウスプリオン遺伝子座にノックインしたマウスは，接種から数ヶ月で発症し感染性の有無を短期間で判定することが可能である．

上記のように，様々な現象のメカニズム解明や原因遺伝子の同定にモデル動物の存在は不可欠であり，今後も，突然変異動物・遺伝子改変動物と様々な実験手技の組合せが開発され，精度の高いモデル動物が開発されるであろう．紙幅の都合上，取り上げたモデルは最小限にとどめてあるため，他のモデルについては専門書や文献を参照されたい． 〔佐々木宣哉〕

演習問題
（解答 p.212）

11-1 実験発症モデル動物について<u>誤っている</u>組合せはどれか．
- （a） 網羅的遺伝子破壊—ジーントラップ
- （b） 遺伝子の高発現—トランスジェニック
- （c） 遺伝子の欠失—ノックアウト
- （d） 遺伝子の点突然変異—ノックイン
- （e） 網羅的点突然変異—ノックダウン

11-2 疾患モデル動物の原因遺伝子の同定法について，<u>誤っている</u>記述はどれか．
- （a） 位置的候補遺伝子（positional candidate gene）アプローチとは，ある疾患原因遺伝子の位置を連鎖解析により決定し，ゲノムデータベースで候補遺伝子を検索する方法である．
- （b） 通常は遺伝子が発現している細胞・組織中の一部にしか病変が出現しないので，候補遺伝子を選ぶ場合には疾患表現型と一致する発現パターンを持つ遺伝子を選ぶ．
- （c） 候補遺伝子の発現を RNA およびタンパク質レベルで確認し，発現量に差がなけ

ればDNA シーケンスにより塩基置換や
欠失を探す.

(d) 候補遺伝子のなかに疾患特異的な突然変
異があり，この変異が同じ表現型を示す
複数の系統でみつかった場合には，有力
な候補遺伝子といえる.

(e) 優性の突然変異を示す表現型は，培養細
胞や個体において遺伝子の導入によって
表現型を正常に復帰させることで証明と
なる.

11-3 免疫不全動物について<u>誤っている</u>記述はど
れか.

(a) ヌードマウスは，*Foxn1* 遺伝子の欠損に
よりT 細胞を欠損する.

(b) SCID マウスは，VDJ 組換の異常によっ

て，補体を欠損する.

(c) NOG マウスは，NOD マウス，SCID マ
ウス，IL-2 受容体 KO マウスを交配した
系統である.

(d) ヌードラットはヌードマウスと同様に
Foxn1 遺伝子を欠損する.

(e) NSG マウスは，T 細胞，B 細胞，NK 細
胞，マクロファージを欠損する.

11-4 下記のキーワードと病態の組合せで，<u>誤っ
ている</u>のはどれか.

(a) *nu* 変異—T 細胞欠損

(b) *Apoe* 変異—高脂血症

(c) MPTP 投与—認知症

(d) SHR—高血圧

(e) *db* 変異—糖尿病

12章 発 生 工 学

一般目標：
トランスジェニックマウスや標的遺伝子組換えマウスの作製などの発生工学的手法，および
その応用について理解する．

12.1 トランスジェニックマウス

到達目標：
　トランスジェニックマウスの作製およびその応用
について説明できる．
　【キーワード】トランスジェニックマウス，マイ
クロインジェクション，Cre-loxP システム

12.1.1 遺伝子組換え動物

トランスジェニック動物あるいはノックアウト
などの標的遺伝子組換え動物，すなわち，遺伝子
を導入したり何らかの遺伝子組換え操作を行い個
体の遺伝情報を変化させた動物の総称として遺伝
子組換え動物と呼ぶ．新たな遺伝情報を持つ遺伝
子組換え動物と野生型動物との行動や生理を比較
することで，その遺伝子の機能を研究することが
可能となる．

遺伝子組換え動物は，個体レベルで，すべての
発生段階ですべての細胞を対象に，繰り返し遺伝
子の機能を解析できる唯一の実験系である．遺伝
子の発現調節に関わる分子機構も，遺伝子組換え
動物なくしては究明できない．一方，疾患モデル
としての遺伝子組換え動物も診断法および治療法
開発に欠かせない実験手法といえる．ここでは，
現在最も発生工学実験に利用されているマウスを
中心に述べることにする．わが国では，宿主以外
の遺伝子を組み込んでいる遺伝子組換え動物を作
製したり，実験に用いる場合には「遺伝子組換え
生物等の使用等の規制による生物の多様性の確保
に関する法律（カルタヘナ法）」に従い，研究機
関等の審査・承認を受けなければならない．また，
その授受に際しては，遺伝子組換え生物等の第二
種使用等をしているむね，および，宿主等の名称
および組換え核酸の名称，譲渡者の氏名および住
所などの情報提供が義務付けられている．

12.1.2 トランスジェニック（遺伝子導入）マ
ウス（図 12.1）

いずれかの方法で初期胚にクローン化した
DNA を導入すると，マウスの染色体の一部に組
み込まれ，娘細胞，あるいは生殖細胞を通して子
孫へ安定に伝達されていく系統が得られる．これ
は，従来なかった遺伝子組成および遺伝情報を持
つ新しい実験動物で，マウスに限らずほとんどの
哺乳動物が当てはまる．

12.1.3 トランスジェニックマウスの作製
a. 導入遺伝子（トランスジーン）

導入遺伝子の基本構造は遺伝子の発現時期や組
織特異性，発現量などを制御するプロモーターや
エンハンサーと呼ばれる配列の下流にイントロン
を挟んで転写・翻訳される cDNA など目的の遺伝
子とポリ A シグナルを配置したもので，前核に注
入する際には直鎖状にして発現に抑制的に作用す
るベクター部分を極力削除する（図 12.2）．既知の
発現制御領域遺伝子を用いることで，任意の臓器
で目的の遺伝子を発現させることができる．発現
させる遺伝子が蛍光タンパク質や酵素などのレポ
ータ遺伝子の場合は細胞などが特異的に標識・可
視化され，がん遺伝子の場合は特定の細胞を腫瘍
化する．逆に，未知の発現制御（候補）遺伝子領
域 DNA の下流でレポータ遺伝子を指標にして発
現特異性を比較することにより，その機能を解析
する（図 12.2）．後述する Cre-loxP システムに代
表されるように，多様な機能を持つ遺伝子を組み
合わせて配置することにより，目的に応じた戦略
的な導入遺伝子を構築する．トランスジェニック
動物作製に使用される遺伝子導入法には，マイク
ロインジェクション，あるいは，ベクター，ES

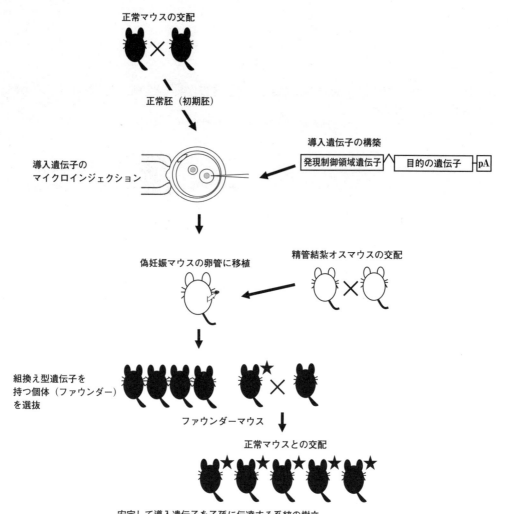

図12.1 マイクロインジェクション法によるトランスジェニックマウスの作製

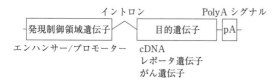

図12.2 導入遺伝子の基本構造

細胞キメラなどいくつかの方法がある．

b. マイクロインジェクション法

25 kbp程度までの導入遺伝子であれば，4 ng/μLの溶液（数pL，500〜1,000コピー程度）を細いガラスピペットで前核期受精卵の雄性前核に注入し偽妊娠動物の卵管に移植する方法により，多くの哺乳動物でトランスジェニック動物が作製されている（図12.1）．ノマルスキー微分干渉装置あるいはホフマン分解装置を装備した顕微鏡とマイクロマニピュレータを要するが，導入遺伝子の宿主ゲノム遺伝子への組込み効率および生殖系細胞への導入率（10^{-2}）はかなり高い．

c. ウイルスベクターを用いる方法

受精卵に導入できるベクターを利用して遺伝子を導入する方法で，レトロウイルス由来のベクターが知られている．HIV由来改良型レンチウイルスベクターは，非分裂期にあってもほとんどの細胞に感染し，10 kbpまでのDNA断片を挿入できる．受精卵に用いた場合，マイクロインジェクション法よりも効率良くトランスジェニックマウスが得られ，比較的安定した導入遺伝子の発現が期待できる．コモンマーモセットなど，マイクロイ

12.2 標的遺伝子組換えマウス

ンジェクションが容易でない場合には有用な選択肢である.

d. ES細胞を用いる方法

後述する標的遺伝子組換えマウスと同様に，エレクトロポレーションやウイルスベクターを用いて導入遺伝子が染色体に組み込まれたES細胞クローンを用いてキメラマウスを作製する．このキメラマウスから，生殖系列に導入遺伝子を保持するトランスジェニックマウスを確立する.

f. 導入遺伝子の解析

これらの方法によって遺伝子を導入した受精卵を偽妊娠雌の卵管に移植して得られた産子の離乳期に，尾や血液から抽出したゲノムDNAをサザンハイブリダイゼイションあるいはPCRで解析し，導入遺伝子が染色体に組込まれているファウンダーマウス（数%）の選抜・系統化を行う.

12.1.4 トランスジェニック動物（作製）の問題点

トランスジェニック動物は優性遺伝する遺伝子，あるいは外来遺伝子などの発現に用いられ，導入遺伝子に関して発現量の異なる系統が得られることから定量的な解析には有用である．一方，導入遺伝子の染色体への組込みはランダムに起こるため，その位置やコピー数は制御できない．組み込まれた場所によっては染色体位置効果の影響で発現が抑制されたり，挿入部分の染色体に欠失・逆位・反復などの変異を起こすこともある．マウス以外にも様々な工夫によりトランスジェニック動物が作出されており，ラットでは，マウスに比較して受精卵の細胞膜が脆弱で前核の弾力性が高いため，DNA注入操作に技術を要する．また，ブタやウサギでは前核の位置を明瞭にするために遠心操作によって受精卵の脂肪顆粒を偏在化させる．ニワトリでは，胎児の血中から採取，エレクトロポレーションで遺伝子を導入・確認された始原生殖細胞（primordial germ cells：PGCs）のみを胎児の血中に注入し，性成熟の後交配させ，その子孫のなかからトランスジェニックニワトリを樹立した.

12.2 標的遺伝子組換えマウス

> **到達目標：**
> 標的遺伝子組換えマウスの作製およびその応用について説明できる.
> 【キーワード】 標的遺伝子組換えマウス，ノックアウトマウス，ノックインマウス，胚性幹（ES）細胞，キメラマウス，ゲノム編集，CRISPR/Cas，遺伝子ドライブ

12.2.1 標的遺伝子組換え（ジーンターゲッティング，遺伝子標的導入，標的組換え）マウス

ES細胞の遺伝子とターゲッティングベクターの間で相同遺伝子組換えを起こさせることで，目的の遺伝子に変異を導入したESクローンを樹立し，キメラマウスを作製する．ES細胞由来の生殖細胞を持つキメラ個体から標的遺伝子組換えマウスを系統化する.

a. ノックアウトマウス

ターゲッティングベクターは，転写そのものの阻害，あるいは翻訳開始コドンであるATGの削除，翻訳停止コドンを挿入など，目的の遺伝子と相同な配列を持ち内部に遺伝子の機能を失わせるような欠失や挿入等が施され，組込まれた際に正常な機能を持つタンパク質を発現させない構造を有す．このホモ接合体を樹立することにより，ノックアウトマウスが作出される．また，発現制御に関する領域の変異あるいはペプチド鎖の上に局在するタンパク質の機能を部分的に欠損させるような変異を導入し，遺伝子やタンパク分子内の詳細な機能を解析することも可能である.

b. ノックインマウス

ノックインは，タンパク質の機能の観点からノックアウトに対比して使用される呼称で，特定の遺伝子をヒト型に置換したり，さらに疾患で見いだされた変異の導入のほか，遺伝子発現の組織・時期特異性の解析やコンディショナルターゲッティングのためにEGFPや*lacZ*などのレポーター遺伝子の挿入も行われる．この操作により，目的の遺伝子によってコードされるタンパク質の発現を欠失したり修飾する可能性もある.

12.2.2 標的遺伝子組換えマウスの作製

標的遺伝子組換えマウスは,古典的方法としてターゲッティングベクターの構築,および,ES細胞での相同遺伝子組換え,そしてそのES細胞を用いた生殖キメラマウスを介して作出されてきた.一方,近年ゲノム編集技術が確立されてからは,主としてCRISPR/Cas法により作出されるようになっている.

a. ES細胞

(1) ES細胞

ES細胞(embryonic stem cell, **胚性幹細胞**)は,胚盤胞の内部細胞塊から樹立された多能性を有する株化細胞で,それのみでは偽妊娠雌に移植されても発生しないが,正常な胚とキメラを形成させることで個体まで発生する.特に,ES細胞が生殖細胞の形成に寄与した場合には生殖系列キメラが作製され,さらにこのキメラを交配することによりすべての細胞がES細胞由来の子孫が得られる.胎子線維芽細胞などのフィーダー細胞および高品質のウシ胎児血清や,分化を抑制するためのLIF(leukemia inhibitory factor)を用い,ES細胞が多能性を維持するように培養する.当初は,奇形腫からのEC細胞の樹立とそれを用いたキメラ作製に実績があり,また樹立しやすかった経緯から129系統由来のES細胞が頻用されたが,集積された研究データあるいは遺伝的背景(国際標準系統)の観点からC57BL/6N由来のものが主流になっている.最近,多能性を有する細胞での自己再生能を向上させる3種類のシグナル阻害剤(FGFレセプター,MEK活性化およびGSK3)を添加した培養液を用いることによりラットES細胞株が樹立できることが報告された.この阻害剤は,マウスのES細胞の生殖キメラへの寄与率の向上にも有効とされる.

(2) iPS細胞

京都大学の山中らのグループにより,2006年に世界で初めて報告された人工的に作出されたES細胞様の多能性幹細胞であり,iPS (induced pluripotent stem) 細胞と命名された.当初,マウスの皮膚細胞(線維芽細胞)にES細胞で特徴的に働いている4つの遺伝子(*Oct3/4*, *Sox2*, *Klf4*, *c-Myc*)をレトロウイルス・ベクターを使って導入することにより,リプログラミングを誘導し作出に成功した.2007年には,同様に上記の4遺伝子を人間の皮膚細胞に導入してヒトiPS細胞の作製が報告された.その後,がん化の危険性を高めると考えられた*c-Myc*遺伝子を*L-Myc*に変更したり,細胞が持つもともとのゲノム情報を傷つけ,がん化を引き起こすとされたウイルス・ベクターを用いずにエピソーマル・プラスミドを使用する方法など,当初の作製法からより安全性の高い方法が次々考案されている.

b. 相同遺伝子組換え

トランスジェニックマウスのように組み込み効率が高くないことから,直接初期胚へ導入するのではなく,相同遺伝子組換えを生じたES細胞を効率良く選択・濃縮するためにポジティブ-ネガティブ選別法を利用する.

目的の遺伝子のエクソンに薬剤耐性遺伝子 *DR*(標的遺伝子がES細胞で発現しない場合はES細胞で発現するプロモーター,および薬剤耐性遺伝子,ポリAシグナルから構成される)を挿入し,相同領域の末端(または両端)にジフテリア毒素A鎖(*DT-A*)を付加した基本的なターゲッティングベクターの構造を図12.3に示した.両側の相同領域遺伝子は片方が1〜4 kbp,合計6〜8 kbp

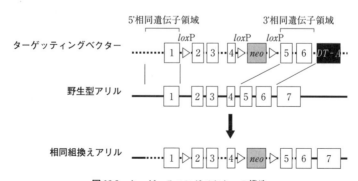

図12.3 ターゲッティングベクターの構造
neo:ネオマイシン耐性遺伝子,*DT-A*:ジフテリア毒素A鎖遺伝子.

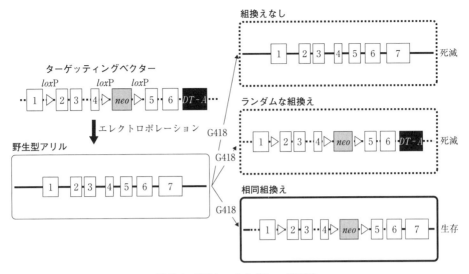

図12.4 ポジティブ-ネガティブ選別法
組換えが起こらなかった細胞は薬剤耐性を持たないので，G418の処理により死滅する．また，標的とする遺伝子（相同組換え）以外に組み込まれた場合にも毒素の遺伝子（DT-A）が発現して死滅するので，相同遺伝子組換えを起こした細胞のみを選別できる．

以上になるように設計し，薬剤耐性遺伝子にはネオマイシン耐性遺伝子（neo）やピューロマイシン耐性遺伝子（pac），ハイグロマイシン耐性遺伝子（hph）などを用いる．DT-A は，1分子でも合成されればその細胞を死滅させる．エレクトロポレーションで導入したターゲッティングベクターがゲノムに組み込まれ薬剤耐性になり（ポジティブ選別），かつ非相同部分の DT-A 遺伝子が削除され（ネガティブ選別），相同遺伝子組換えを起こした細胞のみを生存させる（図12.4）．ターゲッティングベクターがゲノムに組み込まれなかった場合は薬剤感受性のままであり，一方，ランダムに組み込まれた場合は薬剤耐性ではあるものの DT-A を発現することによって ES 細胞は死滅する．ネガティブ選別の際に細胞毒性を示す DT-A 遺伝子の代わりにヘルペス単純ウィルスチミジンキナーゼ（HSV-tk）遺伝子も利用される．PNS 法により選抜された ES 細胞から，さらに PCR やサザンハイブリダイゼイション等によって相同組換えを確認したクローンのみを選択する．

c. キメラマウスの作製

相同遺伝子組換えが確認された ES 細胞と初期胚から作製したキメラ胚（図12.5）を偽妊娠動物の子宮に移植しキメラ動物を作出する．近交系動物などとの交配により，キメラ動物の子孫のなかに標的遺伝子組換え動物のヘテロ接合体が得られる．

(1) キメラ動物

キメラ動物とは，2種以上の生殖系列由来の（異なる遺伝子組成）の細胞を持つ個体，すなわち，複数の胚を起源とする細胞からなる個体のことで，凝集（集合）キメラ，および，注入キメラ等の作製法がある．

キメラ動物は，トランスジェニックあるいは標的遺伝子組換え動物の作製の過程というだけでなく，iPS 細胞あるいは<u>精子幹細胞</u>（germline stem cells：GS cells），<u>多能性生殖幹細胞</u>（multipotent gtermline stem cells：mGS cells）などの ES 様細胞の多能性を検証するほか，細胞間の相互作用，特定の細胞・組織・器官の発生・分化の研究に利用される．また，致死遺伝子を持つ動物や劇症を呈する動物等の致死を回避させ個体レベルでの解析を可能にする点でも，キメラ動物は有効である．

(2) 凝集（集合）キメラ

透明帯を除去した複数のマウス4～8細胞期胚は，レクチン存在下で培養すると1個の胚盤胞を形成し，偽妊娠雌に移植後キメラ個体になる．ES細胞は，ガラスピペットを用いて8細胞期胚の囲卵腔に注入することによって凝集キメラを形成する．また，プラスティックプレート上の小さな凹み（直径約300 μm）の中で，透明帯を除去した2つの8細胞期胚で ES 細胞を挟み込むように共培

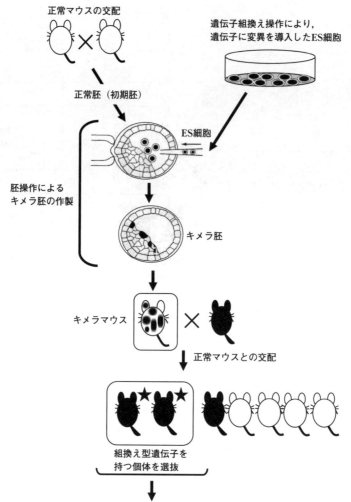

図12.5 キメラマウスを用いた標的遺伝子組換えマウスの作製

養する方法，あるいは，単離したES細胞を透明帯を除去した8細胞期胚の表面にまぶし吸着させる方法により集合キメラを作製できる．ラットでは，透明帯を除去した円盤状の8細胞期胚同士をレクチンの存在下で平坦面を接着させて培養し1個の胚盤胞として発生させることができる．

(3) 注入キメラ

マイクロマニピュレータに装着したガラスピペットを用いて胚盤胞の胞胚腔に注入されたES細胞や初期胚は，胚盤胞の内部細胞塊に取り込まれてキメラ胚を形成し，偽妊娠雌に移植すると，キメラ個体として発生する．マウスに限らずブタやウシ等の家畜，さらにヤギ-ヒツジの種間キメラも作製されている．

(4) 胚盤胞補完法

キメラ胚を作製する際，特定臓器が作れないような遺伝子変異を持つレシピエント胚を用いることにより，ドナーの多能性幹細胞由来の臓器を積極的に形成させる方法．異種動物間でも可能であることが，マウス・ラットで実証されている．ヒトiPS細胞と遺伝子組換えブタ胚の異種間キメラにより，移植用の臓器作製が計画されているが，クリアすべき倫理的課題が数多く残されている．

d. ゲノム編集による標的遺伝子組換え

標的領域の二本鎖DNAを切断し，ゲノムDNAの修復過程を利用して標的遺伝子を改変する方法をゲノム編集という．ES細胞を介さない標的遺伝子組換え法として開発された．近年，標的

遺伝子組換えの主流の手法となっている．

(1) 人工ヌクレアーゼを用いた標的遺伝子組換え

第一世代のゲノム編集法として，DNA に配列特異的に結合するドメインと，制限酵素の DNA 切断ドメインを連結させたキメラタンパク質である人工ヌクレアーゼ（zinc finger nuclease (ZFN) や transcription activator-like effector nuclease (TALEN)）が開発された．2つの対となる人工ヌクレアーゼが近接する標的配列に結合すると2量体を形成し，活性型となり二本鎖 DNA を切断する．この DNA の修復の過程で挿入あるいは欠失などを導入し，目的の遺伝子を組み換えることが可能となる．人工ヌクレアーゼの mRNA を受精卵の前核へマイクロインジェクションすることで高率に変異を導入できることから，次世代のノックアウト技術としてマウス以外の種への応用が進められた．

(2) CRISPR/Cas システムを用いた標的遺伝子組換え

2013 年に哺乳動物細胞で標的遺伝子組換えが可能であることが報告され，実用化された新しいゲノム編集技術である．

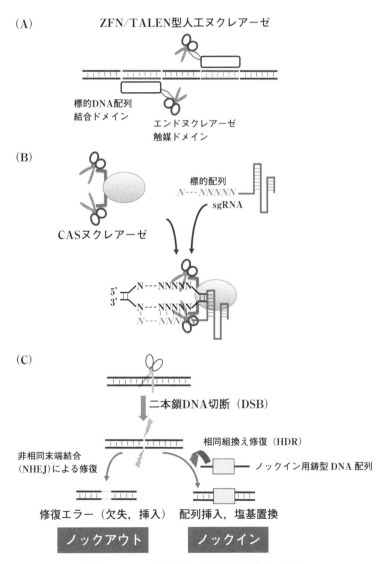

図 12.6 ゲノム編集による標的遺伝子組換えの原理
人工ヌクレアーゼによる標的部位の認識と二本鎖 DNA 切断（A），CRISPR/Cas による標的部位の認識と二本鎖 DNA 切断（B），標的部位に二本鎖 DNA 切断後を導入した後の変異導入の分子メカニズム（C）．

CRISPR（clustered regularly interspaced short palindromic repeats）/**Cas**（CRISPR associated）システムは原核生物の持つ獲得免疫システムである．一部の細菌とほぼすべての古細菌は，侵入してくるファージゲノムやプラスミドに由来する外来DNAを断片化して自らのゲノム上に取り込むことにより記憶し，2度目の感染のときに，先に取り込んだゲノム断片から発現する2つの小分子RNA（標的配列特異的crRNA/tracrRNA）を用いて外来DNAの標的部位を認識し，CASヌクレアーゼを標的部位にリクルートしてこれを切断し破壊する．このシステムを標的遺伝子組換えに利用した．CRISPR/Casシステムによるゲノム編集では，標的配列を認識するRNA（crRNA＋tracrRNA，あるいはこの2つのRNAを1つにしたキメラRNA [single guide RNA (sgRNA)]）とCAS人工ヌクレアーゼ（核移行シグナルを付加するなど機能改変したもの．Cas9をベースにしたものが多く使われている）の2因子を発現させることにより，標的ゲノムDNAを切断し変異を導入する（図12.6）．

このとき，相同配列をもつノックイン用ドナーDNAを同時に導入すれば，通常の非相同組換え末端結合（non-homologous end joinig（NHEJ））による不確実な欠失・挿入型変異のみならず，相同組換えによるノックインも可能であり，点変異導入やレポーター遺伝子の挿入などに用いられる．また，100万塩基対を超える大型の欠失なども可能である．加えて，CRISPR/Casシステムでは標的配列に対応する塩基（約20塩基）をデザインし，マイクロインジェクションあるいはエレクトロポレーションにより直接受精卵に導入できることから，極めて容易かつ低コスト，そして短時間で様々な標的遺伝子組換え動物を得ることができる．そのため，マウス・ラットのみならず，ウサギ，ブタ，ウシ，サルなどのあらゆる種の実験動物および家畜で標的遺伝子組換えが可能となり，既に多くの動物が作出されている．

なお，ゲノム編集により作出された単純な遺伝子欠損動物は外来遺伝子を全く持たないことから，これを遺伝子組換え動物とみなすかどうか，実験動物学の領域ではあまり重要ではないものの，農学領域では極めて重要な案件として議論となっている．

一方，CRISPR/Casシステムは「**遺伝子ドライブ**」に応用可能である．遺伝子ドライブとは，特定の遺伝子の偏った遺伝を誘発し，集団全体の遺伝子構成を変更する技術である．CASヌクレアーゼおよびsgRNAの発現ユニットを，自身が常に挿入部位の対立遺伝子座を標的とした「相同組換えによるノックイン鋳型」となるようにデザインする．このような遺伝子座を持つ遺伝子組換え動物では，CRISPR/Casの作用により常に両アリル変異となるように働くことから，次世代に必ず組換え遺伝子座が伝達されることになる．この技術は，意図せずに環境に組換え動物が逸走した場合，その生態系に及ぼす影響が極めて大きいことから，その開発と管理には特段の注意を要するとされている．

12.2.3 遺伝子組換えマウスに用いられる導入遺伝子・組換えベクター

単純なノックアウトによる遺伝子欠損（ホモ接合体）の20〜30％は胎生致死を示すため，それ以降の発生段階で遺伝子の機能を解析ができない．ある特定の発生段階で特定の組織（細胞）で遺伝子の機能を欠損（あるいは逆に発現）させるコンディショナルノックアウト（条件的遺伝子破壊）ために，いくつかの実験系が考案された．

a． Cre-*lox*P システム

このシステムはP1バクテリオファージに由来する遺伝子組換え系で，Cre組換え酵素は，同一方向に配置した*lox*P配列の間にある配列を削除し（図12.7（A）），相反方向に配置した2個の*lox*P

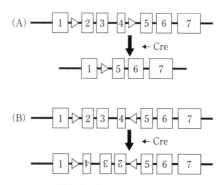

図 12.7 Cre-*lox*P システム
Cre組換え酵素は，同一方向に配置した2個の*lox*P配列間にある配列を削除する（A）．また，相反方向に配置した2個の*lox*P配列間の配列を反転させる（B）．

配列の間の配列を反転させる（図12.7 (B)）．削除される配列が終止コドンを含む場合は，Creの発現によりその下流遺伝子の翻訳が始まり，逆に開始コドンが削除される場合はタンパクが発現されなくなる．また，目的の遺伝子（とポリAシグナルの単位）を相反方向に配置したloxP配列の間に位置すると，Creの発現により図12.7 (B) のように反転し，遺伝子の発現がON-OFF（あるいはOFF-ON）制御される．loxPのほかにいくつかのlox配列の変異体（loxN，およびlox2272，lox5171など）が開発され，同じlox配列同士の組換え効率が異なるlox配列間の組換え効率を凌駕することから，同一ベクターの中に共存させることで複数の組換えを設計することもできる．そのほか，酵母由来のFlp組換え酵素-FRT配列（Flp-FRTシステム）も同様に利用されるが，近年新しい配列特異的組換えシステムが次々開発されている．組織・時期特異的なエンハンサー／プロモーター配列の下流にCre遺伝子を配置した導入遺伝子を持つトランスジェニック（Creドライバー）マウスを作製し，loxP配列を組換えアリルとして持つ遺伝子組換えマウスと交配させることによって，組織・時期特異的な遺伝子発現制御が期待できる（図12.8）．また，Cre遺伝子を組み込んだウイルスベクターによる部位・細胞での遺伝子発現制御も可能である．

b. Internal Ribosomal Entry Site（IRES）

IRES配列によりキャップ非依存的に翻訳が開始されるようになることから，IRESでつないだ2つの遺伝子をプロモーター／エンハンサーの下流に配置させることにより，2つの遺伝子は1つの転写単位として発現される．また，IRES内の開始コドンATGに依存しIRESの下流の遺伝子が翻訳される．目的遺伝子の後方に，薬剤耐性遺伝子あるいはレポーター遺伝子をIRESでつなぐことにより，遺伝子発現しているクローンを薬剤耐性で選抜したり，遺伝子発現している細胞を標識・可視化することができる．

c. タモキシフェンまたはRU-486誘導型組換え酵素発現

内在性エストロゲンまたはプロゲステロンとは結合せず，タモキシフェン（エストロゲン拮抗物質）または合成ステロイドRU-486各々と結合する変異型受容体のリガンド結合部分とCre組換え酵素からなる融合キメラ分子（Cre-ERT2）は，リガンドの存在に依存して核移行し，組換え活性を発揮する．すなわち，Creの発現とタモキシフェンの投与の両者がそろって初めて図12.7あるいは図12.8で示された組換えが起こるシステムである．

d. テトラサイクリン遺伝子発現誘導システム

テトラサイクリンの濃度によって遺伝子の発現

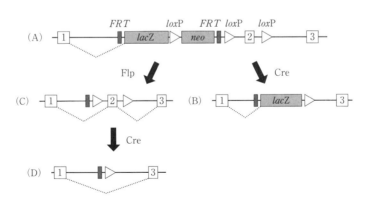

図12.8 Cre-loxPシステムとFlp-FRTシステムを用いたコンディショナルノックアウト
相同遺伝子組換えによって得られた標的遺伝子組換えアリルAは，内在性遺伝子の転写産物がベクターにトラップされるため遺伝子は不活化され，さらにレポーター（lacZ）が発現する．これからCreにより選択（薬剤耐性）マーカーとエクソンが除去されたアリルBはさらに遺伝子の不活化が確実になっている．一方，標的遺伝子組換えアリルAはFLpの作用でレポーター（lacZ）と選択（薬剤耐性）マーカーが除かれfloxedアリルCとなり，さらにCreの発現によりエクソンが欠失（組換えアリルD）して遺伝子が不活化される．

を可逆的に誘導することができるシステムである．大腸菌 Tet リプレッサータンパクの DNA 結合部位とヘルペスウイルス由来の強力な転写活性部位 VP16AD との融合タンパク（tTA）は，テトラサイクリンが存在しないときは Tet オペレーター配列に結合し下流の遺伝子の転写を活性化するが，テトラサイクリン存在下ではテトラサイクリンと結合し Tet オペレーター配列との結合が阻害されるため下流の遺伝子は転写されない．逆にテトラサイクリン存在下でのみ Tet オペレーター配列に結合できるリプレッサー（rTetR タンパク）もあり，テトラサイクリンやドキシサイクリンの量によって，Tet オペレーター配列を含む TRE プロモーター下流の遺伝子の転写を制御する．

e．BAC クローンの利用と Red/ET 組換え技術

基本構造に示した導入遺伝子（遺伝子発現ベクター）は発現制御領域が十数 kb 程度のため，組織特異性や量の点で期待通り発現しない場合がある．この問題を克服するために，約 200 kb のゲノムクローン（BAC クローン）をプロモーターとすることにより，散在するエンハンサーを網羅し，染色体位置効果を軽減させる導入遺伝子が考案された．このゲノムクローンには，発現制御領域配列に加えて，エクソン／イントロン配列，未同定の制御配列がすべて含まれており，内在性に類似した遺伝子構造を維持していることから，再現性の高い発現制御が可能になる．また，ヒトの相同遺伝子および Cre，蛍光タンパク質等の標識遺伝子，エピトープタグ等の外来遺伝子をあたかもノックインした導入遺伝子として利用できる．ヒトおよびマウス，ラットなどで，全ゲノム DNA 配列を網羅した BAC クローンライブラリーが構築され，あらゆる遺伝子を含む 200 kb のゲノムクローンが入手可能になったこと，および，大腸菌内での相同組換えに基づく Red/ET recombination system（recombineering）や gateway システムなどにより 100～200 kb にもおよぶ長鎖 DNA 配列を特異的に操作できるようになったことが，新世代導入遺伝子や組換えベクターの作製に転機をもたらした．

12.3　クローン動物

到達目標：
　クローン動物の作製およびその応用について説明できる．
【キーワード】　クローン動物，核移植

クローン動物とは，すべての遺伝子が同一の（胚に由来する）個体で，2～8 細胞期胚の割球分離や初期胚の 2 分断などから作製された．近年，**核移植**により多くの哺乳類でクローンが樹立されるようになった．

12.3.1　核移植によるクローン化

動物のクローンは，核移植に用いるドナー細胞の種類により受精卵クローンと体細胞クローンに分けられる．受精卵や未受精卵の前核を抜き取り，他の初期胚由来の核を移植，あるいは融合することで遺伝的に相同な受精卵クローン個体が作出され，マウス・ラットからウシまでの哺乳類やカエルで報告されている．近年，除核した未受精卵に体細胞の核を移植することで，ヒツジおよびウシ，マウス，ウマ，ヤギ，ウサギ，ブタ，ネコ，サル，ラット，イヌ，ラクダなど多くの哺乳動物で体細胞クローンが作出された．培養乳線細胞や培養胎仔線維芽細胞，内部細胞塊由来培養細胞，顆粒膜（卵丘）細胞をはじめ分化した B 細胞など，様々な体細胞の核に由来するクローン動物が報告されている．生後成体まで成長した個体は正常で繁殖能力もあるが，そのクローン個体の体細胞の核を用いて繰り返しクローンを作製し続けることができるか否かといった疑問のほか，様々な発生段階や胎盤にも異常が多発することが問題となっている．また，体細胞クローン動物の成功率が非常に低い（クローンマウスで約 2%）原因として，初期胚の発生時に起こる染色体の分配異常や X 染色体上で特定の遺伝子だけが強く発現し，他の遺伝子の発現が抑制されることなどがある．特に後者については，X 染色体上の特定の遺伝子の発現を抑制することで作製効率が 10 倍以上上昇した．

体細胞核移植技術は，顕微授精と同様の装置（ピエゾインパクトドライブマニピュレータ（ピエゾ装置））を使用することで，受精卵や未受精の

障害を最小にとどめながらの前核の除去および体細胞核の移植成功率が著しく向上した．この手法は，後述する発生工学技術を用いても系統が維持できない場合，体細胞クローニングによる系統再樹立の最後の選択と考えられる．さらに個体の複製化の観点から，貴重な実験動物や優良家畜など遺伝子資源の保存，伴侶動物のクローン化，絶滅危惧動物のクローン化による環境保護などに加え，マウス以外の遺伝子組換え動物作出効率の大幅な改善をもたらすと期待される．すなわち，遺伝子導入や標的遺伝子組換えを施した培養細胞の核を移植することにより各々の個体化が可能になり，ES 細胞を用いないでラットやウシ，ブタ等で標的遺伝子組換え個体を作製することができる．

この手法は，発生に必要な遺伝情報の追求，あるいは単為生殖の機構，インプリンティングなど発生の研究に利用される．また，マウスおよびアカゲザルでは，除核した未受精卵に体細胞の核を移植して作製したクローン胚の分化した内部細胞塊から ES 細胞を樹立することに成功している．この ES 細胞は，様々な臓器や組織の細胞に分化する能力を有することから，拒絶反応のない再生医療への応用が期待される．EG 細胞，あるいは体細胞より発生した幹細胞，iPS 細胞も同様の期待を担っているが，それらはいずれも卵子や精子に分化することから個体作製も可能であり，従来の生命の概念とのすり合わせが必要と考えられる．

12.4 発生工学技術

> **到達目標：**
> 発生工学で用いられる主な方法およびその応用について説明できる．
> 【キーワード】過剰排卵誘起，体外受精，培養，偽妊娠動物，胚移植，顕微授精，凍結保存

12.4.1 発生工学技術の基本

発生工学的技術は，性周期のコントロール，および採卵，**体外受精**，培養，**胚移植**，保存などを基本操作とする．

a．採 卵

発生工学の実験等では多数の未受精卵や初期胚を必要とすることから，過排卵を誘起することが多い．得られる（未）受精卵の数は，雌の週齢およ

び体重，系統，雄の交配能力，さらに飼育環境（温湿度，季節，明暗調節）の影響を受ける．マウスの自然排卵数には系統差があり，成熟個体の自然交配では多くて 10 個／匹程度の受精卵が採取できる．ホルモンによる過剰排卵誘起に対する反応の系統差はさらに顕著で，高反応性系統の未成熟マウス（3～5 週齢）では少なくともその 2～3 倍は採取できる．ただし，幼若個体から回収した（未）受精卵は，変性卵の比率が高かったり，胚操作に対して脆弱なこともある．

マウス胚は受精から着床まで図 12.9 のように分化・移動するので，適切な時期および部位から回収することによって任意の発生段階の胚を採取することができる．

過剰排卵誘起には卵胞刺激ホルモンの代わりに妊馬血清性性腺刺激ホルモン（pregnant mare serum gonadtropin：PMSG）および，黄体形成ホルモンの代わりにヒト絨毛性性腺刺激ホルモン（human chorionic gonadtropin：hCG）を用いる．マウスでは至適ホルモン量の系統差は小さく，PMSG と hCG を 48 時間間隔で 7.5 単位（IU）腹

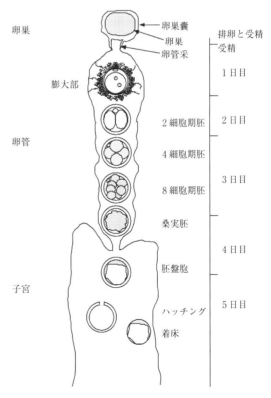

図 12.9 マウス胚の受精から着床まで

腔内投与する．hCG投与後，14〜18時間で卵管膨大部から卵丘（顆粒膜）細胞に覆われた未受精卵が回収される．同様に処置してただちに交配させた場合，hCG投与後18〜22時間で卵管膨大部から前核期受精卵（図12.1参照）が，また2細胞期胚（44〜48時間）から8細胞期胚（67〜68時間）が卵管還流によって採取される．また，桑実胚や胚盤胞（図12.5参照）は各々78〜80時間後，90〜96時間後に子宮還流にて採取する．なお，近年，より多くの胚を得るための新しい過剰排卵誘起法として，抗インヒビン抗体を用いる手法も開発されるなど，改良が進められている．

ラットでの場合，凍結保存用の受精卵は，発情前期の雌を雄と交配させ（第1日目夕刻）第2日目に膣栓の有無と腟口検査にて交配を確認した個体から2細胞期胚（第3日目午前9：00〜12：00）あるいは桑実胚（第5日目13：00〜15：00）を採取する．トランスジェニックラット作製時には，発情後期の雌に150IU PMSGを，その48時間後に75IU hCGを腹腔内投与し雄と交配させ，膣栓確認された個体からhCG投与後31時間後に卵管灌流により前核期受精卵を採取する．ホルモンへの反応性が高い幼若個体（5〜6週齢）も利用される．

ウサギでは，12時間間隔の卵胞刺激ホルモン（follicle-stimulating hormone：FSH）を0.5アーマー単位（AU）の6回繰り返し投与およびFSH初回投与後72時間にhCGを投与しオスと交配することにより，効率よく受精卵を回収できる．最近，3.2 mg/mLのアルミニウムを含む水酸化アルミニウムゲル1.5 mLとFSH（3 AU）を混合した徐放性卵胞刺激剤を頸部皮下に単回投与する方法も開発された．

未成熟卵あるいはホルモン投与により採取した成熟卵を発生工学に利用するサル類では，手術により卵巣から卵胞液とともに成熟卵を吸引採取する一方，未成熟卵は死亡個体の卵巣からも回収される．カニクイザルでは，月経初発日の夕方に1.88〜3.75 mgのGnRHa（性腺刺激ホルモン放出ホルモンアゴニスト）を皮下投与，その2〜3週間後にははじめの9日間は1日おきに，続く3日間は連続して200IU PMSGを筋肉内投与する（ヒト閉経期性腺刺激ホルモン（human menopausal gonadotropin：hMG）を異なる間隔で投与する方法もある）．最終投与から36時間後にhCG1,000〜4,000 IUを筋肉内投与，さらにその38〜48時間後に成熟卵の回収を始める．同時に得られた未成熟卵（卵核胞期および卵核胞崩御期）は，ホルモン未処置で回収された未成熟卵同様にPMSGおよびhCG，10% FCS添加TCM-199またはCMRL-1066培養液で培養することにより，体外成熟を施す．サル類の場合はホルモンの組合せや投与量，回数などで卵の数や質が異なり，至適条件の検討が必要である．

b. 培養

採取した配偶子や受精卵を体外で操作・培養した後，移植によって個体まで発生させる技術は発生工学の発展に不可欠であることから，その培養条件は重要である．生体液を模倣したり構成成分最適化法等によって各種培養液が作製され，その目的および特徴に応じて使い分けられる．マウスの場合，M2あるいはPB1はCO_2インキュベーター外での操作に，M16あるいはmW，CZBは培養に，HTFやTYHは体外受精に使用される．胚は，プラスティックディッシュを用い，蒸発や温度，pHの急激な変化を防ぐためにミネラルオイルや流動パラフィンで覆った培養液の小滴内（0.02〜0.2 mL）で培養する．体外受精で用いるHTFでは受精後，2細胞期胚への発生が阻害される（2-cell block）ため，その後の培養ではM16あるいはmW，KSOM，CZBに代える．CZBおよびKSOMは，初期胚を連続的に培養できるため多くの系統の体内および体外発育に有効な培養液である．体外培養による胚の発生率は系統によって異なり，交雑種やC57BL/6等は比較的良好と考えられている．ラットではm-KRB，mR1ECM，HTF（体外受精），ウサギにはTCM199，Ham's F10，Eagle's MEM，RPMI1640，RD（Eagle's MEMとRPMI1640を等量混合しBSAを添加したもの），サルにはTCM199，CMRL-1066，TYH，mCZB，Hepes-mCZB，Hepes-TYHなどが用いられる．

c. 偽妊娠動物の作製と胚移植

体外で操作した胚を個体まで発生させるために，偽妊娠状態になった雌の卵管あるいは子宮に移植する．胚移植のレシピエントとして用いる偽妊娠マウスは，自然発情期にある雌を精管結紮した雄と交配させる（膣栓の形成により確認できる）こ

とにより作製する．マウスでは前核期受精卵〜8細胞期胚は，膣栓の確認された当日（0.5日）卵巣嚢を切開し卵管采から，あるいは膨大部よりも卵管采側の部分切開部から挿入したガラスピペットを用いて注入する（図12.1参照）．なお，マウスの胚盤胞期胚までの初期胚は0.5日偽妊娠雌の卵管に移植可能である．子宮内移植の場合は，2.5日の偽妊娠雌の子宮上端部にあけた微細穴から，同様に桑実胚〜胚盤胞を注入する（図12.5参照）．系統などにも依存するものの，損傷が小さい（例えば採卵して培養するのみ）胚の場合は70〜80%以上が着床・分娩に至るが，マイクロインジェクションした場合は移植胚の15〜25%程度しか産子として得られない．分娩予定日（19.5日）に自然分娩しない場合は，必要に応じて帝王切開を実施しあらかじめ準備した里親に哺育させる．一般に偽妊娠雌には非近交系クローズドコロニーを用いるが，移植胚数が少ないときにはBDF1などの交雑系も選択肢に入る．

もともとラットの方法に準じてマウスの卵管移植法が樹立されたように，ラットの胚移植はマウスと同様である．発情前期の雌と精管結紮した雄との交配により膣栓の確認された個体を偽妊娠雌とし，前核期受精卵〜4細胞期胚までは0.5日偽妊娠雌への卵管移植，また桑実胚〜胚盤胞は2.5日偽妊娠雌への子宮移植を行い21.5〜22.5日にかけて自然分娩される．

ウサギは初めて胚移植が成功した哺乳類で，卵管や子宮への移植が可能であるが，透明帯の外に形成されるムチン層が着床に必要なことから子宮以外から採取された胚は卵管に移植しなければならない．ウサギは交尾排卵動物であるため，精管結紮雄との交配あるいはhCG投与によって容易に偽妊娠状態を誘起できる．

サルは，月経の8〜9日後から毎日測定する血中E2値より推定される排卵日1日目の仮親に外科的手術を行い，卵巣の排卵痕を確認した後，卵管采から胚を移植する．子宮内膜の着床準備前の段階よりも胚の発育ステージが先行する場合は，受精卵の発育ステージと移植時期・部位が一致しなくても，排卵後2〜3日目であれば卵管に移植する方がよいとされている．

d. 体外受精

体外受精は，個体から採取した卵子と精子を組織培養ディッシュなどの器具の中で受精させることである．交配が不要なことから，使用する雄の数は少なく，また，発生が同調した多数の受精卵を作製することができる．

体外受精は，何らかの理由（疾病の発症，あるいは，稀少野生種，偶発的な事故）で交配による系統維持が困難な場合，あるいは計画的に多数の受精卵を準備する場合などに有効である．また，凍結保存された精子や卵子からの個体化，あるいは，微生物学的清浄化，系統化や戻し交配の期間を短縮する目的でも体外受精によって得られた受精卵を偽妊娠レシピエントに移植する方法が頻用される．

マウスでは，過剰排卵誘起した雌の卵管膨大部から回収した未受精卵，および，成熟雄の精管あるいは精巣上体尾部から採取した精子を用いる．採取直後の精子は運動性も低く，まだ受精能力がないため，HTF（あるいはTYH）培養液で1〜2時間培養した後（受精能獲得：capacitation），未受精卵に添加する．なお，凍結融解精子の場合はその操作で受精能獲得様の変化を生じるため前培養の課程は不要である．受精後，5〜7時間で第二極体の放出，前核形成が観察され，24〜26時間後には2細胞期胚に分化する．系統によって受精率や至適精子濃度が異なるが，卵丘細胞の除去，あるいは透明帯の部分的な切開により受精率が向上する．ラットおよびウサギなどほとんどの実験動物や家畜で体外受精の成功例が報告されている．カニクイザルでも，カフェインおよびdibutyryl cyclic AMP存在下で前培養することによって受精能を獲得した精子と過剰排卵誘起された卵巣から採取した成熟卵との共培養で受精卵を作出することが可能である．

e. 顕微授精

顕微授精は，ガラスピペットによって強制的に精子を卵子細胞質に挿入することにより受精を成立させる．受精という一連の細胞生化学現象から，精子の受精能獲得あるいは超活性化，先体反応，透明帯通過，精子と卵子の細胞膜融合などの過程を省略することができるため，何らかの原因でその過程に障碍のある精子や凍結融解処理により運動性を失った精子，頭部のみの精子，凍結乾燥精子，あるいは，円形精子細胞などの未成熟精子も受精可能になる．精子を注入する操作を卵細胞質

内顕微注入（intracytoplasmic sperm injection：ICSI）と呼び，未熟な円形精子細胞を注入する場合を round spermatid injection（ROSI）と呼称する．ヒトおよびサル，ウサギをはじめ多くの哺乳類で成功例が報告されているが，その効率は種により異なる．ヒトやウサギでは卵子の損傷が比較的小さいことから先端の鋭利なピペットを用いるだけでよいが，マウスやラットなどのげっ歯類の一部では卵子の損傷を軽減するためにピエゾ装置が使用される．特にラットの精子頭部は極端に曲がった釣り針状であるため，高度な技術を要する．一方，マウスやラットでは，尾部を除去した精子頭部の注入だけで受精が成立するが，他の動物種ではその後の発生に精子由来の中心体が必要なため，不動化処理を行い尾部まで注入する．また，卵細胞質内に注入された精子は可溶性活性化因子（sperm factor）を介してカルシウムイオン濃度を一過性に上昇させ卵子を活性化する（マウスおよびラット，ヒト，サルなど）が，この活性化が生じない種，あるいは，円形精子細胞，未成熟精子，凍結した（ウサギの）精子などでは，電気刺激あるいはアルコール，カルシウムイオノフォア，ストロンチウム，イオノマイシンなど人為的な操作を必要とする．顕微授精は，精子形成不全動物から個体を作出するだけでなく，受精機構の解明，また，精子に付着させることにより特に分子サイズの大きい DNA を導入したトランスジェニック動物作製にも応用される．一方，未成熟オスから採取した円形精子細胞を使用すれば，体外受精よりもさらに系統化や戻し交配の期間を短縮することが可能である．顕微授精は，本質的には核移植であることから，活性を失った精子や凍結乾燥精子にも応用できるため，遺伝資源の保存・輸送法にも新展開をもたらすと期待される．

f. 受精卵および配偶子の凍結保存

受精卵および配偶子の凍結は，遺伝子の変異を最小限にとどめるだけでなく，微生物汚染あるいは飼育経費の観点からも優れた動物資源の維持・保存法である．また，輸送の面でも個体へのストレスや動物の逃亡・死亡事故等のリスクがなく，安全で経済的である．さらに，特にマウスでは，凍結保存と培養により計画的に任意の発生段階の胚を必要な数だけ利用できるようになった．

胚の凍結にはプログラムフリーザーを用いる緩慢法あるいは液体窒素による急速凍結法がある．マウスやラットでは，急速凍結法（ガラス化法：vitrification）が一般的に普及し，わが国で開発された DAP213 液，あるいは，EFS 液を用いる方法は信頼性も高く，未受精卵から胚盤胞までの初期胚の超低温凍結保存法の世界的標準になっている．

マウスにはラフィノースおよびスキムミルクの混合液のほか，市販の Fertiup 凍結保存液を，ラットには卵黄およびラクトース，Equex Stm 混合液あるいは TE を用いて精子が凍結可能である．特にラットの場合，凍結融解精子を 3-isobutyl-1-methylxanthine（IBMX）処理することにより受精能獲得を誘起させて体外受精率が著しく向上した．大規模に突然変異誘発剤でマウスにミュータジェネシスを導入し変異遺伝子の同定およびその機能の解析を行う際，数が圧倒的に多いことから，そのマウスゲノムを保存するには精子の凍結保存が適している．

顕微授精や核移植技術により，精子の活性・運動性を無視できることから，今後の精子の保存・輸送法が簡便化する可能性がある．凍結乾燥した精子（マウスおよびラット，ウサギ）あるいは −80℃で保存した精巣や精巣上体から採取した精子や精子細胞（マウス）の顕微授精に成功しており，これらはドライアイスによる輸送でも支障がない．

卵巣組織も同様に，緩慢法と Vitrification による凍結保存が可能である．一方，非凍結状態の低温下で，スクロースを加えた培地等を用いることにより，初期胚および卵巣や胚を含む卵管，精巣上体なども数十時間程度の短期間の保存や輸送に耐えられることから，この応用は国内輸送など限定された範囲では簡便で有用な方法と考えられている．

2002 年，わが国でも文科省による National Bioresource Project（NBRP）が始まり，実験動植物，および ES 細胞や幹細胞，各種生物の遺伝子材料などに関して，収集・保存・提供が業務として展開されており，動物資源の（凍結）保存はきわめて重要である．

なお，海外からの移入に際して「動物の輸入届出制度」（厚生労働省）は，凍結した胚や配偶子には適応されない．異種由来の遺伝子を持つ遺伝

子組換え動物の胚や配偶子は，その移動に際して個体の場合と同様の手続き（p.9参照）を要する.

g. 卵巣移植

卵巣移植技術は交配による系統維持ができない場合に利用されるが，ことに次世代が確保される前に若齢で発症する疾患モデル動物や遺伝子組換え動物の維持に有用である. ドナーと同じ主要組織適合抗原を持つ同一系統あるいは交雑系で，性成熟前（3～4週齢）から9週齢までの雌がレシピエント（マウス・ラット）として利用される. レシピエントの卵巣嚢の脂肪組織側を切開して卵巣を除去した後，袋状になった卵巣嚢内にドナー由来の卵巣を挿入・移植する. 術後，3週間を待って雄と交配させる. レシピエントは数回以上の妊娠・分娩が可能であるため，過排卵誘起・体外受精を用いる場合よりも結果的に多くのドナー由来の子孫が得られる. ドナーの卵巣は新生子から成熟個体まで幅広く週齢は重要視されていない. また，凍結保存した卵巣も移植後，同様に機能することが確認されている. 免疫不全系統をレシピエントとして用いることにより，主要組織適合抗原の異なる系統あるいは異種動物からの卵巣移植も行われる.　　　　　　　　　　　　〔三好一郎〕

演習問題
（解答 p.213）

12-1　トランスジェニック動物に関して誤っている記述はどれか.
- （a）導入遺伝子は生殖細胞を含むすべての細胞の遺伝子に存在する.
- （b）導入遺伝子はメンデルの法則に従って子孫に伝達される.
- （c）組み込まれる導入遺伝子のコピー数は一定である.
- （d）導入遺伝子の組み込まれる染色体上の部位は不特定である.
- （e）トランスジェニック動物の作製法は，現在マイクロインジェクション法が一般的である.

12-2　任意の時期に特定の細胞（組織）を生きた状態のまま可視化することができるトランスジェニックマウスを作製したい. 導入遺伝子を構築する際，発現制御遺伝子の下流に配置する遺伝子としてふさわしいものはどれか.
- （a）ネオマイシン耐性遺伝子
- （b）βガラクトシダーゼ遺伝子
- （c）EGFP等の蛍光タンパク遺伝子
- （d）SV40ウイルスラージT抗原遺伝子
- （e）成長ホルモン遺伝子

12-3　マウスのES細胞について正しい記述はどれか.
- （a）ES細胞は着床した胚の始原生殖細胞から樹立された多能性を有する培養細胞である.
- （b）ES細胞は胚盤胞の栄養外胚葉から樹立された多能性を有する培養細胞である.
- （c）ES細胞は胚盤胞の内部細胞塊から樹立された多能性を有する培養細胞である.
- （d）ES細胞はテラトーマ（奇形腫）から樹立された多能性を有する培養細胞である.
- （e）ES細胞はテラトカルシノーマ（奇形がん腫）から樹立された多能性を有する培養細胞である.

12-4　ヒト疾患モデルの作製法で，発生工学的手法よる遺伝子組換え動物に該当しないものはどれか.
- （a）Cre-loxPを利用したコンディショナル変異体の作製
- （b）突然変異誘発剤による突然変異の誘導
- （c）遺伝子導入による病態の再現
- （d）遺伝子置換によるヒト型モデルの作製
- （e）古典的標的遺伝子破壊による病態の再現

12-5　初期胚を分割して作製したクローン動物と体細胞核移植により作製したクローン動物で顕著に異なる細胞内小器官はどれか.
- （a）核
- （b）細胞質
- （c）小胞体
- （d）リボゾーム
- （e）ミトコンドリア

12-6　クローン動物について正しい記述はどれか.
- （a）クローン化された外来性の遺伝子を発現

させる目的で遺伝子導入した動物
（b）　起源の異なる 2 種類（以上）の細胞集団から構成される動物
（c）　遺伝子ターゲッテイングにより特定の内在性遺伝子を外来性遺伝子と組換え，その機能を破壊（あるいは不活性化）した動物
（d）　遺伝子ターゲッテイングにより特定の内在性遺伝子を外来性遺伝子と組換え，新たな機能を発させた動物
（e）　遺伝的に全く同一の動物で，通常の有性生殖以外の方法で生まれた動物

12-7　実験動物の受精卵および生殖細胞の凍結保存技術が効果的に利用される例として<u>誤っている</u>ものはどれか.

（a）　系統の維持・保存
（b）　発生工学に必要な未受精卵および受精卵・精子の計画的な準備
（c）　微生物学的汚染からの防止およびそのクリーニング
（d）　突然変異の誘発
（e）　動物の安全な輸送

12-8　様々な理由で交配・生殖機能の低下した高齢の個体が存在するとき，系統維持のために用いられる最後の手段はどれか.
（a）　卵巣移植
（b）　体外受精
（c）　胚や配偶子の凍結
（d）　キメラ作製
（e）　体細胞核移殖

演習問題解答および解説

1-1　正解　(c)

［解説］3R はそれぞれ replacement, reduction, refinement であり，(a) は reduction, (b) は replacement, (d) は refinement, (e) は replacement であるが，(c) に相当するものはない．

1-2　正解　(d)

［解説］環境エンリッチメントは実験動物の日常の基本的な飼育管理に加えて動物の心理的な配慮を考慮した環境の改善を行うことである．

1-3　正解　(c)

［解説］「動物の愛護及び管理に関する法律」の第41条に動物を科学上の利用に供する場合の方法，事後措置に関する条文が謳われている．

1-4　正解　(d)

［解説］トランスジェニックマウスの拡散防止措置は通常，P1A レベルである．実験中の運搬に際しては遺伝子組換え動物の逃亡を防止する構造の容器に入れることが求められており，紙袋は逃亡を防止する容器とは言いがたいので，適切ではない．

2-1　正解　(c)

［解説］(a) 系統についての検討も必要である．(b) 最も下等な動物種を選択しなければならない．(d) 必ず SPF 動物を使用する必要はない．(e) 必ず日和見病原体がフリーである必要はない．

2-2　正解　(c)

［解説］Reduction では，使用する実験動物数の削減を検討する．

2-3　正解　(e)

［解説］(a) 投与を行っている最中も，苦痛に対する配慮は必要である．(b) 苦痛の判断は必要である．(c) 耐えがたい苦痛が生じた場合，途中で実験を打ち切らなければならない．(d) 実験動物を耐え難い苦痛から解放するために実験を打ち切るタイミングのことである．

2-4　正解　(a)

［解説］「実験動物の飼養及び保管並びに苦痛の軽減に関する基準（環境省）」は実験動物の飼育方法を記したものであり，動物実験は「研究機関等における動物実験等の実施に関する基本指針（文部科学省）」で規制されている．

2-5　正解　(a)

［解説］(b) すべて正規分布しているわけではない．(c) 一般的に母集団すべてを対象とすることは不可能である．(d) 標準偏差と標準誤差の意味は異なる．(e) 3群以上で平均値を比較する場合に生じる．

2-6　正解　(d)

［解説］両側検定では，比較する平均値が増加するのか減少するのか，方向性を問わずに評価できる．

3-1　正解　(c)

［解説］ウサギの保定では耳をつかまないこと，臀部を支えるようにして後肢もあわせて保定することが重要である（腰椎脱臼を防ぐため）．

3-2　正解　(e)

［解説］眼窩静脈叢からの採血は眼底に高度の障害を起こす可能性が高いことを認識すべきである．また，心臓採血は最終採血として実施されるべきであり，両者とも必ず麻酔下で実施する．

3-3　正解　(b)

［解説］実験小動物ではその用量体重相関は大型動物と異なり，他の動物種の用量をそのまま使用できないことが多い．

3-4　正解　(e)

［解説］動物の安楽死に関しては動物だけでなく関係者の苦痛，特に精神的苦痛にも配慮せねばならない．

4-1　正解　(d)

［解説］塩基の種類は，アデニン，グアニン，シトシン，チミンの4種類であるので (a) は誤り．デオキシリボースに塩基とリン酸が結合した分子はヌクレオチドであるので (b) は誤り．RNA ポリメラーゼにより合成されるのは RNA で

あるので（c）は誤り．スプライシングを受け，メッセンジャーRNAとなるのはpre-mRNAであるので（e）は誤り．

4-2 正解　（e）

［解説］ヘテロ接合体の表現型が優性ホモ個体と劣性ホモ個体との中間的な表現型となる現象は，不完全優性と呼ばれ，優劣の法則の例外とされる．

4-3 正解　（e）

［解説］毛色は，代表的な質的形質である．

4-4 正解　（b）

［解説］ハーディー-ワインベルグの法則が成り立つ集団の条件は，①理論的に無限大の集団，②集団が無作為（ランダム）に交配する．③個体間に生存率・繁殖率の差がない．④外部からの遺伝子の移入がない．⑤突然変異がない，である．

4-5 正解　（e）

［解説］遺伝子の発現を抑制するエピジェネティックな変化は，DNAのメチル化である．ヒストンのアセチル化は，遺伝子の発現を促進する．

4-6 正解　（a）

［解説］DNAのメチル化はDNA中のグアニン（G）ではなく，シトシン（C）にメチル基を転移させ，5-メチルシトシンに変換する化学反応である．

4-7 正解　（b）

［解説］比較遺伝子地図は，連鎖地図を比較することで作成される．核型（karyotype）は染色体の数と形のことで，動物種ごとに決まっているが，核型の比較によって比較遺伝子地図を作成することはできない．

4-8 正解　（d）

［解説］体細胞における遺伝子の変化による病気（がんなど）は遺伝しないので，遺伝病ではない．

5-1 正解　（c）

［解説］品種は生物分類学上の単位ではなく，家畜において産業上の必要から生まれた便宜的な分類である．

5-2 正解　（d）

［解説］（d）はコンジェニック系ではなくコンソミック系の説明である．

5-3 正解　（c）

［解説］（c）は近交係数の説明である．

5-4 正解　（c）

［解説］選抜反応が0であるということは，目的とする形質の遺伝的変異がなく，選抜を続ける価値のないことを示す．

5-5 正解　（c）

［解説］遺伝的モニタリングには系統間で多型の多いものを選ばないと，違いが検出されず，モニターできない．

6-1 正解　（c）

［解説］雄では，アンドロゲンの作用によってウォルフ管の発達が促進されると同時に，抗ミューラー管ホルモンの作用によってミューラー管が退化して雄型副生殖器の発達が起こる

6-2 正解　（b）

［解説］ラット，マウスなどでは精嚢腺の内側に1対の凝固腺が存在している．射精後，この分泌物は膣内で精嚢腺分泌物を凝固させて膣栓を形成する．

6-3 正解　（d）

［解説］卵胞の発育に伴い，エストラジオールの濃度は発情後期から上昇して発情前期のLHサージ直前に最高値を示す．LHサージに伴いFSHサージが認められる．

6-4 正解　（c）

［解説］雌の発情行動として勧誘行動（hopping, ear-wiggling, darting）とロードシス行動がみられる．ロードシスとは雄の前肢が雌の皮膚に触れることにより，その刺激が知覚神経を介して中枢に投射された結果，運動神経の興奮により頭部と臀部を持ち上げ，その部分の筋肉が収縮するために起こる．

6-5 正解　（b）

［解説］母子間コミュニケーションは当初，アイソレーションコーリング（超音波）により，開眼後はマターナルフェロモンにより行われる．アイソレーションコーリングの周波数や波形は動物種により異なる．

6-6 正解　（a）

［解説］排卵は（膣垢的）発情期（膣垢像B：角化細胞）の午前1〜4時頃に起こる．排卵の数時間前から，すなわち発情前期（膣垢像A：上皮細胞）の夕方から雄と同居させれば許容（ロードシス）して妊娠する確率が最も高くなる．

7-1 正解 (a)

［解説］求める空調精度の管理や制御のしやすさ，エネルギー効率の観点から，実験動物施設では一般的に全空気方式が採用されている．全空気方式は機械室に設置した空気調和機で，温度・湿度の制御や空気の清浄化が可能である．

7-2 正解 (e)

［解説］通常，オールフレッシュ方式（全外気方式）により，給気・排気とも除塵，除菌操作が必要である．一般ビルなどと比べると換気回数が非常に多いので，エネルギーコストは高くなる．いうまでもなく，正確に環境基準値に準拠し，24時間運転が必須であり，故障や中断による空調の停止は許されない．

7-3 正解 (a)

［解説］アニマルスイートは，飼育室3室に対して1処置室を1ユニット（アニマルスイート）とし，各飼育室と処置室を中廊下で接続したものである．スイート内で研究者は飼育室と処置室を自由に行き来できるので，効率よく実験ができる．通常の動物飼育実験だけでなく，画像診断用スイート，行動実験用スイート，遺伝子操作実験用スイート，バイオハザード実験用スイートなど，特殊な機器や装置を必要とする実験のためのスイートも普及している．

7-4 正解 (d)

［解説］動物実験にあたり実験動物の生活の質を高めることは，動物福祉上重要である．動物福祉理念の具体的な実践法の1つとして「環境エンリッチメント（environmental enrichment）」がある．環境改善の基本は「動物の飼育環境を生理的に本来の生活に近いものにする」ことにある．玩具の提供や集団飼育などの飼育管理上の工夫が実施されるが，実験結果にどのように反映するか，科学的な根拠に基づいて行うことが重要である．

7-5 正解 (b)

［解説］飼育ケージが具備すべき基本的要素としては，①自由な動きと正常な姿勢がとれる十分なスペースがあること，②動物が逃走できない頑丈な構造であること，③実験目的に適した構造であること，④動物にとって安全な材質と構造あること，⑤排泄物の除去が容易で，ケージ内の衛生が保てる構造であること，⑥給餌・給水が容易であること，⑦ケージ交換が容易であること，⑧耐久性，耐熱性，耐薬性があること，⑨価格が手ごろであること，などがあげられる．

7-6 正解 (c)

［解説］感染防御システムを確立する場合，建物全体あるいは飼育室レベルの二次環境を対象とするよりも，動物飼育の最小単位であるケージ（一次環境；ミクロ環境）を対象としてバリアを構築する方がその有効性や利便性が高まる．このような考えに基づき，ケージ単位で強制換気を行い，動物を感染から防御する飼育装置がマイクロベントシステム（個別換気ケージシステム）である．

8-1 正解 (b)

［解説］マウスやラットの胃は，食道から続く前胃（無腺部）と十二指腸に続く腺胃の2つに区分され，前胃は重層扁平上皮に被われている．

8-2 正解 (e)

［解説］マウスやラットは精嚢腺を持ち，この精嚢腺と凝固腺からの分泌物が腟栓を形成する．

8-3 正解 (e)

［解説］マウスの離乳は約3週齢である．

8-4 正解 (e)

［解説］マウスには切歯1本，後臼歯3本が左右上下にあり，計16本の歯を持つ．犬歯，前臼歯はない．

8-5 正解 (b)

［解説］Wistarは世界で最も広く用いられている実験用ラットの系統である．

8-6 正解 (c)

［解説］ラットは成熟すると250～600g程度，雄体重は雌に比べ重い．

8-7 正解 (e)

［解説］モルモットは完全性周期を示す．

8-8 正解 (d)

［解説］ウサギは涙腺の発達が悪いため，以前はドレイズテストに用いられていたが，動物福祉に反する試験として，EU（欧州連合）では禁止されている．

8-9 正解 (d)

［解説］イヌの食道は全長にわたって横紋筋からなるため，嘔吐しやすいといわれている．

8-10 正解 (c)

［解説］シバヤギには間性（外形は雌であるが，生殖・泌乳能力を欠く個体で，これは角の有無の

遺伝と密接に関係する．無角の遺伝子がホモ（ペア）になると間性になる）の発生はみられない．

8-11 正解　（b）

［解説］ape は無尾のサルを指す．有尾のサルを一般に monkey という．

8-12 正解　（e）

［解説］ミドリザルはマールブルグ病を媒介したことで有名．

8-13 正解　（c）

［解説］鳥類は卵生のため，卵殻を消毒するだけで無菌動物を作出できる．

8-14 正解　（a）

［解説］ウズラやニワトリでは近交系の作出は困難である．

9-1 正解　（b）

［解説］実験動物の微生物学的品質を確認するために定期的に行われる検査を微生物モニタリングという．年3〜4回実施することが望ましい．

9-2 正解　（e）

［解説］感染症に罹患した動物では正常な動物とは異なる生物反応が起こることがある．したがって，感染動物を用いた動物実験の結果は再現性がない可能性があり，公表すべきではない．

9-3 正解　（d）

［解説］病原体に対する特異抗体が産生されるまでには時間がかかるので，感染直後では診断は難しい．

9-4 正解　（e）

［解説］体温の上昇（あるいは下降）だけでは，病原体を特定することはできない．

9-5 正解　（c）

［解説］リンパ球性脈絡髄膜炎の原因であるリンパ球性脈絡髄膜炎ウイルスはマウスやハムスターに持続感染し，それらの動物からヒトに感染することがある．

9-6 正解　（e）

［解説］ラッサ熱はげっ歯類であるマストミス（ヤワゲネズミ）が媒介する人獣共通感染症である．a〜dはサル類が媒介する人獣共通感染症である．

10-1 正解　（a）と（c）

［解説］センダイウイルス病はマウス，ラット，ハムスター，モルモットやウサギの疾患．唾液腺涙腺炎はラットの疾患．エクトロメリアはマウスの疾患．Bウイルス病はサルの疾患．

10-2 正解　（a）と（c）

［解説］マウス肝炎ウイルスはコロナウイルスに分類される．エクトロメリアは不顕性感染以外に，高い死亡率を示す場合がある．EDMIは，epizootic diarrhea of infant mice の略で，乳子下痢症とも呼ばれ，マウスロタウイルス病の別名である．タイラー病はマウス脳脊髄炎の別名である．マウス脳脊髄炎はマウスポリオとも呼ばれる．マウス白血病の原因ウイルスは，レトロウイルスに分類され，ウイルスの遺伝子が染色体に組み込まれて内在性ウイルスとして存在しているため，子宮切断しても清浄化できない．

10-3 正解　（a）

［解説］実験動物の主要な細菌感染症の病因は，そのほとんどが人工培地にて増殖するが，*C. piliforme* においては人工培地での増殖が不能であり，このことは本病の大きな特徴の1つである．

10-4 正解　（c）

［解説］近年，遺伝子組換え等によって種々の免疫不全動物が作出されるようになった結果，日和見病原体の感染が問題となってきている．げっ歯類のパスツレラ症はその代表的なもので，免疫不全動物では死亡を伴う重篤な肺炎などが引き起こされる．

10-5 正解　（e）

［解説］①被毛からの胞子・菌糸の検出や培地による菌分離により診断，②免疫不全状態で呼吸器系に重篤な症状をもたらす，③栄養型または嚢子型の原虫の経口摂取により感染する．

10-6 正解　（b）

［解説］②ウサギで多く，通常不顕性だが運動失調，麻痺，斜頸，痙攣など，④無症状だが飼育環境の病原体汚染状況の指標となる，⑤外部寄生虫で，皮膚炎などがみられる．

11-1 正解　（e）

11-2 正解　（e）

11-3 正解　（b）

11-4 正解　（c）

12-1 正解　（c）

［解説］マイクロインジェクション法など，現在

演習問題解答および解説

頻用されている方法では導入遺伝子の染色体への組込みはランダムに起こるため，その位置やコピー数は制御できない．

12-2 正解 （c）

［解説］生体のまま細胞を可視化するためには，EGFPのような蛍光タンパクを発現させる導入遺伝子がふさわしい．

12-3 正解 （c）

［解説］ES細胞は胚盤胞の内部細胞塊から樹立された多能性を有する株化細胞で，それのみでは偽妊娠メスに移植されても発生しないが，正常な胚とキメラを形成させることで個体まで発生する．

12-4 正解 （b）

［解説］（b）は遺伝子組換えではなく，人為的な突然変異の誘発である．

12-5 正解 （e）

［解説］核移植では卵に由来するミトコンドリアのゲノムは伝達されない．

12-6 正解 （e）

［解説］（a）はトランスジェニック動物，（b）はキメラ動物，（c）はノックアウト動物，（d）はノックイン動物．

12-7 正解 （d）

［解説］受精卵および配偶子の凍結は，遺伝子の変異や微生物汚染を最小限にとどめるだけでなく，飼育経費の軽減や輸送時のストレス・事故等を避ける観点からもすぐれた動物資源の維持・保存法である．また，発生工学の現場において必要な受精卵・生殖細胞を計画的に準備することにも寄与する．

12-8 正解 （e）

［解説］あらゆる発生工学技術を用いても系統が維持できない場合，体細胞クローニングによる系統際樹立が最後の選択と考えられる．

索　引

欧　文

3R　5
3元交雑　67
4元交雑　67
5つの自由　5
ape　147
*Apoe*遺伝子ノックアウトマウス　189
B10　135
BR　135
C3H/He　135
C57BR　135
Cas　200
CD-1　135
CRISPR　200
*db/db*マウス　188
ddY　136
DDY　136
DIOモデル　188
DNA　44
　　──のメチル化　52
EGFP　195
ELISA法　164
ES細胞　137, 196
ES細胞キメラ　193
Flp-FRTシステム　201
Freedom
　　── from Discomfort　5
　　── from Fear and Distress　5
　　── from Hunger and Thirst　5
　　── from Pain, Injury or Disease　5
　　── to Express Normal Behavior　5
gatewayシステム　202
guinea pig　142
hCG　203
iPS細胞　196
KKマウス　188
lacZ　195
MMTV　135
monkey　147
National Bioresource Project　206
NBRP　206
NODマウス　188
NZC　137
NZO　137
*ob/ob*マウス　188
PCR　195
PCR-RFLP　72
PCR法　164
PGF2α　86
PIF　88

PMSG　203
POA　87
QTL　49
Red/ET recombination system　202
reduction　5
refinement　5
replacement　5
RNA　44
ROSI　206
RT-PCR法　164
SHRラット　189
SLE　137
SPF　162
SPF動物　101
TALEN　199
*t*検定　19
WHHLウサギ　188
X染色体の不活性化　53
ZFN　199
Zucker fattyラット　188

あ　行

アイソラック　103
アイソレータ　103
アイランドスキン　146
アデニン　44
アテローム性動脈硬化症　135
アドリアマイシン腎症　189
アトロピンエステラーゼ　145
アナフィラキシーショック　143
アビシニアン　143
アミロイドーシス　135
アメーバ赤痢　183
アルギニンバソトシン　150
アロキサン　188
アロメトリー式　20
安楽死　40

胃カテーテル　28
胃ゾンデ　28
一塩基多型　72
一塩基変異　136
一次環境　95
一過性の大量放出　79
遺伝学的品質　14
遺伝記号　45
遺伝子　44
遺伝子改変モデル動物　186
遺伝子型　46
遺伝子型頻度　50
遺伝子組換え生物等の使用等の規制による

生物の多様性の確保に関する法律　9
遺伝子組換え操作　193
遺伝子ドライブ　200
遺伝子頻度　50
遺伝的モニタリング　70
遺伝病　55
遺伝率　63
イングリッシュ　143
陰茎　76
陰茎静脈　28
インスリノーマ　140
インターフェロン　140
イントロン　44, 193

ウイルスベクター　195
受入エリア　104
ウサギコクシジウム症　183
ウサギ大腸菌病　177
ウサギの耳疥癬　184
ウラシル　45

エクソン　44
エクトロメリア　172
エストラジオール　79
エストロゲン　84
エバンス，マーティン　2
エピゲノム　53
エピジェネティクス　51, 138
エピスタシス　48
エライザ法　164
エレクトロポレーション　195
エンセファリトゾーン症　183
エンハンサー　44, 193

黄体形成ホルモン　79
オートクレーブ　109

か　行

外頸静脈　28
壊血病　143
外挿　20, 186
外側耳介静脈　28
外側伏在静脈　28
カエルツボカビ　152
核移植　202
核型　45
拡散防止措置　9
隔離　161, 164
過剰排卵誘起　203
カスタネウス亜種　133
化製場等に関する法律　13

索　　引　　　　　215

カーバチルス病　178
カペッキ，マリオ　2
ガラス化法　206
カルシトニン　150
カルタヘナ法　193
ガレノス　1
眼窩静脈叢　29
換気回数　97
環境因子　95
環境エンリッチメント　95
感受性宿主　161
間性　149
感染経路　161
感染症の予防及び感染症の患者に対する医療に関する法律　11
眼粘膜刺激性試験　146
勧誘行動　82
管理エリア　104

機械エリア　104
気管支敗血症菌病　178
機関内規程　8, 18
奇形腫　137
危険率　18
偽好酸球　145
季節繁殖動物　80
偽妊娠　80, 146
帰無仮説　18
キャラバン行動　146
給餌器　102
急速凍結法　206
狂犬病予防法　13
凝固腺　76
胸腺　144
兄妹検定　63
蟯虫症　184
共優性　47
魚毒試験　152
気流速度　97
近交系　58, 153
筋ジストロフィー　134
近親交配　60

グアニン　44
苦痛軽減　6
クマネズミ　138
組換え　47
グラーフ卵胞　78
クロス・インタークロス交配　65
クローズドコロニー　59
クロマチン　52
クローン動物　202

形質　45
頸静脈　29
形態学的・生理学的特徴　14
系統　58
頸部皮下　144

毛色遺伝子　136
毛色遺伝子座　70
結核　180
ゲノム　54
ゲノムインプリンティング　53
研究機関等における動物実験等の実施に関する基本指針　8, 18
減数分裂　78
顕微鏡観察　163

コアイソジェニック系　59
交叉　47
交雑　61
高脂血症　142
後代検定　63
後大静脈　29
紅斑性狼瘡　137
交尾排卵動物　80
後分娩発情　91
候補遺伝子　49
紅涙　138
小形条虫症　183
黒色素細胞刺激ホルモン　152
固形飼料　100
コドン　45
ゴールデンハムスター　140
コンジェニック系　59
コンソミック系　59
コンディショナルターゲッティング　195

さ　行

細菌性赤痢　180
鰓後小体　150
削減　6
サザンハイブリダイゼイション　195
里親　205
サバンナモンキー　149
サリドマイド　145
サル腸結節虫症　184
サル糞線虫症　184
サルモネラ病　177
産子数　91

ジアルジア症　183
子宮　75
糸球体腎炎　140
始原生殖細胞　195
脂質　100
自然排卵動物　80
自然発症モデル動物　186
疾患モデル動物　20, 186
実験エリア　104
実験的自己免疫性脳脊髄炎　140
実験動物の飼養及び保管並びに苦痛の軽減に関する基準　8
実験発症モデル動物　186
シトシン　44

ジフテリア　143
社会的順位　101
ジャコウネズミ　146
射精　82
種　58
自由
　痛み，外傷や疾病からの――　5
　飢えと渇きからの――　5
　恐怖や苦痛からの――　5
　自然（正常）な行動を表す――　5
　不快からの――　5
周年繁殖動物　80
受精　82
受精能獲得　205
受精卵クローン　202
授乳行動　86
主要組織適合抗原　207
循環交配方式　66
春機発動　79
乗駕　82
常染色体　45
消毒　162
小伏在静脈　28
情報の提供　10
食糞　138
初乳　91
鋤鼻器　86
シリアンハムスター　140
人為的突然変異モデル　186
人工授精　88
人工ヌクレアーゼ　199
心採血　29
人獣共通感染症　165
診断　162
シンテニー　55
人道的エンドポイント　15

巣作り　86
ストレス　101
ストレッサー　96
ストレプトゾトシン　188
スプライシング　45
スミシーズ，オリバー　2
スムーススキン　146

生化学的形質の遺伝子座　70
精管　76, 205
正規性の検定　19
正規分布　19
制限酵素断片長多型　72
精子　77
精子幹細胞　197
精子侵入試験　140
性周期　80
性成熟　79
性腺刺激ホルモン　79
性腺刺激ホルモン放出ホルモン　80
性染色体　45

精巣　76
精巣下降　79
精巣上体　76
精巣上体尾部　205
精祖細胞　78
精囊腺　76
（精囊腺は）コイル状　144
正のフィードバック　79
生物学的モデル　186
赤肢病　181
赤涙　138
セグリゲイティング近交系　59
絶滅のおそれのある野生動植物の種の保存
　　に関する法律　13
セルトリ細胞　78
洗浄・滅菌エリア　104
染色体　45
染色体位置効果　195
染色体地図　48
全身性エリテマトーデス　137
全身性紅斑性狼瘡　137
全身麻酔　34
センダイウイルス病　169
選抜　62
前立腺　76

桑実胚　84
相同遺伝子　55
相同遺伝子組換え　195
相同染色体　45
挿入　82

た 行

体外受精　88, 162
体細胞核移植技術　202
体細胞クローン　202
代謝ケージ　29
代替　6
大腿静脈　28
唾液腺涙腺炎　172
ターゲッティングベクター　195
多重性の問題　20
多重比較　20
多能性生殖幹細胞　197
炭水化物　100
男性不妊診断　141
タンパク質　100

遅延型アレルギー　143
致死遺伝子　136
腟　75
腟垢　89, 139
腟開口　79
腟スメア　139
腟栓　77, 91
腟閉塞膜　144
チミン　44
着床　84

虫垂　146
聴原性痙攣　136
鳥獣の保護及び狩猟の適正化に関する法律
　　13
腸トリコモナス症　183
腸紐　144
直接検定　63
貯蔵エリア　104

通常動物　101

帝王切開　162, 205
ティザー病　174
デオキシリボ核酸　44
デオキシリボース　44
テトロドトキシン　151
テラトーマ　137
てんかん　141
テンジクネズミ　142
転写　44
転写因子　44

統計遺伝学　49
橈側皮静脈　28
淘汰　62, 161
動物飼育エリア　104
動物実験委員会　8, 16
動物実験計画書　8, 16
動物実験代替法　15
動物種差　14
動物の愛護及び管理に関する法律　8
動物の輸入届出制度　206
動物福祉　1, 15, 95
等分散　20
トガリネズミ　146
特定外来生物による生態系等に係る被害の
　　防止に関する法律　9
特定動物　9
独立の法則　46
突然変異遺伝子　48
突然変異体　48
ドブネズミ　138
ドメスティカス　133
ドメスティカス亜種　133
トランスジェニック動物　193
トランスジェニックラット　204
ドレイズテスト　146

な 行

内部細胞塊　84
鉛中毒　142
なわばり　101

二次環境　95
ニシキネズミ　137
ニトロソウレア　187
ニューモシスティス症　182
尿道　76

尿道カテーテル　30
妊娠期間　85
妊馬血清性性腺刺激ホルモン　203

ヌクレオチド　44

ネズミコリネ菌病　174

ノックアウト　193
ノトバイオート　101
ノンパラメトリック検定　19

は 行

胚　84
肺炎球菌病　175
廃棄エリア　104
胚性幹細胞　196
背中足静脈　28
バイトブロック　28
胚盤胞　84
培養法　163
パスツレラ症　179
ハーダー腺　138
バーチ　5
ハツカネズミ　133
発情期　89
発情休止期　91
発情後期　89
発情前期　89
発熱試験　146
ハーディー–ワインベルグの法則　50, 60
ハートレイ　143
パラメトリック検定　19
伴性遺伝　47
ハンタウイルス感染症　173
ハンドリング　23

比較遺伝子地図　55
比較生物学・比較医学　186
尾静脈　28
ヒストンのアセチル化　53
微生物学的品質　14
微生物モニタリング　161
ビタミンC　143
ビタミン類　100
泌乳　87
ビテロジェニン　150
ヒト絨毛性性腺刺激ホルモン　203
ヒトの健康障害　160
皮膚刺激性試験　143, 146
皮膚糸状菌症　182
ヒポクラテス　1
ピューロマイシン腎症　189
病原体　161
標準誤差　19
標準偏差　19
標的遺伝子組換え動物　193
標本　18

索　　引　　　　　　　　　　　　217

標本標準偏差　19
標本分散　19
ピロリ菌　142
品種　58

ファブリキウス嚢　150
不完全優性　47
ブドウ球菌病　176
不偏標準偏差　19
不偏分散　19
プロゲステロン　84
ブロックマン小体　152
プロモーター　44, 193
分散分析　20
分子生物学的遺伝子座　72

ヘテロ接合体　46
ヘマトポルフィリン　138
ヘリコバクター病　180
ベルナール，クロード　1
ペルビアン　143
ベルベットモンキー　150

ポジショナルクローニング　48
ポジティブ-ネガティブ選別法　196
母集団　18
保定　32
保定器　23
頬袋　140
ホモ接合体　46
ポリ A シグナル　193
翻訳　45
翻訳領域　44

ま　行

マイクロインジェクション　193

マイクロサテライト　72
マイクロマニピュレータ　194
マイコプラズマ病　181
マウス肝炎　171
マウス腸粘膜肥厚症　177
麻酔　30
マーモセット　149
マールブルグ病　149

ミドリザル　149
ミュータント系　59

無機物　100
無菌動物　101
ムスクルス亜種　133
無尾類　147

滅菌・消毒　164
メッセンジャー RNA　45
メラニン細胞刺激ホルモン　152
免疫学的遺伝子座　71
メンデルの遺伝法則　136

戻し交配　61
モロシヌス　133
モロシヌス亜種　133
モンキーチェア　26

や　行

薬剤耐性遺伝子　196
ヤワゲネズミ　142

有意水準　18
優性　45
有尾類　147
優劣の法則　45

溶血レンサ球菌病　175
吉田肉腫　140
予防　161

ら　行

ラッサ熱　142
ラッセル　5
ラフスキン　146
卵管　75
卵管膨大部　204
卵子　77
卵巣　75
卵祖細胞　78
卵胞刺激ホルモン　79

リコンビナント近交系　59
リスザル　149
リッキング　86
リトリービング　86
リトル，クラレンス　2
リボ核酸　44
量的形質　49
量的形質遺伝子座　49
緑膿菌病　176
リングテール　138
リンパ球性脈絡髄膜炎　173
リンパ性白血病　134
リンパ節　150

劣性　45
レトロウイルス感染　135
レトロウイルス由来のベクター　194
レポータ遺伝子　193
連鎖　47

ロードシス　82

編者略歴

久 和　　茂（きゅうわ　しげる）
1956 年　富山県に生まれる
1985 年　東京大学大学院農学系研究科博士課程修了
現　在　東京大学大学院農学生命科学研究科獣医学専攻教授
　　　　農学博士

獣医学教育モデル・コア・カリキュラム準拠

実験動物学　第 2 版　　　　　　　　定価はカバーに表示

2013 年 4 月 20 日　初　版第 1 刷
2018 年 3 月 15 日　第 2 版第 1 刷
2024 年 1 月 25 日　　　　第 7 刷

編　者　久　和　　茂
発行者　朝　倉　誠　造
発行所　株式　朝　倉　書　店
　　　　会社

東京都新宿区新小川町 6-29
郵 便 番 号　　162-8707
電　話　03（3260）0141
F A X　03（3260）0180
https://www.asakura.co.jp

〈検印省略〉

© 2018 〈無断複写・転載を禁ず〉　　　　　　　　Printed in Korea

ISBN 978-4-254-46036-0　C 3061

JCOPY ＜出版者著作権管理機構 委託出版物＞

本書の無断複写は著作権法上での例外を除き禁じられています．複写される場合は，
そのつど事前に，出版者著作権管理機構（電話 03-5244-5088，FAX 03-5244-5089,
e-mail: info@jcopy.or.jp）の許諾を得てください.